新时代　新工匠
职业教育改革创新系列教材

网络工程项目实践教程

付笔贤　李家骏　主　编
韦　柬　罗佳令　副主编

電子工業出版社
Publishing House of Electronics Industry
北京·BEIJING

内 容 简 介

本书贯彻基于工作过程的课程理念，以有利于“项目式教学”为主导思想，建立以项目为核心，以工作过程为导向，以真实的工作任务驱动为机制的教学过程，采用教、学、做一体化的方式撰写而成。本书将每个项目分解为【用户需求】、【需求分析】、【方案设计】、【知识准备】、【项目实现】、【项目评价】、【认证考核】7个模块，体现教、学、做一体化过程。

全书共分7个项目，采取由易到难的顺序安排。每一个项目均包含需求采集、需求分析、工程设计、工程实施、工程评价，基本覆盖了网络工程的完整实施过程。每个项目均附有认证考核，以利于学生巩固所学知识。

本书可以作为职业院校、技术院校计算机及相关专业计算机网络课程的实验教材，也可以作为网络培训或相关工程技术人员自学的参考书。

图书在版编目（CIP）数据

网络工程项目实践教程 / 付笔贤，李家骏主编. —北京：电子工业出版社，2017.7

ISBN 978-7-121-32234-1

Ⅰ. ①网… Ⅱ. ①付… ②李… Ⅲ. ①计算机网络—高等学校—教材 Ⅳ. ①TP393

中国版本图书馆 CIP 数据核字（2017）第 171477 号

策划编辑：关雅莉
责任编辑：柴 灿
印　　刷：北京七彩京通数码快印有限公司
装　　订：北京七彩京通数码快印有限公司
出版发行：电子工业出版社
　　　　　北京市海淀区万寿路 173 信箱　邮编　100036
开　　本：787×1 092　1/16　印张：17.25　字数：507 千字
版　　次：2017 年 7 月第 1 版
印　　次：2025 年 1 月第 10 次印刷
定　　价：36.00 元

凡所购买电子工业出版社图书有缺损问题，请向购买书店调换。若书店售缺，请与本社发行部联系，联系及邮购电话：（010）88254888，88258888。

质量投诉请发邮件至 zlts@phei.com.cn，盗版侵权举报请发邮件至 dbqq@phei.com.cn。

本书咨询联系方式：（010）88254617，luomn@phei.com.cn。

前言

本书是首批国家中等职业教育改革发展示范学校重点建设专业——中山市中等专业学校“计算机网络技术”专业的建设成果之一，本书由7个网络工程的真实案例优化改编而成，使教学与工程实践紧密结合起来。本书贯彻基于工作过程的课程理念，以“项目式教学”为主要思想，建立以项目为核心，以工作过程为导向，以真实的工程案例为机制的教学过程；采用教、学、做一体化的方式撰写而成。本书将每个项目分解为【用户需求】、【需求分析】、【方案设计】、【知识准备】、【项目实现】、【项目评价】、【认证考核】7个模块，体现教、学、做一体化过程。以教学贴近工程实践为原则，从职业岗位分析入手展开教学内容，强化学生的技能训练，在训练过程中升华、巩固所学知识。

全书以实际用户需求为导向，引出为完成工作任务需要学习的相关知识及需要掌握的相关技能，以解决问题的方式检验知识学习和技能掌握情况；内容编排上由易到难，循序渐进。首先，以相对简单的SOHO网络项目作为开篇，再到稍微难一些的小区网络工程项目，再到更难一些的园区网络项目，一直到比较复杂的企业网络项目和专业性较强的电子商务企业网络项目，最后升华到更高层次的小型信息安全网络项目。以阶梯递进的形式增加难度，以利于学生循序渐进地学习，且方便学生积累经验，迅速拉近理论与实践的距离。本书从职业岗位分析入手展开教学内容，强化学生的技能训练，在训练过程中巩固所学知识。本书在工程的项目选择上侧重实用性和启发性，每个项目都包含需求采集、需求分析、工程设计、工程实施、工程评价，基本覆盖了网络工程的完整实施过程，是网络专业不可多得的工程案例教程。

本书教学学时建议为120学时，在教学过程中可参考以下学时分配表。

项目	课程内容	课程分配		
		讲授	实训	合计
项目一	SOHO网络项目	4	6	10
项目二	小区网络工程项目	6	9	15
项目三	园区网络项目	6	9	15
项目四	企业网络项目	8	12	20
项目五	中型企业网项目	8	12	20
项目六	电子商务企业网络项目	8	12	20
项目七	小型信息安全网络项目	8	12	20
合计		48	72	120

本书由中山市中等专业学校付笔贤、李家骏主编，韦柬、罗佳令任副主编。其中：项目一、项目七由李家骏撰写；项目二、项目五由韦柬、罗佳令、舒荣、李先宗、魏克娇共同撰写；项目三、项目四和项目六由付笔贤撰写。全书由付笔贤统稿。

感谢神州数码网络（北京）有限公司在编者编写本书的过程中给予的大力支持与指导。

由于编者水平所限，加之时间仓促，书中难免存在疏漏和不足之处，敬请广大读者批评指正。

编　者

2017 年 6 月

目　　录

项目一 SOHO 网络项目

用户需求

致远食品公司原是一家入住 SOHO 大厦的新公司，公司职员有十几人，部门分为财务部和市场部。由于资金等因素的限制，并且出于管理简单、方便的考虑，构建了工作组模式网络。公司接入了因特网，但不对外提供服务。该网络组建的主要目的是用于实现资源的共享和计算机之间的通信，硬件设备主要包括文件服务器、客户机、磁盘阵列、打印机、扫描仪、交换机、路由器等。每个用户自己决定其计算机上的哪些数据在网络上共享，并且决定不同用户对文件的不同访问权限。

致远公司原有 IT 架构规模较小，建立在 Windows 和 Linux 平台上，构建了工作组模式的网络，操作系统主要是 Windows 2000 Professional 和 Windows XP Professional，以及 Windows Server 2003 和 Linux。随着企业的规模扩大，公司的业务增多，公司的经营越来越依赖于企业内部网的办公自动化和企业外部网，如互联网。公司已经认识到优秀的网络架构能大大提高企业的办公效率和增强企业信息的安全性。

网络搭建部分具体需求如下：

（1）要求按照层次型网络结构进行网络设计和网络实施。

（2）公司根据部门业务进行划分。

（3）内部用户利用私网地址访问 Internet，需要网络出口设备提供地址转换。

（4）公司内部采用动态路由协议来简化路由配置，要求配置简单，适用于小型网络。

（5）公司的服务需要对内网用户提供服务，不对外网服务。

（6）适当使用网络访问控制措施，保证内部网络的安全性。

内部应用系统需求如下：

（1）需要添加一台存放公司重要数据的专门服务器，能对不同职能部门的用户提供不同的访问权限。

（2）建立一台 Web 服务器，来展示企业形象和增加公司业务。

（3）由于公司申请了域名，希望通过域名来访问公司的主机和服务器。

需求分析

为实现公司目标，需要首先制订网络建设方案，其网络拓扑结构如图 1-1 所示。

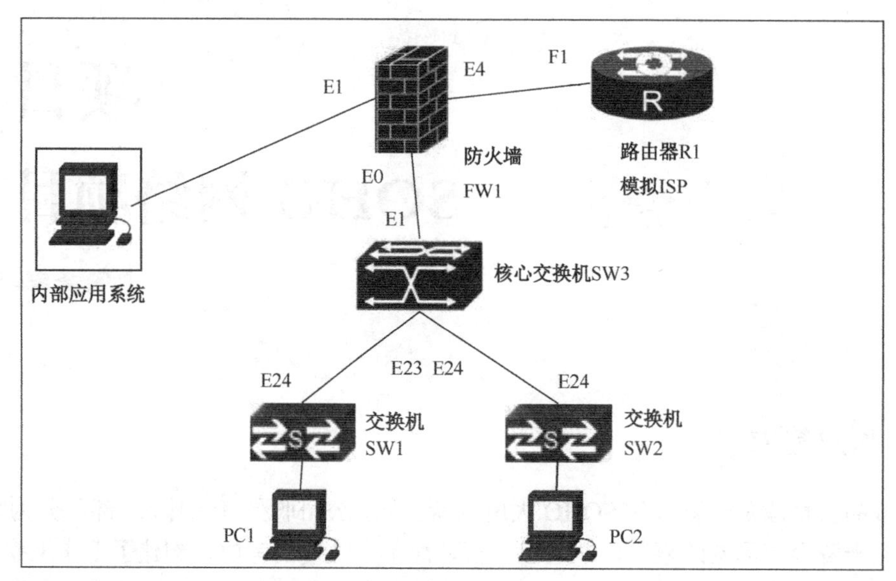

图 1-1 拓扑图

网络搭建部分需求分析：

（1）由于公司的网络规模较小，公司采用了二层的网络架构，将核心层和汇聚层合为一层，既保障了业务数据流的畅通，又可以实现层次性网络架构。

（2）公司内部有市场部和财务部，使用了 VLAN 技术，将两个部门的交换机划分到不同的 VLAN 中，既可以实现统一管理，又可以保障网络的安全性。

创建 VLAN 10 和 VLAN 20，将市场部的主机划分到 VLAN 10 中，将财务部的主机划分到 VLAN 20 中。

（3）由于公司的规模较小，网络设备数量少，为了简化管理，可采用 RIP 路由协议。

（4）互联网服务提供商为公司提供的 IP 地址是 14.1.196.2，使用网络地址转换技术，将私有 IP 地址转化为公网地址，使内网用户能访问互联网。

（5）使用访问控制列表技术，使一些常见的危险端口不能访问。

内部应用系统需求分析：

（1）添加一台存放公司重要数据的文件服务器，并通过配置使员工能通过网络访问文件服务器，所有员工都能读取共享文件夹“市场部”，但市场部员工拥有完全控制权限；仅允许财务部的员工访问共享文件夹“财务部”，并拥有完全控制权限。此服务器放置在离客户端较近的位置，以提高访问速度。为了避免感染 Windows 病毒，服务器选用 Linux 系统。

（2）公司申请的域名空间为 zhiyuan.com，并添加一台独立支持 ASP 语言的 Web 服务器，其域名为 www.zhiyuan.com，并能限制客户端连接数量，保证服务质量。该服务器放置在内部网络中，以保证服务器安全，只为内网用户提供服务。

（3）为公司添加一台 DNS 服务器，使员工能够通过域名访问公司内网数据。

方案设计

项目需求分析完成后，确定供货合同，网络公司就开始了具体的实施流程。需求分析分为网络部分、应用系统部分，施工分为网络搭建部分、应用系统构建部分。下面就具体介绍每个部分的施工流程。

网络搭建部分实施方案：

先根据需求分析，选择网络中应用的设备，根据拓扑图把设备部署到相应的位置，并按拓扑图进行设备的连接。主要分为以下任务。

（1）内部接入层设置

按公司部门名称规划并配置交换网络中的 VLAN，启用生成树协议来避免网络环路，配置网络中所有设备相应的 IP 地址，测试线路两端的连通性。

（2）路由层设置

在内网部分启动 RIP 路由协议。

（3）接入互联网设置

配置 NAT，保证内网用户能访问 Internet。

（4）网络安全防护设置

使用访问控制列表技术，使一些常见的危险端口不能访问。

应用系统部分实施方案：

应用系统部分实施首先根据需求分析来购置服务器，服务器到位后，安装服务器操作系统，根据网络拓扑图放置在相应的位置后，按下面的顺序进行配置。

（1）文件服务器配置。

（2）Web 服务器配置。

（3）DNS 服务器配置。

知识准备

1. VLAN

虚拟局域网（Virtual LAN，VLAN）是交换机端口的逻辑组合。VLAN 工作在 OSI 模型的第 2 层，一个 VLAN 就是一个广播域，VLAN 之间的通信是通过第 3 层的路由器来完成的。

VLAN 有以下优点。

（1）控制网络的广播问题：每一个 VLAN 都是一个广播域，一个 VLAN 上的广播不会扩散到另一个 VLAN 中。

（2）简化网络管理：当 VLAN 中的用户位置移动时，网络管理员只需设置几条命令即可。

（3）提高网络的安全性：VLAN 能控制广播，VLAN 之间不能直接通信。

定义交换机的端口在 VLAN 上的常用方法有以下两种。

（1）基于端口的 VLAN：管理员把交换机某一端口指定为某一 VLAN 的成员。

（2）基于 MAC 地址的 VLAN：交换机根据结点的 MAC 地址，决定将其放置在哪个 VLAN 中。

2. RIP

动态路由协议包括距离矢量路由协议和链路状态路由协议。路由信息协议（Routing Information Protocol，RIP）是使用最广泛的距离矢量路由协议。RIP 是为小型网络环境设计的，因为这类协议的路由学习及路由更新将产生较大的流量，占用过多的带宽。

RIP 是由 Xerox 在 20 世纪 70 年代开发的，最初定义在 RFC 1058 中。RIP 用两种数据包传输更新和请求，每个有 RIP 功能的路由器默认情况下每隔 30s 利用 UDP 520 端口向与它直连的网络邻居广播（RIPv1）或组播（RIPv2）路由更新。因此，路由器不知道网络的全局情况，如果路由更新在网络上传播慢，将会导致网络收敛较慢，造成路由环路。为了避免路由环路，RIP 采用了水平分割、毒性逆转、定义最大跳数、闪式更新、抑制计时 5 个机制。

RIP 分为版本 1 和版本 2。不论是版本 1 还是版本 2，都具备下面的特征。

（1）都是距离矢量路由协议。

（2）使用跳数作为度量值。

（3）默认路由更新周期为 30s。

（4）管理距离为 120。

（5）支持触发更新。

（6）最大跳数为 15 跳。

（7）支持等价路径，默认 4 条，最大 6 条。

（8）使用 UDP 520 端口进行路由更新。

RIPv1 和 RIPv2 的区别见表 1-1。

表 1-1　RIPv1 和 RIPv2 的区别

RIPv1	RIPv2
在路由更新的过程中不携带子网信息	在路由更新的过程中携带子网信息
不提供认证	提供明文和 MD5 认证
不支持 VLSM 和 CIDR	支持 VLSM 和 CIDR
采用广播更新	采用组播（224.0.0.9）更新
有类别路由协议	无类别路由协议

3. NAT

网络地址转换（Network Address Translation，NAT）是一个 IETF 标准，允许一个机构以一个地址出现在 Internet 上。NAT 技术使得一个私有网络可以通过 Internet 注册 IP 地址并连接到外部世界，位于 Inside 网络和 Outside 网络中的 NAT 路由器在发送数据包之前，负责把内部 IP 地址翻译成外部合法 IP 地址。NAT 将每个局域网结点的 IP 地址转换成一个合法 IP 地址，反之亦然。它也可以应用到防火墙技术中，把个别 IP 地址隐藏起来不被外界发现，对内部网络设备起到了保护的作用，同时，它还帮助网络超越了地址的限制，合理地安排网络中的公有 IP 地址和私有 IP 地址的使用。

NAT 有 3 种类型：静态 NAT、动态 NAT 和端口地址转换（Port Address Translation，PAT）。

（1）静态 NAT

静态 NAT 中，内部网络中的每个主机都被永久映射成外部网络中的某个合法的地址。静态地址转换将内部本地地址与内部合法地址进行一对一的转换，且需要指定和哪个合法地址进行转换。如果内部网络有 E-mail 服务器或 FTP 服务器等可以为外部用户提供的服务，这些服务器的 IP 地址必须采用静态地址转换，以便外部用户使用这些服务。

（2）动态 NAT

动态 NAT 首先要定义合法地址池，然后采用动态分配的方法映射到内部网络中。动态 NAT 是动态一对一的映射。

（3）PAT

PAT 把内部地址映射到外部网络中的一个单独的 IP 地址上。

4. ACL

访问控制列表（Access Control List，ACL）使用包过滤技术，在路由器上读取第 3 层及第 4 层包头中的信息，如源地址、目的地址、源端口、目的端口等，根据预先定义好的规则对包进行过滤，从而达到访问控制的目的。ACL 有很多种，不同场合应用不同种类的 ACL。

（1）标准 ACL

标准 ACL 最简单，它通过使用 IP 包中的源 IP 地址进行过滤，表号为 1～99 或 1300～1999。

（2）扩展 ACL

扩展 ACL 比标准 ACL 具有更多的匹配项，功能更加强大和细化，可以针对包括协议类型、源地址、目的地址、源端口、目的端口、TCP 连接建立等进行过滤，表号为 100～199 或 2000～2699。

（3）命名 ACL

命名 ACL 以列表名称代替列表编号来定义 ACL，同样包括标准和扩展两种列表。

在访问控制列表的学习中，要特别注意以下两个术语。

① 通配符掩码：一个 32 位的数字字符串，规定了当一个 IP 地址与其他的 IP 地址进行比较时，该 IP 地址中哪些位应该被忽略。通配符掩码中的“1”表示忽略 IP 地址中对应的位，而“0”表示该位必须匹配。两种特殊的通配符掩码是“255.255.255.255”和“0.0.0.0”，前者等价于关键字“any”，而后者等价于关键字“host”。

② Inbound 和 Outbound：当在接口上应用访问控制列表时，用户要指明访问控制列表是应用于流入数据还是流出数据。

总之，ACL 的应用非常广泛，它可以实现如下功能。

① 拒绝或允许流入（或流出）的数据流通过特定的接口。

② 为 DDR 应用定义感兴趣的数据流。

③ 过滤路由更新的内容。

④ 控制对虚拟终端的访问。

⑤ 提供流量控制。

项目实现——网络搭建部分实现

1. 网络设备的选择

采购人员依据需求分析、公司现阶段的结点数和预算进行综合分析后，采购了 1 台神州数码 DCRS-5650，以保证核心设备具备快速转发数据的能力；采购了 2 台神州数码 DCS-3950 二层交换机，以保证接入层交换机为 100Mb/s 接口，并能进行初步的接入控制；采购了 1 台神州数码 DCR-2626 路由器，以保证模拟互联网服务提供商提供的网络设备拥有足够的性能，并能实现 RIP 的所有功能特性；采购了 1 台 DCFW-1800 防火墙，作为 Internet 接入设备，并且以后可以通过此防火墙进行安全控制。

2. 规划拓扑结构与 IP 地址

网络工程师根据采购的设备和公司需求，建立了如图 1-1 所示的公司网络的整体拓扑结构。

接口 IP 地址配置见表 1-2。

表 1-2 设备配置信息

设 备	接 口	IP 地址
FW1	E0/0	192.168.1.1/24
	E0/1	192.168.2.1/24
	E0/4	14.1.196.2/24
R1	F0/1	14.1.196.1/24
SW1	F0/24	192.168.1.2/24
SW2	VLAN 10	192.168.10.254/24
	VLAN 20	192.168.20.254/24
	VLAN 1	192.168.1.254/24
SW3	VLAN 10	192.168.10.253/24
	VLAN 20	192.168.20.253/24
	VLAN 1	192.168.2.254/24

3. 划分 VLAN

步骤 1：在 SW1 上创建 VLAN，并加入相应端口。

① 按照表 1-3，在交换机 SW1 上划分各 VLAN，并加入相应的端口。

表 1-3 在 SW1 划分 VLAN

VLAN	端 口 号
VLAN 10	E0/0/2、E0/0/3
VLAN 20	E0/0/6、E0/0/8

表 1-3 中未提到的端口放在 VLAN 1 中。

```
SW1_config#vlan 10          ! SW1 创建 VLAN 10
SW1_config_vlan 10#switchport interface ethernet 0/0/2-3        ! 给 VLAN 10 加入端口 2 和 3
SW1_config_vlan 10#exit
SW1_config#vlan 20          ! SW1 创建 VLAN 20
SW1_config_vlan 20#switchport interface ethernet 0/0/6;8        ! 给 VLAN 20 加入端口 6、8
SW1_config_vlan 20#exit
```

剩余端口自动加入到 VLAN 1 中。

② 按照表 1-4，在交换机 SW2 上划分各 VLAN，并加入相应的端口。

表 1-4 在 SW2 上划分 VLAN

VLAN	端 口 号
VLAN 10	E0/0/2、E0/0/3
VLAN 20	E0/0/6、E0/0/8

表 1-4 中未提到的端口放在 VLAN 1 中。

```
SW2_config#vlan 10          ! SW2 创建 VLAN 10
SW2_config_vlan 10#switchport interface ethernet 0/0/3;5        ! 给 VLAN 10 加入端口 3、5
SW2_config_vlan 10#exit
SW2_config#vlan 20          ! SW2 创建 VLAN 20
```

```
SW2_config_vlan 20#switchport interface ethernet 0/0/6;8        ！给 VLAN 20 加入端口 6、8
SW2_config_vlan 20#exit
```

剩余端口自动加入到 VLAN 1 中。

步骤 2：在 SW1 上创建 VLAN 三层接口并配置 IP 地址。

① 按照表 1-5，在交换机 SW1 上创建各 VLAN 三层接口并配置 IP 地址。

表 1-5 在 SW1 上创建 VLAN 接口

VLAN-Interface	IP 地址
vlan-interface 1	192.168.1.254/24
vlan-interface 10	192.168.10.254/24
vlan-interface 20	192.168.20.254/24

配置如下：

```
SW1_config#interface vlan 1                        ！SW1 创建 VLAN 1 三层接口
SW1_config_if_vlan 1#ip address 192.168.1.254 255.255.255.0
  ！给 VLAN 1 配置 IP 地址，即交换机的管理地址
SW1_config_if_vlan 1#no shutdown                   ！开启该三层接口
SW1_config#interface vlan 10                       ！SW1 创建 VLAN 10 三层接口
SW1_config_if_vlan 10#ip address 192.168.10.254 255.255.255.0
  ！给 VLAN 10 配置 IP 地址
SW1_config_if_vlan 10#no shutdown
SW1_config#interface vlan 20
SW1_config_if_vlan 20#ip address 192.168.20.254 255.255.255.0
SW1_config_if_vlan 20#no shutdown
```

② 验证。各 VLAN 三层接口之间相互 PING，若能够 PING 通，则完成该步骤。

步骤 3：在 SW2 上创建 VLAN 三层接口并配置 IP 地址。

① 按照表 1-6，在三层交换机 SW2 上创建各 VLAN 三层接口并配置 IP 地址。

表 1-6 在 SW2 上创建 VLAN 三层接口

VLAN-Interface	IP 地址
vlan-interface 1	192.168.2.254/24
vlan-interface 10	192.168.10.253/24
vlan-interface 20	192.168.20.253/24

配置如下：

```
SW2_config#interface vlan 1                ！SW2 创建 VLAN 1 三层接口
SW2_config_if_vlan 1#ip address 192.168.2.254 255.255.255.0
  ！给 VLAN 1 配置 IP 地址，即交换机的管理地址
SW2_config_if_vlan 1#no shutdown           ！开启该三层接口
SW2_config#interface vlan 10               ！SW2 创建 VLAN 10 三层接口
SW2_config_if_vlan 10#ip address 192.168.10.253 255.255.255.0
  ！给 VLAN 10 配置 IP 地址
SW2_config_if_vlan 10#no shutdown
```

```
SW2_config#interface vlan 20
SW2_config_if_vlan 20#ip address 192.168.20.253 255.255.255.0
SW2_config_if_vlan 20#no shutdown
```

② 验证。

- 各 VLAN 三层接口之间相互 PING，能够 PING 通，即可完成该步骤。
- PC 能 PING 通所有 VLAN1 的三层接口。

步骤 4： 跨交换机相同 VLAN 互通。

① 要求将两台三层交换机 SW1 和 SW2 的端口 E0/0/24 与 SW3 进行互连，并将该端口设置成骨干端口，确保跨交换机相同 VLAN 可以互通。

```
SW1_config#interface ethernet 0/0/24
SW1_config_ethernet0/0/24# switchport mode trunk          ！将端口 24 设置为 Trunk 模式
SW1_config_ethernet0/0/24# switchport trunk allowed vlan all
  ！设置端口 Trunk 允许所有 VLAN 通过
SW2_config#interface ethernet 0/0/24
SW2_config_ethernet0/0/24# switchport mode trunk
SW2_config_ethernet0/0/24# switchport trunk allowed vlan all
SW3_config#interface ethernet 0/0/23
SW3_config_ethernet0/0/23# switchport mode trunk
SW3_config_ethernet0/0/23# switchport trunk allowed vlan all

SW3_config#interface ethernet 0/0/24
SW3_config_ethernet0/0/24# switchport mode trunk
SW3_config_ethernet0/0/24# switchport trunk allowed vlan all
```

② 验证。

- SW1 的 VLAN 10 三层接口与 SW2 的 VLAN 20 三层接口之间相互 PING，能够相互 PING 通，即完成该步骤。
- SW1 的 VLAN 20 三层接口与 SW2 的 VLAN 20 三层接口之间相互 PING，能够相互 PING 通，即完成该步骤。

4. 配置 RIP 协议

在防火墙 FW1 上的设置如下。

步骤 1： 选择“网络”→“路由”→“目的路由”选项，进入如图 1-2 所示的界面。

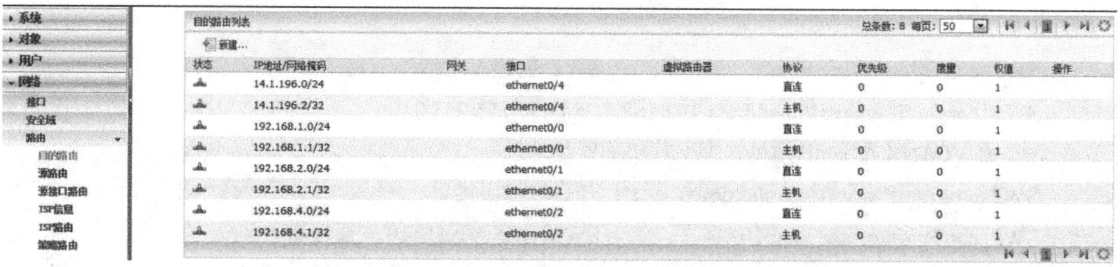

状态	IP地址/网络掩码	网关	接口	虚拟路由器	协议	优先级	度量	权值	操作
	14.1.196.0/24		ethernet0/4		直连	0	0	1	
	14.1.196.2/32		ethernet0/4		主机	0	0	1	
	192.168.1.0/24		ethernet0/0		直连	0	0	1	
	192.168.1.1/32		ethernet0/0		主机	0	0	1	
	192.168.2.0/24		ethernet0/1		直连	0	0	1	
	192.168.2.1/32		ethernet0/1		主机	0	0	1	
	192.168.4.0/24		ethernet0/2		直连	0	0	1	
	192.168.4.1/32		ethernet0/2		主机	0	0	1	

图 1-2　目的路由

步骤 2： 单击“新建”按钮，创建默认路由，设置目的 IP 为“0.0.0.0”，子网掩码为“0.0.0.0”，网关为“14.1.196.1”，如图 1-3 所示，单击“确认”按钮。

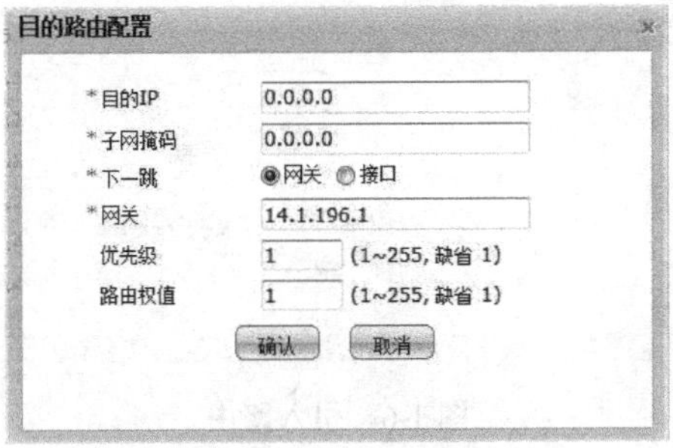

目的路由配置
*目的IP
0.0.0.0
*子网掩码
0.0.0.0
*下一跳
网关 接口
*网关
14.1.196.1
优先级
1
(1~255, 缺省 1)
路由权值
1
(1~255, 缺省 1)
确认
取消

图 1-3　默认路由

步骤 3： 选择“网络”→“路由”→“RIP”选项，进入如图 1-4 所示的界面。

系统
对象
用户
网络
接口
安全域
路由
目的路由
源路由
源接口路由
ISP信息
ISP路由
策略路由
RIP
RIP实例列表
新建...
虚拟路由器
版本
缺省度量
缺省距离
操作
无表项

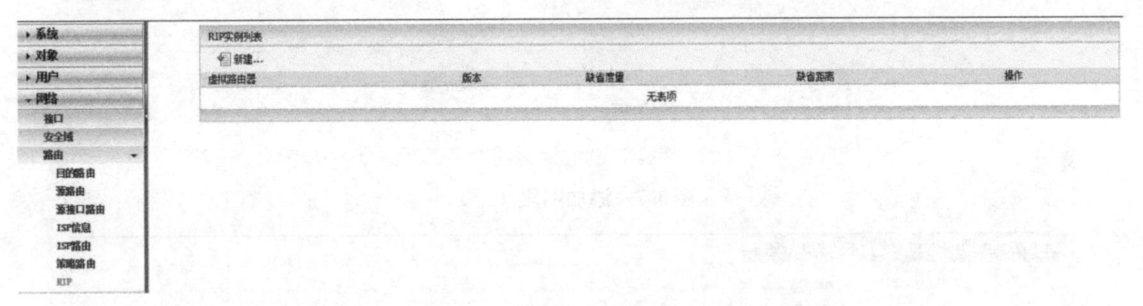

图 1-4　RIP

步骤 4： 单击“新建”按钮，版本选择“V2”，启用“缺省信息发布”，其他部分为默认值，如图 1-5 所示，单击“确认”按钮。

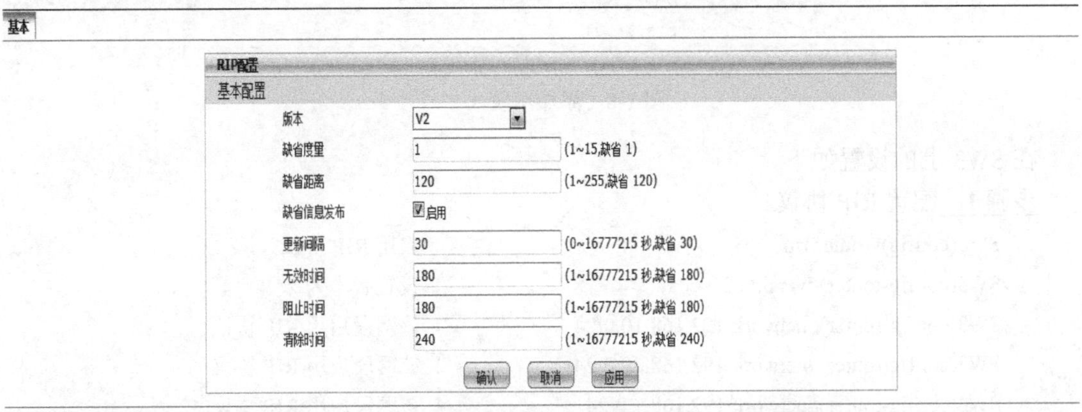

基本
RIP配置
基本配置
版本
V2
缺省度量
1
(1~15,缺省 1)
缺省距离
120
(1~255,缺省 120)
缺省信息发布
启用
更新间隔
30
(0~16777215 秒,缺省 30)
无效时间
180
(1~16777215 秒,缺省 180)
阻止时间
180
(1~16777215 秒,缺省 180)
清除时间
240
(1~16777215 秒,缺省 240)
确认
取消
应用

图 1-5　RIP 配置

步骤 5： 单击“trust-vr”中的“编辑”按钮，选择“引入路由”选项卡，协议选择“静态”，如图 1-6 所示，单击“添加”按钮。

步骤 6： 选择“网络”选项卡，添加运行 RIP 协议的接口，此处设置为“192.168.1.0/24”和“192.168.2.0/24”，如图 1-7 和图 1-8 所示，单击“添加”按钮。

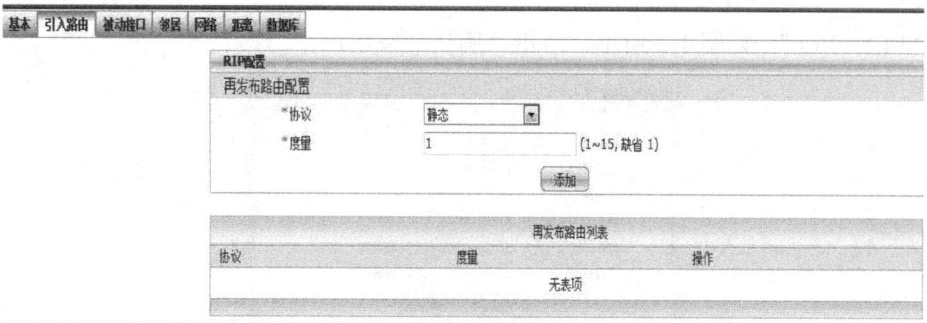

图 1-6　引入路由

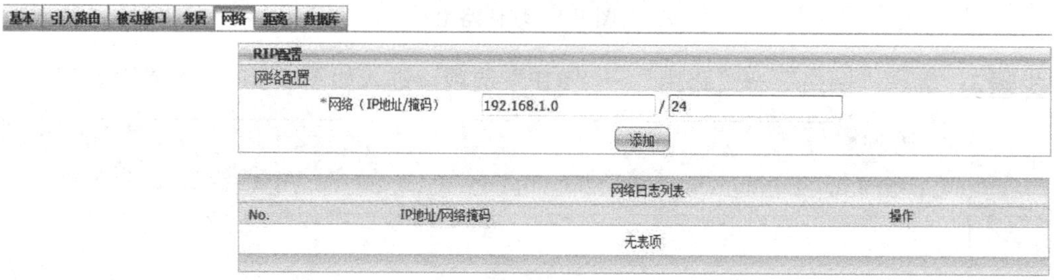

图 1-7　添加网段（一）

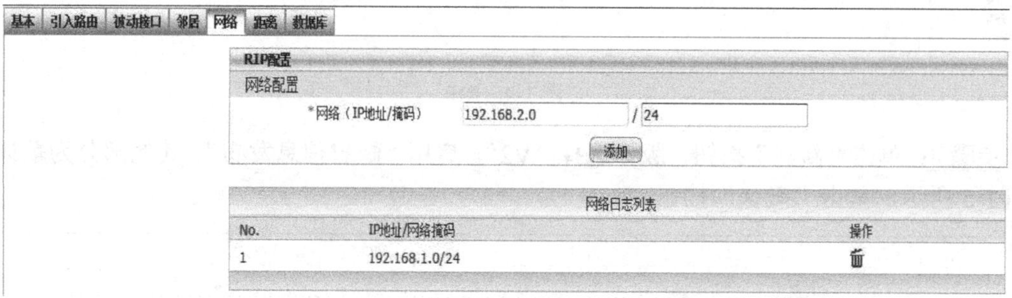

图 1-8　添加网段（二）

在 SW3 上的设置如下。

步骤 1：配置 RIP 协议。

```
SW3(config)#router rip                              ！启用 RIP 协议
SW3(config-router)#version 2                        ！设置版本为 2
SW3(config-router)#network 192.168.10.0/24          ！该网段启用 RIP 协议
SW3(config-router)#network 192.168.20.0/24          ！该网段启用 RIP 协议
SW3(config-router)#network 192.168.1.0/24           ！该网段启用 RIP 协议
SW3(config-router)#network 192.168.2.0/24           ！该网段启用 RIP 协议
SW3(config-router)#exit
```

步骤 2：全部配置完成后，查看 FW1 的路由表。

```
FW1 (config)# show ip route
Codes: K - kernel route, C - connected, S - static, I - ISP, R - RIP, O - OSPF,
       B - BGP, D - DHCP, P - PPPoE, H - HOST, G - SCVPN, V - VPN, M - IMPORT,
       > - selected route, * - FIB route
```

```
Routing Table for Virtual Router <trust-vr>
================================================================================
S>* 0.0.0.0/0 [1/0/1] via 14.1.196.1, ethernet0/4                ！默认路由
C>* 14.1.196.0/24 is directly connected, ethernet0/4
H>* 14.1.196.2/32 [0/0/1] is local address, ethernet0/4
C>* 192.168.1.0/24 is directly connected, ethernet0/0
H>* 192.168.1.1/32 [0/0/1] is local address, ethernet0/0
C>* 192.168.2.0/24 is directly connected, ethernet0/1
H>* 192.168.2.1/32 [0/0/1] is local address, ethernet0/1
R>* 192.168.10.0/24 [120/2/1] via 192.168.1.2, ethernet0/0, 00:02:25
R>* 192.168.20.0/24 [120/2/1] via 192.168.1.2, ethernet0/0, 00:02:25
```

防火墙已经获取了内网的 IP 地址段 192.168.10.0 和 192.168.20.0。

步骤 3： 再次查看路由表，此次查看 SW3 的路由信息。

```
SW3 (config) show ip route
Codes: K - kernel, C - connected, S - static, R - RIP, B - BGP
       O - OSPF, IA - OSPF inter area
       N1 - OSPF NSSA external type 1, N2 - OSPF NSSA external type 2
       E1 - OSPF external type 1, E2 - OSPF external type 2
       i - IS-IS, L1 - IS-IS level-1, L2 - IS-IS level-2, ia - IS-IS inter area
       * - candidate default
Gateway of last resort is 192.168.1.1 to network 0.0.0.0
R*      0.0.0.0/0 [120/2] via 192.168.1.1, Vlan 3, 00:00:17
C       127.0.0.0/8 is directly connected, Loopback
C       192.168.1.0/24 is directly connected, ethernet0/0/1
R       192.168.2.0/24 [120/2] via 192.168.1.1, 00:00:17
C       192.168.10.0/24 is directly connected, Vlan 1
C       192.168.20.0/24 is directly connected, Vlan 2
```

SW3 通过 RIP 协议获取了默认路由和 192.168.2.0 网段的路由表项。

5. 防火墙配置 NAT

在防火墙 FW1 上启用 NAT，转换接口为 E0/4。设置防火墙策略允许内网 192.168.10.0 和 192.168.20.0 网段访问外网的 DNS、Web、FTP 和 MAIL 服务器。

步骤 1： 选择“防火墙”→“NAT”→“源 NAT”选项，进入如图 1-9 所示的界面。

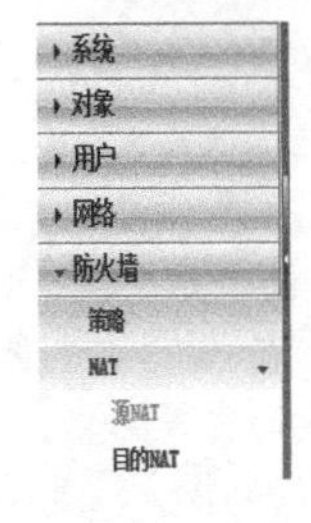

图 1-9　源 NAT 列表

步骤 2：单击“新建”按钮，设置源地址为“Any”，出接口为“ethernet0/4”，行为为“NAT（出接口 IP）”，如图 1-10 所示，单击“确认”按钮。

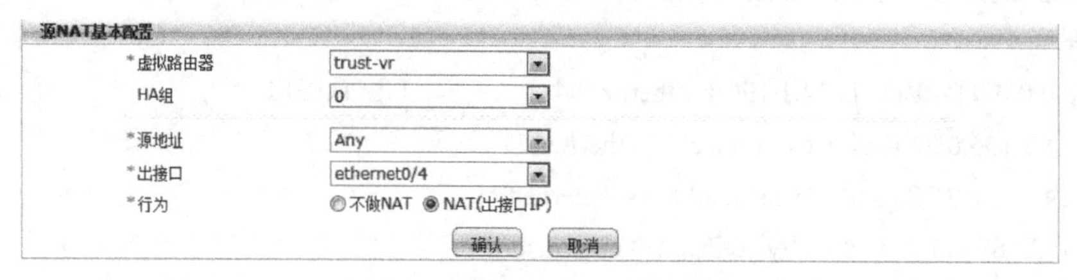

图 1-10　源 NAT 基本配置

步骤 3：选择“防火墙”→“策略”选项，进入如图 1-11 所示的界面。

图 1-11　防火墙策略

步骤 4：单击“新建”按钮，设置源安全域为“trust”，目的安全域为“untrust”，服务簿为“DNS”，行为为“允许”，如图 1-12 所示，单击“确认”按钮。

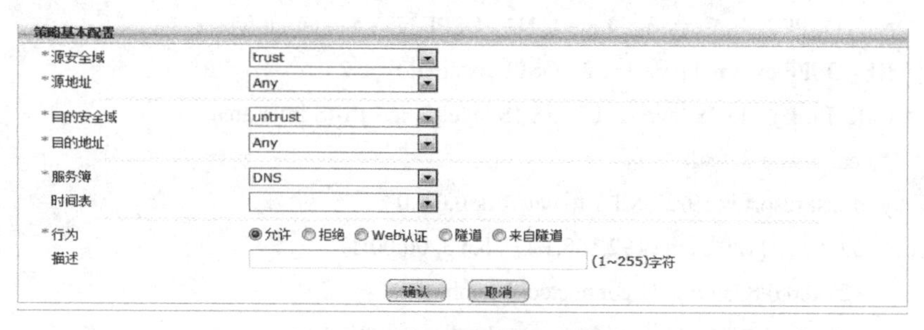

图 1-12　防火墙策略基本配置

步骤 5：单击此策略的“编辑”按钮，将源地址的“Any”改为“192.168.10.0”和“192.168.20.0”，服务簿改为“DNS、Web、FTP 和 MAIL”，如图 1-13 所示，单击“确认”按钮。

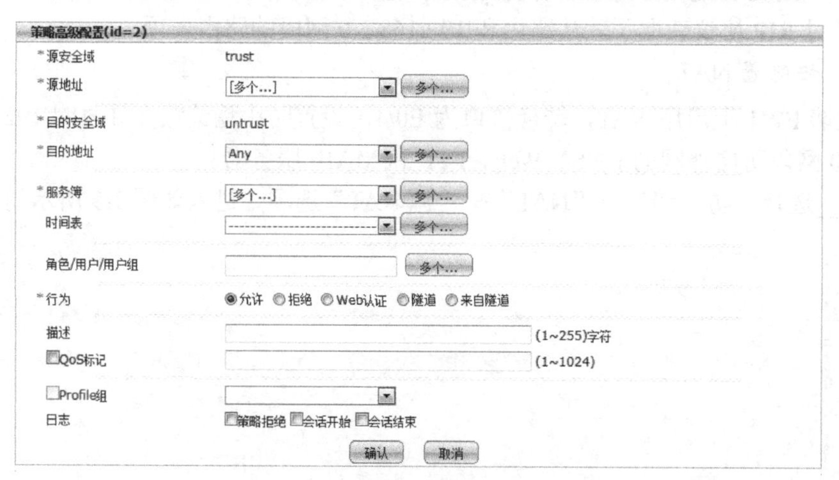

图 1-13　防火墙策略高级配置

对防火墙的配置完成后，内网用户只要设置了正确的 IP 地址、网关和 DNS 服务器就可以访问外网了。

6. 在防火墙上配置防病毒

配置防火墙使内网网段计算机访问互联网时，如果访问网站带有病毒，则防火墙会对其进行某些动作，并记录到防火墙日志中。

步骤 1：病毒特征库在线更新及启用防病毒配置。

在“防病毒”→“配置”中，启用防病毒特性。单击“配置更新选项”超链接，可以看到病毒服务器升级的域名，可以启用病毒库自动升级功能，手工设置自动升级的时间点。如果需要设备在线升级病毒库，则需要在设备上配置可用的 DNS 地址，并能够解析出病毒服务器域名，如图 1-14 所示。

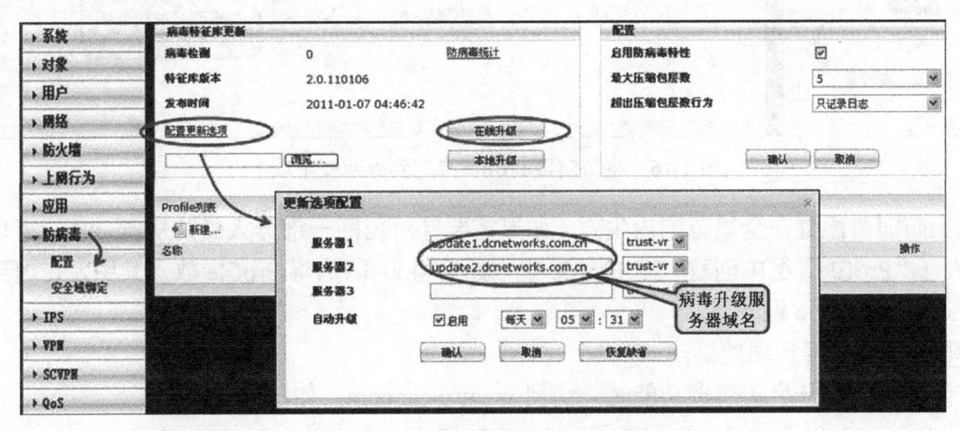

图 1-14 启用病毒库自动升级功能

步骤 2：配置防病毒 Profile。

在“防病毒”→“配置”中新建一个防病毒 Profile，名称为 av，将所有文件类型选中，协议类型选择 HTTP，动作选择“重置连接”，如图 1-15 所示。

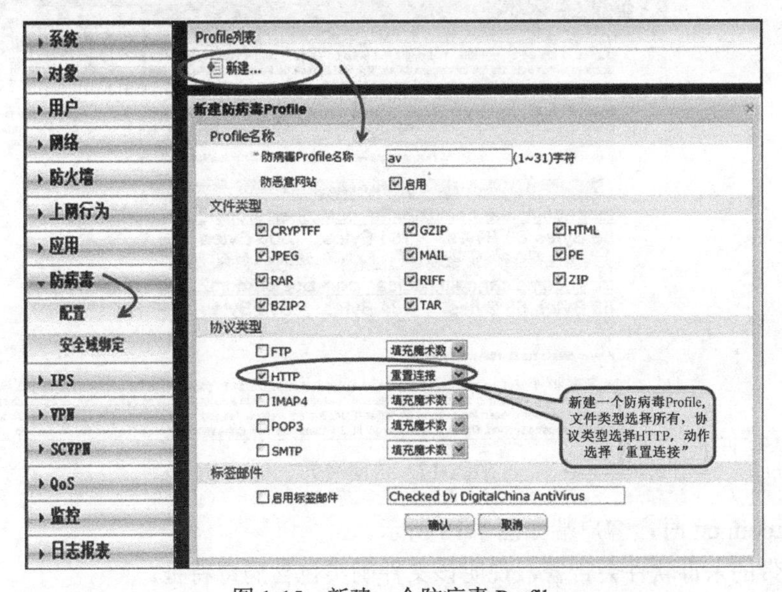

图 1-15 新建一个防病毒 Profile

步骤 3：绑定安全域，即将防病毒 Profile 绑定到外网安全域上。

在“防病毒”→“安全域绑定”中，目的安全域选择“untrust”，将 av 绑定到 untrust 安全域上，如图 1-16 所示。

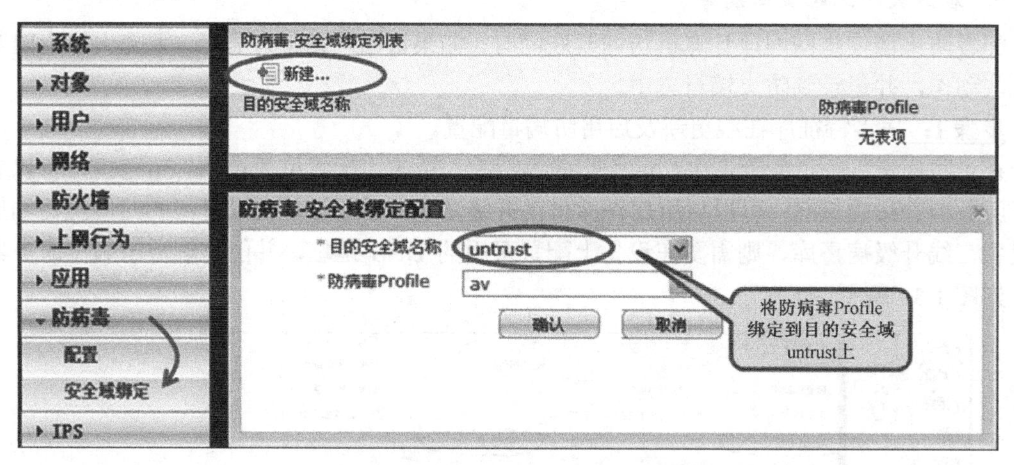

图 1-16　将防病毒 Profile 绑定到外网安全域上

以上防病毒配置在全局范围内生效。如果需要针对内网一部分人做防病毒功能，可以先在“对象”→“Profile”组中创建一个 Profile 组，然后将 av 防病毒 Profile 放入其中，在内到外的策略上选中该 Profile 组即可。

步骤 4：测试客户端效果。

在防火墙没有开启防病毒功能时，访问 www.eicar.com，如图 1-17 所示。

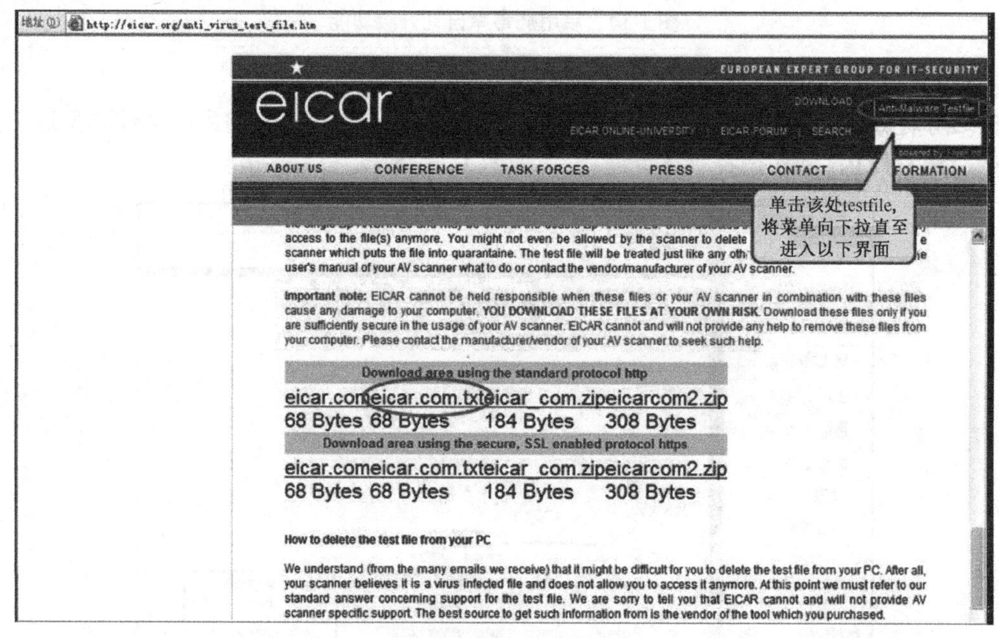

图 1-17　访问网页

单击 eicar.com.txt 时，客户端如图 1-18 所示。

客户端自带的杀毒软件会告警，说明该文件确实包含病毒特征。

在防火墙上开启防病毒功能后，再次访问 www.eicar.com，单击 eicar.com.txt 时，如图 1-19

所示。

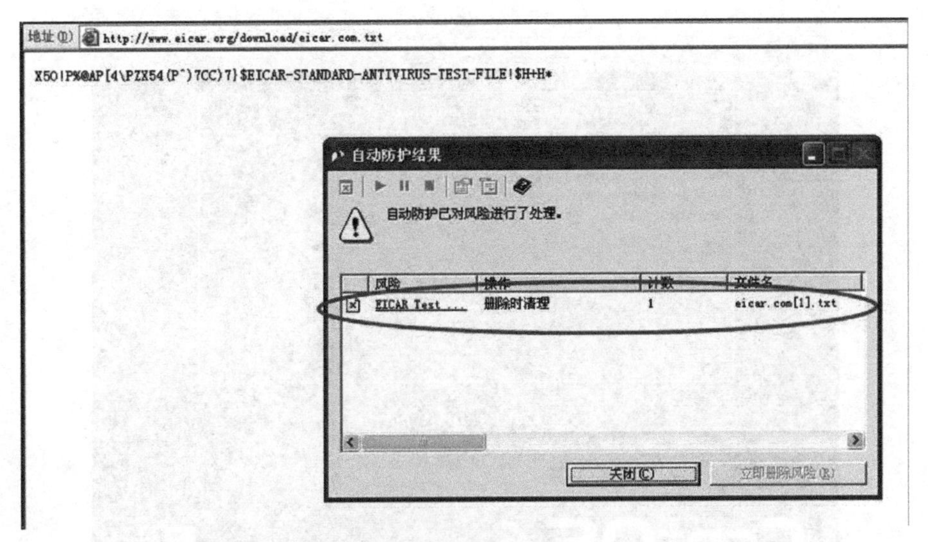

图 1-18　自动防护图

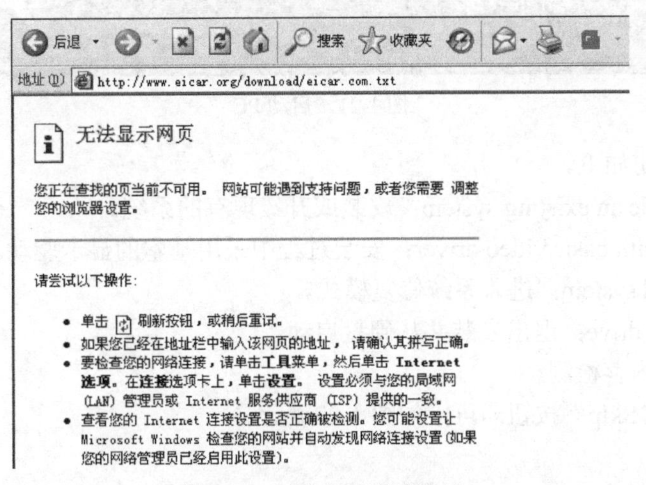

图 1-19　开启防病毒功能后

在“日志报表”→“安全日志列表”中，可以看到防病毒日志信息，如图 1-20 所示。

图 1-20　日志信息图

项目实现——应用系统部分实现

1. 文件服务器系统安装

一般将服务器的配件安装到服务器中，环境架设好后，即可进行操作系统的安装。
根据需求分析，文件服务器选用 Linux 操作系统，这里选取 CentOS 6.4 作为服务器操作系统。

步骤 1：准备好一张 CentOS 6.4 的安装光盘，使用光盘启动 PC，进入如图 1-21 所示的界面。

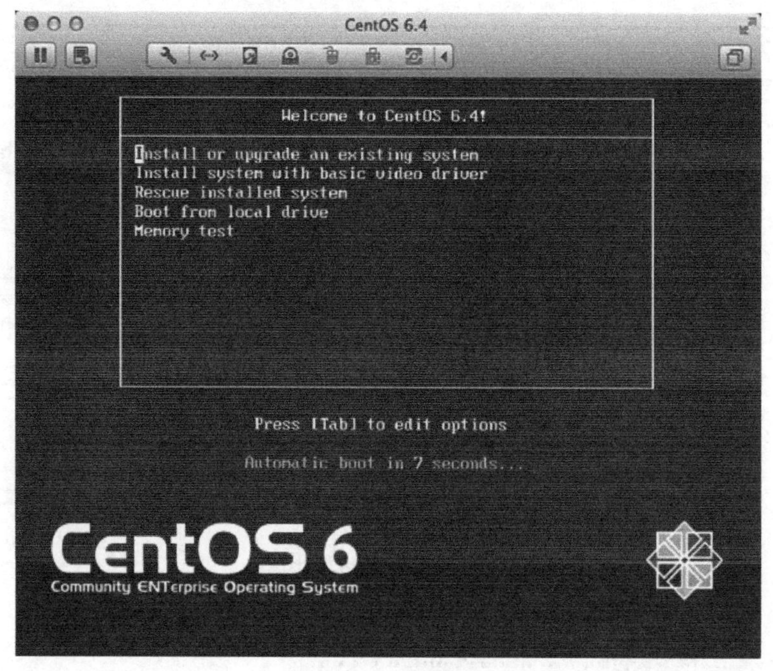

图 1-21　启动 PC

界面中各项说明如下。

Install or upgrade an existing system：安装或升级现有的系统。

Install system with basic video driver：安装过程中采用基本的显卡驱动。

Rescue installed system：进入系统修复模式。

Boot from local drive：退出安装并从硬盘启动。

Memory test：内存检测。

步骤 2：单击“Skip”按钮即可，如图 1-22 所示。

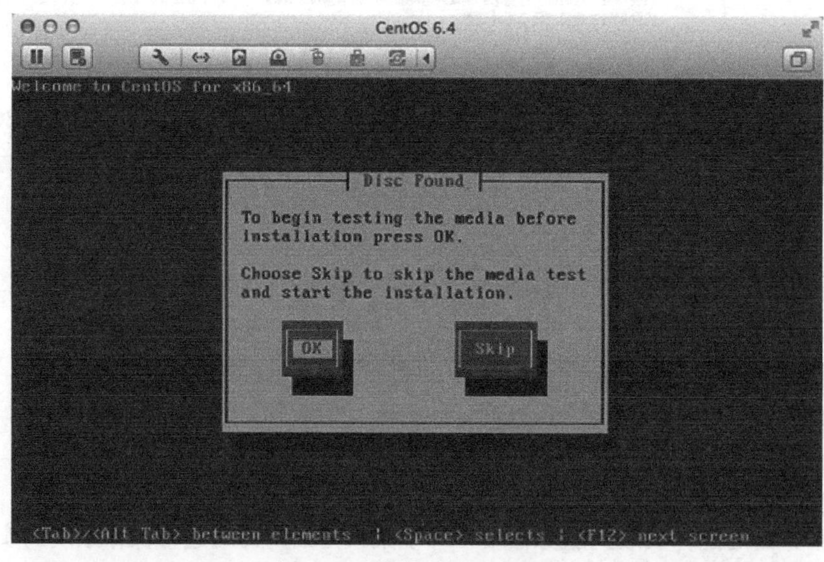

图 1-22　单击“Skip”按钮

步骤 3：进入引导界面，单击“Next”按钮。

图 1-23　引导界面

步骤 4：选择“English（English）”选项，否则会有部分乱码问题出现，如图 1-24 所示。

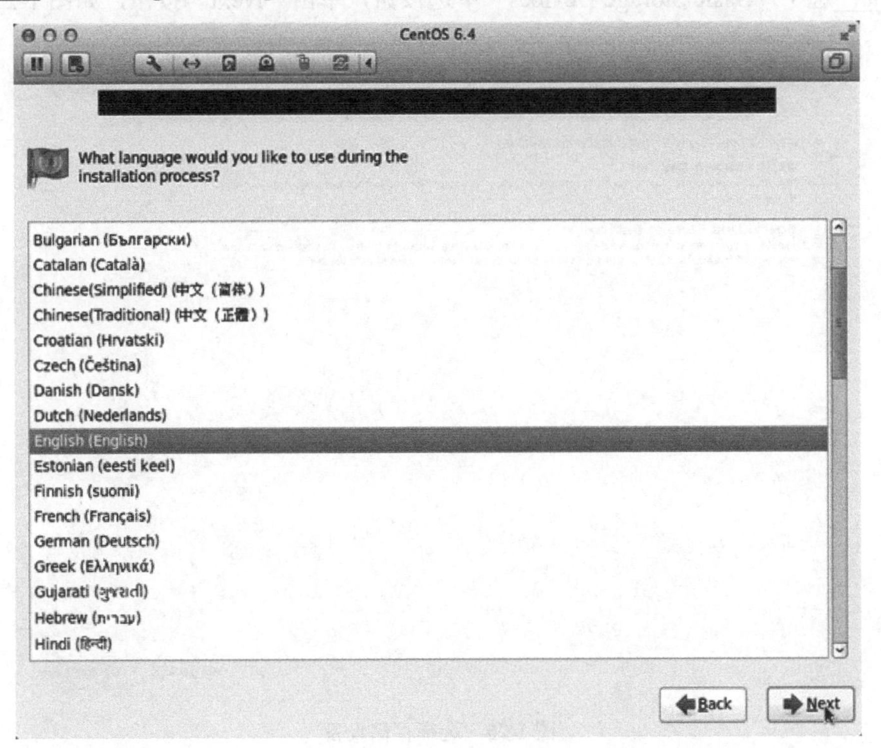

图 1-24　选择使用的语言

步骤 5：键盘布局选择“U.S.English”选项，如图 1-25 所示。

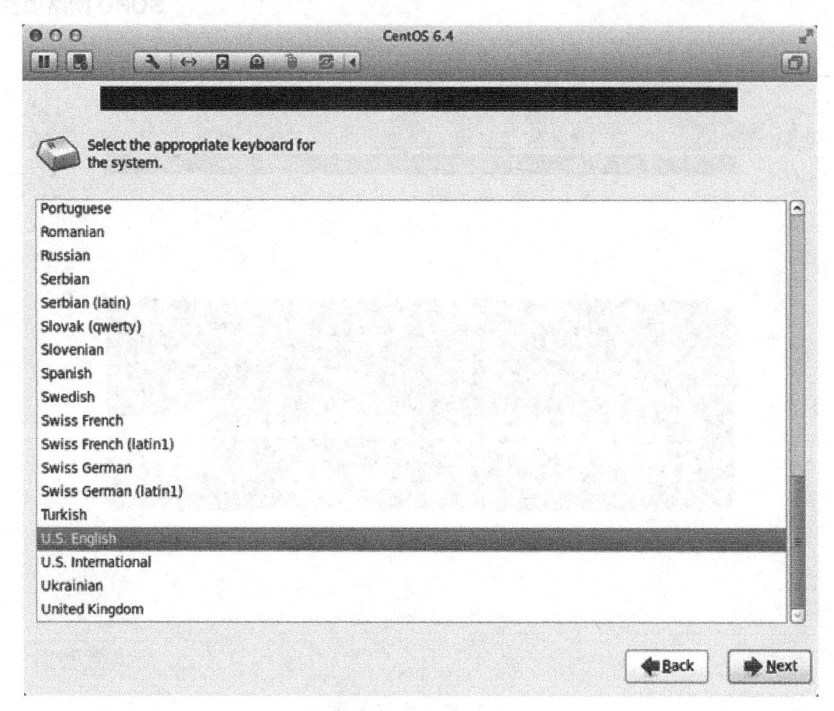

图 1-25 键盘布局

步骤 6：选中“Basic Storage Devices”单选按钮，单击“Next”按钮，如图 1-26 所示。

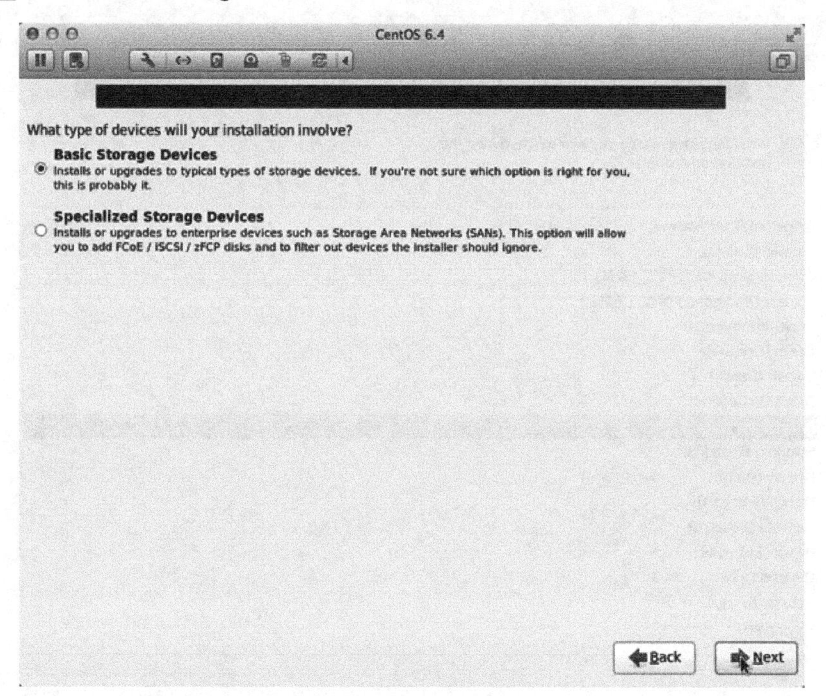

图 1-26 选择存储设备

步骤 7：询问是否忽略所有数据，新 PC 安装系统应单击“Yes,discard any data”按钮，如图 1-27 所示。

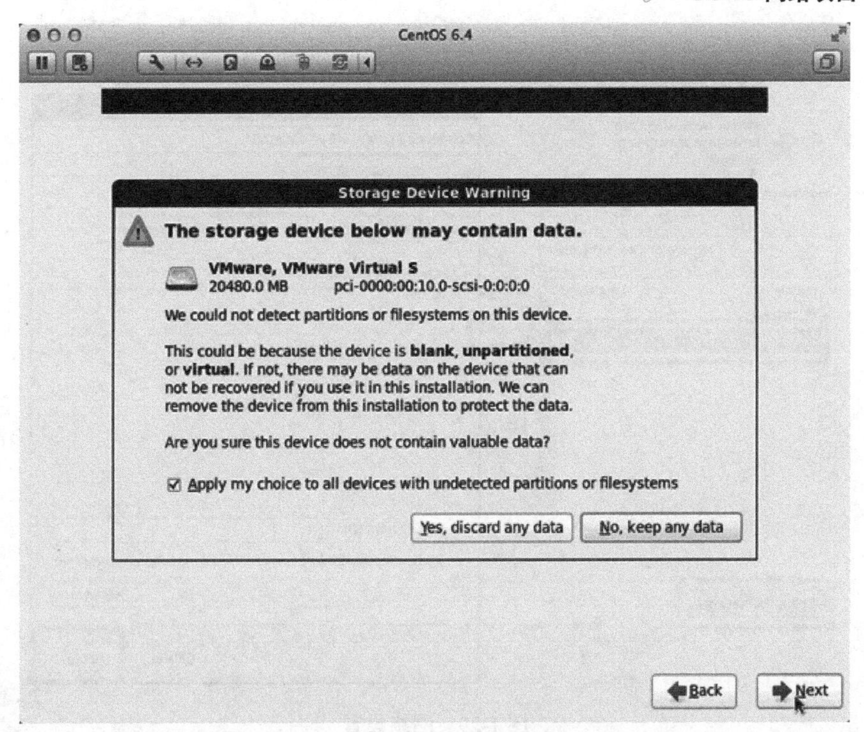

图 1-27 是否忽略所有数据

步骤 8：Hostname 填写格式为英文名.姓，如图 1-28 所示。

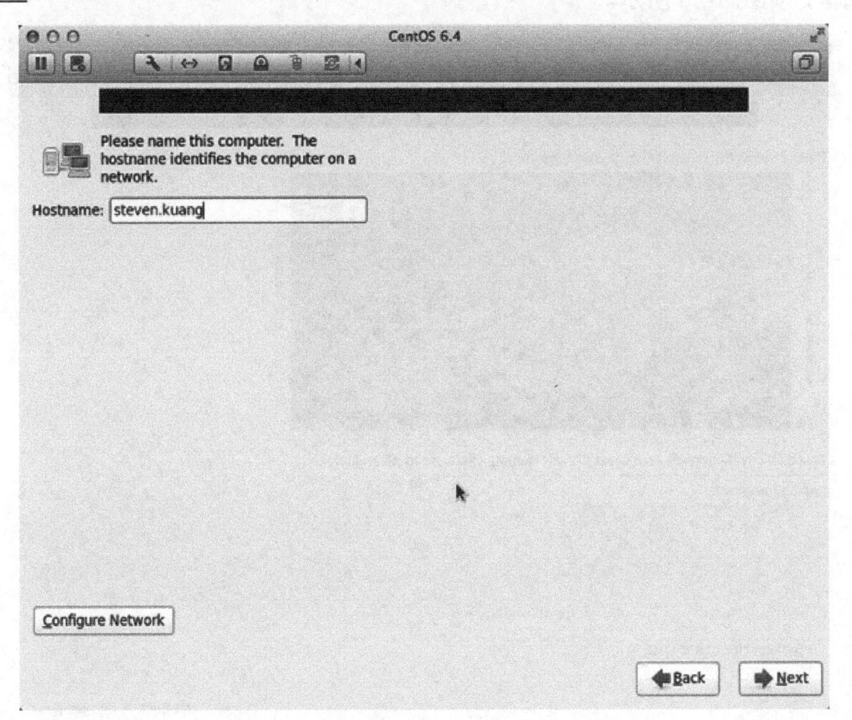

图 1-28 填写名称

步骤 9：网络设置，按安装图示顺序单击即可，如图 1-29 所示。

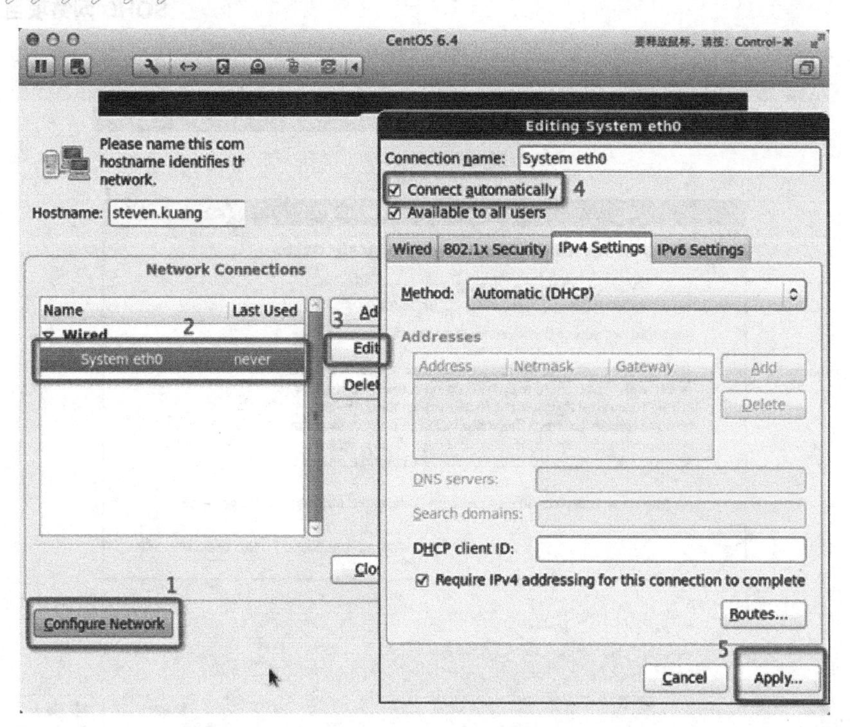

图 1-29　网络设置

步骤 10：选择时区，可以在地图上单击，选择“Shanghai”并取消选中“System clock uses UTC”复选框，如图 1-30 所示。

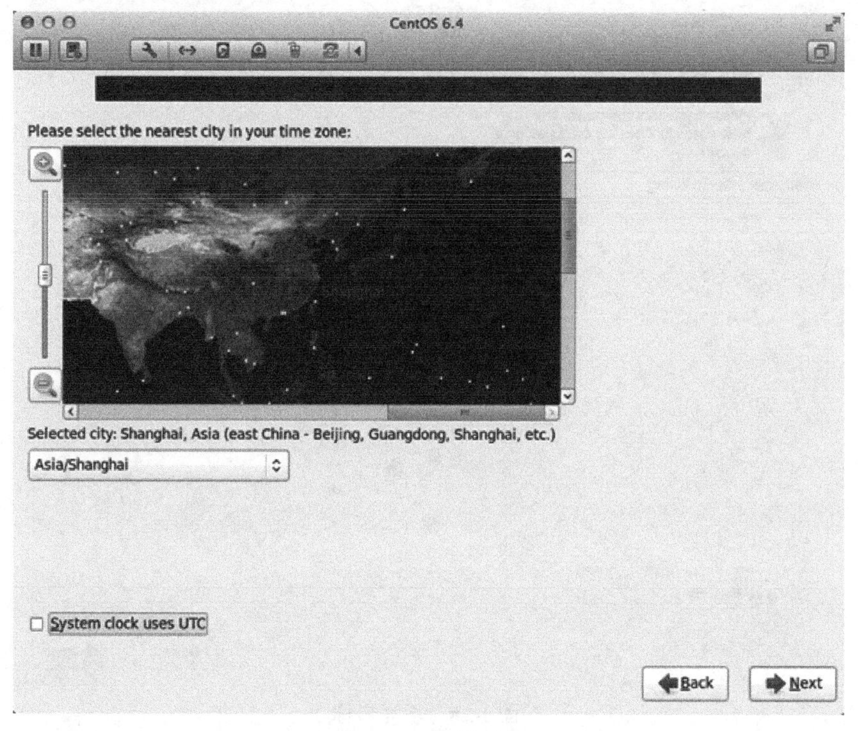

图 1-30　选择时区

步骤 11： 设置 root 的密码，如图 1-31 所示。

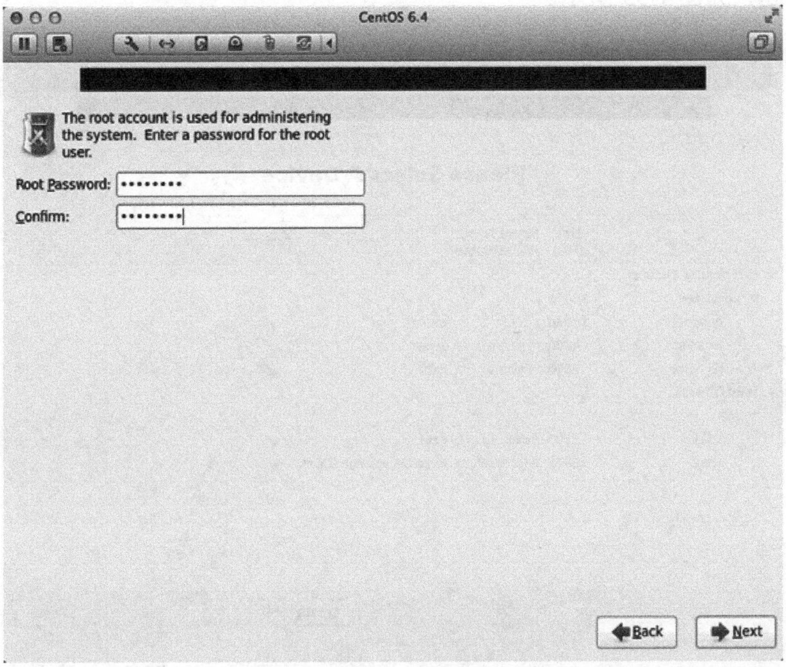

CentOS 6.4

The root account is used for administering the system. Enter a password for the root user.

Root Password: ••••••••

Confirm: ••••••••

Back　Next

图 1-31　设置密码

步骤 12： 硬盘分区，一定要按照图 1-32 所示方式进行选择。

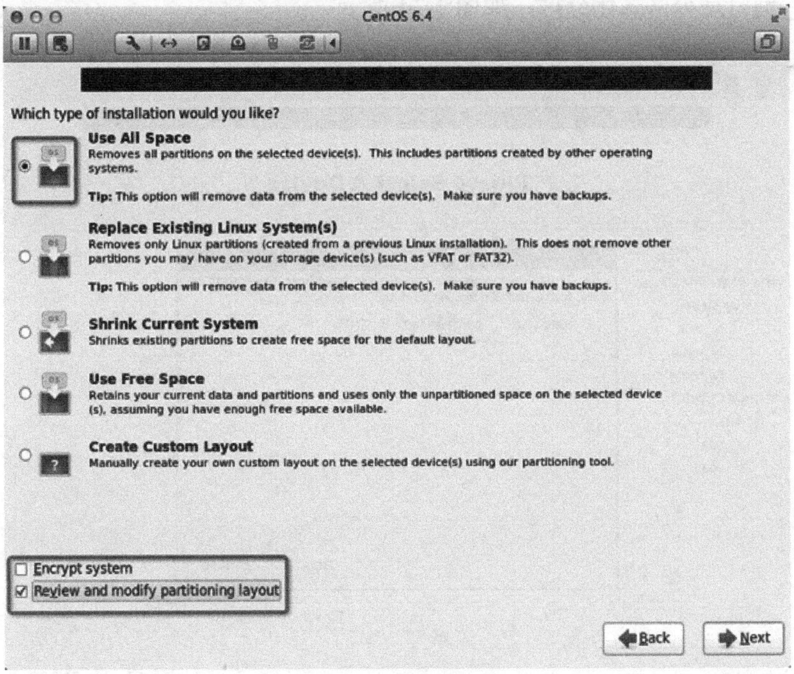

CentOS 6.4

Which type of installation would you like?

Use All Space
Removes all partitions on the selected device(s). This includes partitions created by other operating systems.
Tip: This option will remove data from the selected device(s). Make sure you have backups.

Replace Existing Linux System(s)
Removes only Linux partitions (created from a previous Linux installation). This does not remove other partitions you may have on your storage device(s) (such as VFAT or FAT32).
Tip: This option will remove data from the selected device(s). Make sure you have backups.

Shrink Current System
Shrinks existing partitions to create free space for the default layout.

Use Free Space
Retains your current data and partitions and uses only the unpartitioned space on the selected device (s), assuming you have enough free space available.

Create Custom Layout
Manually create your own custom layout on the selected device(s) using our partitioning tool.

☐ Encrypt system
☑ Review and modify partitioning layout

Back　Next

图 1-32　硬盘分区

步骤 13：调整分区，必须要有/home 分区，如果没有这个分区，则安装部分软件时会出现不能安装的问题，如图 1-33 所示。

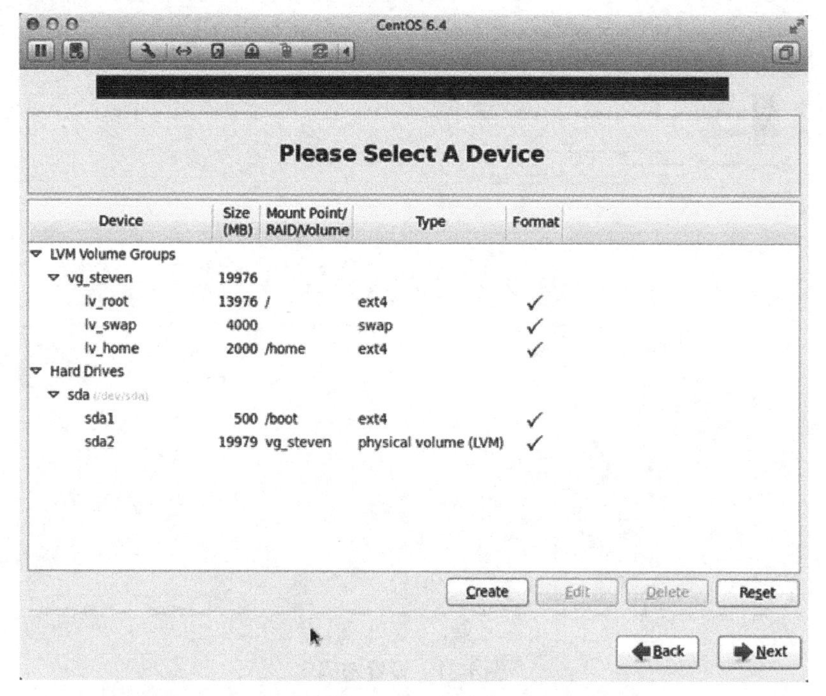

图 1-33　调整分区

步骤 14：询问是否格式化分区，如图 1-34 所示。

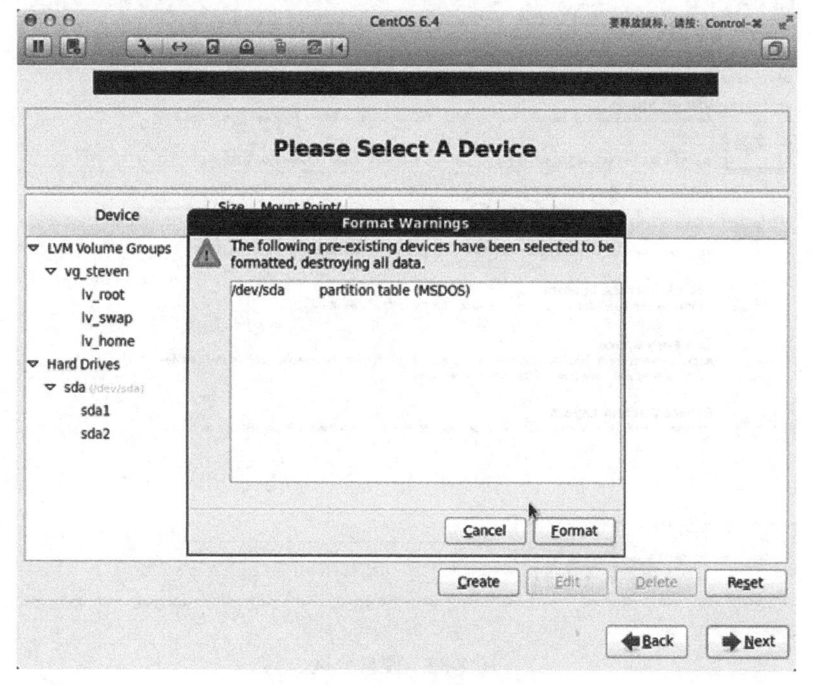

图 1-34　是否格式化分区

步骤 15： 将更改写入硬盘，如图 1-35 所示。

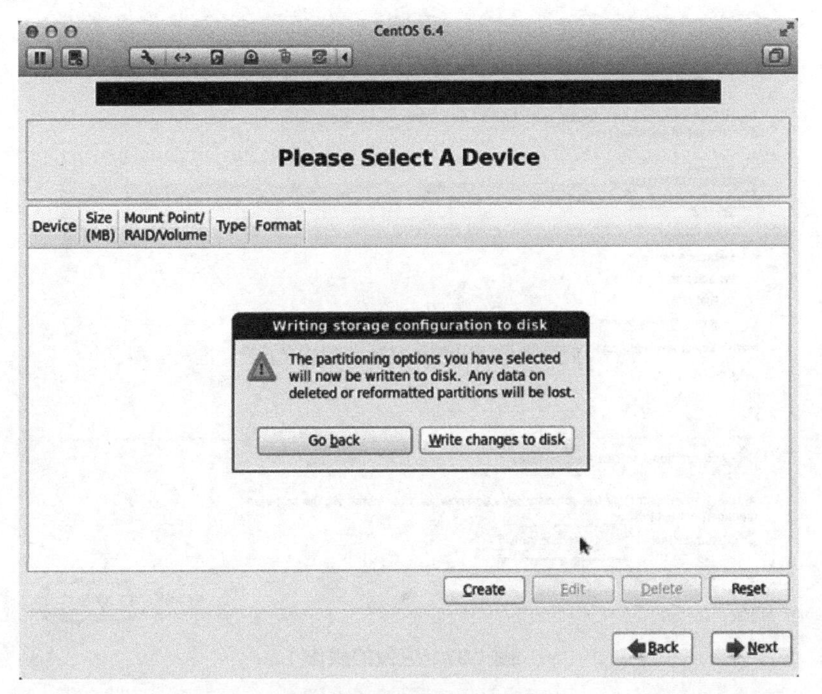

图 1-35　将更改写入硬盘

步骤 16： 引导程序安装位置，如图 1-36 所示。

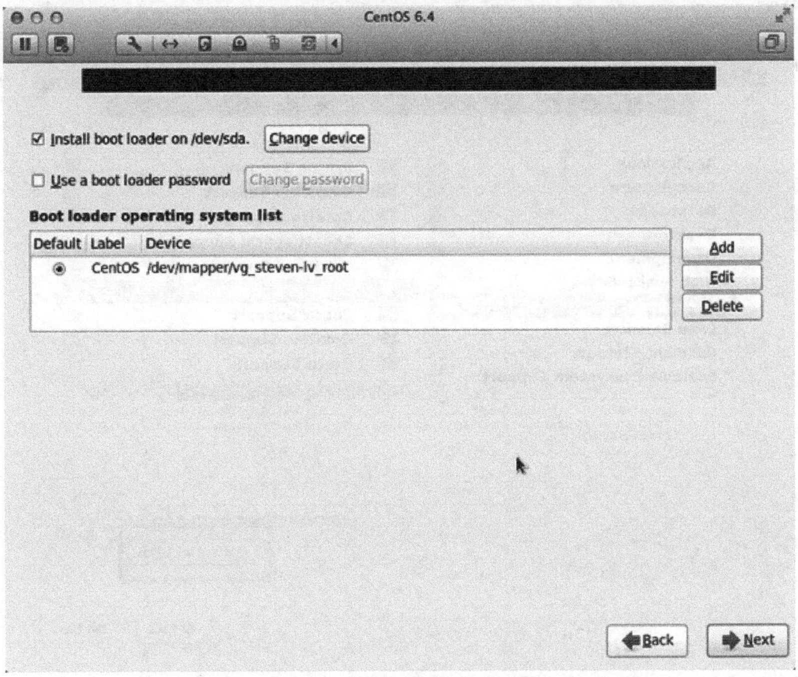

图 1-36　引导程序安装位置

步骤 17： 按图 1-37 所示的顺序选择各选项。

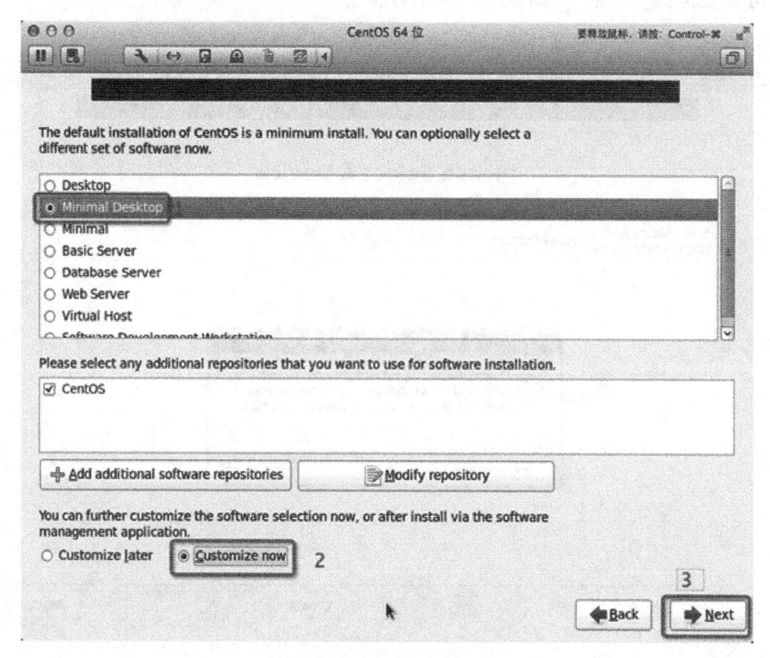

图 1-37　应做的操作

步骤 18： 选中需要安装的服务包内容的所有选项。

步骤 19： 选择“Languages”，并选中右侧的“Chinese Support”复选框，单击红色区域，如图 1-38 所示。

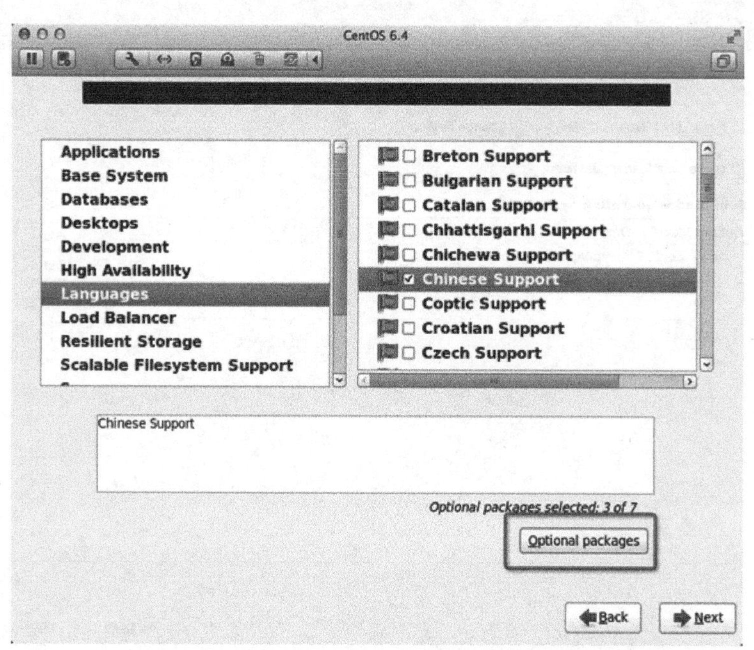

图 1-38　选择是否支持中文

步骤 20： 至此，一个服务器系统就设置完成了，如图 1-39 所示。

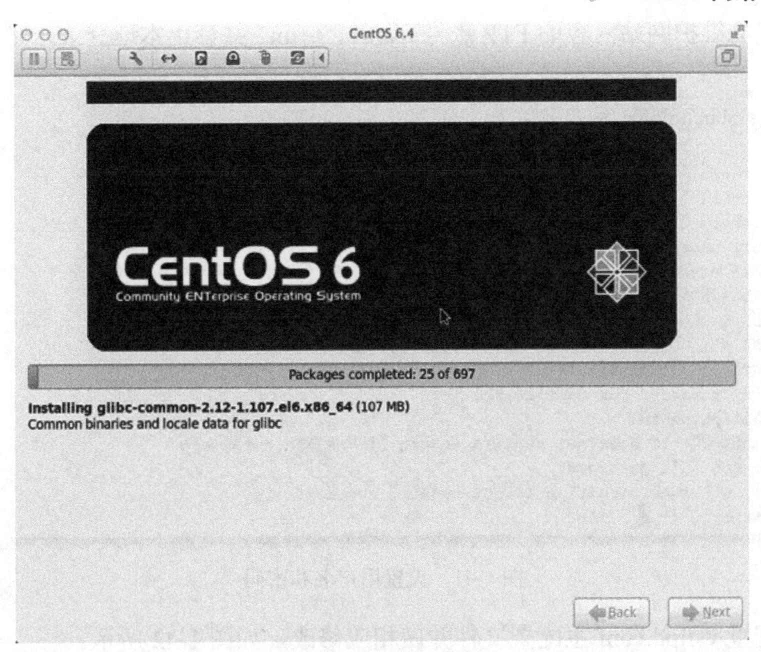

图 1-39　设置完成

<u>步骤 21：</u>安装完成后，重启计算机，如图 1-40 所示。

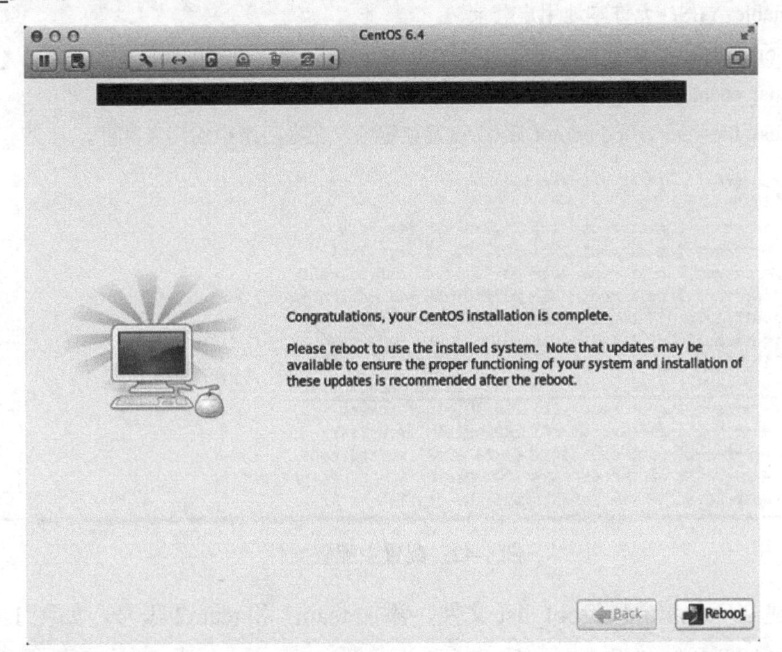

图 1-40　重启计算机

<u>步骤 22：</u>重启之后，进行服务器的配置。

2. 文件服务器系统配置

根据前文的分析，现设置财务部 FTP 账号为 team1，市场部 FTP 账号为 team2，由于 CentOS 系统对中文支持还不是很完善，因此需把共享文件夹“市场部”命名为“shichangbu”，把共享文件夹“财务部”命名为“caiwubu”。

步骤 1：建立维护网站内容的 FTP 账号 team1、team2 并禁止本地登录，然后设置其密码，如图 1-41 所示。

```
useradd -s /sbin/nologin 用户名
```

```
[root@rhel5 ~]# useradd -s /sbin/nologin team1
[root@rhel5 ~]# useradd -s /sbin/nologin team2
[root@rhel5 ~]# passwd team1
Changing password for user team1.
New UNIX password:
BAD PASSWORD: it does not contain enough DIFFERENT characters
Retype new UNIX password:
passwd: all authentication tokens updated successfully.
[root@rhel5 ~]# passwd team2
Changing password for user team2.
New UNIX password:
BAD PASSWORD: it does not contain enough DIFFERENT characters
Retype new UNIX password:
passwd: all authentication tokens updated successfully.
[root@rhel5 ~]#
```

图 1-41　设置用户名和密码

步骤 2：配置 vsftpd.conf 主配置文件并做相应修改，如图 1-42 所示。

vim /etc/vsftpd/vsftpd.conf

anonymous_enable=NO：禁止匿名用户登录。

local_enable=YES：允许本地用户登录。

local_root=/var/ftp/：设置本地用户的根目录为/var/ftp。

chroot_list_enable=YES：激活 chroot 功能。

chroot_list_file=/etc/vsftpd/chroot_list：设置锁定用户在根目录中的列表文件。

```
[root@rhel5 ~]# ll /etc/vsftpd/
总计 36
-rw------- 1 root root  125 2007-01-18 ftpusers
-rw------- 1 root root  361 2007-01-18 user_list
-rw------- 1 root root 4419 03-14 13:47 vsftpd.conf
-rwxr--r-- 1 root root  338 2007-01-18 vsftpd_conf_migrate.sh
[root@rhel5 ~]# touch /etc/vsftpd/chroot_list
[root@rhel5 ~]# ll /etc/vsftpd/
总计 40
-rw-r--r-- 1 root root    0 03-14 13:48 chroot_list
-rw------- 1 root root  125 2007-01-18 ftpusers
-rw------- 1 root root  361 2007-01-18 user_list
-rw------- 1 root root 4419 03-14 13:47 vsftpd.conf
-rwxr--r-- 1 root root  338 2007-01-18 vsftpd_conf_migrate.sh
[root@rhel5 ~]# vim /etc/vsftpd/chroot_list
```

图 1-42　配置主配置文件

步骤 3：建立/etc/vsftpd/chroot_list 文件，添加 team1 和 team2 账号，如图 1-43 所示。

```
touch /etc/vsftpd/chroot_list
```

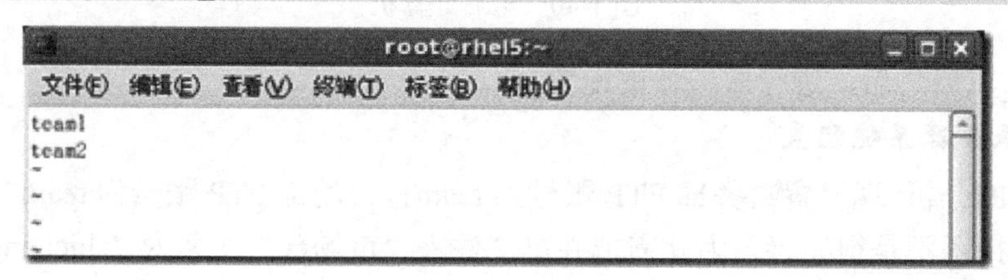

图 1-43　添加账号

步骤 4：开启或禁用 SELinux 的 FTP 传输审核功能，如图 1-44 所示。

```
setsebool -P ftpd_disable_trans
```

注意：on 也可以换成 1，off 为 0。

```
[root@rhel5 ~]# getsebool -a |grep ftp
allow_ftpd_anon_write --> on
allow_ftpd_full_access --> off
allow_ftpd_use_cifs --> off
allow_ftpd_use_nfs --> off
ftp_home_dir --> off
ftpd_disable_trans --> off
ftpd_is_daemon --> on
httpd_enable_ftp_server --> off
tftpd_disable_trans --> off
[root@rhel5 ~]# setsebool -P allow_ftpd_anon_write off
[root@rhel5 ~]# setsebool -P ftpd_disable_trans on
[root@rhel5 ~]# getsebool -a |grep ftp
allow_ftpd_anon_write --> off
allow_ftpd_full_access --> off
allow_ftpd_use_cifs --> off
allow_ftpd_use_nfs --> off
ftp_home_dir --> off
ftpd_disable_trans --> on
ftpd_is_daemon --> on
httpd_enable_ftp_server --> off
tftpd_disable_trans --> off
[root@rhel5 ~]#
```

图 1-44　开启或禁用 FTP 传输审核功能

如果不禁用 SELinux 的 FTP 传输审核功能，则会出现如下错误："500 OOPS:无法改变目录"，如图 1-45 所示。

```
C:\Documents and Settings\michael>ftp 192.168.0.188
Connected to 192.168.0.188.
220 (vsFTPd 2.0.5)
User (192.168.0.188:(none)): team1
331 Please specify the password.
Password:
500 OOPS: cannot change directory:/home/team1
Login failed.
ftp>
```

图 1-45　提示信息

步骤 5：重启 vsftpd 服务使配置生效，如图 1-46 所示。

```
service vsftpd restart
```

```
[root@rhel5 ~]# vim /etc/vsftpd/chroot_list
[root@rhel5 ~]# service vsftpd restart
关闭 vsftpd:                                    [确定]
为 vsftpd 启动 vsftpd:                          [确定]
[root@rhel5 ~]#
```

图 1-46　重启服务

步骤 6：在/var/ftp 中新建两个文件夹 caiwubu 和 shichangbu，并修改本地权限。

mkdir caiwubu shichangbu：新建两个文件夹 caiwubu 和 shichangbu。

chown shichangbu team1：文件夹 shichangbu 属于 team1。

chown caiwubu team2：文件夹 caiwubu 属于 team2。

chmod 755 shichangbu：文件夹 shicwangbu 属主权限为 7（读写运行），其他用户为 5（读

运行）。

chmod 700 caiwubu：文件夹 caiwubu 属主权限为 7（读写运行），其他用户为 0（不能访问）。

步骤 7：测试。

分别使用 team1、team2 用户登录 FTP 服务器，使用 ll ./命令列出文件夹权限。

此时，可发现需求目标已经全部达成，也可以使用浏览器进行测试。

3. Web 服务器系统配置

前文叙述了文件服务系统的需求分析：公司申请的域名空间为 zhiyuan.com，添加了一台独立支持 ASP 语言的 Web 服务器，其域名为 www.zhiyuan.com，并能限制客户端连接数量，保证服务质量。该服务器放置在内部网络中，以保证服务器安全，只为内网用户提供服务。

根据以上分析，实现步骤如下。

步骤 1：在“服务器管理器”窗口中选择“角色”→“Web 服务器（IIS）”→“Internet 信息服务（IIS）”选项，如图 1-47 所示。

图 1-47 “服务器管理器”窗口

步骤 2：右击“网站”，在弹出的快捷菜单中选择“添加网站”选项，在弹出的“添加网站”对话框中设置该站点的名称、主目录、IP 地址，完成后单击“确定”按钮，如图 1-48 所示。

步骤 3：需要浏览站点时，打开 IE 浏览器，在地址栏中输入站点的 IP 地址或域名即可访问该站点。

4. DNS 服务器系统配置

前文叙述了文件服务系统的需求分析：公司添加了一台 DNS 服务器，使员工能通过域名访问公司内网数据。

根据以上分析，公司要解决两个域名解析，见表 1-7。

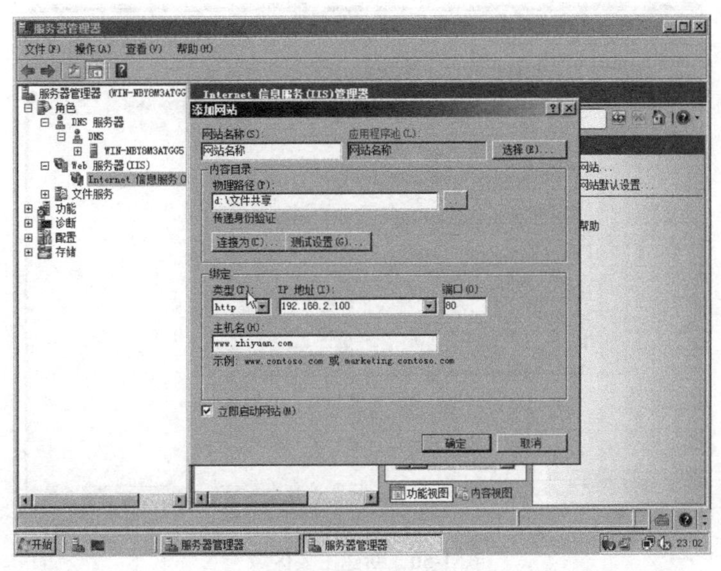

图 1-48　添加网站

表 1-7　域名解析

域　　名	IP 地址
www.zhiyuan.com	192.168.2.100
ftp.zhiyuan.com	192.168.2.101

其实现步骤如下。

（1）创建正向查找区域

<u>步骤 1：</u>选择“开始”→“管理工具”→“DNS”选项，打开 DNS 管理器窗口。

<u>步骤 2：</u>右击“正向查找区域”，从弹出的快捷菜单中选择“新建区域”选项，如图 1-49 所示。

<u>步骤 3：</u>弹出“新建区域向导”对话框，单击“下一步”按钮，进入“区域类型”界面，选中“主要区域”单选按钮，如图 1-50 所示。

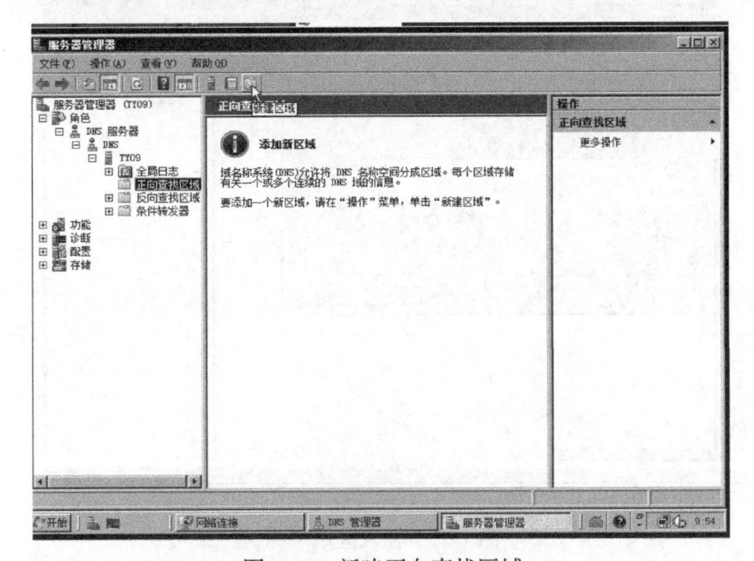

图 1-49　新建正向查找区域

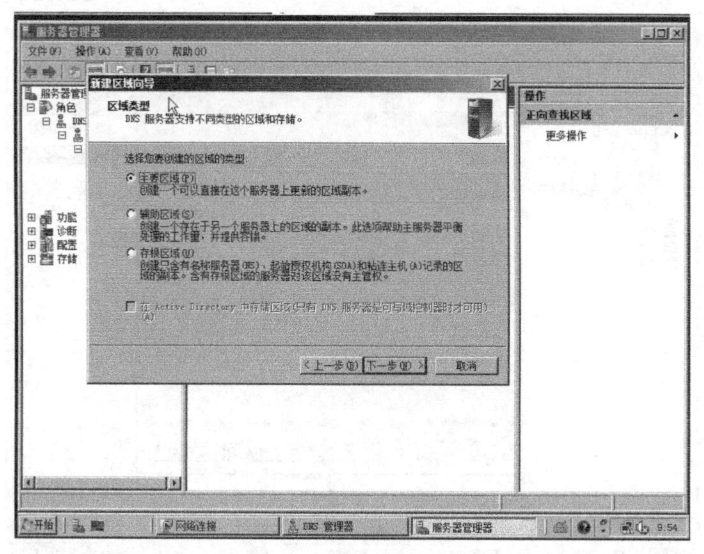

图 1-50　新建主要区域

“新建区域向导”对话框中的选项如下。

“主要区域”是新区域的主副本，负责在新建区域的计算机上管理和维护本区域的资源记录。如果这是一个新区域，则选中“主要区域”单选按钮。

“辅助区域”是现有区域的副本，主要区域中的 DNS 服务器将把区域信息传递给辅助区域中的 DNS 服务器。使用辅助区域的目的是提供冗余，减少包含主要区域数据库文件的 DNS 服务器上的负载。辅助 DNS 服务器上的区域数据无法修改，所有数据都从主 DNS 服务器复制而来。

“存根区域”只包含用于标识该区域的权威 DNS 服务器所需的资源记录。含有存根区域的 DNS 服务器对该区域没有管理权，它维护着该区域的权威 DNS 服务器列表，列表存放在 NS 资源记录中。

“在 Active Directory 中存储区域”选项只有在 DNS 服务器是可写域控制器时可用。

步骤 4：在“区域名称”文本框中输入区域名称，单击“下一步”按钮，如图 1-51 所示。

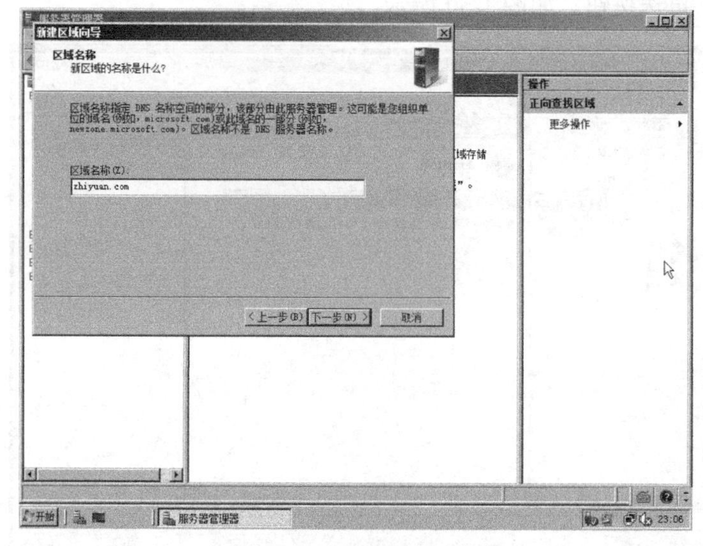

图 1-51　输入区域名称

<u>**步骤 5：**</u>在“区域文件”界面中保留文件名 zhiyuan.com.dns，该文件存放在%SystemRoot%\system32\dns 文件夹中，单击“下一步”按钮，如图 1-52 所示。

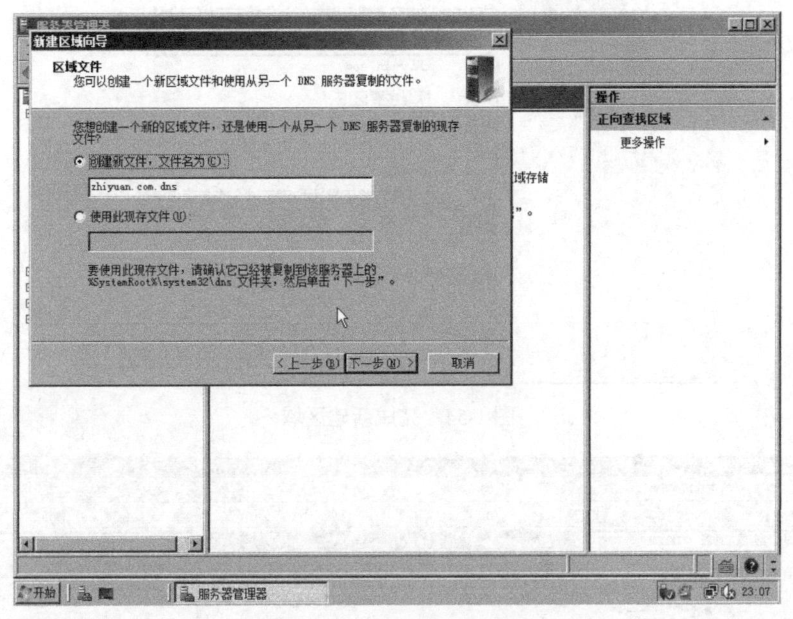

图 1-52　区域文件的设置

<u>**步骤 6：**</u>在“动态更新”界面中选中“不允许动态更新”单选按钮，单击“下一步”按钮，如图 1-53 所示。

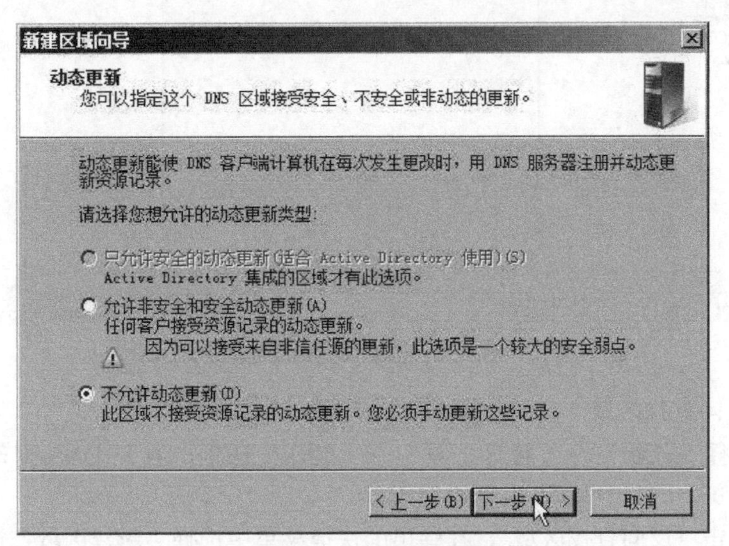

图 1-53　不允许动态更新

动态更新是指当 DNS 客户机发生更改时，可以使用 DNS 服务器注册和动态更新其资源记录。

<u>**步骤 7：**</u>在“新建区域向导”对话框中单击“完成”按钮，如图 1-54 所示。

<u>**步骤 8：**</u>此时，可以在 DNS 管理器中看到新创建的正向查找区域 zhiyuan.com，如图 1-55 所示。

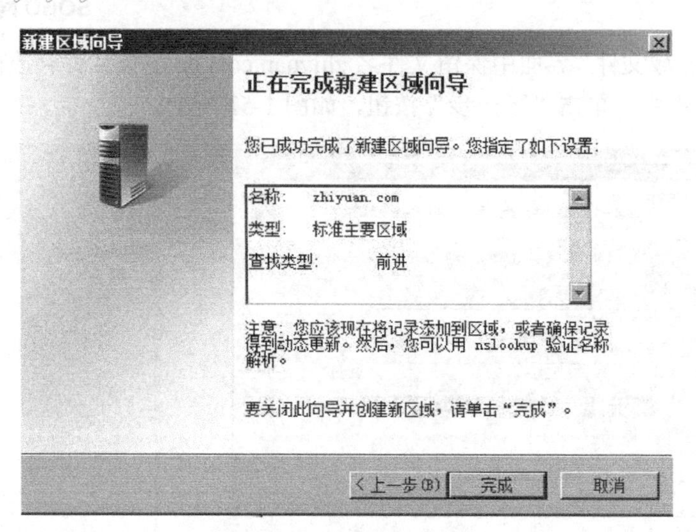

图 1-54　完成新建区域

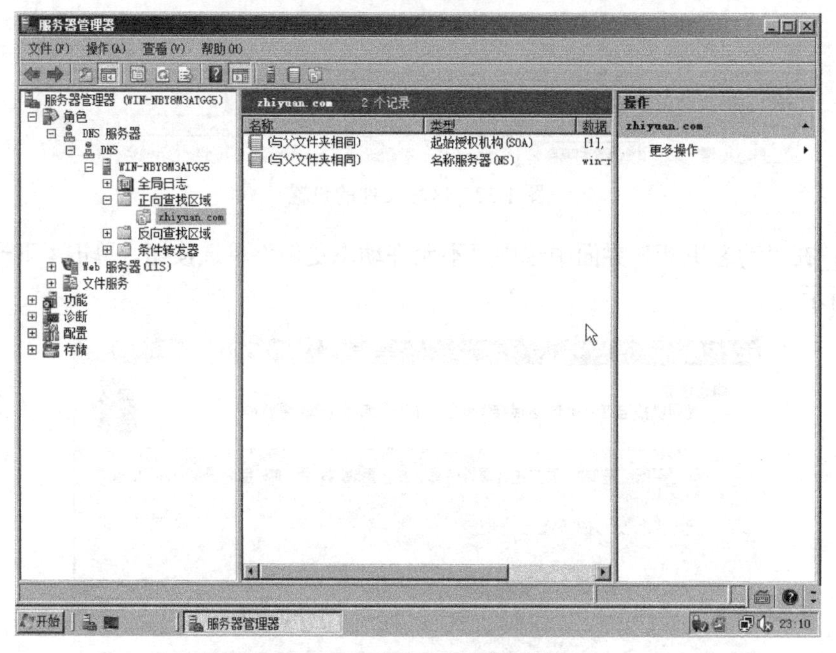

图 1-55　查看正向查找区域

（2）创建反向查找区域

<u>步骤 1：</u>选择“开始”→“管理工具”→“DNS”选项，打开 DNS 管理器，如图 1-56 所示。

<u>步骤 2：</u>右击“反向查找区域”，在弹出的快捷菜单中选择“新建区域”选项，如图 1-57 所示。

<u>步骤 3：</u>弹出新建区域向导，单击“下一步”按钮，进入“区域类型”界面，选中“主要区域”单选按钮，如图 1-58 所示。

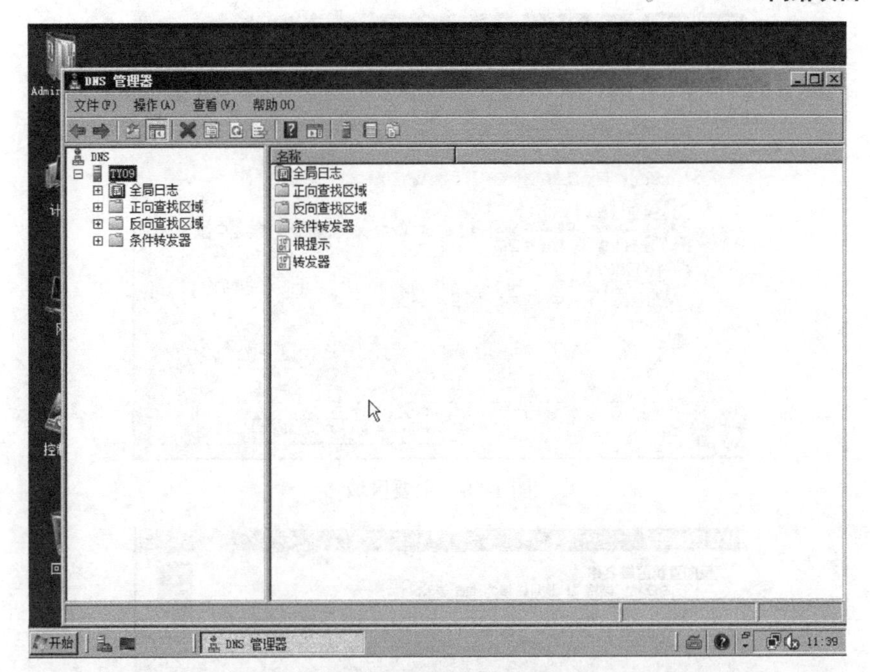

图 1-56　DNS 管理器

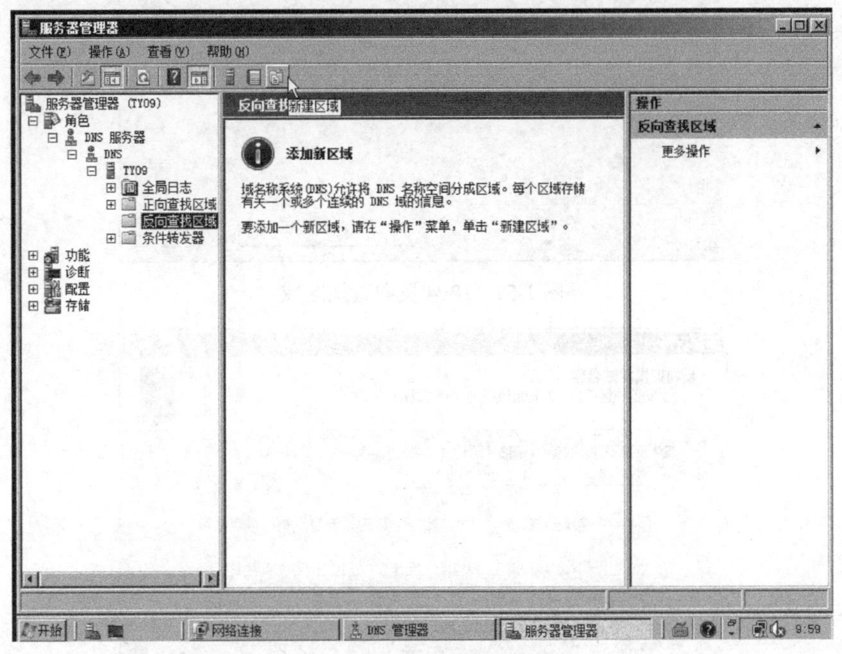

图 1-57　新建反向查找区域

<u>步骤 4：</u>选择是否要为 IPv4 地址或 IPv6 地址创建反向查找区域，选中“IPv4 反向查找区域（4）”单选按钮，如图 1-59 所示。

<u>步骤 5：</u>在“网络 ID”文本框中输入网络 ID。例如，要查找 IP 地址为 192.168.2.100，就应该在“网络 ID”文本框中输入 192.168.2，这样，192.168.2.0 网络内的所有反向查询都在这个区域中被解析了，单击“下一步”按钮，如图 1-60 所示。

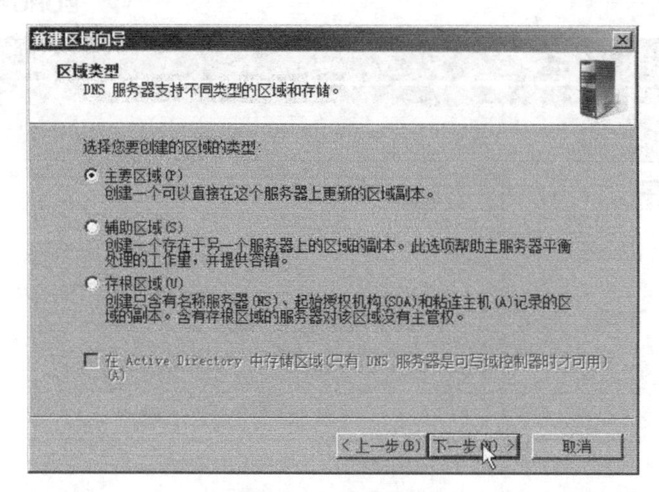

图 1-58　主要区域

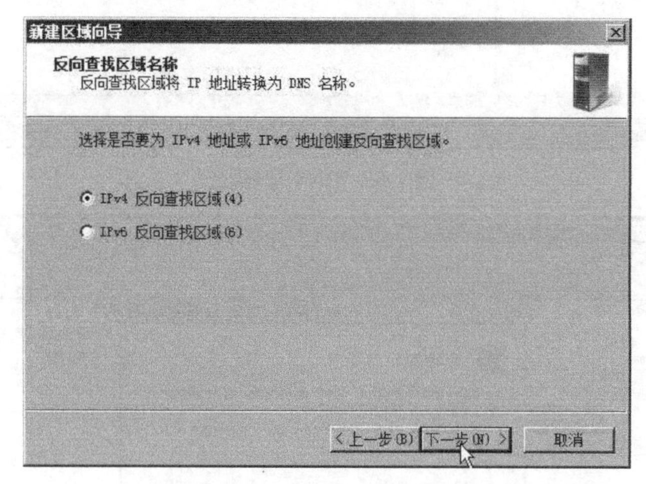

图 1-59　IPv4 反向查找区域

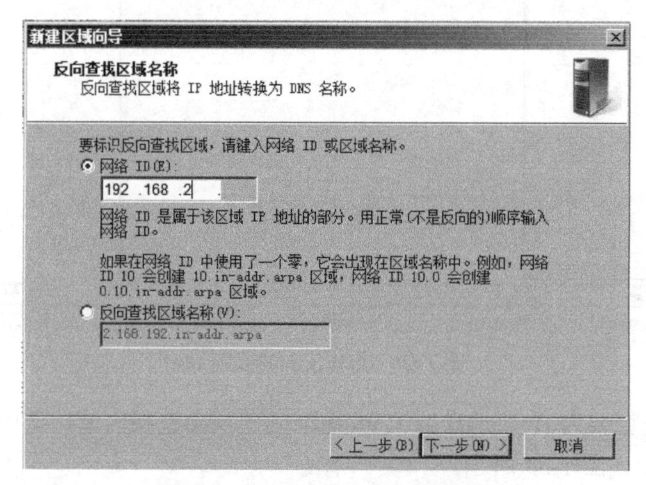

图 1-60　输入网络 ID 或区域名称

<u>**步骤 6:**</u>在“区域文件”界面中保留文件名 2.168.192.in-addr.arpa.dns，该文件存放在%SystemRoot%\system32\dns 中，单击“下一步”按钮，如图 1-61 所示。

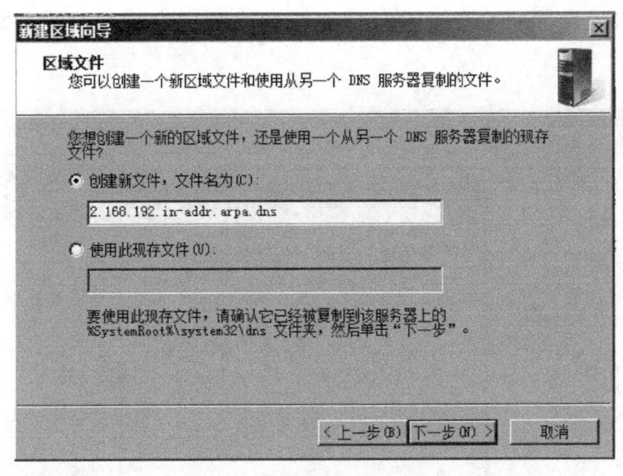

图 1-61　区域文件的设置

步骤 7：在“动态更新”界面中选中“不允许动态更新”单选按钮，单击“下一步”按钮，如图 1-62 所示。

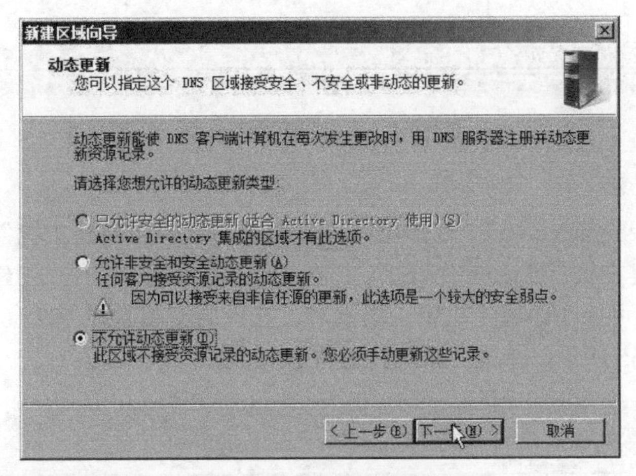

图 1-62　不允许动态更新

步骤 8：在“新建区域向导”对话框中单击“完成”按钮，如图 1-63 所示。

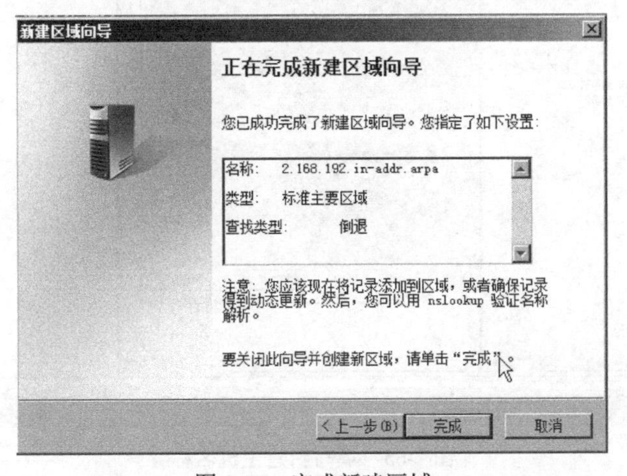

图 1-63　完成新建区域

步骤 9：此时，可以在 DNS 管理器中看到新创建的反向查找区域 192.1682.X Subnet，如图 1-64 所示。

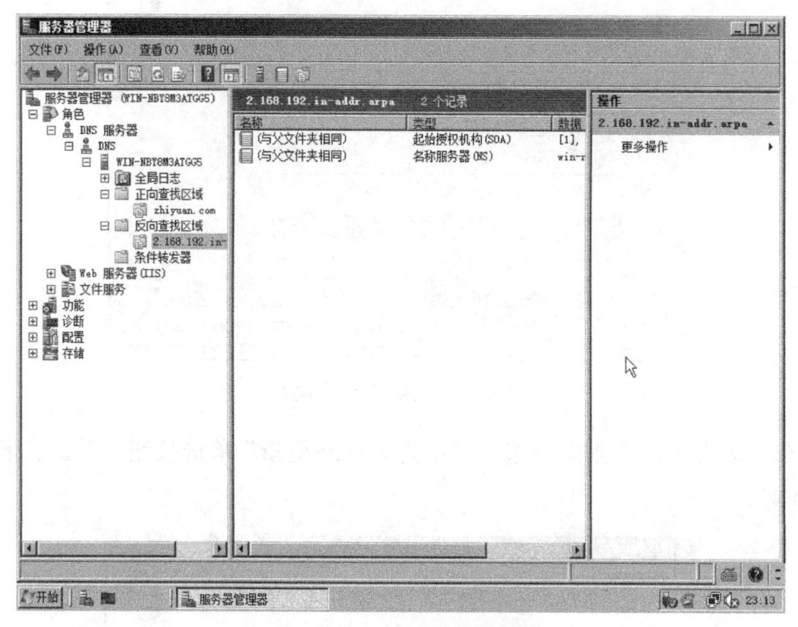

图 1-64　查看反向查找区域

（3）新建主机记录

步骤 1：右击“zhiyuan.com”，在弹出的快捷菜单中选择“新建主机”选项。

步骤 2：在“新建主机”对话框中，输入主机名称、IP 地址。选中“创建相关的指针（PTR）记录”复选框（这样可以在新建主机记录的同时，在反向查找区域 192.168.2.X Subnet 中创建 PTR 记录），如图 1-65 所示，单击“添加主机”按钮。

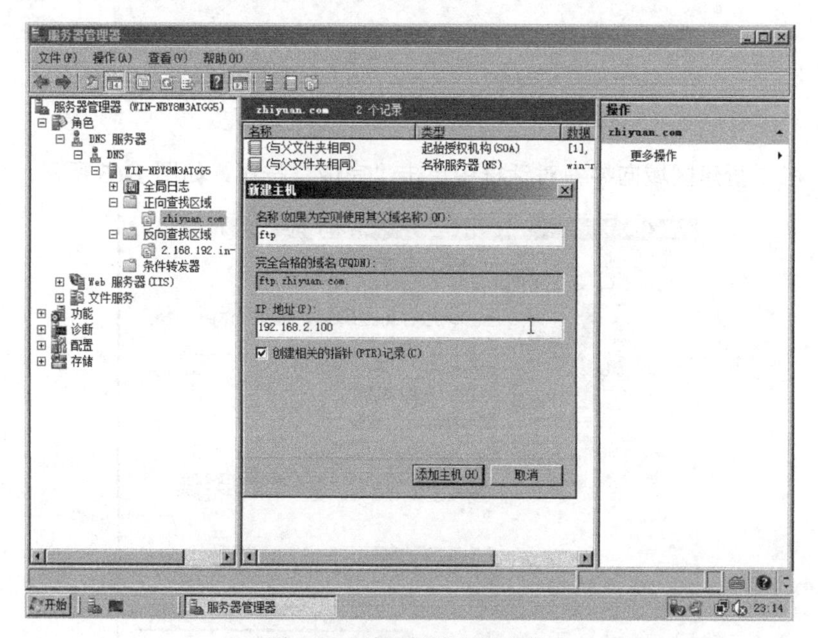

图 1-65　填写新建主机名称

步骤 3： 此时，可以在 DNS 管理器中的正向查找区域 zhiyuan.com 下，看到新添加的主机记录 ty09，如图 1-66 所示。

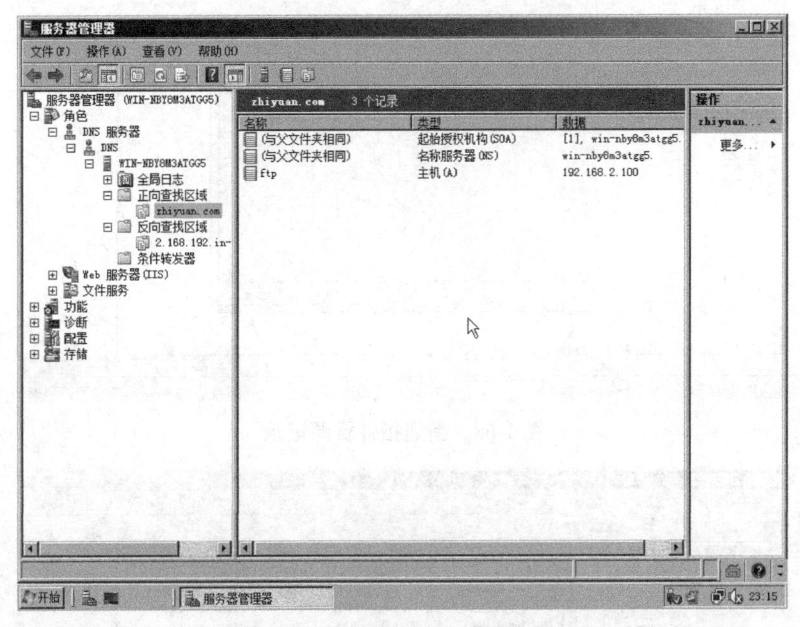

图 1-66　查看新建的主机记录

步骤 4： 右击“2.168.192.in-addr.arpa”，在弹出的快捷菜单中选择“新建指针(PTR)”选项，弹出“新建资源记录”对话框，如图 1-67 所示。

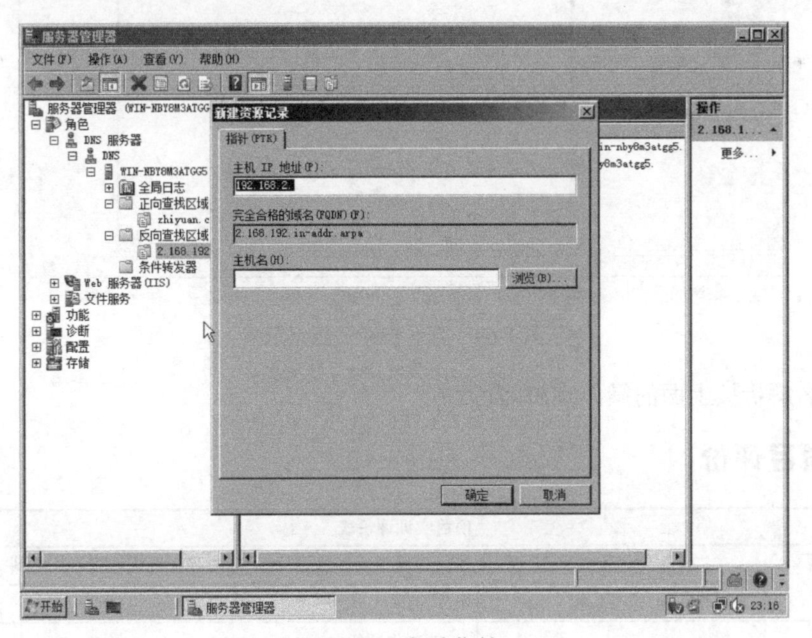

图 1-67　新建指针

步骤 5： 在“新建资源记录”对话框中输入主机 IP 地址和主机名，如图 1-68 所示。

步骤 6： 此时，可以在 DNS 管理器中的反向查找区域 2.168.192.in-addr.arpa 下，看到新添加的 PTR 记录，如图 1-69 所示。

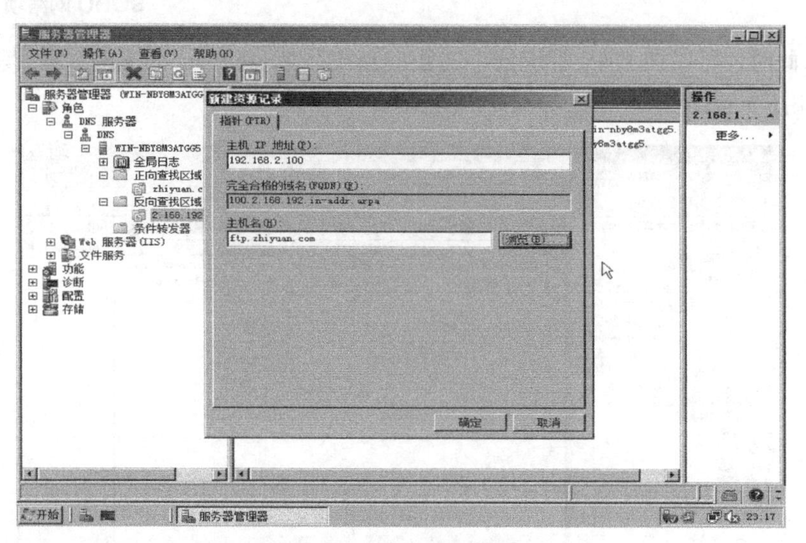

图 1-68　新建指针资源记录

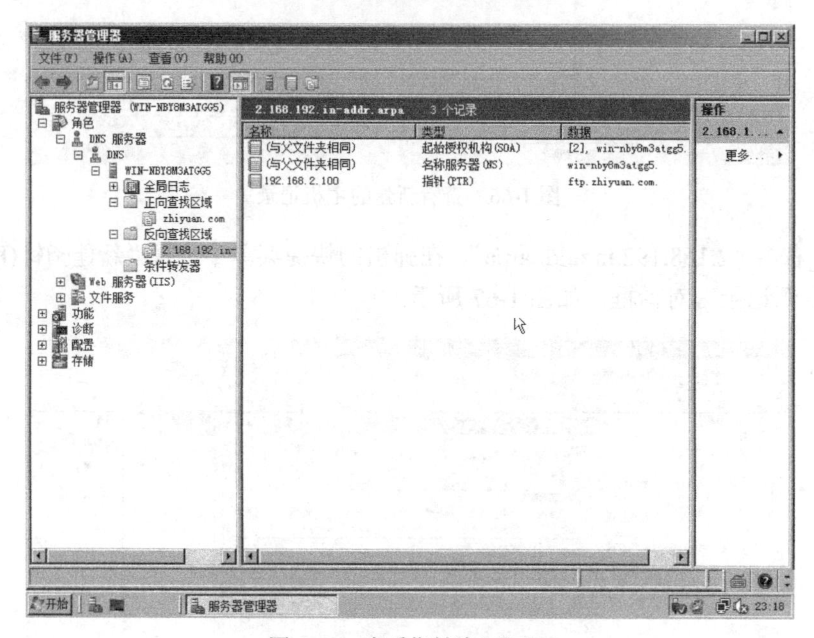

图 1-69　查看指针资源记录

其他域名解析按上面的操作实施即可。

项目评价

项目实训评价表					
	内　容		评　价		
	学 习 目 标	评 价 项 目	3	2	1
职业能力	熟练掌握物理的连接	能制作网线			
		能按拓扑图连线			
		能按要求贴标签			
	熟练掌握 IP 设置	能进行 IP 地址设置			

续表

项目实训评价表					
	内　容		评　价		
	学 习 目 标	评 价 项 目	3	2	1
职业能力	熟练掌握 VLAN 设置	能设置 VLAN			
		能测试 VLAN 是否正常设置			
	熟练掌握 RIP 设置	能在交换机上设置 RIP			
		能在防火墙进行路由引入			
	掌握 NAT 的设置	能设置 NAT			
	掌握常见服务器安装与设置	能正确安装系统			
		能设置文件服务			
		能设置 Web 服务			
		能设置 DNS 服务			
		能修改图文框			
通用能力	交流表达能力				
	与人合作能力				
	沟通能力				
	组织能力				
	活动能力				
	解决问题的能力				
	自我提高的能力				
	革新、创新的能力				
综合评价					

评定等级说明表	
等　级	说　明
3	能高质、高效地完成此学习目标的全部内容，并能解决遇到的特殊问题
2	能高质、高效地完成此学习目标的全部内容
1	能圆满完成此学习目标的全部内容，无须任何帮助和指导

	说　明
优　秀	80%项目达到 3 级水平
良　好	60%项目达到 2 级水平
合　格	全部项目达到 1 级水平
不合格	不能达到 1 级水平

认证考核

选择题

1．交换机和路由器相比，主要的区别有（　　）。

A．交换机工作在 OSI 参考模型的第 2 层

B．路由器工作在 OSI 参考模型的第 3 层

C．交换机的一个端口划分一个广播域的边界

D．路由器的一个端口划分一个冲突域的边界

2．DCR 路由器上的 Console 口默认的波特率为（　　）。

A. 1200　　B. 4800　　C. 6400　　D. 9600

3. 以下不会在路由表中出现的是（　　）。

A. 下一跳地址　　B. 网络地址　　C. 度量值　　D. MAC 地址

4. 路由器是一种用于网络互连的计算机设备，但作为路由器，并不具备的是（　　）。

A. 支持多种路由协议　　B. 多层交换功能

C. 支持多种可路由协议　　D. 具有存储、转发、寻址功能

5. 路由器在转发数据包到非直连网段的过程中，依靠数据包中的（　　）来寻找下一跳地址。

A. 帧头　　B. IP 报文头部　　C. SSAP 字段　　D. DSAP 字段

6. IP 地址 190.233.27.13 是（　　）类地址。

A. A　　B. B　　C. C　　D. D

7. 下列属于不可路由的协议有（　　）。

A. IPX　　B. IP　　C. NetBEUI　　D. X.25

8. IP 地址 224.0.0.5 代表的是（　　）。

A. 主机地址　　B. 网络地址　　C. 组播地址　　D. 广播地址

9. 在 TCP/IP 协议栈中，（　　）能够唯一地确定一个 TCP 连接。

A. 源 IP 地址和源端口号

B. 源 IP 地址和目的端口号

C. 目的地址和源端口号

D. 源地址、目的地址、源端口号和目的端口号

10. 在以太网中，工作站在发送数据之前，要检查网络是否空闲，只有在网络介质空闲时，工作站才能发送数据，这采用了（　　）。

A. IP　　B. TCP

C. ICMP　　D. 载波侦听与冲突检测（CSMA/CD）

11. 下列选项中能够看作 MAC 地址的是（　　）。

A. Az32:6362:2434　　B. Sj:2817:8288

C. GGG:354:665　　D. A625:cbdf:6525

12. VLAN 标定了（　　）的范围。

A. 冲突域　　B. 广播域

13. 如果要满足全线速二层（全双工）转发，则某种带有 24 个固定 10/100Mb/s 端口的交换机的背板带宽最小应为（　　）。

A. 24Gb/s　　B. 12Gb/s　　C. 2.4Gb/s　　D. 4.8Gb/s

14. 下面的描述正确的是（　　）。

A. 集线器工作在 OSI 参考模型的第一、二层

B. 集线器能够起到放大信号、增大网络传输距离的作用

C. 集线器上连接的所有设备同属于一个冲突域

D. 集线器支持 CSMA/CD 技术

15. 在访问控制列表中地址和反掩码为 168.18.0.0　0.0.0.255，其表示的 IP 地址范围是（　　）。

A. 168.18.67.1～168.18.70.255　　B. 168.18.0.1～168.18.0.255

C．168.18.63.1～168.18.64.255　　D．168.18.64.255～168.18.67.255

16．一台在北京的路由器显示如下信息：

```
traceroute to digital(112.32.22.110),30 hops max
1 Beijing.cn 0 ms 0ms 0ms
2 rout1.cn 39 ms 39ms 39ms,
```

则下列说法正确的是（　　）。

A．一定是使用了 trace 112.32.22.110 后得出的信息

B．rout1.cn 就是 digital 机器的全局域名

C．Beijing.cn 就是这台路由器本身

D．此台路由器中一定配置了 digital 与 112.32.22.110 的对应关系

17．能够在路由器的下列（　　）模式中使用 debug 命令。

A．用户模式　　B．特权模式　　C．全局配置模式　　D．接口配置模式

18．下列说法正确的是（　　）。

A．DNS 是用来解析 IP 地址和域名地址（互联网地址）的

B．默认网关是连接内网和外网的通道

C．每个 Windows 用户都可以创建域，并使用域中的一个账号

D．每个 Windows 用户都可以创建工作组，创建一个工作组时，计算机重启后就会自动加入该工作组

19．IEEE 802.5 标准是指（　　）的标准。

A．以太网　　B．令牌总线网　　C．令牌环网　　D．FDDI 网

20．数据分段是 OSI 参考模型中的（　　）的数据名称。

A．物理层　　B．数据链路层　　C．网络层　　D．传输层

21．集线器目前一般应用在（　　）。

A．一个办公室内部实现互连的时候

B．一个楼层各个办公室的互连

C．一个多媒体教室中主机的互连

D．一个建筑物内部两个地点间距离超过了 200m 的时候

22．如图 1-70 所示，左面路由器中添加的由 192.168.10.1 到 192.168.30.1 的静态路由是（　　）。

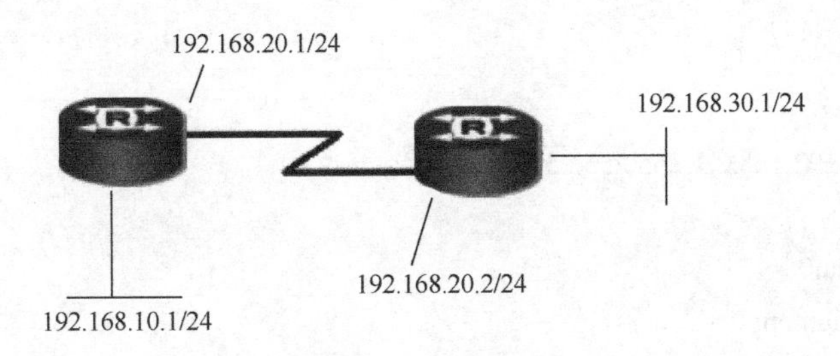

图 1-70　网络连接

A．DCR2501(config)ip route 192.168.30.0 255.255.255.0 192.168.20.2

B．DCR2501(config)ip route 192.168.30.0 255.255.255.0 192.168.20.0

C．DCR2501(config-serial1/0)#ip route 192.168.30.1 255.255.255.0 192.168.20.2

D．DCR2501(config-serial1/0)#ip route 192.168.30.0 255.255.255.0 192.168.20.2

23．两台路由器通过串口 0 相连，PCA（IP 地址：192.168.1.2)与 RouterA 以太网口 0 相连，PCB（IP 地址：192.168.2.2)与 RouterB 以太网口 0 相连，PC 默认网关配置正确。路由器配置如下：

```
RouterA#show running-config
  !
  interface Ethernet0
    speed auto
    duplex auto
    no loopback
    ip address 192.168.1.1 255.255.255.0
  !
  interface Serial0
    encapsulation ppp
    physical-layer speed 64000
    ip address 10.1.1.1 255.255.255.0
  !
 exit
  router rip
  network 10..0.0.0
  redistribute connected
  !
  End
  RouterB#show running-config
  Now create configuration...
  Current configuration
  !
    version 1.4.1
  !
  interface Ethernet0
    speed auto
    duplex auto
    no loopback
    ip address 192.168.2.1 255.255.255.0
  !
  interface Serial0
    encapsulation ppp
    ip address 10.1.1.2 255.255.255.0
  !
  exit
  router rip
    network 10.0.0.0
```

```
  redistribute connected
!
End
```

以下说法正确的是（　　）。

A．PCA 可以 PING 通 PCB　　B．PCA 不可以 PING 通 PCB

C．RouterA 可以 PING 通 RouterB　　D．RouterA 不可以 PING 通 RouterB

24．下列各选项中对 IGRP 路由协议的度量值计算时默认使用的两项是（　　）。

A．线路延迟　　B．最大传输单元

C．线路可信度　　D．线路占用率

E．线路带宽

25．关于 RIPv1 和 RIPv2，下列说法正确的是（　　）。

A．RIPv1 支持组播更新报文　　B．RIPv2 支持组播更新报文

C．RIPv1 支持可变长子网掩码　　D．RIPv2 支持可变长子网掩码

26．下列关于 RMON 的理解，不正确的是（　　）。

A．RMON 的目标是扩展 MIB-II，使 SNMP 更为有效、更为积极主动地监控远程设备

B．RMON 目前的版本有 RMON1 和 RMON2，RMON2 标准在基本的 RMON 组上增加了更先进的分析功能

C．使用 RMON 技术，能对一个网段进行有效的监控，但这个远程监控设备必须是专门的硬件，或者独立存在，或者放置在工作站、服务器或路由器上

D．RMON MIB 由一组统计数据、分析数据和诊断数据构成，它具有独立于供应商的远程网络分析功能

27．如果对于整个网络配置 OSPF 协议(area 1)，使其互通，则下列神州数码 1700 系列路由器的配置正确的有（　　）。

A．
```
R1_config# router ospf 100
R1_config# network 192.168.1.0 255.255.255.0 area 1
R1_config# network 192.168.2.0 255.255.255.0 area 1
R1_config# network 192.168.3.0 255.255.255.0 area 1
```

B．
```
R2_config# router ospf 200
R2_config# network 192.168.5.0 255.255.255.0 area 1
R2_config# network 192.168.6.0 255.255.255.0 area 1
```

C．
```
R3_config# router ospf 700
R3_config# network 192.168.3.0 0.0.0.255 area 1
R3_config# network 192.168.4.0 0.0.0.255 area 1
R3_config# network 192.168.5.0 0.0.0.255 area 1
```

D．
```
R4_config# router ospf  2
R4_config# network 192.168.5.0 255.255.255.0 area 1
R4_config# network 192.168.7.0 255.255.255.0 area 1
```

28．距离矢量路由协议容易引起的问题是（　　）。

A．水平分割　　B．路径中毒　　C．计数到无穷　　D．抑制时间

29．下面可以把 DCR-2501 路由器恢复到初始状态的命令是（　　）。

A．Route(config)#first-config

Router#write

Router#reboot

B．Router#first-config

Router#reboot

C．Router#first-config

Router#write

Router#reboot

D．Router(config)#first-config

Router(config)#write

Router(config)#reboot

30．如果对 C 类地址段 193.11.22.0/24 进行可变长子网划分，则下列地址能够成为其子网地址的有（　　）。

A．193.11.22.174　　B．193.11.22.192

C．193.11.22.172　　D．193.11.22.122

31．下列对 VLSM 的理解正确的是（　　）。

A．VLSM 就是 Variable Length Subnet Mask 的缩写形式，即可变长子网掩码

B．VLSM 指不使用整个字节的子网掩码划分方法，而使用按位划分网络位和主机位的子网划分方法

C．如果仅仅使用非整字节的子网掩码位数，则并不能称之为 VLSM

D．如果一个企业使用了一个 C 类的网络进行了整体的规划，并且划分了至少 6 个不同大小的网络，则可以肯定这个企业内部的 IP 地址一定使用了 VLSM

32．IP 地址为 192.168.100.138，子网掩码为 255.255.255.192，其所在的网络地址是（　　），和 IP 地址 192.168.100.153（　　）同一个网段。

A．192.168.100.128，在　　B．192.168.100.0，在

C．192.168.100.138，在　　D．192.168.100.128，不在

33．关于 ARP 的描述和理解正确的是（　　）。

A．已知 MAC 地址，想要得到 IP 地址

B．已知 IP 地址，想要得到 MAC 地址

C．ARP 在一个网段上是以广播方式发送的，所有收到广播信息的设备都会响应该广播

D．ARP 在一个网段上是以广播方式发送的，只有目的地址为 ARP 请求的对象的设备才会响应该广播，其他设备都不响应

34．一个网段 150.25.0.0 的子网掩码是 255.255.224.0，（　　）是有效的主机地址。

A．150.25.0.0　　B．150.25.16.255

C．150.25.2.24　　D．150.15. 30

35．一个 B 类网络，有 5 位掩码加入默认掩码以划分子网，每个子网最多有（　　）台主机。

A．510　　B．512　　C．1022　　D．2046

36．在下列各项中，（　　）字段不是 TCP 报头的一部分。

A．子网掩码　　B．源端口号　　C．源 IP 地址　　D．序列号

37．下列（　　）能够支持 DMA 总线控制传送方式。

A．ISA 总线　　B．EISA 总线　　C．VESA　　D．PCI
E．PCMCIA　　F．CardBus　　G．MCA

38．下列对 USB 接口特性的描述正确的是（　　）。

A．一个 USB 控制器可以通过级联的方式连接最多 127 个外设
B．以 USB 级联方式连接时，每个外设间的距离最大不能超过 5m
C．USB 能够提供机箱外的即插即用连接，适用于连接 ISDN、打印机等高速外设
D．USB 使用统一的 4 针圆形插头取代机箱中原有的种类繁多的串并口和键盘插口

39．下列有关集线器的理解正确的是（　　）。

A．集线器不需要遵循 CSMA/CD 规则
B．使用集线器的局域网在物理上是一个星形网，但在逻辑上仍然是一个总线网
C．网络中的多个终端设备必须竞争对传输媒介的控制，一个特定时间内至多只有一台终端能够发送数据
D．集线器的端口数越多，传输的效率越高

40．关于生成树协议的描述正确的是（　　）。

A．802.1d 生成树协议的主要功能是消除物理桥接环路
B．802.1w 协议主要解决了生成树收敛时间过长的问题
C．快速生成树协议 IEEE 802.1w 可以在 1～10s 内消除桥接环路
D．生成树协议还可以在一定程度上保证网络的冗余能力

41．BPDU 报文是通过（　　）进行传送的。

A．IP 报文　　B．TCP 报文　　C．以太网帧　　D．UDP 报文

42．下列对 IEEE 802.1q 标准的理解正确的是（　　）。

A．它在 MAC 层帧中插入了一个 16bit 的 VLAN 标识符
B．它通过插入 3 bit 来定义 802.1p 的优先级，对流入交换机的帧进行排序
C．一旦在交换机中启动了 IEEE 802.1q VLAN 标记功能，则所有进出交换机的帧都被添加了标记
D．IEEE 802.1q 解决了跨交换机的相同 VLAN 间的通信问题

43．要想拒绝主机 192.168.100.3/24 访问服务器 201.10.182.10/24 的 Web 服务，则下面的访问控制列表配置及其模式均正确的是（　　）。

A．Router#ip access-list 101 deny tcp 192.168.100.3 0.0.0.255 201.10.182.10 0.0.0.255 eq 80
B．Router(config)#ip access-list 10 deny tcp 192.168.100.30 0.0.0.255 201.10.182.10 0.0.0.255 eq 80
C．Router(config-serial1/0)#ip access-list 10 deny tcp 192.168.100.3 0.0.0.255 201.10.182.10 0.0.0.255 eq 80
D．Router(config)#ip access-list 101 deny tcp 192.168.100.3 0.0.0.255 201.10.182.10 0.0.0.255 eq 80

44．下列地址表示私有地址的是（　　）。

A．192.168.255.200　　B．11.10.1.1
C．172.172.5.5　　D．172.30.2.2

E．172.32.67.44

45．下列对访问控制列表的描述不正确的是（　　）。

A．访问控制列表能决定数据是否可以到达某处

B．访问控制列表可以用来定义某些过滤器

C．一旦定义了访问控制列表，则其所规范的某些数据包就会严格被允许或拒绝

D．访问控制列表可以应用于路由更新的过程中

46．以下情况可以使用访问控制列表的描述正确的是（　　）。

A．禁止有 CIH 病毒的文件到主机中

B．只允许系统管理员访问主机

C．禁止所有使用 Telnet 的用户访问主机

D．禁止使用 UNIX 系统的用户访问主机

47．以下关于 debug 命令的说法正确的是（　　）。

A．no debug all 命令用于关闭路由器上的所有调试输出

B．使用 debug 命令时要谨慎，因为 debug 命令会严重影响系统性能

C．默认情况下，debug 命令的输出信息发送到发起 debug 命令的虚拟终端中

D．debug 命令应在路由器负载小的时候使用

48．SNMPv3 与 SNMPv1、SNMPv2 的最大区别在于（　　）。

A．安全性　　B．完整性　　C．有效性　　D．扩充性

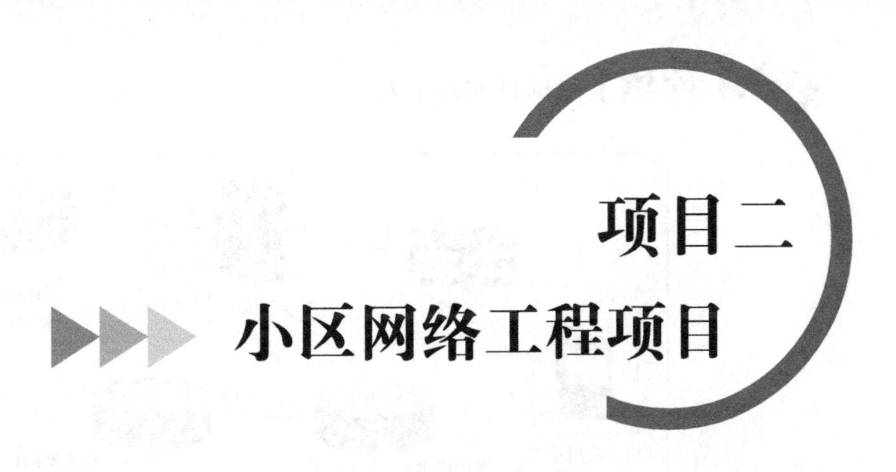

项目二 小区网络工程项目

用户需求

为建设一个以电信为基点娱乐影音为一体的数字化小区，并以现代网络技术为依托建立扩展性强、覆盖楼宇的家庭主干网络，拟将小区服务等公共设施与有关广域网相连，方便各种消息的发布与资源的获取；并在此基础上建立能满足影音娱乐和小区管理工作需要的软、硬件环境，部署完善各类信息库与应用系统，为小区各类人员提供充分的网络信息服务。系统总体设计本着总体规划、分步实施的原则，充分体现系统技术的先进性、安全可靠性、开放性、可扩展性及建设经济性。

网络搭建部分具体需求如下：

（1）规模：游乐小区现有住户100户，两栋大楼，2个保安室，1个社区居委会。

（2）主干网带宽：采用百兆带宽。

（3）安全性：具有良好的和全面的安全性，能抵御来自外部的攻击。

（4）互联网服务及出口：具有百兆以太网电信Internet出口。

内部应用系统需求如下：

（1）核心应用：建立文件服务器，为社区提供影音游戏文件下载。

（2）特别应用：建立社区论坛，为社区提供一个交流互助的平台。

需求分析

为实现公司目标，需要首先制订网络建设方案，其网络拓扑结构如图2-1所示。

网络搭建部分需求分析：

（1）由于游乐小区现有住户100户，两栋大楼，2个保安室，1个社区居委会；因此使用两个路由器连接两栋大楼，楼内使用三层交换机进行互连。

（2）公司内部有保安室、社区居委会和住户，使用VLAN技术，将每个交换机都划分成3个VLAN，既可以实现统一管理，又可以保障网络的安全性。

创建VLAN 10、VLAN 20、VLAN 30，把保安室的主机划分到VLAN 10，将社区居委会的主机划分到VLAN 20，把住户的主机划分到VLAN 30。

（3）小区的路由器使用串口线互连，内网之间使用OSPF路由协议进行互连。

（4）电信公司提供接入IP地址14.1.196.2，使用网络地址转换技术，将私有IP地址转化为公网地址，使内网用户能访问互联网。

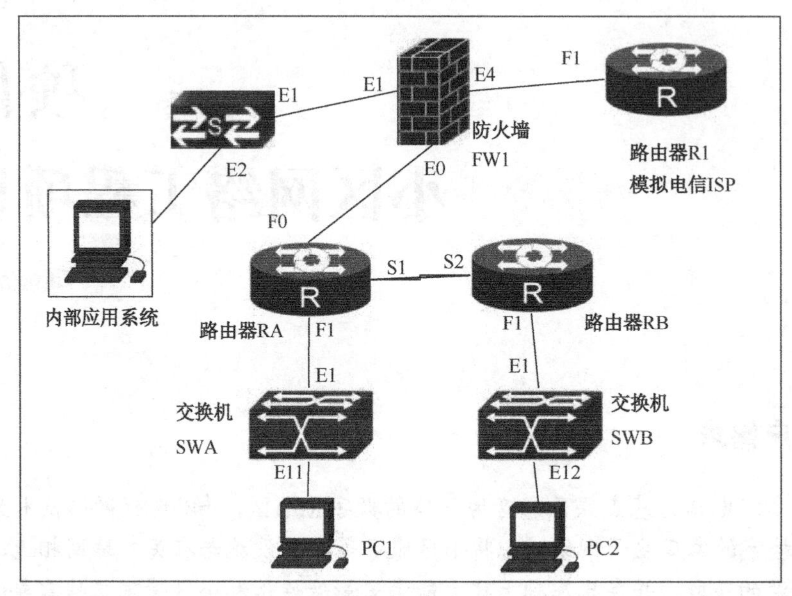

图 2-1　拓扑图

（5）为了提高安全性，交换机和路由器设备均设置密码。交换机的特权密码是 Qgds2009，使用密文；路由器的特权密码为 Qgds2009，使用明文。

（6）为了方便管理员远程管理设备，允许管理员远程登录管理：交换机的 Telnet 的用户名/密码是 sw1sw2/telnet；路由器的 Telnet 的用户名/密码是 r1r2/telnet；开启四条线路。

（7）为了防止带宽被滥用，住户（PC1 模拟）接入端口 E11 限制广播数据包，每秒不超过 300 个，并绑定对应的 MAC 地址，例如，E11 绑定 MAC 地址 00-22-22-22-22-21。

内部应用系统需求分析：

（1）核心应用：建立文件服务器，为社区提供影音游戏文件下载。

为了预防文件系统感染病毒等情况，使用 Linux 的 VSFTPD 作为文件服务器，设置 3 个目录——music、film、soft，均允许匿名用户下载，不允许匿名用户上传文件。设置一个管理员用户 ftpa，以管理 3 个目录内容。

（2）特别应用：建立社区论坛，为社区提供一个交流互助平台。

搭建动态网站首先要把相关的软件包安装好，LAMP 是一个比较好的选择。本例使用 LAMP 平台安装动网论坛，为社区提供一个交流平台。对于特殊的要求，可以在主配置文件中通过相应字段进行设置：ServerAdmin 字段可以设置管理员邮箱地址，DirectoryIndex 字段可以设置首页文件等。

为了给上面两个服务提供域名解析服务，还需要配置 DNS 服务，使用 Linux 来配置 DNS 服务（具体域名和 IP 对应参见该项目的实现部分）。

方案设计

项目需求分析完成后，确定供货合同，网络公司即可开始具体的实施流程。需求分析分为网络部分、应用系统部分，施工分为网络搭建部分、应用系统构建部分。下面来具体介绍每个部分的施工流程。

网络搭建部分实施方案：

根据需求分析，选择网络中应用的设备，根据拓扑图把设备部署到相应的位置，并按拓扑图进行设备连接。主要分为以下任务。

（1）内部接入层设置

规划并配置交换网络中的 VLAN，配置网络中所有设备相应的 IP 地址，同时测试线路两端的连通性。

（2）路由层设置

在内网部分启动 OSPF 路由协议。

（3）接入互联网设置

配置 NAT，保证内网用户能访问 Internet。

（4）网络安全防护设置

设置登录密码、端口安全等。

应用系统部分实施方案：

应用系统部分实施首先根据需求分析来购置服务器，服务器到位后，安装服务器操作系统，根据网络拓扑图将其放置在相应的位置后，按下面的顺序进行配置。

（1）DNS 服务器配置。

（2）VSFTPD 服务器配置。

（3）LAMP 服务器配置。

知识准备

1. OSPF

在一个大型 OSPF 网络中，SPF 算法的反复计算，庞大的路由表和拓扑表的维护以及 LSA 的泛洪等都会占用路由器的资源，因而会降低路由器的运行效率。OSPF 协议可以利用区域的概念来减小这些不利的影响。因为一个区域内的路由器将不需要了解它们所在区域外的拓扑细节。OSPF 多区域的拓扑结构具有如下优势。

① 降低 SPF 计算频率。

② 减小路由表。

③ 降低了通告 LSA 的开销。

④ 将不稳定限制在特定的区域。

（1）OSPF 路由器类型

当一个 AS 划分成几个 OSPF 区域时，根据一个路由器在相应的区域之内的作用，可以对 OSPF 路由器做如下分类。

① 内部路由器：OSPF 路由器上所有直连的链路都处于同一个区域。

② 主干路由器：具有连接区域 0 接口的路由器。

③ 区域边界路由器：路由器与多个区域相连。

④ 自治系统边界路由器：与 AS 外部的路由器相连并互相交换路由信息。

（2）LSA 类型

一台路由器中所有有效的 LSA 通告都被存放在它的链路状态数据库中，正确的 LSA 通告可以描述一个 OSPF 区域的网络拓扑结构。常见的 LSA 有以下 6 类。

① 路由器 LSA：所有的 OSPF 路由器都会产生这种数据包，用于描述路由器上连接到某一个区域的链路或某一接口的状态信息。该 LSA 只会在某一个特定的区域内扩散，而不会扩散至其他的区域。

② 网络 LSA：由 DR 产生，只会在 DR 所处的广播网络的区域中扩散，不会扩散至其他的 OSPF 区域。

③ 网络汇总 LSA：由 ABR 产生，描述 ABR 和某个本地区域的内部路由器之间的链路信息。

这些条目通过主干区域被扩散到其他的 ABR 中。

④ ASBR 汇总 LSA：由 ABR 产生，描述到 ASBR 的可达性，由主干区域发送到其他 ABR 中。

⑤ 外部 LSA：由 ASBR 产生，含有关于自治系统外的链路信息。

⑥ NSSA 外部 LSA：由 ASBR 产生的关于 NSSA 的信息，可以在 NSSA 区域内扩散，ABR 可以将类型 6 的 LSA 转换为类型 5 的 LSA。

（3）区域类型

一个区域所设置的特性控制着它所能接收到的链路状态信息的类型。区分不同 OSPF 区域类型的关键在于它们对外部路由的处理方式。OSPF 区域类型如下。

① 标准区域：可以接收链路更新信息和路由汇总。

② 主干区域：连接各个区域的中心实体，其他的区域都要连接到这个区域上交换路由信息。

③ 末节区域（Stub Area）：不接收外部自治系统的路由信息。

④ 完全末节区域（Totally Stubby Area）：不接收外部自治系统的路由以及自治系统内其他区域的路由汇总，完全末节区域是 Cisco 专有的特性。

⑤ 次末节区域（Not-So-Stubby Area，NSSA）：允许接收以 7 类 LSA 发送的外部路由信息，并且 ABR 要负责把类型 6 的 LSA 转换成类型 5 的 LSA。

2．LAMP

LAMP 指的是 Linux（操作系统）、Apache-HTTP 服务器，MySQL 和 PHP 的第一个字母，一般用来建立 Web 服务器。

虽然这些开放源代码程序本身并不是专门设计成同另几个程序一起工作的，但由于它们的免费和开源，这个组合开始流行（大多数 Linux 发行版本捆绑了这些软件）。当一起使用的时候，它们表现得像一个具有活力的解决方案包一样。其他的方案包有苹果的 WebObjects、Java/J2EE 和微软的.NET 架构。

LAMP 包的脚本组件中包括了 CGIweb 接口，它在 20 世纪 90 年代初期变得流行。这个技术允许网页浏览器的用户在服务器上执行一个程序，并且和接收静态的内容一样接收动态的内容。程序员使用脚本语言来创建这些程序，因为它们能很容易地获得有效的操作文本流，甚至当这些文本流并非源自程序自身时也是。正是由于这个原因，系统设计者经常称这些脚本语言为胶水语言。

Linux：Linux 是免费开源软件，这意味着它是源代码可用的操作系统。

Apache：Apache 是使用中最受欢迎的一个开放源码的 Web 服务器软件。

MySQL：MySQL 是多线程、多用户的 SQL 数据库管理系统。

MySQL 由 Oracle 公司自 2010 年 1 月 27 日通过 Sun 购买。Sun 最初于 2008 年 2 月 26 日

收购了 MySQL。

PHP：PHP 是一种编程语言，最初用于设计生产动态网站。PHP 是主要用于服务器端的应用程序软件。

项目实现——网络搭建部分实现

1．网络设备的选择

采购人员依据需求分析、公司现阶段的结点数和预算进行综合分析后，采购了 2 台神州数码 DCRS-5650，保证了核心设备具备快速转发数据的能力；采购了 2 台神州数码三层交换机，保证了接入层交换机为 100Mb/s 接口，并能进行初步的接入控制；采购了 1 台神州数码 DCR-2626 路由器，保证模拟服务提供商网络设备拥有足够的性能，并能实现 RIP 的所有功能特性；采购了 1 台 DCFW-1800 防火墙，作为 Internet 接入设备，并且以后可以通过此防火墙进行安全控制。

2．规划拓扑结构与 IP 地址

网络工程师根据采购的设备和公司需求，建立了如图 2-2 所示的公司整体拓扑结构。

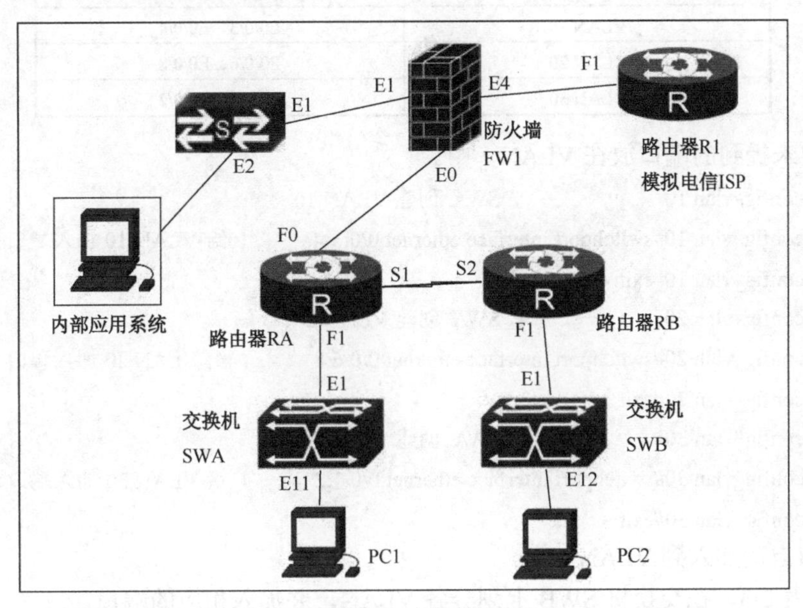

图 2-2 拓扑图

接口 IP 配置见表 2-1。

表 2-1 设备的 IP 地址

设　备	接　口	IP 地址
FW1	E0/0	192.168.1.1/24
	E0/1	192.168.2.1/24
	E0/4	14.1.196.2/24
R1	F0/1	14.1.196.1/24
RA	F0/0	192.168.1.2/24
	F0/1	192.168.100.2/24
	S1	10.1.1.1

续表

设　　备	接　　口	IP 地址
RB	F0/1	192.168.200.1/24
	S2	10.1.2.1
SWA	VLAN 10	192.168.10.254/24
	VLAN 20	192.168.20.254/24
	VLAN 30	192.168.30.254/24
SWB	VLAN 10	192.168.10.253/24
	VLAN 20	192.168.20.253/24
	VLAN 30	192.168.30.253/24

3. **划分** VLAN

步骤 1：在 SWA 上创建 VLAN，并加入相应端口。

① 按照表 2-2 在交换机 SWA 上划分各 VLAN，并加入相应的端口。

表 2-2　SWA 的 VLAN

VLAN	端　口　号
VLAN 10	E0/0/3、E0/0/4
VLAN 20	E0/0/6、E0/0/8
VLAN 30	E0/0/1、E0/0/2

表 2-2 中未提到的端口放在 VLAN 1 中。

```
SWA_config#vlan 10                        ！SWA 创建 VLAN 10
SWA_config_vlan 10#switchport interface ethernet 0/0/3-4        ！给 VLAN 10 加入端口 3、4
SWA_config_vlan 10#exit
SWA_config#vlan 20                        ！SWA 创建 VLAN 20
SWA_config_vlan 20#switchport interface ethernet 0/0/6;8        ！给 VLAN 20 加入端口 6、8
SWA_config_vlan 20#exit
SWA_config#vlan 30                        ！SWA 创建 VLAN 30
SWA_config_vlan 30#switchport interface ethernet 0/0/1;2        ！给 VLAN 30 加入端口 1、2
SWA_config_vlan 30#exit
```

剩余端口自动加入到 VLAN 1 中。

② 按照表 2-3，在交换机 SWB 上划分各 VLAN，并加入相应的端口。

表 2-3　SWB 的 VLAN

VLAN	端　口　号
VLAN 10	E0/0/3、E0/0/4
VLAN 20	E0/0/6、E0/0/8
VLAN 30	E0/0/1、E0/0/2

表 2-3 中未提到的端口放在 VLAN 1 中。

```
SWB_config#vlan 10                  ！SWB 创建 VLAN 10
SWB_config_vlan 10#switchport interface ethernet 0/0/3;4        ！给 VLAN 10 加入端口 3、4
SWB_config_vlan 10#exit
SWB_config#vlan 20                  ！SWB 创建 VLAN 20
```

```
SWB_config_vlan 20#switchport interface ethernet 0/0/6;8        ！给 VLAN 20 加入端口 6、8
SWB_config_vlan 20#exit
SWB_config#vlan 30      ！SWB 创建 VLAN 30
SWB_config_vlan 30#switchport interface ethernet 0/0/1;2        ！给 VLAN 30 加入端口 1、2
SWB_config_vlan 30#exit
```

剩余端口自动加入到 VLAN 1 中。

步骤 2：在 SWA 上创建 VLAN 三层接口并配置 IP。

① 按照表 2-4，在交换机 SWA 上创建各 VLAN 三层接口并配置 IP 地址。

表 2-4　SWA 上创建 VLAN 三层接口

VLAN-Interface	IP 地址
vlan-interface 10	192.168.10.254/24
vlan-interface 20	192.168.20.254/24
vlan-interface 30	192.168.30.254/24

配置如下：

```
SWA_config#interface vlan 10                 ！SWA 创建 VLAN 10 三层接口
SWA_config_if_vlan 10#ip address 192.168.10.254 255.255.255.0
 ！给 VLAN 10 配置 IP 地址，即交换机的管理地址
SWA_config_if_vlan 1#no shutdown             ！开启该三层接口
SWA_config#interface vlan 20                 ！SWA 创建 VLAN 20 三层接口
SWA_config_if_vlan 20#ip address 192.168.20.254 255.255.255.0
 ！给 VLAN 20 配置 IP 地址
SWA_config_if_vlan 20#no shutdown
SWA_config#interface vlan 30
SWA_config_if_vlan 30#ip address 192.168.30.254 255.255.255.0
SWA_config_if_vlan 30#no shutdown
```

② 验证：各 VLAN 三层接口之间相互 PING，能够 PING 通，即完成该步骤。

步骤 3：在 SWB 上创建 VLAN 三层接口并配置 IP。

① 按照表 2-5，在三层交换机 SWB 上创建各 VLAN 三层接口并配置 IP 地址。

表 2-5　SWB 上创建 VLAN 三层接口

VLAN-Interface	IP 地址
vlan-interface 10	192.168.10.253/24
vlan-interface 20	192.168.20.253/24
vlan-interface 30	192.168.30.253/24

配置如下：

```
SWB_config#interface vlan 10                 ！SWB 创建 VLAN 10 三层接口
SWB_config_if_vlan 10#ip address 192.168.10.253 255.255.255.0
！给 VLAN 10 配置 IP 地址，即交换机的管理地址
SWB_config_if_vlan 1#no shutdown             ！开启该三层接口
SWB_config#interface vlan 20                 ！SWB 创建 VLAN 20 三层接口
```

```
SWB_config_if_vlan 20#ip address 192.168.20.253 255.255.255.0
！给 VLAN 20 配置 IP 地址
SWB_config_if_vlan 20#no shutdown
SWB_config#interface vlan 30
SWB_config_if_vlan 30#ip address 192.168.30.253 255.255.255.0
SWB_config_if_vlan 30#no shutdown
```

② 验证。

- 各 VLAN 三层接口之间相互 PING，能够 PING 通，即完成该步骤。
- PC 能 PING 通所有 VLAN 三层接口 IP。

步骤 4： Trunk 接口配置。

要求将两台三层交换机 SWA 和 SWB 的端口 1 与路由器互连，并将该端口设置成骨干端口。

```
SWA_config#interface ethernet 0/0/1
SWA_config_ethernet0/0/1# switchport mode trunk          ！将端口 1 设置为 Trunk 模式
SWA_config_ethernet0/0/1# switchport trunk allowed vlan all
！设置端口 Trunk 允许所有 VLAN 通过

SWB_config#interface ethernet 0/0/1
SWB_config_ethernet0/0/1# switchport mode trunk          ！将端口 1 设置为 Trunk 模式
SWB_config_ethernet0/0/1# switchport trunk allowed vlan all
！设置端口 Trunk 允许所有 VLAN 通过
```

4. 配置 OSPF 协议

在路由器配置 OSPF 协议。

```
RA_config#router ospf 1                            ！设置 OSPF 动态路由，协议进程号为 1
RA_config_ospf_2#network 192.168.1.0 255.255.255.0 area 0
                                                   ！声明网段 192.168.1.0，区域为 0
RA_config_ospf_2#network 192.168.100.0 255.255.255.0 area 0
                                                   ！声明网段 192.168.100.0，区域为 0
RA_config_ospf_2#network 10.1.1.0    255.255.255.0 area 0
                                                   ！声明网段 10.1.1.0，区域为 0

RB_config#router ospf 1                            ！设置 OSPF 动态路由，协议进程号为 1
RB_config_ospf_2#network 192.168.200.0 255.255.255.0 area 0
                                                   ！声明网段 192.168.200.0，区域为 0
RB_config_ospf_2#network 10.1.2.0    255.255.255.0 area 0
                                                   ！声明网段 10.1.2.0，区域为 0
```

5. **配置交换机和路由器的特权密码**

任务要求：交换机的特权密码是 Qgds2009，使用密文；路由器特权密码为 QgDS2009，使用明文。

设置交换机和路由器的特权密码时，要求进入全局配置模式下。路由器中，要使 enable 生效，首先要设置 aaa。交换机和路由器中的设置语句如下所示。

交换机：

```
SWA(config)#enable password 8 Qgds2009          ! 设定交换机 A 的 Aenable 密码
SWB(config)#enable password 8 Qgds2009          ! 设定交换机 B 的 Benable 密码
```

路由器：

```
RA_config#aaa authentication enable default enable     ! 使能 enable 密码进行验证
RA_config#enable password 0 QgDS2009                   ! 设定路由器 A 的 enable 密码
RB_config#aaa authentication enable default enable     ! 使能 enable 密码进行验证
RB_config#enable password 0 QgDS2009                   ! 设定路由器 B 的 enable 密码
```

依照以上语句，设置交换机和路由器的特权密码，要特别注意密码的大小写。

6. **配置 Telnet**

任务要求：交换机的 Telnet 的用户名/密码是 sw1sw2/telnet；路由器的 Telnet 的用户名/密码是 r1R2/telnet；开启四条线路。

设置交换机和路由器的 Telnet 时，要求进入全局配置模式下。路由器中，要使 enable 生效，首先要设置 aaa。交换机和路由器中的设置语句如下所示。

交换机：

```
SWA(config)#telnet-server enable                        ! 使能 Telnet 服务器
SWA(config)#telnet-user sw1sw2 password 0 telnet        ! 设定交换机 Telnet 用户名和密码
```

路由器：

```
RA_config#aaa authentication login default local        ! 使用本地用户信息进行认证
RA_config#username r1R2 password 0 telnet               ! 增加 Telnet 用户名和密码
```

依照以上语句，设置其他交换机和路由器的 Telnet，要特别注意密码的大小写。

7. **防火墙配置 NAT**

在防火墙 FW1 上启动 NAT，转换接口为 E0/4。设置防火墙策略允许内网 192.168.10.0 和 192.168.20.0 网段访问外网的 DNS、Web、FTP 和 MAIL 服务器。

<u>步骤 1：</u>选择“防火墙”→“NAT”→“源 NAT”选项，进入如图 2-3 所示的界面。

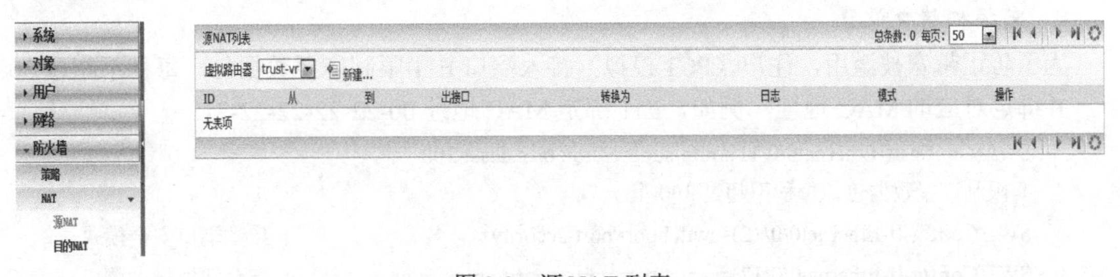

图 2-3　源 NAT 列表

<u>步骤 2：</u>单击“新建”按钮，设置源地址为“Any”，出接口为“ethernet0/4”，行为为“NAT（出接口 IP）”，如图 2-4 所示，单击“确认”按钮。

源NAT基本配置

*虚拟路由器 trust-vr

HA组 0

*源地址 Any

*出接口 ethernet0/4

*行为 ◎不做NAT ◉NAT(出接口IP)

确认 取消

图 2-4 源 NAT 基本配置

步骤 3：选择“防火墙”→“策略”选项，进入如图 2-5 所示界面。

图 2-5 防火墙策略

步骤 4：单击“新建”按钮，设置源安全域为“trust”，目的安全域为“untrust”，服务簿为“DNS”，行为为“允许”，如图 2-6 所示，单击“确认”按钮。

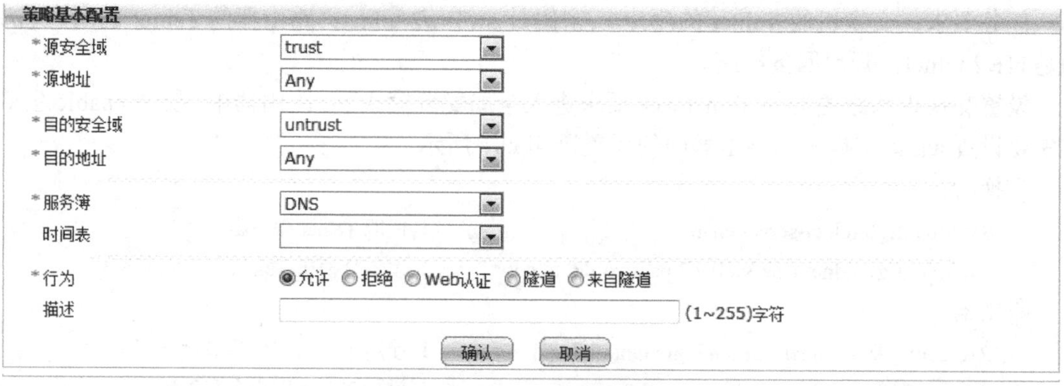

策略基本配置

*源安全域 trust

*源地址 Any

*目的安全域 untrust

*目的地址 Any

*服务簿 DNS

时间表

*行为 ◉允许 ◎拒绝 ◎Web认证 ◎隧道 ◎来自隧道

描述 (1~255)字符

确认 取消

图 2-6 防火墙策略基本配置

步骤 5：单击此策略的“编辑”按钮，将源地址的“Any”改为“192.168.10.0”和“192.168.20.0”，服务簿改为“DNS、Web、FTP 和 MAIL”，如图 2-7 所示，单击“确认”按钮。

对防火墙的配置完成后，内网用户只要设置了正确的 IP 地址、网关和 DNS 服务器即可访问外网。

8. 交换机端口设置

为了防止带宽被滥用，住户（PC1 模拟）接入端口 E11 限制广播数据包，每秒不超过 300 个，并绑定对应的 MAC 地址，例如，E11 绑定 MAC 地址 00-22-22-22-22-21。

```
SWA(Config-If-Ethernet0/0/11)#rate-suppression broadcast 300
！限制广播数据包，每秒不超过 300 个
SW1(Config-If-Ethernet0/0/12)#switchport port-security                    ！启动端口安全模式
SW1(Config-If-Ethernet0/0/12)#switchport port-security maximum 1          ！安全地址最大数
SW1(Config-If-Ethernet0/0/12)#switchport port-security mac-address 00-22-22-22-22-21
SW1(Config-If-Ethernet0/0/12)#switchport port-security lock               ！锁定安全端口
```

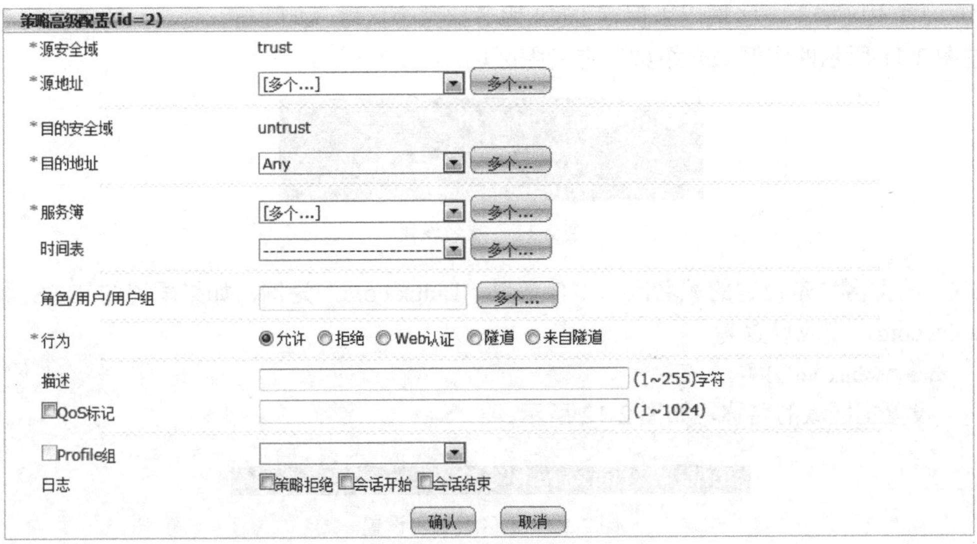

策略高级配置(id=2)
*源安全域
trust
*源地址
[多个...]
多个...
*目的安全域
untrust
*目的地址
Any
多个...
*服务簿
[多个...]
多个...
时间表
多个...
角色/用户/用户组
多个...
*行为
允许 拒绝 Web认证 隧道 来自隧道
描述
(1~255)字符
QoS标记
(1~1024)
Profile组
日志
策略拒绝 会话开始 会话结束
确认
取消

图 2-7　防火墙策略高级配置

项目实现——应用系统部分实现

1. DNS 服务器系统配置

为文件服务和 Web 服务提供域名解析服务，见表 2-6。

表 2-6　域名解析服务

IP 地址	域　名
ftp.linux.com	192.168.100.2
www.linux.com	192.168.100.2

步骤 1：创建或修改/etc/named.conf。

使用命令打开/etc/named.conf 的配置文件 vim /etc/named.conf，修改为图 2-8 中画线部分。

```
options {
        listen-on port 53 { any; };
        listen-on-v6 port 53 { any; };
        directory       "/var/named";
        dump-file       "/var/named/data/cache_dump.db";
        statistics-file "/var/named/data/named_stats.txt";
        memstatistics-file "/var/named/data/named_mem_stats.txt";
        allow-query     { any; };
        recursion yes;
```

图 2-8　named.conf 修改设置

在 Linux 中，默认仅在回环地址 127.0.0.1 和::1（IPv6 的回环地址）上打开端口 53，如果希望在所有地址上打开端口 53，则配置如图 2-9 所示。

Linux 中的 DNS 服务器默认只允许 127.0.0.1 客户端（即本机）发起查询，一般需要允许所有人查询，配置如图 2-10 所示。

```
listen-on port 53 { any; };
listen-on-v6 port 53 { any; };
```

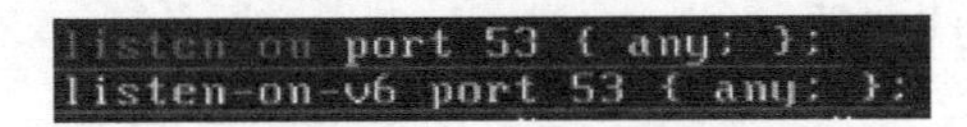

图 2-9　监听端口设置

```
allow-query     { any; };
```

图 2-10　客户端范围

步骤 2：创建或修改/etc/named.rfc1912.zones。

① 设置主区域。主区域用来保存 DNS 服务器某个区域（如 Linux.com）的数据信息。下面通过图 2-11 所示的实例来介绍如何定义主区域。

```
zone "linux.com" IN {
        type master;
        file "named.localhost";
        allow-update { none; };
```

图 2-11　域名设置

DNS 的主区域是设置的域名区，本任务以“Linux.com”为例，如果配置的 DNS 域名是 www.sohu.com，则应设置为

```
zone “sohu.com” IN{
```

➢　设置主区域的名称，如图 2-12 所示。

```
zone "linux.com" IN {
```

图 2-12　主区域域名设置

容器指令 zone 后面是主区域的名称，表示这台 DNS 服务器保存着 Linux.com 区域的数据，网络上其他所有 DNS 客户机或 DNS 服务器都可以通过这台 DNS 服务器查询到与此域相关的信息。

➢　设置类型为主区域，如图 2-13 所示。

```
        type master;
```

图 2-13　DNS 区域的类型

type 选项定义了 DNS 区域的类型，对于主区域，应该设置为“master”类型。

➢　设置主区域文件的名称，如图 2-14 所示。

```
        file "named.localhost";
```

图 2-14　设置主区域文件的名称

file 选项定义了主区域文件的名称。一个区域内的所有数据（如主机名和对应 IP 地址、刷新间隔和过去时间等）必须存放在区域文件中。虽然用户可以自行定义文件名，但为了方便管理，文件名一般是区域的名称，扩展名为.zone。

（2）设置反向解析区域。在大部分 DNS 查询中，DNS 客户端一般执行正向查找，即根据计算机的 DNS 域名查询对应的 IP 地址。但在某些特殊的应用场合中也会使用通过 IP 地址查询对应的 DNS 域名的情况，如图 2-15 所示。

```
zone "100.168.192.in-addr.arpa" IN {
        type master;
        file "named.loopback";
        allow-update { none; };
};
```

图 2-15　反向解析区域

➢　设置反向解析区域的名称，如图 2-16 所示。

```
zone "100.168.192.in-addr.arpa" IN {
```

图 2-16　反向解析区域的名称

容器指令 zone 后面是反向区域的名称。在 DNS 标准中定义了固定格式的反向解析区域 in-add.arpa，以便提供对反向查找的支持。

➢ 设置区域的类型为“master”，如图 2-17 所示。

```
type master;
```

图 2-17　区域的类型

type 选项定义了 DNS 区域的类型，由于反向解析区域属于一种比较特殊的主区域，因此应设置为“master”类型。

➢ 设置反向解析区域文件的名称，如图 2-18 所示。

```
file "named.loopback";
```

图 2-18　反向解析区域文件的名称

file 选项定义了反向解析区域文件的名称。虽然用户可以自行定义文件名，但为了方便管理，文件名一般需要反向解析的子网名，扩展名是.arpa。

<u>**步骤 3：**</u>创建或修改/var/named/named.localhost。

① 区域文件。一个区域内的所有数据必须存放在 DNS 服务器中，而用来存放这些数据的文件被称为区域文件，如图 2-19 所示。

```
        1D
@            SOA   @ rname.invalid. (
                                      0       ; serial
                                      1D      ; refresh
                                      1H      ; retry
                                      1W      ; expire
                                      3H )    ; minimum
        NS         @
ftp          A     192.168.100.2
www          A     192.168.100.2
```

图 2-19　DNS 的区域文件

DNS 的区域文件是设置的域名的主机头，这里以 FTP、WWW、SMTP、POP3 为例，如果要配置 DNS 其他主机头，可在图 2-19 所示的文件行中自行添加。

设置主机地址 A 资源记录，如图 2-20 所示。

```
        NS         @
ftp          A     192.168.100.2
www          A     192.168.100.2
```

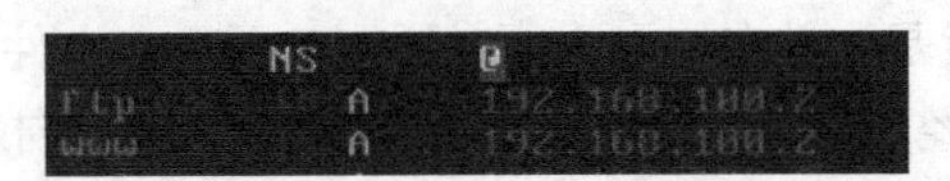

图 2-20　主机地址（主机头）

主机地址 A 资源记录是最常用的记录，它定义了 DNS 域名对应 IP 地址的信息。

② 设置 DNS 的反向解析，如图 2-21 所示。

③ 设置指针 PTR 资源记录，如图 2-22 所示。

指针 PTR 资源记录只能在反向解析区域文件中出现。PTR 资源记录和 A 资源记录正好相反，它将 IP 地址解析成 DNS 域名的资源记录。

图 2-21 DNS 的反向解析

图 2-22 指针 PTR 资源记录

<u>步骤 4：</u>重新启动 DNS 服务。

```
Service named restart
```

使用下面的命令启动或停止 DNS 服务：

```
# /etc/rc.d/init.d/named start    或者 service named start
# /etc/rc.d/init.d/named stop     或者 service named stop
# /etc/rc.d/init.d/named restart  或者 service named restart
```

如果只是要重新挂载配置文件和区域文件，则可以运行以下命令：

```
# rndc reload
```

设置 Linux 系统启动的时候 DNS 服务自动启动，可以通过下面的设置实现：

```
# chkconfig named on
```

<u>步骤 5：</u>Linux 内测试 DNS 服务器。

① 正向解析。在系统出现“>”后，可以直接输入查询命令。以下的示例是请求服务器解析“ftp.Linux.com”的 IP 地址，如图 2-23 所示。

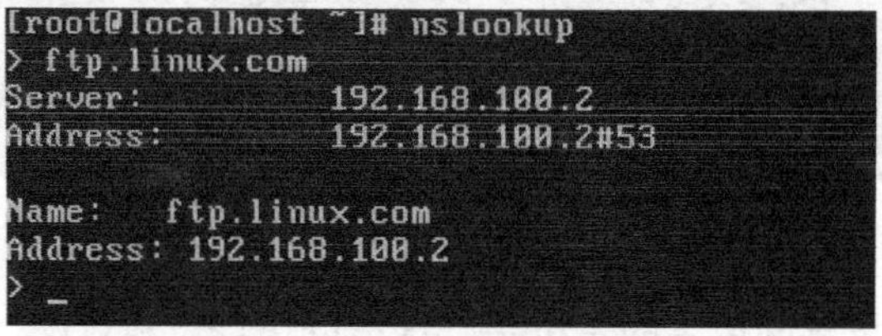

```
[root@localhost ~]# nslookup
> ftp.linux.com
Server:         192.168.100.2
Address:        192.168.100.2#53

Name:   ftp.linux.com
Address: 192.168.100.2
> _
```

图 2-23 Linux 正向测试

上述内容共分为两部分：上半部分别指出 DNS 服务器的 IP 地址及使用连接端口 53；下半部分则是查询的结果。这就是先前在/var/named/namd.localhost 文件中输入的 A 资源记录。

② 反向解析。前面已经建立一个 100.168.192.in-addr.arpa 反向解析区域，所以此服务器也可提供主机名称的反向解析服务。要执行反向解析的请求，只要输入指定区域（192.168.100.x）的 IP 地址即可，以下是执行后显示的信息，如图 2-24 所示。

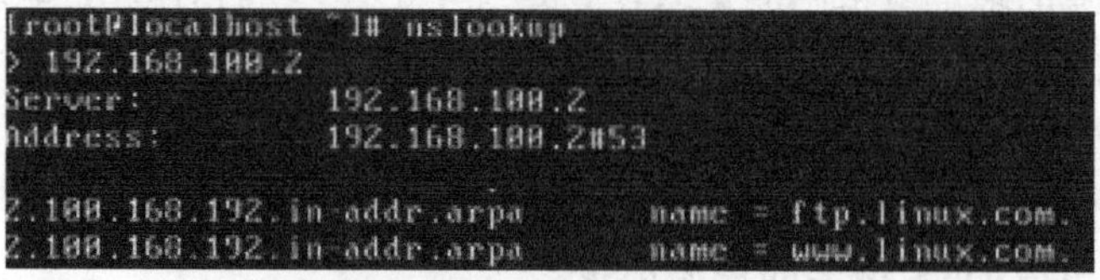

```
[root@localhost ~]# nslookup
> 192.168.100.2
Server:         192.168.100.2
Address:        192.168.100.2#53

2.100.168.192.in-addr.arpa      name = ftp.linux.com.
2.100.168.192.in-addr.arpa      name = www.linux.com.
```

图 2-24 Linux 反向测试

在上述结果中，服务器成功地反向解析出 IP 地址 192.168.100.2 所对应的主机名称。

步骤 6：Windows 内测试 Linux 的 DNS 服务器。

以下 Windows XP Professional 作为 DNS 的客户端，需要通过 TCP/IP 属性设置来进行配置，并指定 DNS 服务器，如图 2-25 所示。

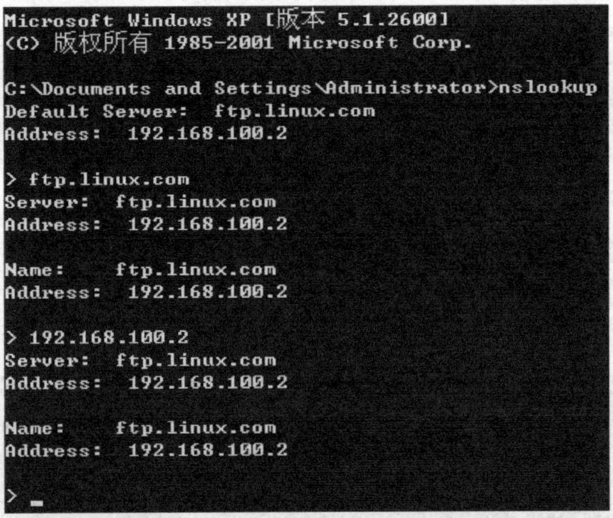

```
Microsoft Windows XP [版本 5.1.2600]
(C) 版权所有 1985-2001 Microsoft Corp.

C:\Documents and Settings\Administrator>nslookup
Default Server:  ftp.linux.com
Address:  192.168.100.2

> ftp.linux.com
Server:  ftp.linux.com
Address:  192.168.100.2

Name:    ftp.linux.com
Address:  192.168.100.2

> 192.168.100.2
Server:  ftp.linux.com
Address:  192.168.100.2

Name:    ftp.linux.com
Address:  192.168.100.2

> _
```

图 2-25　Windows DNS 测试

图 2-25 就是通过 Windows 查询 Linux 的 DNS 服务器正向解析和反向解析的结果。

2. 文件服务器系统配置

前文叙述了文件服务系统的需求分析：建立文件服务器，为社区提供影音游戏文件下载。

为了防止文件系统感染病毒等情况，使用 Linux 的 VSFTPD 作为文件服务器，设置 3 个目录——music、film、soft，均允许匿名用户下载，不允许匿名用户上传文件。设置一个管理员用户 ftpa，以管理 3 个目录内容。

根据以上分析，实现步骤如下。

对 VSFTPD 服务器的配置通过 vsftpd.conf 文件来完成，该配置文件位于/etc/vsftpd 目录中。

为了使 FTP 服务器更好地按要求提供服务，需要对 FTP 服务器的配置文件进行合理、有效的配置。利用 VI 编辑器可实现对配置文件的编辑修改。其命令如下。

```
#vi /etc/vsftpd/vsftpd.conf
```

步骤 1：匿名用户和本地用户设置。

```
write_enable=YES                //是否对登录用户开启写权限，属于全局性设置
local_enable=YES                //是否允许本地用户登录 FTP 服务器
anonymous_enable=YES            //设置是否允许匿名用户登录 FTP 服务器
ftp_username=ftp                //定义匿名用户的账户名称，默认值为 ftp
no_anon_password=YES            //匿名用户登录时是否询问口令。设置为 YES 时不询问
anon_word_readable_only=YES     //匿名用户是否允许下载可阅读的文档，默认为 YES
anon_upload_enable=YES
        //是否允许匿名用户上传文件。只有在 write_enable 设置为 YES 时，该配置项才有效
anon_mkdir_write_enable=YES
```

```
        //是否允许匿名用户创建目录。只有在 write_enable 设置为 YES 时有效
anon_other_write_enable=NO
        /*若设置为 YES，则匿名用户会被允许拥有多于上传和建立目录的权限，如会拥有
        删除和更名权限。默认值为 NO*/
```

本例为匿名用户和本地用户 admin 都可访问 FTP 服务器，设置如图 2-26 所示。

```
# Allow anonymous FTP? (Beware - allowed by default if you comment this out).
anonymous_enable=YES
#
# Uncomment this to allow local users to log in.
local_enable=YES
```

图 2-26　FTP 模式设置

步骤 2： 设置匿名用户和本地用户及其访问目录。

① 设置账户，首先创建账户 admin，密码为 admin123，创建文件/ftp 和/ftp/ftp1，设置如图 2-27 所示。

```
[root@Linux ~]# useradd ftpa
[root@Linux ~]# passwd ftpa
Changing password for user ftpa.
New UNIX password:
BAD PASSWORD: it is too short
Retype new UNIX password:
passwd: all authentication tokens updated successfully.
[root@Linux ~]# mkdir /ftp
[root@Linux ~]# mkdir /ftp/ftp1
```

图 2-27　添加 FTP 用户

② 访问目录。

```
local_root=/var/ftp
/* 设置本地用户登录后所在的目录。默认配置文件中没有设置该项，
  此时用户登录 FTP 服务器后，所在的目录为该用户的主目录，对于 root 用户，则为/root 目录*/
anon_root=/var/ftp
//设置匿名用户登录后所在的目录。若未指定，则默认为/var/ftp 目录
```

本例为匿名用户目录是/ftp/ftp1 目录、本地用户目录是/ftp，设置如图 2-28 所示。

```
anon_root=/ftp/ftp1
local_root=/ftp
```

图 2-28　FTP 服务器保存目录

步骤 3： 控制用户是否允许切换到上级目录。

在默认配置下，用户可以使用“cd..”命令切换到上级目录，这会给系统带来极大的安全隐患，因此，必须防止用户切换到 Linux 的根目录，相关的配置项如下。

```
chroot_list_enable=YES
// 设置是否启用 chroot_list_file 配置项指定的用户列表文件
chroot_list_file=/etc/vsftpd.chroot_list
// 用于指定用户列表文件，该文件用于控制哪些用户可以切换到 FTP 站点根目录的上级目录
chroot_local_user=YES
// 用于指定用户列表文件中的用户是否允许切换到上级目录
```

本例为匿名用户和本地用户都禁止切换到其他目录，这里设定用户的控制文件为

/etc/vsftpd.user，如图 2-29 所示。

```
chroot_list_enable=YES
# (default follows)
chroot_list_file=/etc/vsftpd.user
chroot_local_user=NO
```

图 2-29 安全设置

打开/etc/vsftpd.user 并输入这两个账号，ftp 为匿名用户的账号，ftpa 为本地账号，如图 2-30 所示。

```
ftp
ftpa
```

图 2-30 输入账号

步骤 4：设置上传文档的所属关系和权限。

① 设置匿名上传文档的属主。

```
chown_uploads=YES
 /*用于设置是否改变匿名用户上传的文档的属主。默认为 NO。若设置为 YES，
 则匿名用户上传的文档的属主将被设置为 chown_username 配置项所设置的用户名*/
chown_username=whoever
 //设置匿名用户上传的文档的属主名。建议不要设置为 root 用户
```

② 新增文档的权限设定。

```
local_umask=022
/*设置本地用户新增文档的 umask，默认为 022，对应的权限为 755。umask 为 022，
对应的二进制数为 000 010 010，将其取反为 111 101 101，转换成十进制数，即为权限值 755，
代表文档的所有者（属主）有读/写和执行权，所属组有读和执行权，其他用户有读和执行权。
022 适用于大多数情况，一般不需要更改。若设置为 077，则对应的权限为 700*/
anon_umask=022            //设置匿名用户新增文档的 umask
file_open_mode=755        //设置上传文档的权限。权限采用数字格式
```

本例设置用户 FTPA 登录 FTP 之后能修改内容，但其他用户只有读的权限，具体设置如图 2-31 所示，并在/ftp 目录下新建 3 个目录:music、film、soft。

```
【root@localhost /ftp】Mkdir music film soft
```

```
[root@localhost /]# chmod 755 -R /ftp
[root@localhost /]# chown ftpa -R /ftp
```

图 2-31 权限设置

步骤 5：设置欢迎信息。

用户登录 FTP 服务器成功后，服务器可向登录用户输出预设置的欢迎信息。

```
ftpd_banner=Welcome to blah FTP service
 //该配置项用于设置比较简短的欢迎信息。若欢迎信息较多，则可使用 banner_file 配置项
banner_file=/etc/vsftpd/banner
 //设置用户登录时，将要显示输出的文件。该设置项将覆盖 ftpd_banner 的设置
dirmessage_enable=YES
 /*设置是否显示目录消息。若设置为 YES，则当用户进入目录时，将显示该目录中的
```

```
        由 message_file 配置项指定的文件（.message）中的内容*/
message_file=.message                    //设置目录消息文件，可将显示信息存入该文件
```

本例设置的欢迎信息显示为/root/shareuser/a.txt 文件中的信息，被指定的文件必须存在，设置如图 2-32 所示。

```
banner_file=/root/shareuser/a.txt_
```

图 2-32　FTP 欢迎信息

由图 2-33 可以看出欢迎信息设置成功了，内容为“Welcome to my ftp server”。

```
[root@Linux ~]# ftp ftp.linux.com
Trying ::1...
ftp: connect to address ::1Connection refused
Trying 192.168.100.2...
Connected to ftp.linux.com (192.168.100.2).
220-Welcome to my ftp server .
220
Name (ftp.linux.com:root): _
```

图 2-33　测试欢迎信息

步骤 6：日志文件。

```
xferlog_enalbe=YES                       //是否启用上传/下载日志记录
xferlog_file=var/log/vsftpd.log          //设置日志文件名及路径
xferlog_std_format=YES                   //日志文件是否使用标准的 xferlog 格式
```

本例设置“是否启用上传/下载日志”为“是”，并把上传/下载日志保存在/var/log/ftp_log.log 中，被指定的文件必须存在，如图 2-34 所示。

```
xferlog_enable=YES
xferlog_file=/var/log/ftp_log.log
```

图 2-34　日志文件设置

步骤 7：与连接相关的设置。

```
max_clients=0
  //设置 vsftpd 允许的最大连接数。默认为 0，表示不受限制。若设置为 150，
  则同时允许有 150 个连接，超出的连接将拒绝建立*/
max_per_ip=0
  /*设置每个 IP 地址允许与 FTP 服务器同时建立连接的数目。默认为 0，表示不受限制。
  通常可对此配置进行设置，防止同一个用户建立太多的连接*/
accept_timeout=60
  //设置建立 FTP 连接的超时时间，单位为秒，默认值为 60
connect_timeout=120
  // PORT 方式下建立数据连接的超时时间，单位为 s
data_connection_timeout=120
  //设置建立 FTP 数据连接的超时时间，默认为 120s
idle_session_timeout＝600
  //设置多长时间不对 FTP 服务器进行任何操作就断开该 FTP 连接，单位为秒，默认为 600s
anon_max_rate=0
```

```
/*设置匿名用户所能使用的最大传输速度，单位为b/s（比特/秒）。若设置为0，则不受速度限制，此为默认值*/
local_max_rate=0
// 设置本地用户所能使用的最大传输速度。默认为0，表示不受限制
```

本例设置“FTP的最大连接数为100，每个IP最多打开的FTP连接为5个，若超过150s不对FTP服务器进行任何操作，则断开该FTP连接，设置建立FTP连接的超时时间为75s，本地用户的最大传输速率为1Mb/s；匿名用户最大传输速率为10kb/s”，如图2-35所示。

```
max_clients=100
max_per_ip=5
idle_session_timeout=150
data_connection_timeout=75
local_max_rate=1000000
anon_max_rate=10000
```

图2-35　FTP连接设置

步骤8：其他设置。

① 定义用户配置文件。

在VSFTPD服务器中，不同用户可使用不同的配置，这要通过用户配置文件来实现。

```
user_config_dir=/etc/vsftpd/userconf            //用于设置用户配置文件所在的目录
```

设置了该配置项后，当用户登录FTP服务器时，系统就会到/etc/vsftpd/userconf目录下读取与当前用户名相同的文件，并根据文件中的配置命令对当前用户进行进一步的配置。

② 端口相关的配置如下。

```
listen_port=21
// 设置FTP服务器建立连接所侦听的端口，默认值为21
connect_from_port_20＝YES
/* 默认值为YES，指定FTP数据传输连接使用20端口。若设置为NO，则进行数据连接时，所使用的端口由ftp_data_port指定*/
ftp_data_port=20
//设置PORT方式下FTP数据连接所使用的端口，默认值为20
pasv_enable=YES|NO
/*若设置为YES，则使用PASV工作模式；若设置为NO，则使用PORT模式。默认为YES，即使用PASV模式*/
pasv_max_port=0
//设置在PASV工作模式下，数据连接可以使用端口范围的上界。默认值为0，表示任意端口
pasv_mim_port=0
//设置在PASV工作模式下，数据连接可以使用端口范围的下界。默认值为0，表示任意端口
```

步骤9：启动VSFTPD。

设置完VSFTPD后，下一步就是启动服务了。该服务并不自动启动，可使用以下命令来启动。

```
# service vsftpd start            //启动VSFTPD服务器
```

如果希望VSFTPD在下次计算机启动时自动启动，可使用ntsysv命令，进入如图2-36所示界面，选中“vsftpd”，单击“OK”按钮即可。

另外，VSFTPD的重启、查询、停止可使用以下命令实现：

```
# service vsftpd restart
# servise vsftpd status
# service vsftpd stop
```

Services
What services should be automatically started?
[ ] syslog-ng
[*] udev-post
[ ] vncserver
[*] vsftpd
[ ] winbind
[ ] wpa_supplicant
[ ] ypbind
[*] yum-updatesd
Ok
Cancel

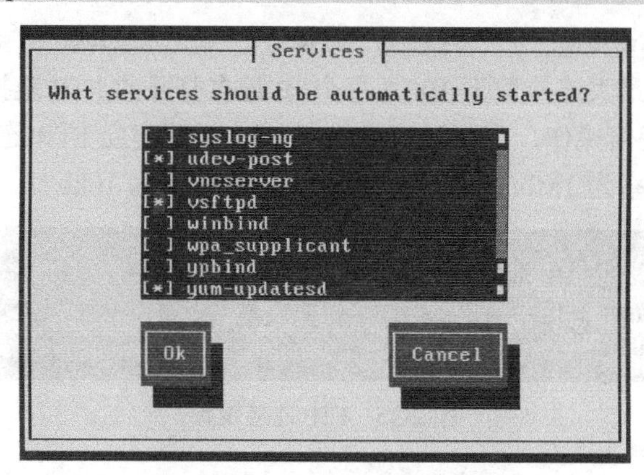

图 2-36　FTP 服务开机自动启动

步骤 10: 测试 VSFTPD 服务器。

① 测试匿名用户登录 FTP 服务器，如图 2-37 所示。

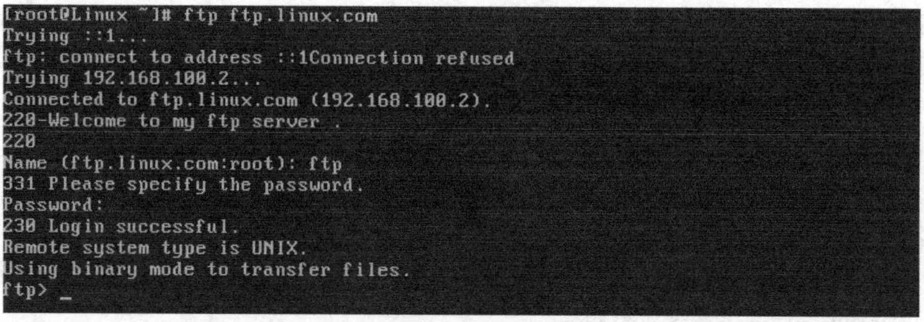

[root@Linux ~]# ftp ftp.linux.com
Trying ::1...
ftp: connect to address ::1Connection refused
Trying 192.168.100.2...
Connected to ftp.linux.com (192.168.100.2).
220-Welcome to my ftp server .
220
Name (ftp.linux.com:root): ftp
331 Please specify the password.
Password:
230 Login successful.
Remote system type is UNIX.
Using binary mode to transfer files.
ftp> _

图 2-37　测试

② 测试本地用户登录 FTP 服务器，如图 2-38 所示。

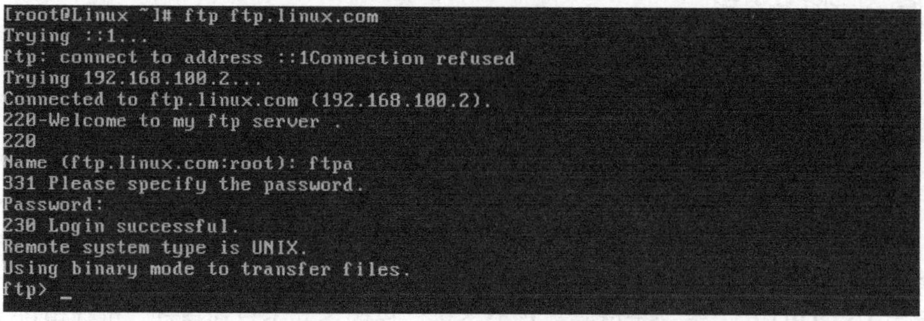

[root@Linux ~]# ftp ftp.linux.com
Trying ::1...
ftp: connect to address ::1Connection refused
Trying 192.168.100.2...
Connected to ftp.linux.com (192.168.100.2).
220-Welcome to my ftp server .
220
Name (ftp.linux.com:root): ftpa
331 Please specify the password.
Password:
230 Login successful.
Remote system type is UNIX.
Using binary mode to transfer files.
ftp> _

图 2-38　测试本地用户登录 FTP 服务器

3. LAMP 服务器系统配置

前文叙述了文件服务系统的需求分析：建立社区论坛，为社区提供一个交流平台。

搭建动态网站时首先要把相关的软件包安装好，LAMP 是一个比较好的选择。本例使用 LAMP 平台安装动网论坛，为社区提供一个交流平台。对于特殊的要求，可以在主配置文件中通过相应字段进行设置：ServerAdmin 字段可以设置管理员邮箱地址，DirectoryIndex 字段可以设置首页文件等。

根据以上分析，实现步骤如下。

步骤 1： 安装 LAMP 所需软件包。

① MySQL 安装。

➢ 安装 MySQL 数据库需要的软件包比较多，例如：

perl-DBI-1.52-1.fc6.i386.rpm；

perl-DBD-MySQL-3.0007-1.fc6.i386.rpm；

mysql-5.0.22-2.1.0.1.i386.rpm；

mysql-server-5.0.22-2.1.0.1.i386.rpm；

mysql-devel-5.0.22-2.1.0.1.i386.rpm。

➢ 安装顺序。安装 MySQL 的时候，要特别注意安装顺序，否则 MySQL 无法正常安装成功，可以参考以下安装顺序，如图 2-39 所示。

安装第一个软件包：perl-DBI-1.52-1.fc6.i386.rpm。

安装第二个软件包：mysql-5.0.22-2.1.0.1.i386.rpm。

安装第三个软件包：perl-DBD-MySQL-3.0007-1.fc6.i386.rpm。

安装第四个软件包：mysql-server-5.0.22-2.1.0.1.i386.rpm。

```
root@rhel5:~
文件(F) 编辑(E) 查看(V) 终端(T) 标签(B) 帮助(H)
[root@rhel5 ~]# rpm -ivh /mnt/cdrom/Server/perl-DBI-1.52-1.fc6.i386.rpm
warning: /mnt/cdrom/Server/perl-DBI-1.52-1.fc6.i386.rpm: Header V3 DSA signature: NOKEY
 key ID 37017186
Preparing...                ########################################### [100%]
   1:perl-DBI               ########################################### [100%]
[root@rhel5 ~]# rpm -ivh /mnt/cdrom/Server/mysql-5.0.22-2.1.0.1.i386.rpm
warning: /mnt/cdrom/Server/mysql-5.0.22-2.1.0.1.i386.rpm: Header V3 DSA signature: NOKE
, key ID 37017186
Preparing...                ########################################### [100%]
   1:mysql                  ########################################### [100%]
[root@rhel5 ~]# rpm -ivh /mnt/cdrom/Server/perl-DBD-MySQL-3.0007-1.fc6.i386.rpm
warning: /mnt/cdrom/Server/perl-DBD-MySQL-3.0007-1.fc6.i386.rpm: Header V3 DSA signatur
: NOKEY, key ID 37017186
Preparing...                ########################################### [100%]
   1:perl-DBD-MySQL         ########################################### [100%]
[root@rhel5 ~]# rpm -ivh /mnt/cdrom/Server/mysql-server-5.0.22-2.1.0.1.i386.rpm
```

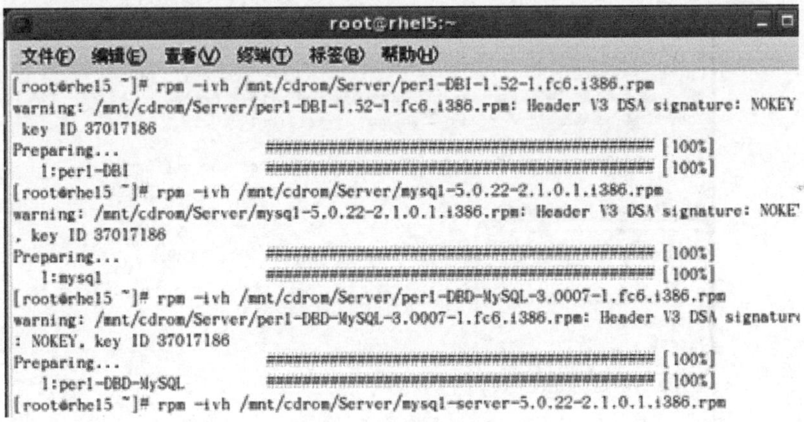

图 2-39　安装顺序

➢ 启动服务。MySQL 安装完毕后，重启 MySQL 服务，检查服务器状态，如图 2-40 所示。

➢ 设置管理员账号和密码并测试。使用 mysqladmin 命令建立管理员账号和密码，并使用 mysql -u root –p 命令进行登录，如图 2-41 所示。

② PHP 安装。

➢ PHP 所需软件包如下。

php-5.1.6-15.el5.i386.rpm；

php-cli-5.1.6-15.el5.i386.rpm；

php-common-5.1.6-15.el5.i386.rpm；

php-mysql-5.1.6-15.el5.i386.rpm；

php-pdo-5.1.6-15.el5.i386.rpm。

```
root@rhel5:~
文件(F) 编辑(E) 查看(V) 终端(T) 标签(B) 帮助(H)
[root@rhel5 ~]# service mysqld restart
停止 MySQL:                                              [失败]
初始化 MySQL 数据库:  Installing all prepared tables
Fill help tables

To start mysqld at boot time you have to copy support-files/mysql
to the right place for your system

PLEASE REMEMBER TO SET A PASSWORD FOR THE MySQL root USER !
To do so, start the server, then issue the following commands:
/usr/bin/mysqladmin -u root password 'new-password'
/usr/bin/mysqladmin -u root -h rhel5.wanxuan.com password 'new-pa
See the manual for more instructions.

You can start the MySQL daemon with:
cd /usr ; /usr/bin/mysqld_safe &

You can test the MySQL daemon with the benchmarks in the 'sql-ben
cd sql-bench ; perl run-all-tests

Please report any problems with the /usr/bin/mysqlbug script!

The latest information about MySQL is available on the web at
http://www.mysql.com
Support MySQL by buying support/licenses at http://shop.mysql.com
                                                         [确定]
启动 MySQL:                                              [确定]
[root@rhel5 ~]#
```

图 2-40　启动服务

```
[root@rhel5 ~]# mysqladmin -u root password 123456789
[root@rhel5 ~]# mysql -u root -p
Enter password:
Welcome to the MySQL monitor.  Commands end with ; or \g.
Your MySQL connection id is 3 to server version: 5.0.22

Type 'help;' or '\h' for help. Type '\c' to clear the buffer.

mysql> show databases;
+--------------------+
| Database           |
+--------------------+
| information_schema |
| mysql              |
| test               |
+--------------------+
3 rows in set (0.00 sec)

mysql> exit
Bye
[root@rhel5 ~]#
```

图 2-41　设置管理员账号和密码

➢　安装 PHP 软件包，如图 2-42 所示。

安装第一个软件包：php-common-5.1.6-15.el5.i386.rpm。

安装第二个软件包：php-cli-5.1.6-15.el5.i386.rpm。

安装第三个软件包：php-5.1.6-15.el5.i386.rpm。

安装第四个软件包：php-pdo-5.1.6-15.el5.i386.rpm。

安装第五个软件包：php-mysql-5.1.6-15.el5.i386.rpm。

```
root@rhel5:~
文件(F) 编辑(E) 查看(V) 终端(T) 标签(B) 帮助(H)
[root@rhel5 ~]# rpm -ivh /mnt/cdrom/Server/php-common-5.1.6-15.el5.i386.rpm
warning: /mnt/cdrom/Server/php-common-5.1.6-15.el5.i386.rpm: Header V3 DSA signature: NO
KEY, key ID 37017186
Preparing...                ########################################### [100%]
   1:php-common             ########################################### [100%]
[root@rhel5 ~]# rpm -ivh /mnt/cdrom/Server/php-cli-5.1.6-15.el5.i386.rpm
warning: /mnt/cdrom/Server/php-cli-5.1.6-15.el5.i386.rpm: Header V3 DSA signature: NOKE
, key ID 37017186
Preparing...                ########################################### [100%]
   1:php-cli                ########################################### [100%]
[root@rhel5 ~]# rpm -ivh /mnt/cdrom/Server/php-5.1.6-15.el5.i386.rpm
warning: /mnt/cdrom/Server/php-5.1.6-15.el5.i386.rpm: Header V3 DSA signature: NOKEY, ke
y ID 37017186
Preparing...                ########################################### [100%]
   1:php                    ########################################### [100%]
[root@rhel5 ~]# rpm -ivh /mnt/cdrom/Server/php-pdo-5.1.6-15.el5.i386.rpm
warning: /mnt/cdrom/Server/php-pdo-5.1.6-15.el5.i386.rpm: Header V3 DSA signature: NOKE
, key ID 37017186
Preparing...                ########################################### [100%]
   1:php-pdo                ########################################### [100%]
[root@rhel5 ~]# rpm -ivh /mnt/cdrom/Server/php-mysql-5.1.6-15.el5.i386.rpm
```

图 2-42　PHP 的安装

步骤 2：编辑 Apache 配置文件 httpd.conf。

```
vim /etc/httpd/conf/httpd.conf
```

设置 Apache 根目录为/etc/httpd，如图 2-43 所示。

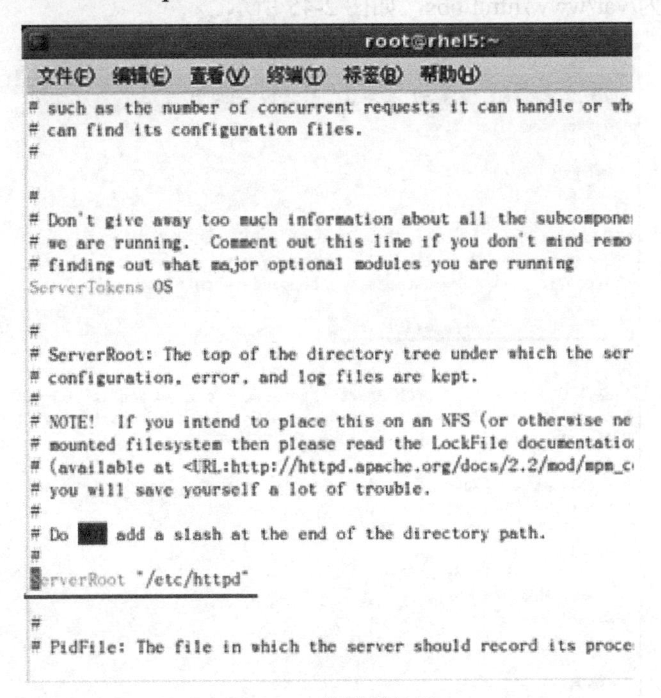

```
root@rhel5:~
文件(F) 编辑(E) 查看(V) 终端(T) 标签(B) 帮助(H)
# such as the number of concurrent requests it can handle or wh
# can find its configuration files.
#

#
# Don't give away too much information about all the subcompone
# we are running.  Comment out this line if you don't mind remo
# finding out what major optional modules you are running
ServerTokens OS

#
# ServerRoot: The top of the directory tree under which the ser
# configuration, error, and log files are kept.
#
# NOTE!  If you intend to place this on an NFS (or otherwise ne
# mounted filesystem then please read the LockFile documentatio
# (available at <URL:http://httpd.apache.org/docs/2.2/mod/mpm_c
# you will save yourself a lot of trouble.
#
# Do NOT add a slash at the end of the directory path.
#
ServerRoot "/etc/httpd"

#
# PidFile: The file in which the server should record its proce
```

图 2-43　设置根目录

设置客户端最大连接数为 1000，如图 2-44 所示。

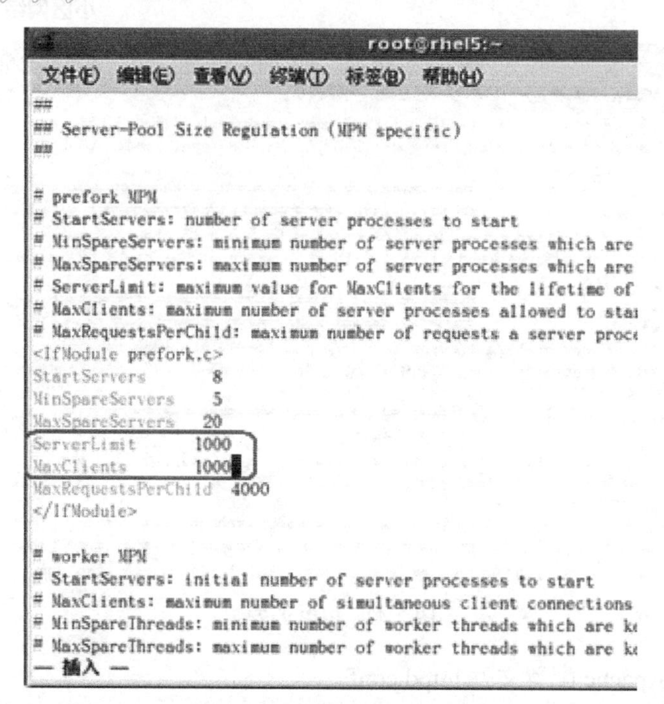

图 2-44 设置最大连接数

设置文档目录为/var/www/html/bbs，如图 2-45 所示。

图 2-45 设置文档目录

允许所有人访问/var/www/html/bbs 目录，如图 2-46 所示。

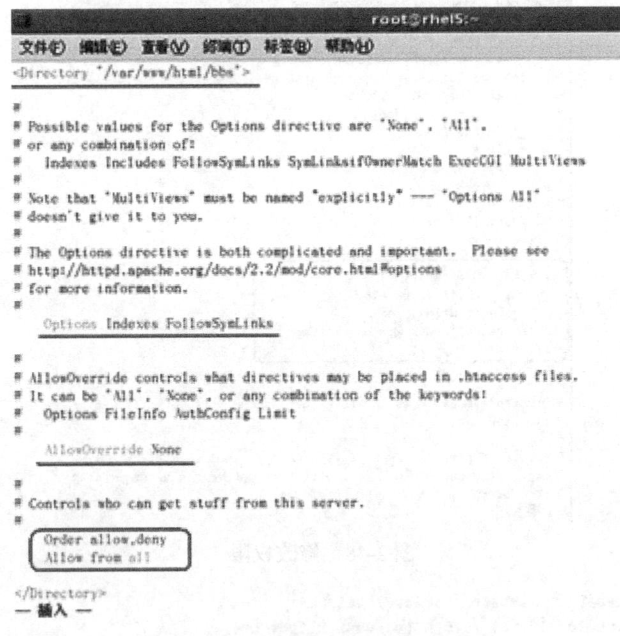

图 2-46 允许所有人访问目录

设置首页文件为 index.php，如图 2-47 所示。

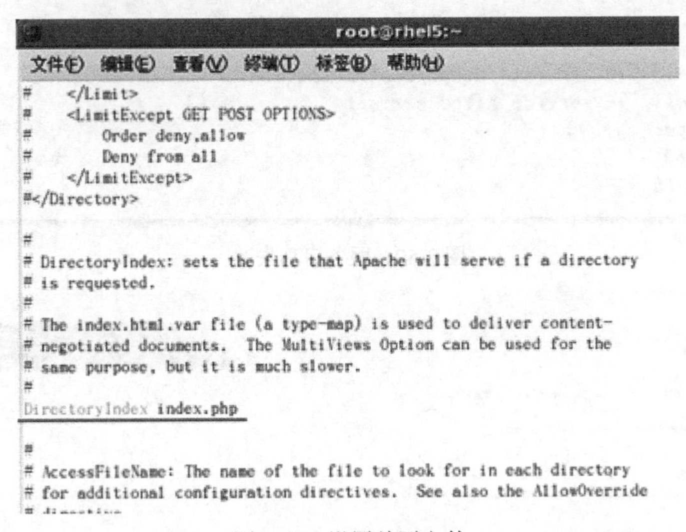

图 2-47 设置首页文件

步骤 3：修改/security 目录的权限。

仅允许 tech.michael.com 域的客户端访问，如图 2-48 所示。

步骤 4：重新启动 httpd 服务，如图 2-49 所示。

注意：在配置完 httpd.conf 文件后，确保已经创建了/var/www/html/bbs 目录，否则 httpd 服务不能正常启动，如图 2-50 所示。

步骤 5：下载动网论坛源码。

动网官方地址为 http://p.dvbbs.net，如图 2-51 和图 2-52 所示。

```
root@rhel5:~
文件(F) 编辑(E) 查看(V) 终端(T) 标签(B) 帮助(H)
#     AllowOverride FileInfo AuthConfig Limit
#     Options MultiViews Indexes SymLinksIfOwnerMatch IncludesNoE
#     <Limit GET POST OPTIONS>
#         Order allow,deny
#         Allow from all
#     </Limit>
#     <LimitExcept GET POST OPTIONS>
#         Order deny,allow
#         Deny from all
#     </LimitExcept>
#</Directory>

<Directory "/security">
    Options FollowSymLinks
        Order allow,deny
        Allow from .tech.michael.com
</Directory>

#
# DirectoryIndex: sets the file that Apache will serve if a dire
# is requested.
#
# The index.html.var file (a type-map) is used to deliver conter
# negotiated documents.  The MultiViews Option can be used for t
# same purpose, but it is much slower.
-- 插入 --
```

图 2-48　修改权限

```
[root@rhel5 ~]# mkdir /var/www/html/bbs
[root@rhel5 ~]# vim /etc/httpd/conf/httpd.conf
[root@rhel5 ~]# service httpd restart
停止 httpd:                                                [确定]
启动 httpd:                                                [确定]
[root@rhel5 ~]#
```

图 2-49　启动服务

```
[root@rhel5 ~]# vim /etc/httpd/conf/httpd.conf
[root@rhel5 ~]# service httpd restart
停止 httpd:                                                [失败]
启动 httpd:                                                [失败]
[root@rhel5 ~]#
```

图 2-50　服务启动失败

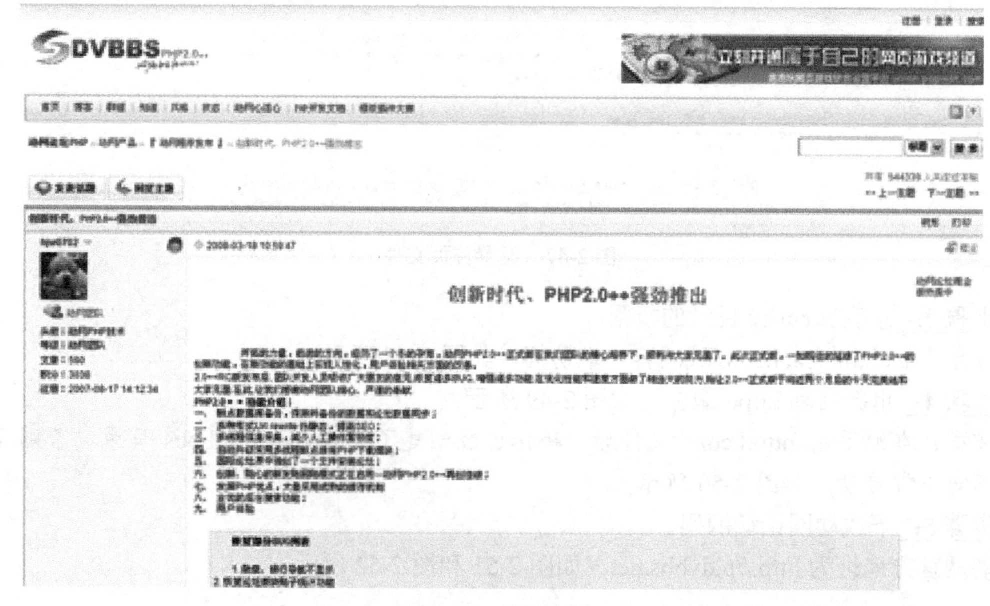

图 2-51　动网官网

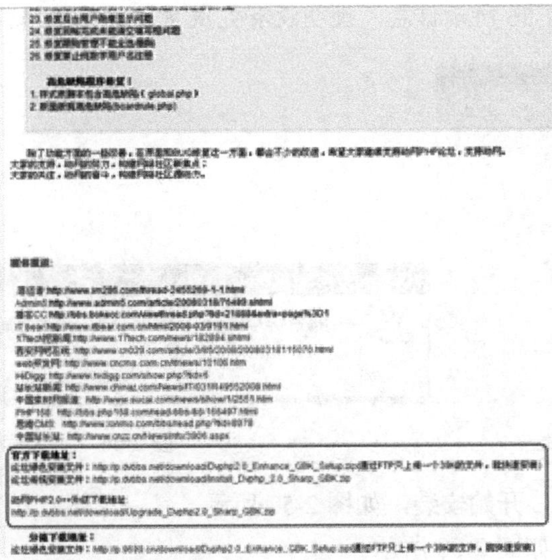

```
[root@rhel5 ~]# umount /mnt/cdrom/
[root@rhel5 ~]# mount /dev/cdrom /mnt/cdrom/
mount: block device /dev/cdrom is write-protected, mounting read-only
[root@rhel5 ~]# ll /mnt/cdrom/
总计 4
dr-xr-xr-x 1 root root 2048 2009-03-26 Install_Dvphp_2.0_Sharp_GBK
dr-xr-xr-x 1 root root 2048 2009-03-26 Upgrade_Dvphp2.0_Sharp_GBK
[root@rhel5 ~]# ll /mnt/cdrom/Install_Dvphp_2.0_Sharp_GBK/
总计 14
dr-xr-xr-x 1 root root 2048 2008-01-28 readme
dr-xr-xr-x 1 root root 8192 2008-03-18 uploads
dr-xr-xr-x 1 root root 2048 2008-01-28 URL Rewrite
-r-xr-xr-x 1 root root 1409 2008-01-27 URL Rewrite优化说明.txt
-r-xr-xr-x 1 root root  251 2008-01-28 安装必读.txt
[root@rhel5 ~]#
```

图 2-52 下载源码

复制 uploads 目录中的所有文件到/var/www/html/bbs 目录中，如图 2-53 所示。

```
cp -r /mnt/cdrom/Install_Dvphp_2.0_Sharp_GBK/uploads/* /var/www/html/bbs/
```

```
[root@rhel5 ~]# cp -r /mnt/cdrom/Install_Dvphp_2.0_Sharp_GBK/uploads/* /var/www/html/bbs/
[root@rhel5 ~]#
```

图 2-53 复制文件

步骤 6：更改目录权限，如图 2-54 所示。

```
chmod -R 777 /var/www/html/bbs/
```

```
[root@rhel5 ~]# ll /var/www/html/
总计 8
drwxr-xr-x 2 root root 4096 03-26 13:58 bbs
[root@rhel5 ~]# chmod -R 777 /var/www/html/bbs/
[root@rhel5 ~]# ll /var/www/html/
总计 8
drwxrwxrwx 2 root root 4096 03-26 13:58 bbs
[root@rhel5 ~]#
```

图 2-54 更改目录权限

步骤 7：安装动网论坛。在浏览器中输入本机地址，根据向导提示安装，如图 2-55 所示。

注意：如果提示如图 2-56 所示信息，说明没有完成更改目录权限设置。

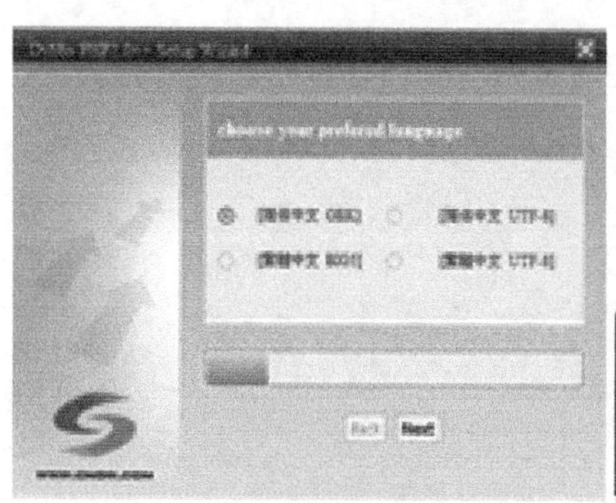

图 2-55　安装动网论坛　　　　图 2-56　提示信息

① 单击“Next”按钮，开始安装，如图 2-57 所示。

② 输入设置的密码，如图 2-58 所示。

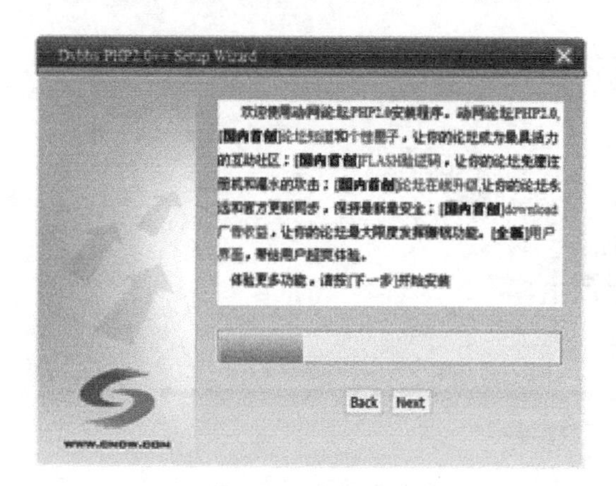

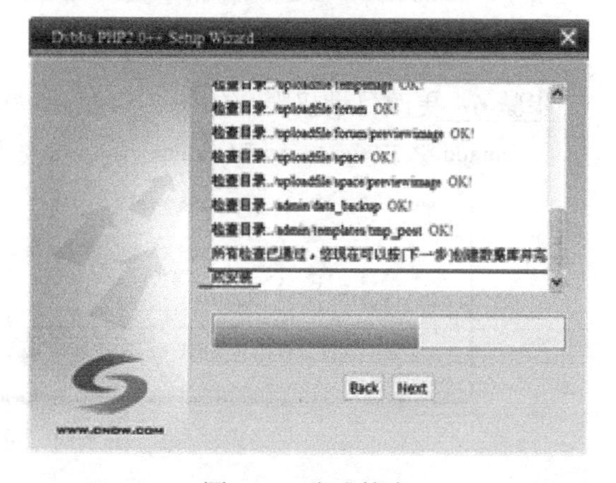

图 2-57　开始安装　　　　图 2-58　输入密码

③ 单击“Next”按钮，在图 2-59 所示界面中不做修改。

④ 检查目录，所有检查已通过，单击“Next”按钮创建数据库并完成安装，如图 2-60 所示。

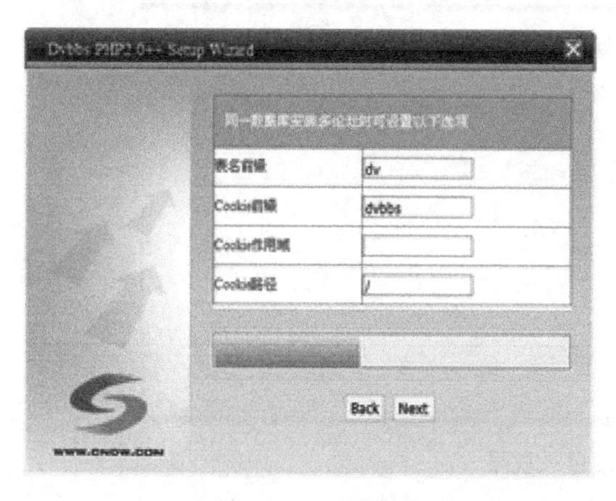

图 2-59　不做修改　　　　图 2-60　完成检查

⑤ 创建数据库成功，下面开始安装论坛配置信息，如图 2-61 和图 2-62 所示。

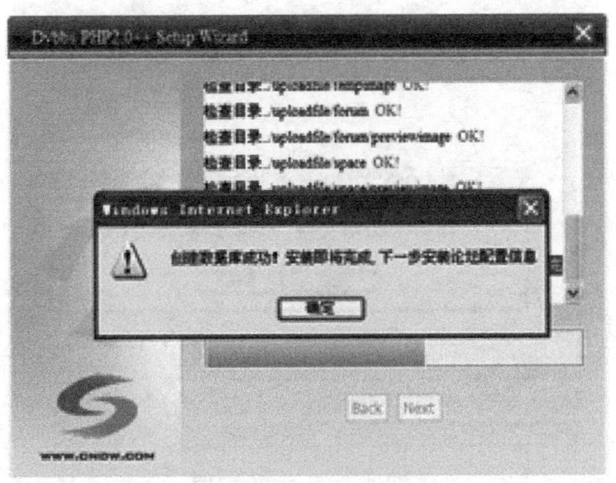

图 2-61 成功安装数据库

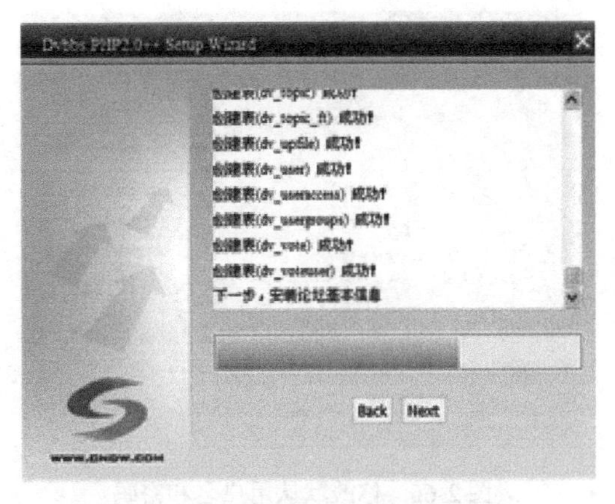

图 2-62 开始安装论坛配置信息

⑥ 配置后台账户，如图 2-63～图 2-65 所示。

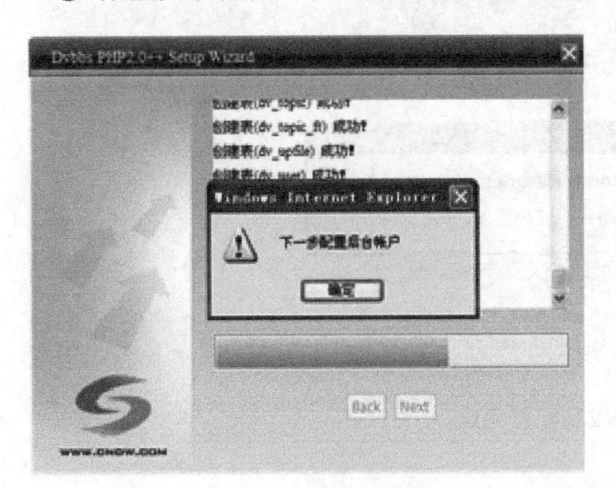

图 2-63 开始配置账户

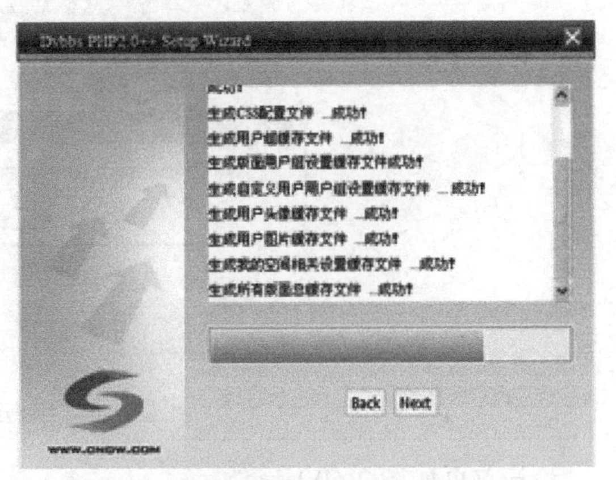

图 2-64 生成配置文件

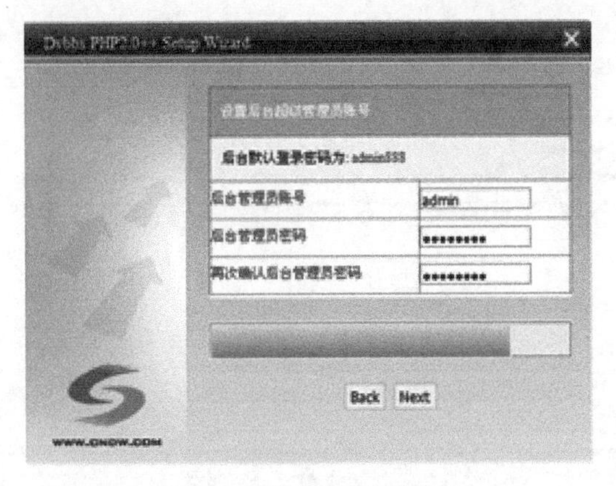

图 2-65 成功生成后台账户

⑦ 默认用户名和密码要全部改掉，可以根据自己需求设置，如图 2-66 和图 2-67 所示。

⑧ 单击“确定”按钮，如图 2-68 所示。

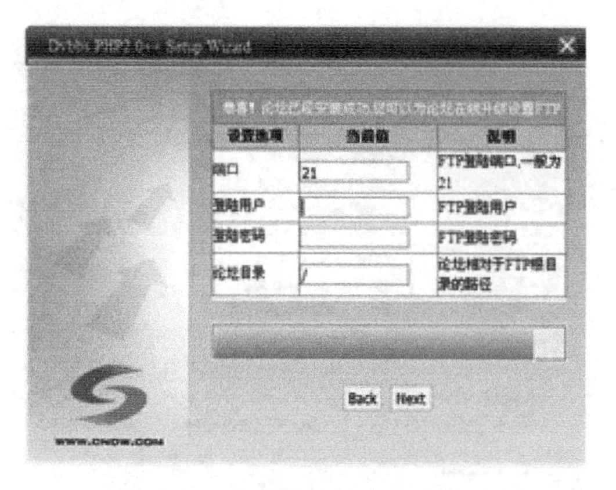

图 2-66 修改默认用户名和密码

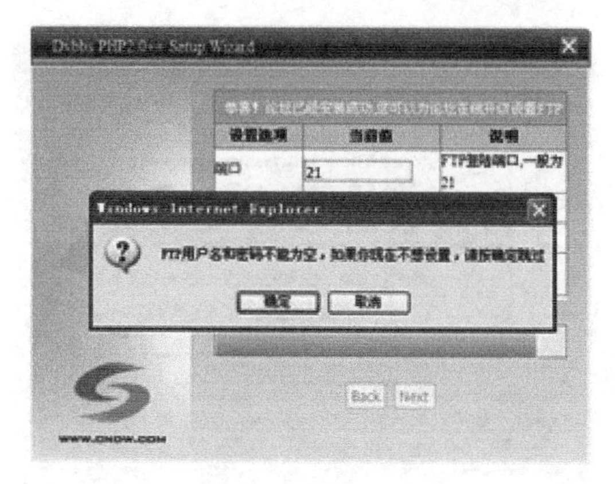

图 2-67 修改配置

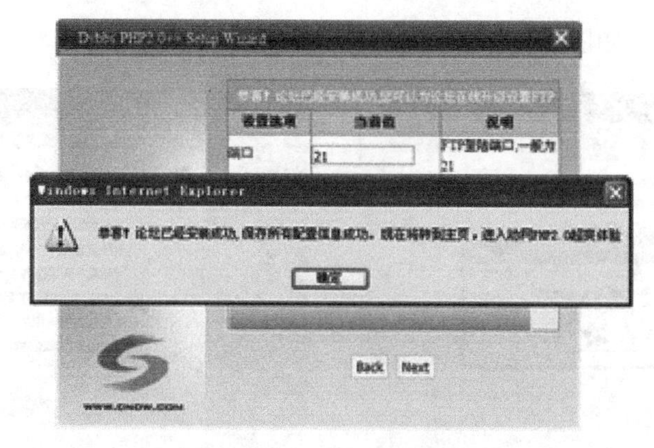

图 2-68 论坛成功配置完成

论坛首页如图 2-69 所示。

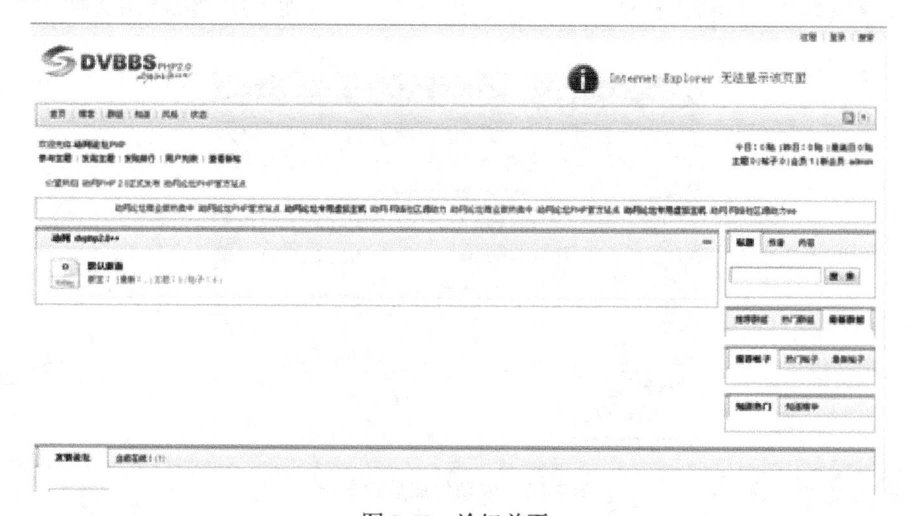

图 2-69 论坛首页

空间效果如图 2-70 所示。

论坛框架搭建完毕，具体添加什么内容由论坛管理员负责。

图 2-70　空间效果

项目评价

项目实训评价表

	内　容		评　价		
	学 习 目 标	评 价 项 目	3	2	1
职业能力	熟练掌握网络的物理连接	能制作网线			
		能按拓扑图连线			
		能按要求贴标签			
	熟练掌握 IP 的设置	能进行 IP 地址设置			
	熟练掌握 VLAN 的设置	能设置 VLAN			
		能测试 VLAN 是否设置正常			
	熟练掌握 OSPF 的设置	能在交换机上设置 RIP			
		能在防火墙上进行路由引入			
	掌握 NAT 的使用	能设置 NAT			
	掌握设备安全登录设置	能设置密码			
		能设置远程安全登录			
	掌握交换机端口安全设置	能限制广播数据包			
		能绑定 MAC 地址			
	掌握常见服务器配置	能配置 FTP 服务			
		能配置 DNS 服务			
		能搭建 LAMP 服务			
通用能力	交流表达能力				
	与人合作能力				
	沟通能力				
	组织能力				
	活动能力				
	解决问题的能力				
	自我提高的能力				
	革新、创新的能力				
综合评价					

续表

评定等级说明表	
等　级	说　明
3	能高质、高效地完成此学习目标的全部内容，并能解决遇到的特殊问题
2	能高质、高效地完成此学习目标的全部内容
1	能圆满完成此学习目标的全部内容，无须任何帮助和指导
	说　明
优　秀	80%项目达到3级水平
良　好	60%项目达2级水平
合　格	全部项目都达到1级水平
不合格	不能达到1级水平

认证考核

多项选择题

1．通过CLI方式配置神州数码路由器，下面的快捷键（　　）的功能是显示前一条命令。

A．Ctrl+N　　B．Ctrl+P　　C．Ctrl+C　　D．Ctrl+Z

2．路由器中时刻维持着一张路由表，这张路由表可以是静态配置的，也可以是（　　）产生的。

A．生成树协议　　B．链路控制协议　　C．动态路由协议　　D．被承载网络层协议

3．与路由器相连的计算机串口属性的设置，正确的有（　　）。

A．速率：9600b/s　　B．数据位：8位

C．奇偶校验位：2位　　D．停止位：1位

E．流控：软件

4．IP地址127.0.0.1代表的是（　　）。

A．广播地址　　B．组播地址　　C．E类地址　　D．回环地址

5．下列用来支持多播的是（　　）地址。

A．A类　　B．B类　　C．E类　　D．上述三项都不是

6．下面关于DCN-530TX网卡的描述，正确的是（　　）。

A．DCN-530TX网卡是一款64位PCI总线方式的快速以太网网卡

B．DCN-530TX网卡可以支持多种操作系统

C．DCN-530TX网卡不支持远程唤醒功能

D．DCN-530TX网卡支持远程唤醒功能

7．IEEE 802.3u（　　）快速交换以太网的标准。

A．是　　B．不是

8．下列神州数码交换机中，支持端口隔离的有（　　）。

A．DCS 3726S　　B．DCS 3628S　　C．DCS 3652　　D．DCS 3726B

9．以太网交换机的每一个端口可以看作一个（　　）。

A．冲突域　　B．广播域　　C．管理域　　D．阻塞域

10．下列描述正确的是（　　）。

A．集线器不能延伸网络的可操作的距离

B．集线器不能在网络上发送变弱的信号

C．集线器不能过滤网络流量

D．集线器不能放大变弱的信号

11．下列关于IANA预留的私有IP地址的说法正确的有（　　）。

A．预留的私有IP地址块是10.0.0.0～10.255.255.255，172.16.0.0～172.31.255.255，192.168.0.0～192.168.255.255

B．为了实现与Internet的通信，这些私有地址需要转换成公有地址。可以采用的技术有NAT、代理服务、VPN报文封装等

C．预留的私有IP地址块是10.0.0.0～10.255.255.255，172.128.0.0～172.128.255.255，192.128.0.0～192.128.255.255

D．使用私有地址可以增加网络的安全性

12．下列不属于网络安全技术的是（　　）。

A．主机安全技术　　B．密码技术
C．VPN技术　　D．安全管理技术

13．DNS的作用是（　　）。

A．为客户机分配IP地址　　B．访问HTTP的应用程序
C．将域名翻译为IP地址　　D．将MAC地址翻译为IP地址

14．在运行Windows 98的计算机中配置网关，类似于在路由器中配置（　　）。

A．直接路由　　B．默认路由　　C．动态路由　　D．间接路由

15．OSI代表（　　）。

A．标准协会组织　　B．Internet标准组织
C．开放标准协会　　D．开放系统互连

16．下列协议或规范针对物理层的有（　　）。

A．V24规范　　B．Ethernet II　　C．V35规范　　D．SNMP

17．教育城域网的建设一般划分成3个层次：核心层、分布层、接入层。其中，学校主要处于（　　）。

A．核心层　　B．分布层　　C．接入层

18．图2-71所示为一个简单的路由表，从这个路由表中，可以得出（　　）。

```
Router#show ip route
Codes: C - connected, S - static, R - RIP, B - BGP
    D - DEIGRP, DEX - external DEIGRP, O - OSPF, OIA - OSPF inter area
    ON1 - OSPF NSSA external type 1, ON2 - OSPF NSSA external type 2
    OE1 - OSPF external type 1, OE2 - OSPF external type 2

C   1.1.1.0/24    is directly connected,  FastEthernet0/0
R   2.0.0.0/8     [120,1] via 1.1.1.1(on  FastEthernet0/0)
R   3.0.0.0/8     [120,1] via 1.1.1.1(on  FastEthernet0/0)
C   4.4.4.0/24    is directly connected,  Loopback0
C   5.5.5.0/24    is directly connected,  Loopback1
```

图2-71　路由表

A．这台路由器有 3 个端口连接了线缆并处于 UP 状态，这些端口是 FastEthernet0/0、Loopback0、Loopback1

B．这台路由器启动了 OSPF 路由协议

C．这台路由器只启动了 RIP

D．这台路由器只能将目标是 1.1.1.0/2.0.0.0/3.0.0.0/4.4.4.0/5.5.5.0 网络的数据包发送出去，其他的数据都将被丢弃并返回目标网络不可达信息

19．关于 IGRP 和 DEIGRP 两个路由协议，下列说法正确的是（　　）。

A．两者都属于 IGP　　B．两者都具有复杂的综合度量值

C．两者都使用距离矢量算法　　D．两者都不会产生路由回环

20．当路由器接收的 IP 报文中的目标网络不在路由表中时（没有默认路由时），采取的策略是（　　）。

A．丢掉该报文

B．将该报文以广播的形式发送到所有直连端口

C．直接向支持广播的直连端口转发该报文

D．向源路由器发出请求，减小其报文大小

21．对应图 2-72 所示的网络环境，配置静态路由使所有相关的网段可以互通，则 R1 的配置中即使不配置也不影响正常的数据包传输的是（　　）。

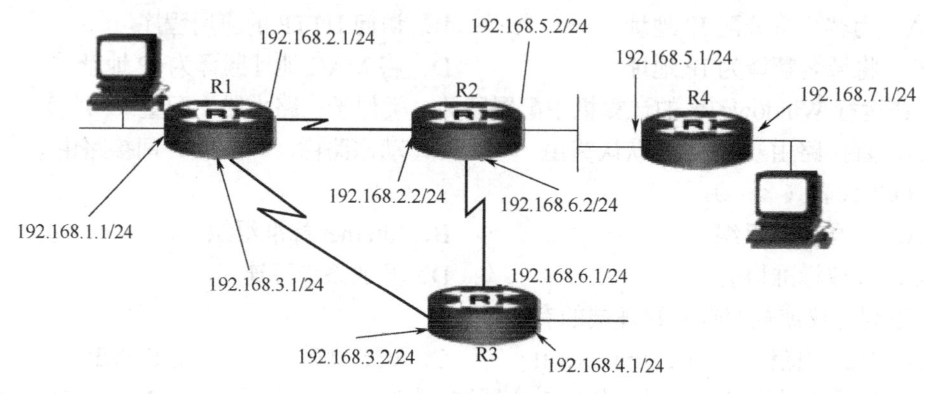

图 2-72　网络环境

A．Router_config# ip route 192.168.4.0 255.255.255.0 192.168.3.2

B．Router_config# ip route 192.168.5.0 255.255.255.0 192.168.2.2

C．Router_config# ip route 192.168.6.0 255.255.255.0 192.168.2.2

D．Router_config# ip route 192.168.7.0 255.255.255.0 192.168.2.2

E．Router_config# redistribute connect

22．当路由器接收的 IP 报文的生存时间值等于 1 时，采取的策略是（　　）。

A．丢掉该报文　B．转发该报文　C．将该报文分段　D．上述三项均不对

23．网络 10.0.24.0/21 可能包含的子网络是（　　）。

A．10.0.25.0/16　B．10.0.23.0/16　C．10.0.26.0/16　D．10.0.22.0/16

24．如图 2-73 所示，如果对整个网络配置 OSPF 协议(area 1)，使其所有网段实现互通，则下列对神州数码 DCR-1700 系列路由器的配置正确的有（　　）。

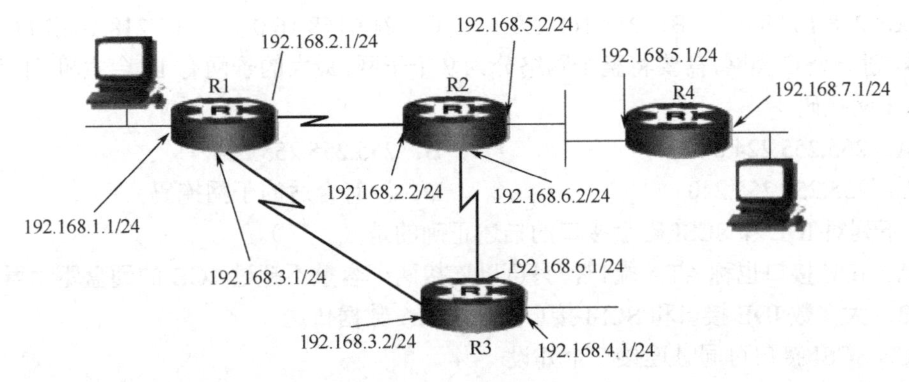

图 2-73　网络拓扑

A．R1_config# router ospf 100

R1_config# network 192.168.1.0 255.255.255.0 area 1

R1_config# network 192.168.2.0 255.255.255.0 area 1

R1_config# network 192.168.3.0 255.255.255.0 area 1

B．R2_config# router ospf 200

R2_config# network 192.168.5.0 255.255.255.0

R2_config# network 192.168.6.0 255.255.255.0

C．R3_config# router ospf 700

R3_config# network 192.168.3.0 0.0.0.255 area 1

R3_config# network 192.168.4.0 0.0.0.255 area 1

R3_config# network 192.168.5.0 0.0.0.255 area 1

D．R4_config# router ospf 2

R4_config# network 192.168.5.0 255.255.255.0 area 1

R4_config# network 192.168.7.0 255.255.255.0 area 1

25．一个 C 类网络需要划分 5 个子网，每个子网至少包含 32 个主机，则合适的子网掩码应为（　　）。

A．255.255.255.224　　　　B．255.255.255.192

C．255.255.255.252　　　　D．没有合适的子网掩码

26．如图 2-74 所示，路由器 D 是 ISP 网络中的接入层设备，它的某一方向上有 3 个 C 类网络接入，此时，路由器 D 中为了减少发送给其他方向上的路由数据，需要进行 CIDR 来对路由信息进行聚合，则以下（　　）网络能够包含图中的 3 个网络。

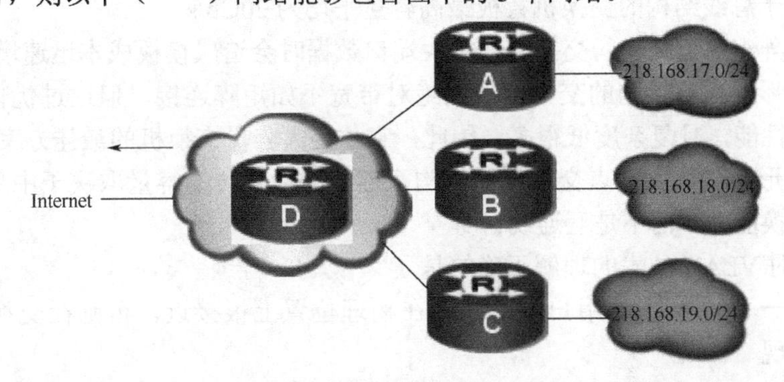

图 2-74　网络结构

A．218.168.8.0　B．218.168.0.0　C．218.168.16.0　D．218.168.24.0

27. 规划一个 C 类网，需要将整个网络分为 9 个子网，最大的子网有 15 台主机，下列（　　）是合适的子网掩码。

A．255.255.224.0　B．255.255.255.224

C．255.255.255.240　D．没有合适的子网掩码

28．下列对 IDE 和 SCSI 磁盘接口的描述正确的是（　　）。

A．IDE 接口也称 ATA 端口，只可以连接两个容量不超过 1GB 的硬盘驱动器

B．大多数 IDE 接口和 SCSI 接口支持 DMA 数据传送

C．SCSI 接口可同时连接 7 个外设

D．SCSI 接口是智能化的，可以彼此通信而不增加 CPU 的负担

29. 为了保证从集线器发送出去的信号的正确性和数据的完整性，集线器需要下列（　　）技术。

A．采用专门的芯片，做自适应串音回波抵消

B．对数据进行再生整形

C．当两个端口同时有信号输入时，向所有的端口发送干扰信号

D．对数据进行重新定时，以保证接收端正确识别数据

30. 一台二层交换机想通过划分 VLAN 的方法实现公用端口，下面的说法正确的是（　　）。

A．公用端口如果连接一台服务器，则端口不用封装 TAG 标记，如果连接一台二层交换机，则端口需要封装 TAG 标记

B．如果该交换机上不同的 VLAN 成员都要访问接在该公用端口上的服务器，则每个 VLAN 都要包含该公用端口

C．如果该交换机上不同的 VLAN 成员都要访问接在该公用端口上的服务器，则每个 VLAN 不用包含该公用端口

31．关于链路聚合的说法正确的是（　　）。

A．在一个链路聚合组里，每个端口必须工作在全双工模式下

B．在一个链路聚合组里，每个端口必须属于同一个 VLAN

C．在一个链路聚合组里，每条链路的属性必须和第一条链路的属性一致

D．在一个链路聚合组里，每个端口必须被封装上 TAG 标记

E．在一个链路聚合组里，链路之间具有互相备份的功能

32．下列对于交换机的体系结构正确的是（　　）。

A．基于总线结构的交换机背板最高容量平均为 20Gb/s

B．矩阵点对点结构的交换机在扩大端口数据时会造成模板成本迅速增加

C．星形点对点结构的交换机虽然绝对带宽不如矩阵连接，但通过优化可以获得很高的性能，且复杂度低很多，因此，它才是大容量交换机的最佳方案

D．星形连接的点对点交换体系结构互连线的最终传输容量取决于中央阵列和模块的交换能力，而不是互连线自身

33．下列对 VLAN 技术的理解正确的是（　　）。

A．同一 VLAN 中的用户设备必须在物理位置上很接近，否则在交换机上没有办法实现

B．VLAN 是一个逻辑上属于同一个广播域的设备组

C．VLAN之间需要通信时，必须通过网络层的功能实现

D．理论上可以基于端口、流量和IP地址等信息划分VLAN

34．关于PVID和VID之间的关系，下面的理解正确的是（　　）。

A．端口的PVID指明在端口没有TAG的情况下，接收到的TAG帧将在哪个VLAN中传输

B．在端口指明PVID封装TAG的情况下，当接收了非TAG的帧时，将发送到PVID指明的VLAN中传输

C．一个端口的PVID值和VID值可以有多个

D．当端口的PVID值与VID值不一致的时候，表明能从端口传出VID值代表的VLAN的数据帧，但不能从端口传出此PVID值代表的VLAN的数据帧

35．下列地址表示私有地址的是（　　）。

A．202.118.56.21　　B．1.2.3.4

C．192.118.2.1　　D．172.16.33.78

E．10.0.1.2

36．如果企业内部需要接入Internet的用户一共有400个，但该企业只申请到一个C类的合法IP地址，则应该使用（　　）方式实现。

A．静态NAT　　B．动态NAT　　C．PAT

37．扩展访问控制列表可以使用（　　）字段来定义数据包过滤规则。

A．源IP地址　　B．目的IP地址　　C．端口号

D．协议类型　　E．日志功能

38．某台路由器上配置了如下访问控制列表：

```
access-list 4 permit 202.38.160.1 0.0.0.255
access-list 4 deny 202.38.0.0 0.0.255.255
```

这表示（　　）。

A．只禁止源地址为202.38.0.0网段的所有访问

B．只允许目的地址为202.38.0.0网段的所有访问

C．检查源IP地址，禁止202.38.0.0大网段的主机，但允许其中的202.38.160.0小网段上的主机

D．检查目的IP地址，禁止202.38.0.0大网段的主机，但允许其中的202.38.160.0小网段的主机

39．某网络管理员在交换机上划分了VLAN 100，包含的成员端口为1～5，分别接有5台PC，但其中两台无法与其他PC互相通信，可能的原因是（　　）。

A．连接PC到交换机端口的网线坏了

B．PC的默认网关配置错误

C．两台PC的IP地址没有被配置在同一个网段

D．交换机出现了桥接环路

40．下列关于流量控制的描述正确的是（　　）。

A．流量控制的作用是保证数据流量的受控传输

B．在半双工方式下，流量控制是通过802.3X技术实现的

C．在全双工方式下，流量控制是通过反向压力技术实现的

D．网络拥塞下可能导致延时增加、丢包、重传增加、网络资源不能有效利用等情况，流量控制的作用是防止在出现拥塞的情况下丢帧

41．关于 IP 报文头的生存时间字段，以下说法正确的有（　　）。

A．TTL 的最大可能值是 65535

B．路由器不应该从接口收到 TTL=0 的 IP 报文

C．TTL 主要是为了防止 IP 报文在网络中的循环转发，以免浪费网络带宽

D．IP 报文每经过一个网络设备，包括 Hub、LAN Switch 和路由器，TTL 值都会被减去一定的数值

42．交换机通过（　　）转发收到的二层数据帧。

A．比较数据帧的 MAC 地址是否在 MAC 端口对应表中命中，如果命中，则向此端口转发

B．比较数据帧的 MAC 地址是否在 MAC 端口对应表中命中，如果没有，则丢弃该帧

C．交换机存储此二层数据帧，待目的设备发出查询，再发向目的设备

D．交换机查看二层帧对应的 IP 地址是否在端口地址表中，如果在，则向所有端口转发

43．下面关于生成树协议的优缺点描述不正确的是（　　）。

A．生成树协议能够管理冗余链路

B．生成树协议能够阻断冗余链路，防止环路的产生

C．生成树协议能够防止网络临时失去连通性

D．生成树协议能够使透明网桥工作在存在物理环路的网络环境中

44．在以太网中，是根据（　　）地址来区分不同的设备的。

A．IP 地址　　　B．IPX 地址　　　C．LLC 地址　　　D．MAC 地址

45．如图 2-75 所示，如果服务器可以采用百兆的连接，那么对综合楼的设计中，最佳方案是（　　）。

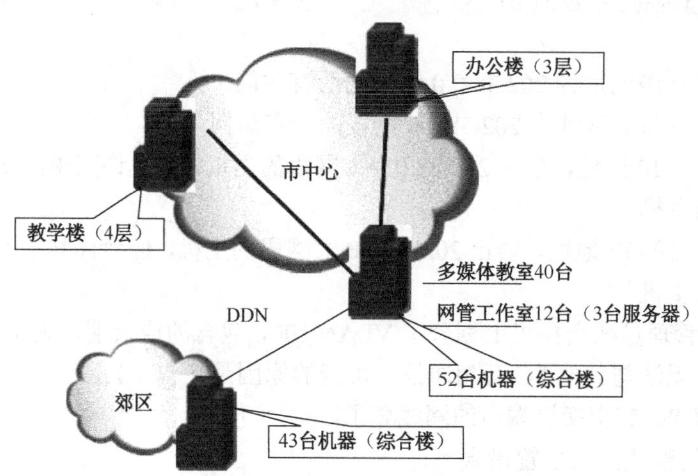

图 2-75　网络环境

A．使用一台 DCS-3652，最多可以提供 2 个 GBIC 接口，同时提供 52 个百兆端口

B．使用一台 DCS-3652 和一台 DCS-3426，可以提供 2 个 GBIC 接口，同时提供 72 个百兆端口

C．使用一台 DCS-3652 和一台 DCS-3426，可以提供 2 个 GBIC 接口，同时提供 78 个

百兆端口

D．使用一台 DCS-3652 和一台 DCS-3426，可以提供 2 个 GBIC 接口，同时提供 74 个百兆端口

46．采用 45 题的网络环境图，如果某企业网络有如下需求,下列选项中能够满足的有（　　）。

A. 服务器使用千兆连接，综合楼应该使用三 3 台 DCS-3426，最多可以提供 6 个 GBIC 接口，同时提供 72 个百兆端口以满足需求并且资金投入最少

B．办公楼设备选择，可行的有：使用 1 台 DCS-3652，提供 1 个千兆上联模块，可以提供 48 个台机器百兆接入；使用两台 DCS-3628S，提供 1 个千兆上联模块，提供管理模块和堆叠模块，采用堆叠的方式，可以提供 48 台机器百兆接入

C．如果服务器可以采用百兆的连接，那么综合楼可以使用 1 台 DCS-3652，最多可以提供 2 个 GBIC 接口，同时提供 52 个百兆端口

D．分校的网络设计中，用户希望只采用堆叠的交换机满足需求，则可以使用 3628S 两台来实现

47．关于在串行链路上封装数据链路层协议的描述正确的是（　　）。

A．PPP 协议可以封装在同步串行链路端口上

B．PPP 协议可以封装在异步串行链路端口上

C．HDLC 协议可以封装在异步串行链路端口上

D．Frame Relay 可以封装在同步串行链路端口上

48．路由器启动时，访问不同类型存储器的先后顺序是（　　）。

A．ROM→Flash→NVRAM　　B．Flash→ROM→NVRAM

C．ROM→NVRAM→Flash　　D．Flash→NVRAM→ROM

49．以下对于默认路由描述正确的是（　　）。

A．默认路由是优先被使用的路由　　B．默认路由是最后一条被使用的路由

C．默认路由是一种特殊的静态路由　　D．默认路由是一种特殊的动态路由

50．PPP 和 HDLC 帧格式中的标志位是（　　）。

A．十六进制数 7E　　B．十六进制数 77

C．二进制数 011111110　　D．二进制数 100000001

项目三 园区网络项目

用户需求

某街道有 A 和 B 两个生活社区；A、B 两个社区之间通过路由器 VPN 专线实现互连；A 社区作为互联网出口，A、B 两个社区均通过该接口访问互联网；主要服务器放在 A 社区中；在 B 社区中使用两台三层交换机作为双核心，交换机设置链路汇聚；B 社区各大楼划分 VLAN 管理。

优化网络配置，使得整个园区网络高效、稳定、安全。

社区需要搭建多种网络服务，提供主页发布、文件共享、邮件收发等常用的功能。

网络搭建部分具体需求如下：

（1）社区 A 使用一台路由器作为网络唯一出口接入互联网，PC11 模拟互联网上的机器；PC12 也接入该路由器作为社区网内服务器。

（2）PC12 作为服务器主机，所有服务运行在虚拟机中。

（3）社区 B 使用一台路由器与社区 A 通过 VPN(IPSec)技术互连；社区 B 的路由器分别下连两台三层交换机作为汇聚交换机，分别通过三层互连；两台三层汇聚交换机之间至少通过两条线路进行链路汇聚通信。

（4）PC21 和 PC22 分别接入三层交换机 A 和三层交换机 B；PC21 划归 VLAN 10，PC22 划归 VLAN 20。

内部应用系统需求如下：

（1）建立虚拟机作为服务器。

（2）设置 DNS 服务，为社区服务器提供域名解析。

（3）设定 FTP 服务，为园区提供文件下载和远程管理 Web 站点内容服务。

（4）设定 Web 服务，发布园区主题网。

（5）邮箱服务，为园区人员提供邮箱服务。

需求分析

为实现公司目标，需要首先制订网络建设方案，其网络拓扑结构如图 3-1 所示。

网络搭建部分需求分析：

（1）设定各设备的名称，交换机命名为“SW1”和“SW2”；路由器命名为“R1”和“R2”。

（2）在 R1 和 R2 上分别建立 VPN 通道，要求使用 IPSec 协议的 ISAKMP 策略算法保护数据，配置预共享密钥，IPSec 隧道的报文使用 MD5 加密，IPSec 变换集合定义为“ah-md5-hmas esp-3des”。两台路由器串口互连，R1 作为 DCE 端。

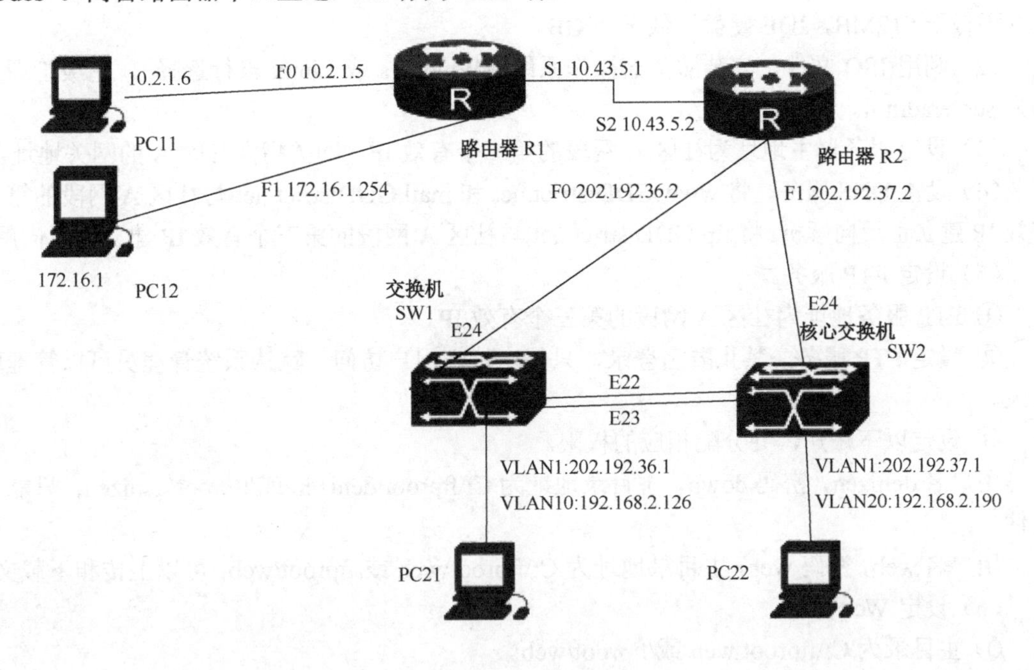

图 3-1　拓扑图

（3）手工配置两个三层交换机通过端口 22、23 实现链路聚合。

（4）利用 OSPF 路由协议实现两个社区之间的网络互连，并把直连接口以外部路由方式送进全网 OSPF 路由协议。

（5）在 R2 中配置 DHCP 服务，并在交换机上配置 DHCP 中继，使得 B 社区中接入不同 VLAN 的机器能够获取正确的 IP 地址、网关与 DNS；分配获取的 IP 地址范围为各 VLAN 全部可用的 IP（网关除外）；租约期为 3 天。

（6）配置 R1，禁止 VLAN 20 访问互联网。

（7）为保证内部网络安全，防止互联网的机器窥探内部网络，利用虚拟服务器模拟防火墙设备；来自 PC11 的访问都转发到虚拟服务器，不能直接访问园区网内的机器。

（8）在 R1 中配置地址映射，使得对外地址的 80、8080、21 端口都指向虚拟服务器所在的地址。

（9）震荡波病毒常用的协议端口有 TCP 协议的端口 5554 和 445，应配置三层交换机以防止病毒在局域网内肆虐。

（10）配置 QoS 策略，保证 A 社区中的虚拟服务器能获得 1Mb/s 以上的网络带宽。

（11）为 SW1 的端口 5 设定端口带宽限制，出入口均限速 1Mb/s。

（12）在 SW2 的端口 10 上配置广播风暴抑制，允许通过的广播包数为 2500 个/秒。

（13）R1 设置 Telnet 登录，登录用户名为 yqw，密码为 route。

（14）为两台三层交换机的特权用户增加密码 guangdong，密码以加密方式存储。

（15）在 SW2 上使用 DVMRP 方式开启组播，使 VLAN 10 和 VLAN 20 之间可以传送组播包。

内部应用系统需求分析：

（1）在 PC12 上建立虚拟机作为服务器，虚拟机命名为 Server。虚拟机的基本硬件要求：内存不低于 512MB，IDE 硬盘不低于 20GB。

（2）利用 ISO 文件，安装服务器操作系统（Windows 或 Linux 自行选择）。超级管理员密码为 serveradmin。

（3）设定服务器主地址为社区 A 网段的第二个有效 IP，网关指向社区 A 的网关地址。

（4）设置 DNS 服务，将 www.GDDistrict.net 和 mail.GDDistrict.net 与社区 A 网段的第二个有效 IP 建立正反向解析；将 ftp.GDDistrict.net 与社区 A 网段的第三个有效 IP 建立正反向解析。

（5）设定 FTP 服务。

① FTP 服务地址为社区 A 网段的第三个有效 IP。

② 设定 FTP 服务，禁止匿名登录，只能由特定用户访问，默认系统管理员可以管理所有目录。

③ 设定以下账户，并分配相应的权限。

用户名 denizen，密码 down，主目录地址为 C:\ftproot\denizen 或/ftproot/denizen；只能下载文件。

用户名 web，密码 web，主目录地址为 C:\ftproot\web 或/ftproot/web；可以上传和下载文件。

（6）设定 Web 服务。

① 主目录为 C:\ftproot\web 或/ftproot/web。

② 连接超时 150s。

③ 最多支持 300 个访问连接。

④ 设计完成的站点必须在此服务器中发布。

（7）邮箱服务。

① 为 GDDistrict.net 添加邮箱服务。

② 在 PC3 上用系统内建的 Outlook，以账号 denizen 发送一封问候邮件给 officer，内容自拟。

方案设计

项目需求分析完成后，确定供货合同，网络公司即可开始具体的实施流程。需求分析分为网络部分、应用系统部分，施工也分为网络搭建部分、应用系统构建部分。下面来具体介绍每个部分的施工流程。

网络搭建部分实施方案：

首先根据需求分析，选择网络中应用的设备，根据拓扑图把设备部署到相应的位置，并按拓扑图进行设备连接。主要分为以下任务。

（1）内部接入层设置

按公司部门名称规划并配置交换网络中的 VLAN，启用生成树协议来避免网络环路，配置网络中所有设备相应的 IP 地址，同时测试线路两端的连通性。

（2）路由层设置

在内网部分启用动态路由协议。

（3）接入互联网设置

配置 NAT，保证内网用户能访问 Internet。

（4）网络安全防护设置

使用访问控制列表技术，使一些常见的危险端口不能访问。

应用系统部分实施方案：

应用系统部分实施时先根据需求分析来购置服务器，服务器到位后，安装服务器操作系统，根据网络拓扑图放置在相应的位置后，按下面的顺序进行配置。

（1）虚拟机配置。

（2）DNS 服务器配置。

（3）FTP 服务器配置。

（4）Web 服务器配置。

（5）邮箱服务器配置。

知识准备

1．HDLC

路由器经常用于构建广域网，广域网链路的封装和以太网上的封装有着非常大的差别。

常见的广域网封装有 HDLC、PPP、Frame-Relay 等，这里主要介绍 HDLC 和 PPP。相对而言，PPP 有较多的功能。

HDLC 是点到点串行线路上（同步电路）的帧封装格式，其帧格式和以太网帧格式有很大的差别，HDLC 帧没有源 MAC 地址和目的 MAC 地址。Cisco 公司对 HDLC 进行了专有化，Cisco 的 HDLC 封装和标准的 HDLC 不兼容。如果链路的两端都是 Cisco 设备，使用 HDLC 封装没有问题，但当 Cisco 设备与非 Cisco 设备进行连接时，应使用 PPP。HDLC 不能提供验证，缺少了对链路的安全保护。默认时，Cisco 路由器的串口是采用 Cisco HDLC 封装的。如果串口的封装不是 HDLC，则要把封装改为 HDLC 时可使用命令“encapsulation hdlc”。

2．PPP

和 HDLC 一样，PPP 也是串行线路上（同步电路或者异步电路）的一种帧封装格式，但是 PPP 可以提供对多种网络层协议的支持。PPP 支持认证、多链路捆绑、回拨、压缩等功能。PPP 经过 4 个过程在一个点到点的链路上建立通信连接。

① 链路的建立和配置协调：通信的发起方发送 LCP 帧来配置和检测数据链路。

② 链路质量检测：在链路已经建立、协调之后进行，这一阶段是可选的。

③ 网络层协议配置协调：通信的发起方发送 NCP 帧以选择并配置网络层协议。

④ 关闭链路：通信链路将一直保持到 LCP 或 NCP 帧关闭链路或发生一些外部事件时为止。

（1）密码验证协议

密码验证协议（Password Authentication Protocol，PAP）利用2次握手的简单方法进行认证。在PPP链路建立完毕后，源结点不停地在链路上反复发送用户名和密码，直到验证通过。PAP的验证中，密码在链路上是以明文传输的，而且由于源结点控制验证重试频率和次数，因此PAP不能防范再生攻击和重复的尝试攻击。

（2）询问握手验证协议

询问握手验证协议（Challenge Handshake Authentication Protocol，CHAP）利用 3 次握手周期地验证源端结点的身份。CHAP 验证过程在链路建立之后进行，而且在以后的任何时候都可以再次进行，这使得链路更为安全。CHAP 不允许连接发起方在没有收到询问消息的情况下进行验证尝试。

CHAP 每次使用不同的询问消息，每个消息都是不可预测的唯一的值，CHAP 不直接传送密码，只传送一个不可预测的询问消息，以及该询问消息与密码经过 MD5 加密运算后的加密值。所以，CHAP 可以防止再生攻击，CHAP 的安全性比 PAP 高。

3. DHCP

在动态 IP 地址的方案中，每台计算机并不设定固定的 IP 地址，而在计算机开机时才被分配一个 IP 地址，这台计算机被称为 DHCP 客户端。而负责给 DHCP 客户端分配 IP 地址的计算机称为 DHCP 服务器。也就是说，DHCP 采用了客户机/服务器（Client/Server）模式，有明确的客户端和服务器角色的划分。

DHCP 的工作过程如下。

① DHCP 客户机启动时，客户机在当前的子网中广播 DHCPDISCOVER 报文并向 DHCP 服务器申请一个 IP 地址。

② DHCP 服务器收到 DHCPDISCOVER 报文后，它将从那台主机的地址区间中为它提供一个尚未被分配出去的 IP 地址，并把提供的 IP 地址暂时标记为不可用。服务器以 DHCPOFFER 报文送回给主机。如果网络中包含不止一个 DHCP 服务器，则客户机可能收到好几个 DHCPOFFER 报文，客户机通常只承认第一个 DHCPOFFER。

③ 客户端收到 DHCPOFFER 后，向服务器发送一个含有有关 DHCP 服务器提供的 IP 地址的 DHCPREQUEST 报文。如果客户端没有收到 DHCPOFFER 报文并且记得以前的网络配置，则使用以前的网络配置（如果该配置仍然在有效期限内）。

④ DHCP 服务器向客户机发回一个含有原先被发出的 IP 地址及其分配方案的一个应答报文（DHCPACK）。

⑤ 客户端接收到包含了配置参数的 DHCPACK 报文，利用 ARP 检查网络上是否有相同的 IP 地址。如果检查通过，则客户机接收这个 IP 地址及其参数，如果发现有问题，则客户机向服务器发送 DHCPDECLINE 信息，并重新开始新的配置过程。服务器收到 DHCPDECLINE 信息，将该地址标为不可用。

⑥ DHCP 服务器只能将那个 IP 地址分配给 DHCP 客户一段时间，DHCP 客户必须在该租用过期前对它进行更新。客户机在 50%租借时间过去以后，每隔一段时间就开始请求 DHCP 服务器更新当前租借，如果 DHCP 服务器应答则租用延期。如果 DHCP 服务器始终没有应答，则在有效租借期的 87.5%，客户应该与任何一个其他的 DHCP 服务器通信，并请求更新它的配置信息。如果客户机不能和所有的 DHCP 服务器取得联系，租借时间到后，它必须放弃当前的 IP 地址并重新发送一个 DHCPDISCOVER 报文开始上述的 IP 地址获得过程。

⑦ 客户端可以主动向服务器发出 DHCPRELEASE 报文，将当前的 IP 地址释放。

4. QoS

网络带宽的发展永远跟不上需求，因此当网络出现堵塞时如何保证网络的正常工作呢？QoS（服务质量）是一个解决方法，QoS 的基本思想就是把数据分类，放在不同的队列中。根据不同类数据的要求保证它的优先传输或者为它保证一定的带宽。QoS 是在网络发生堵塞时才起作用的措施，因此 QoS 并不能代替带宽的升级。这里将介绍简单的 QoS 配置，实际上 Cisco 路由器现在推荐模块化的 QoS 配置。

QoS 有 3 种模型：尽最大努力服务、综合服务、区分服务。尽最大努力服务实际上就是没有服务，先到的数据先转发。综合服务的典型就是预留资源，在通信之前所有的路由器先协商好，为该数据流预先保留带宽。区分服务是比较现实的模型，该服务包含了一系列分类工具和排队机制，为某些数据流提供比其他数据流优先级更高的服务。下面来介绍典型的区分服务。

（1）优先级队列

优先级队列（Priority Queue，PQ）中，有高、中、普通、低优先级 4 个队列。数据包根据事先的定义放在不同的队列中，路由器按照高、中、普通、低顺序服务，只有高优先级的队列为空后才为中优先级的队列服务，以此类推。这样能保证高优先级数据包一定被优先服务，然而，如果高优先级队列长期不空，则低优先级的队列永远不会被服务。所以，可以为每个队列设置一个长度，队列满后，数据包将被丢弃。

（2）自定义队列

自定义队列（Custom Queue，CQ）和 PQ 不一样，在 CQ 中有 16 个队列。数据包根据事先的定义放在不同的队列中，路由器为第一个队列服务一定包数量或者字节数的数据包后，为第二个队列服务。可以定义不同队列中的深度，这样可以保证某个队列被服务的数据包数量较多，但不会使某个队列永远不被服务。CQ 中的队列 0 比较特殊，只有队列 0 为空时，才能为其他队列服务。

（3）加权公平队列

加权公平队列（Weight Fair Queue，WFQ）是低速链路（2.048Mb/s 以下）上的默认设置。

WFQ 将数据包区分为不同的流，如在 IP 中利用 IP 地址和端口号可以区分不同的 TCP 流或者 UDP 流。WFQ 为不同的流根据权重分配不同的带宽，权因子是 IP 数据包中的优先级字段。例如，有 3 个流，两个流的优先级为 0，第三个为 5，总权为（1+1+6）=8，则前两个流每个流得到带宽的 1/8，第三个流得到带宽的 6/8。

项目实现——网络搭建部分实现

1. 网络设备的选择

采购人员依据需求分析、公司现阶段的结点数和预算进行综合分析后，采购了 1 台神州数码 DCRS-5650，保证核心设备具备快速转发数据的能力；采购了 2 台神州数码 DCS-3950 二层交换机，保证接入层交换机为百兆以太网接口，并能进行初步的接入控制；采购了 1 台神州数码 DCR-2626 路由器，保证模拟服务提供商网络设备拥有足够的性能，并能实现 RIP 的所有功能特性；采购了 1 台 DCFW-1800 防火墙，作为 Internet 接入设备，并且以后可以通过此防火墙进行安全控制。

2. 规划拓扑结构与 IP 地址

网络工程师根据采购的设备和公司需求，建立了如图 3-2 所示的公司整体拓扑结构。

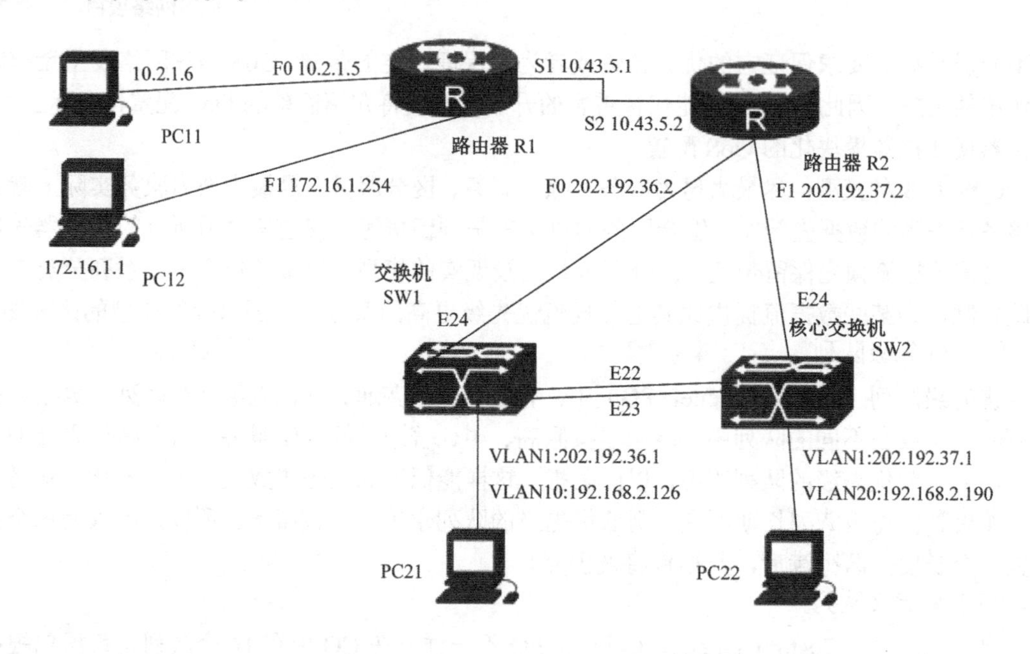

图 3-2 拓扑结构

接口 IP 地址见表 3-1。

表 3-1 IP 地址

设 备	端 口	IP 地址	网 关
R1	F0/0	10.2.1.5/30	
R1	F0/1	172.16.1.254/24	
R1	S0/1	10.43.5.1/30	
R2	F0/0	202.192.36.2/24	
R2	F0/1	202.192.37.2/24	
R2	S0/2	10.43.5.2/30	
SW1	VLAN 1	202.192.36.1/24	202.106.36.2
SW1	VLAN 10	192.168.2.126/26	
SW2	VLAN 1	202.192.37.1/24	202.106.37.2
SW2	VLAN 20	192.168.2.190/26	
WIN03-11		10.2.1.6/30	10.2.1.5
WIN03-12		172.16.1.1/24	172.16.1.254
WIN03-21	1～10 口	自动获取	自动获取
WIN03-22	1～10 口	自动获取	自动获取

交换机 SW1 设置语句如下。

```
SW1(config)#interface vlan 10                          ! 设置 VLAN 10
SW1(Config-if-Vlan 10)#ip address 192.168.2.126 255.255.255.192
                    ! IP 地址为 192.168.2.126/26
SW1(config)#interface vlan 1                           ! 设置 VLAN 1
SW1(Config-if-Vlan 30)#ip address 202.192.36.1 255.255.255.0
                    ! IP 地址为 202.192.36.1/24
```

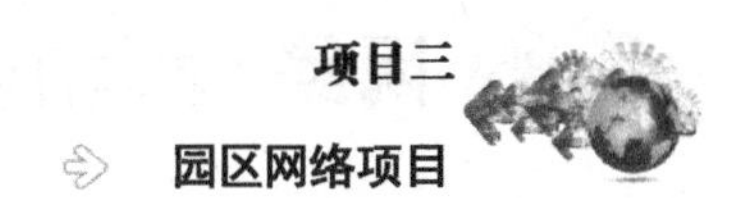

交换机 SW2 设置语句如下。

```
SW2(config)#interface vlan 20                                    ! 设置 VLAN 20
SW2(Config-if-Vlan 10)#ip address 192.168.2.190 255.255.255.192
                                 ! IP 地址为 192.168.2.190/26
SW2(config)#interface vlan 1                                     ! 设置 VLAN 1
SW2(Config-if-Vlan 30)#ip address 202.192.37.1 255.255.255.0
                                 ! IP 地址为 202.192.37.1/24
```

路由器 R2 设置语句如下。

```
R2_config#interface serial 0/2                           ! 设置 S2
R2_config_s0/1#ip address 10.43.5.2 255.255.255.252      ! IP 地址为 10.43.5.2/30
R2_config#interface fastEthernet 0/0                     ! 设置 F0
R2_config_f0/0#ip address 202.192.36.2 255.255.255.0     ! IP 地址为 202.192.36.2/24
R2_config#interface fastEthernet 0/1                     ! 设置 F1
R2_config_f0/3#ip address 202.192.37.2 255.255.255.0     ! IP 地址为 202.192.37.2/24
```

路由器 R1 设置语句如下。

```
R1_config#interface serial 0/1                           ! 设置 S1
R1_config_s0/1#ip address 10.43.5.1 255.255.255.252      ! IP 地址为 10.43.5.1/30
R1_config#interface fastEthernet 0/0                     ! 设置 F0
R1_config_f0/0#ip address 10.2.1.5 255.255.255.252       ! IP 地址为 10.2.1.5/30
R1_config#interface fastEthernet 0/1                     ! 设置 F1
R1_config_f0/3#ip address 172.16.1.254 255.255.255.0     ! IP 地址为 172.16.1.254/24
```

注意事项及排错：

① IP 地址的设置是网络的基础，要求迅速准确设置好 IP 地址，尤其是子网掩码的换算，如 IP 地址为 10.1.6.1/29，能迅速将子网掩码计算出来，为 255.255.255.248。

② CR-V35FC 所连的接口为 DCE 端，需要配置时钟频率，CR-V35MT 所连的接口为 DTE 端，直接用肉眼观察确定 DCE 端和 DTE 端，即公头为 DTE 端，母头为 DCE 端。

③ 查看接口状态，如果接口是 DOWN，通常是线缆出现了故障；如果协议是 DOWN，通常是时钟频率没有匹配，或者两端封装协议不一致。

3. 设备的命名

任务要求：路由器和交换机分别改名为 R1、R2、SW1、SW2。

设置交换机和路由器的名称，要求进入全局配置模式，语句如下所示。

交换机 A：

```
DCRS-5650-28(config)#hostname SW1                        ! 设置交换机 A 名为 SW1
```

交换机 B：

```
DCRS-5650-28(config)#hostname SW2                        ! 设置交换机 B 名为 SW2
```

路由器 A：

```
Router_config#hostname R1                                ! 设置路由器 A 名为 R1
```

路由器 B：

```
Router_config#hostname R2                                ! 设置路由器 B 名为 R2
```

4. **路由器** IPSec VPN

任务说明：在R1和R2上分别建立VPN通道，要求使用IPSec协议的ISAKMP策略算法保护数据，配置预共享密钥，IPSec隧道的报文使用MD5加密，IPSec变换集合定义为“ah-md5-hmas esp-3des”；两台路由器串口互连，R1作为DCE端。

路由器R1设置语句如下。

```
R1_config#ip access-list extended 101                    ！定义名为101的扩展访问控制列表
R1_Config -Ext-Nacl#permit ip 172.16.1.0 255.255.255.0 192.168.2.0 255.255.255.0
  ！定义受保护数据
R1_config#crypto isakmp policy 10                        ！定义IKE策略，优先级为10
R1_config_isakmp#authentication pre-share                ！指定预共享密钥为认证方法
R1_config_isakmp#hash md5                                ！指定MD5为协商的哈希算法
R1_config_isakmp#exi
R1_config_s0/1#physical-layer speed 64000                ！设定DCE时钟频率为64000
R1_config#crypto isakmp key digital 10.43.5.2
  ！配置预共享密钥为digital，远端IP地址为10.43.5.2
R1_config#crypto ipsec transform-set one                 ！定义名称为one的变换集合
R1_config_crypto_trans#transform-type esp-3des ah-md5-hmac
  ！设置变换类型为esp-3des ah-md5-hmac
R1_config_crypto_trans#exit
R1_config#crypto map my 10 ipsec-isakmp
  ！创建一个名为my、序号为10、指定通信为ipsec-isakmp的加密映射表
R1_config_crypto_map#set transform-set one               ！指定加密映射表使用的变换集合
R1_config_crypto_map#set peer 10.43.5.2                  ！在加密映射表中指定IPSec对端
R1_config_crypto_map#match address 101                   ！为加密映射表指定一个扩展访问控制列表
R1_config#interface s0/1                                 ！进入s0/2接口模式
R1_config_s0/1#crypto map my                             ！将预先定义好的加密映射表集合运用到接口上
```

路由器R2设置语句如下。

```
R2_config#ip access-list extended 101                    ！定义名为101的扩展访问控制列表
R2_Config -Ext-Nacl#permit ip 192.168.2.0 255.255.255.0 172.16.1.0 255.255.255.0
  ！定义受保护数据
R2_config#crypto isakmp policy 10                        ！定义IKE策略，优先级为10
R2_config_isakmp#authentication pre-share                ！指定预共享密钥为认证方法
R2_config_isakmp#hash md5                                ！指定MD5为协商的哈希算法
R2_config_isakmp#exi
R2_config#crypto isakmp key digital 10.43.5.1
  ！配置预共享密钥为digital，远端IP地址为10.43.5.1
R2_config#crypto ipsec transform-set one                 ！定义名称为one的变换集合
R2_config_crypto_trans#transform-type esp-3des ah-md5-hmac
  ！设置变换类型为esp-3des ah-md5-hmac
R2_config_crypto_trans#exit
R2_config#crypto map my 10
```

```
！创建一个名为my、序号为10、指定通信为ipsec-isakmp的加密映射表
R2_config_crypto_map#set transform-set one        ！指定加密映射表使用的变换集合
R2_config_crypto_map#set peer 10.43.5.1           ！在加密映射表中指定IPSec对端
R2_config_crypto_map#match address 101            ！为加密映射表指定一个扩展访问控制列表
R2_config#interface s0/2                          ！进入s0/2接口模式
R2_config_s0/2#crypto map my                      ！将预先定义好的加密映射表集合运用到接口上
```

说明：变换集合可以指定一个或两个IPSec安全协议（或ESP，或AH，或两者都有），并且指定和选定的安全协议一起使用哪种算法。如果想要提供数据机密性，那么可以使用ESP加密变换。如果想要提供对外部IP报头以及数据的验证，那么可以使用AH变换。如果使用一个ESP加密变换，那么可以考虑使用ESP验证变换或AH变换来提供变换集合的验证服务。如果想要数据验证功能（或使用ESP或使用AH），可以选择MD5或SHA验证算法。SHA算法比MD5健壮，但速度更慢。

在执行了crypto ipsec transform-set命令以后，即可进入加密变换配置状态。在这种状态下，可以将模式改变为隧道模式或传输模式（这是可选的改变）。在做完这些改变以后，输入exit命令返回到全局配置状态。

5. 交换机VLAN划分、配置聚合端口

任务要求：三层交换机A的1～10端口划归VLAN 10；三层交换机B的1～10端口划归VLAN 20，根据子网规划，在网络设备中设定VLAN；手工配置两个三层交换机通过22、23端口实现链路聚合。

SW1划分VLAN、E0/0/22-23设为聚合端口。

```
SW1(config)#vlan 10                                        ！创建VLAN 10
SW1(Config-Vlan 10)#switchport interface ethernet 0/0/1-10  ！把1～10端口加入VLAN 10
SW1(Config-Vlan 10)#exit                                   ！退出VIAN模式
SW1(config)#port-group 1                                   ！创建port-group
SW1(Config)#interface ethernet 0/0/22-23                   ！进入端口22、23
SW1(Config-If-Port-Range)#port-group 1 mode on
  ！强制端口加入port channel，不启用LACP协议
SW1(Config-If-Port-Range)#interface port-channel 1         ！进入聚合端口
SW1(Config-If-Port-Channel)#switchport mode trunk          ！将聚合端口设置为骨干端口
```

SW2划分VLAN、E0/0/22-23设为聚合端口。

```
SW1(config)#vlan 20                                        ！创建VLAN 20
SW2(Config-Vlan 20)#switchport interface ethernet0/0/1-10   ！把1～10端口加入VLAN 20
SW2(Config-Vlan 20)#exit                                   ！退出VLAN模式
SW2(config)#port-group 1                                   ！创建port-group
SW2(Config)#interface ethernet0/0/22-23                    ！进入端口22、23
SW2(Config-If-Port-Range)#port-group 1 mode on
  ！强制端口加入port channel，不启用LACP协议
SW2(Config-If-Port-Range)#interface port-channel 1         ！进入聚合端口
SW2(Config-If-Port-Channel)#switchport mode trunk          ！将聚合端口设置为骨干端口
```

注意事项及排错：

① 为使 port channel 正常工作，port channel 的成员端口必须具备以下相同的属性。

➢ 端口均为全双工模式。

➢ 端口速率相同。

➢ 端口类型必须一样，如同为以太网口或同为光纤口。

➢ 端口同为 Access 端口并且属于用一个 VLAN 或同为 Trunk 端口。

➢ 如果端口为 Trunk，则其 Allowed VLAN 和 Native VLAN 属性也应该相同。

② 支持任意两个交换机物理端口的汇聚，最大组数为 6 个，组内最多的端口数为 8 个。

③ 一些命令不能在 port-channel 的端口中使用，包括 arp、bandwidth、ip、ip-forward 等。

④ 在使用强制生成端口聚合组时，由于汇聚是手工配置触发的，如果由于端口的 VLAN 信息不一致导致汇聚失败，则汇聚组一直会停留在没有汇聚的状态，必须通过向该 gorup 增加和删除端口来触发端口再次汇聚，如果 VLAN 信息还是不一致，则仍然不能汇聚成功。直到 VLAN 信息都一致并且有增加和删除端口触发汇聚的情况，端口才能汇聚成功。

⑤ 检查对端交换机的对应端口是否配置端口聚合组，且要查看配置方式是否相同，如果本端是手工方式，则对端也应该配置成手工方式，如果本端是 LACP 动态生成的，则对端也应是 LACP 动态生成的，否则端口聚合组不能正常工作；如果两端收发的都是 LACP 协议，则至少有一端是 ACTIVE 的，否则两端都不会发起 LACP 数据报。

⑥ Port-channel 一旦形成，所有对于端口的设置只能在 port-channel 端口上进行。

⑦ LACP 必须与 Security 和 802.1X 的端口互斥，如果端口已经配置了上述两种协议，则不允许启用 LACP。

6. 路由器 R2 上配置 DHCP 服务

任务要求：在 R2 中配置 DHCP 服务，并在交换机上配置 DHCP 中继，使得 B 社区中接入不同 VLAN 的机器能够获取正确的 IP 地址、网关与 DNS；分配获取的 IP 地址范围为各 VLAN 全部可用的 IP（网关除外）；租约期为 3 天。

在 R2 上配置 DHCP 服务器，命令如下。

```
R2_config#ip dhcpd enable                                    ! 启动 DHCP 服务
R2_config#ip dhcpd pool vlan 10                              ! 定义地址池
R2_config_dhcp#network 192.168.2 .64 255.255.255.192         ! 定义网络号
R2_config_dhcp#default-router 192.168.2.126                  ! 定义分配给客户端的默认网关
R2_config_dhcp#dns-server 172.16.1.2                         ! 定义客户端 DNS
R2_config_dhcp#range 192.168.2.65 192.168.2.125              ! 定义地址池范围
R2_config_dhcp#lease 3                                       ! 定义租约期为 3 天
R2_config#ip dhcpd pool vlan 20                              ! 定义地址池
R2_config_dhcp#network 192.168.2.128 255.255.255.192         ! 定义网络号
R2_config_dhcp#default-router 192.168.2.190                  ! 定义默认网关
R2_config_dhcp#dns-server 172.16.1.2                         ! 定义客户端 DNS
R2_config_dhcp#range 192.168.2.129 192.168.2.189             ! 定义地址池范围
R2_config_dhcp#lease 3                                       ! 定义租约期为 3 天
```

在 SW1 上配置 DHCP 中继，命令如下。

```
SW1(config)#ip forward-protocol udp bootps                   ! 配置 DHCP 中继转发 DHCP 广播报文
```

```
SW1(Config-if-Vlan 10)#ip helper-address 202.106.36.2          ！设定中继的 DHCP 服务器地址
```

在 SW2 上配置 DHCP 中继，命令如下。

```
SW2(config)#ip forward-p udp bootps                            ！配置 DHCP 中继转发 DHCP 广播报文
SW2(Config-if-Vlan 20)#ip helper-ad 202.106.37.2               ！设定中继的 DHCP 服务器地址
```

注意事项及排错：

① 路由器与 PC 相连时应使用交叉线。

② 应启动 DHCP 服务。

③ 中继配置时应区分 bootps 和 bootpc。

7. OSPF 路由

任务要求：利用 OSPF 路由协议实现两个社区之间的网络互连，并把直连接口以外部路由方式送进全网 OSPF 路由协议。

R1 配置 OSPF 路由：

```
R1_config#router ospf 1                                         ！启动 OSPF 进程，进程号为 1
R1_config_ospf_1#network 10.2.1.4 255.255.255.252 area 0        ！声明 R1 的直连网段
R1_config_ospf_1#network 10.43.5.0 255.255.255.0 area 0         ！声明 R1 的直连网段
R1_config_ospf_1#network 172.16.1.0 255.255.255.0 area 0        ！声明 R1 的直连网段
```

R2 配置 OSPF 路由：

```
R2_config#router ospf 1                                         ！启动 OSPF 进程，进程号为 1
R2_config_ospf_1#network 10.43.5.0 255.255.255.252 area 0       ！声明 R2 的直连网段
R2_config_ospf_1#network 202.106.36.0 255.255.255.0 area 0      ！声明 R2 的直连网段
R2_config_ospf_1#network 202.106.37.0 255.255.255.0 area 0      ！声明 R2 的直连网段
```

SW1 配置 OSPF 路由：

```
SW1(config)#router ospf 1                                       ！启动 OSPF 进程，进程号为 1
SW1(config-router)#network 192.168.2.64/26 area 0               ！声明 SW1 的直连网段
SW1(config-router)#network 202.106.36.0/24 area 0               ！声明 SW1 的直连网段
```

SW2 配置 OSPF 路由：

```
SW2(config)#router ospf 1                                       ！启动 OSPF 进程，进程号为 1
SW2(config-router)#network 192.168.2.128/26 area 0              ！声明 SW2 的直连网段
SW2(config-router)#network 202.106.37.0/24 area 0               ！声明 SW2 的直连网段
```

注意事项及排错：

① 每个设备的 OSPF 进程号可以不同，一个路由器或交换机可以有多个 OSPF 进程。

② OSPF 是无类路由协议，一定要加掩码。

③ 第一个区域必须是区域 0。

8. ACL

任务要求：震荡波病毒常用的协议端口是 TCP 协议的 5554 和 445，请配置三层交换机以防止病毒在局域网内肆虐。

SW1 的相关配置如下。

```
SW1(config)#ip access-list extended gongji
  ！定义名为 gongji 的扩展访问控制列表
SW1(Config-IP-Ext-Nacl-gongji)#deny tcp any_source any_destination d-port 445
```

```
！关闭 445 端口
SW1(Config-IP-Ext-Nacl-gongji)#deny tcp any_source any_destination d-port 5554
！关闭 5554 端口
SW1(Config-IP-Ext-Nacl-gongji)#permit ip any_source any_destination
！允许通过所有 IP 数据包
SW1(Config-IP-Ext-Nacl-gongji)#exit                    ！退回全局配置模式
SW1(config)#firewall enable                            ！配置访问控制列表功能开启
SW1(config)#fire default permit                        ！默认动作为全部允许通过
SW1(config)#interface e0/0/1-24                        ！进入接口模式
SW1(Config-If-Ethernet0/0/24)#ip access-group gongji in  ！绑定 ACL 到各端口中
```

SW2 的相关配置如下。

```
SW2(config)#ip access-list extended gongji
！定义名为 gongji 的扩展访问控制列表
SW2(Config-IP-Ext-Nacl-gongji)#deny tcp any_source any_destination d 445
！关闭 445 端口
SW2(Config-IP-Ext-Nacl-gongji)#deny tcp any_source any_destination d 5554
！关闭 5554 端口
SW2(Config-IP-Ext-Nacl-gongji)#permit ip any_source any_destination
！默认允许通过所有 IP 数据包
SW2(Config-IP-Ext-Nacl-gongji)#exit                    ！退回全局配置模式
SW2(config)#firewall enable                            ！配置访问控制列表功能开启
SW2(config)#firewall default permit                    ！默认动作为全部允许通过
SW2(config)#interface e0/0/1-24                        ！进入接口模式
SW2(Config-If-Ethernet0/0/24)#ip access-group gongji in  ！绑定 ACL 到各端口中
```

配置 R1，禁止 VLAN 20 访问互联网。

```
R1_config#ip access-list extended denyvlan 20
！定义名为 denyvlan 20 的扩展访问控制列表
R1_Config -Ext-Nacl#deny ip 192.16.1.128 0.0.0.63 any
！拒绝 VLAN 20 的 IP 地址访问外网
R1_Config -Ext-Nacl#permit ip any_source any_destination  ！允许通过所有 IP 数据包
R1_config#interface f0/0                                  ！进入接口模式
R1_Config-If#ip ac denyvlan 20 out                        ！绑定 ACL 到各端口中
```

注意事项及排错：

① 有些端口对于网络应用来说是非常有用的，如 UDP 69 端口是 TFTP 端口号，如果为了防范病毒而关闭了该端口，则 TFTP 应用也不能使用，因此，在关闭端口的时候，注意该端口的其他用途。

② 标准访问控制列表基于源地址，扩展访问控制列表基于协议、源地址、目的地址、端口号。

③ 每条访问控制列表都有隐含的拒绝。

④ 标准访问控制列表一般绑定在离目标近的接口上，扩展访问控制列表一般绑定在离源近的接口上。

⑤ 注意方向，以该接口为参考点，IN 是流进的方向；OUT 是流出的方向。

9. QoS

在路由器 R1 上做 QoS，使主服务器有 1Mb/s 的带宽。

```
R1_config#ip access-list standard qos                 ！定义名为 qos 的访问控制列表
R1_config_std_nacl# permit 172.16.1.2 255.255.255.255
R1_config_std_nacl#exit
R1_config#class-map server match access-group qos     ！定义名为 server 的类表，匹配的列表为 qos
R1_config#policy-map tang                             ！定义名为 tang 的策略表
R1_config_pmap#class server bandwidth 1024            ！关联类表 server，设定带宽为 1Mb/s
R1_config_pmap#interface f0/3                         ！进入接口模式
R1_config_f0/3#fair-queue                             ！开启公平队列
R1_config_f0/3#service-policy tang                    ！将策略表绑定到接口上
```

注意事项及排错：

① 策略在应用前要先在接口开启公平队列，否则应用无法生效。

② 应先根据实际要求确定合适的 QoS 排队算法。

10. Telnet 和特权密码

任务要求：R1 设置 Telnet 登录，登录用户名为 yqw，密码为 route；为两台三层交换机的特权用户增加密码 guangdong，密码以加密方式存储。

R1 命名和配置 Telnet 登录：

```
R1_config#username yqw password 0 route                 ！增加 Telnet 用户名和密码
R1_config# aaa authentication login default local       ！使用本地用户信息进行认证
```

SW1 配置 enable 密码:

```
SW1(config)#enable password 8 guangdong                 ！设定交换机的 enable 密码
```

SW2 配置 enable 密码:

```
SW2(config)#enable password 8 guangdong                 ！设定交换机的 enable 密码
```

注意事项及排错：

① 应区别密码以明文或加密方式存储。

② AAA 认证必须开启否则不生效。

11. 交换机组播设置

任务要求：在交换机上使用 DVMRP 方式开启组播，使 VLAN 10 和 VLAN 20 之间可以传送组播包。

SW1 开启组播：

```
SW1(config)#ip dvmrp multicast-routing                 ！开启组播协议
SW1(config)#interface vlan 1                           ！进入 VLAN 1 接口
SW1(Config-if-Vlan 1)#ip dvmrp enable                  ！在 VLAN 1 接口上开启 DVMRP 协议
SW1(Config-if-Vlan 1)#interface vlan 10                ！进入 VLAN 10 接口
SW1(Config-if-Vlan 10)#ip dvmrp enable                 ！在 VLAN 接口上开启 DVMRP 协议
```

SW2 开启组播：

```
SW2(config)#ip dvmrp multicast-routing                 ！开启组播协议
SW2(config)#interface vlan 1
```

```
SW2(Config-if-Vlan 1)#ip dvmrp enable                  ！在 VLAN 接口上开启 DVMRP 协议
SW2(Config-if-Vlan 1)#interface vlan 20                ！进入 VLAN 20 接口
SW2(Config-if-Vlan 20)#ip dvmrp enable                 ！在 VLAN 20 接口上开启 DVMRP 协议
```

DVMRP 的一些重要特性如下。

① 用于决定反向路径检查的路由交换以距离矢量为基础（方式与 RIP 相似）。

② 路由交换更新周期性的发生（默认为 60s）。

③ TTL 上限=32 跳（而 RIP 是 16 跳）。

④ 路由更新包括掩码，支持 CIDR。

12. 交换机限制

任务要求：为 SW1 的端口 5 设定端口带宽限制，出入口均限速 1Mb/s；SW2 的端口 10 上配置广播风暴抑制，允许通过的广播包数为 2500 个/秒。

在 SW1 上的 5 口打开端口带宽限制功能，出入 1Mb/s。

```
SW1(config)#interface e0/0/5                               ！进入接口模式
SW1(Config-If-Ethernet0/0/5)#bandwidth control 1 both      ！设置带宽限制为出入 1Mb/s
```

在 SW2 上的 10 口打开流量控制和广播风暴控制，允许通过的广播报文为 2500 个/秒。

```
SW2(config)#interface e0/0/13                              ！进入接口模式
SW2(Config-If-Ethernet0/0/13)#flow control                 ！打开流控功能
SW2(Config-If-Ethernet0/0/13)#rate-suppression broadcast 2500
  ！限制广播报文为 2500 个/秒
```

项目实现——应用系统部分实现

1. 虚拟机配置

在 WIN03-12 上建立虚拟机作为服务器，虚拟机命名为 Server01，如图 3-3 所示。虚拟机的基本硬件要求：内存不低于 512MB，IDE 硬盘不低于 20GB，如图 3-4 所示。

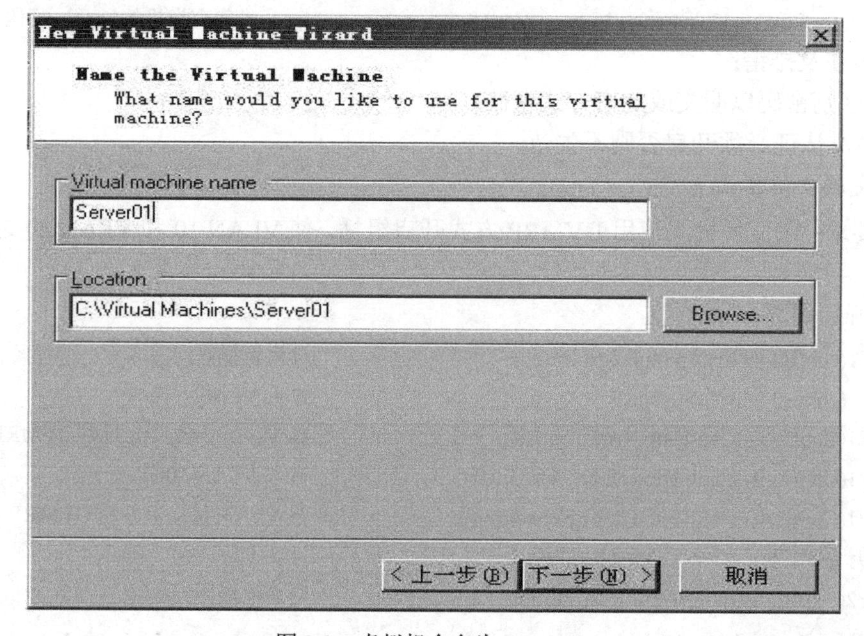

图 3-3　虚拟机命名为 Server01

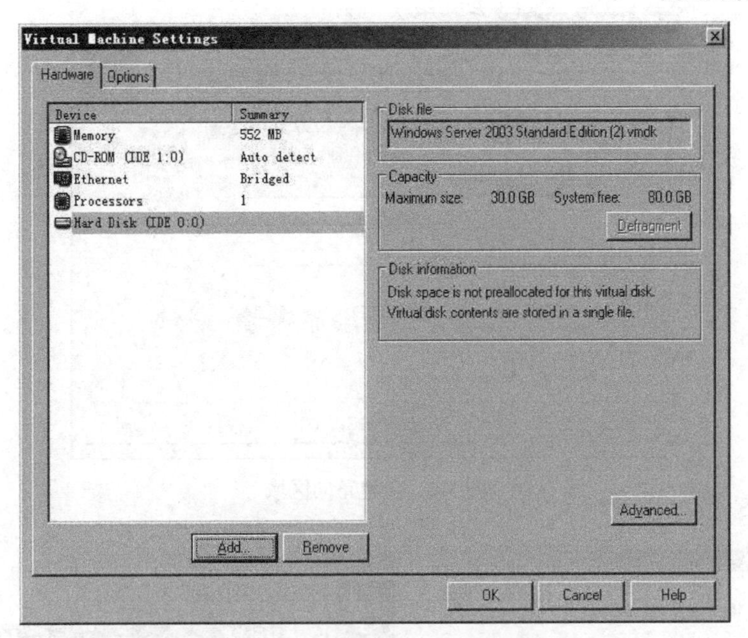

图 3-4 设置内存和 IDE 硬盘的大小

2. IP 地址设定

设定服务器主地址为社区 A 网段的第二个有效 IP，网关指向社区 A 的网关地址，如图 3-5 所示。

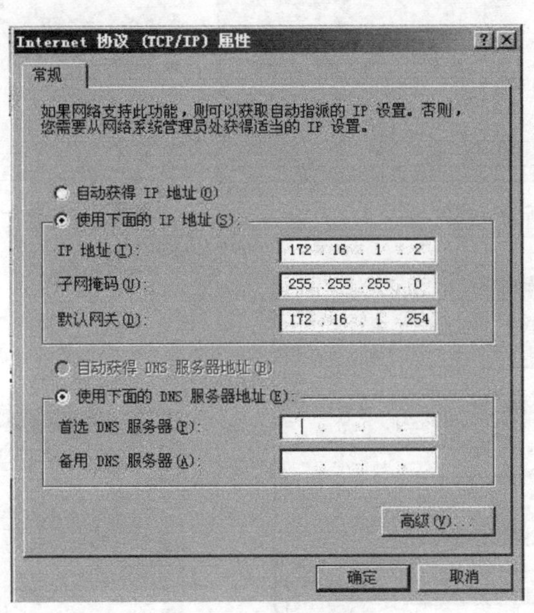

图 3-5 设定 IP 地址

3. DNS 服务器配置

设置 DNS 服务，将 www.GDDistrict.net 和 mail.GDDistrict.net 与社区 A 网段的第二个有效 IP 建立正反向解析；将 ftp.GDDistrict.net 与社区 A 网段的第三个有效 IP 建立正反向解析。具体步骤如图 3-6～图 3-11 所示。

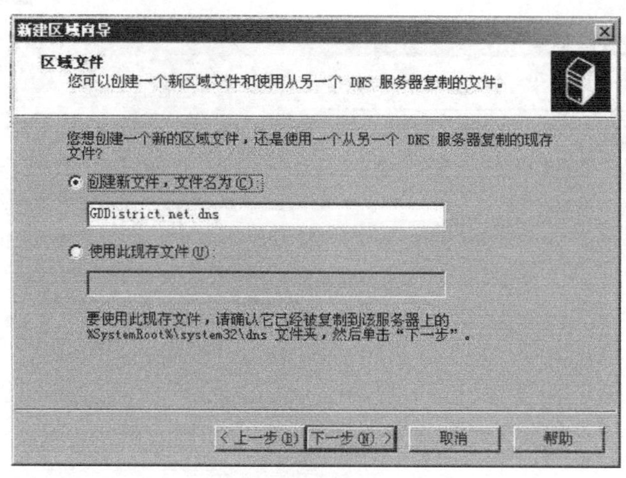

图 3-6　新建正向区域

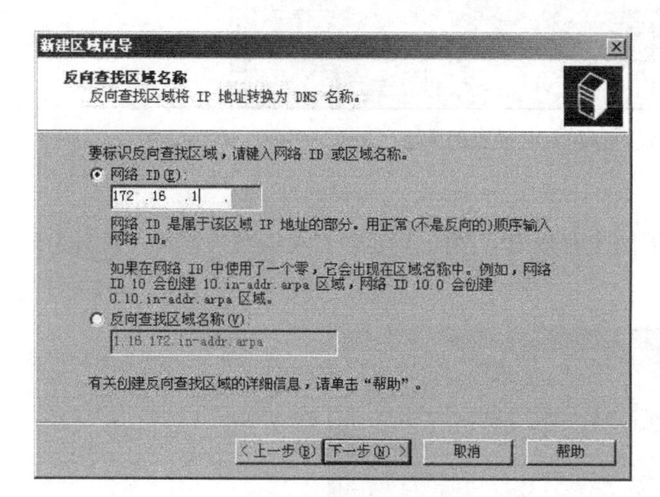

图 3-7　新建反向区域

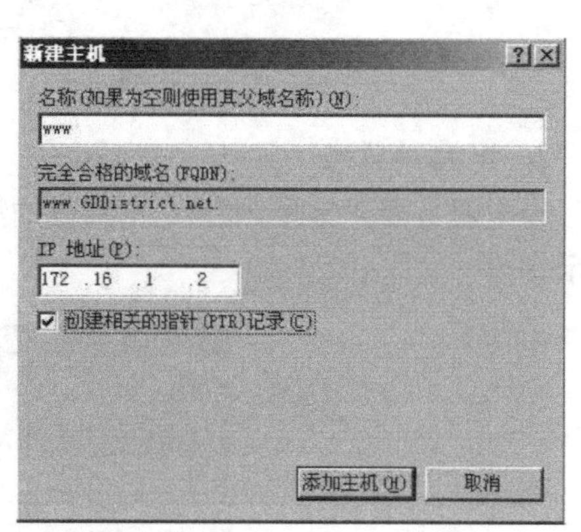

图 3-8　新建主机名为 WWW 的主机

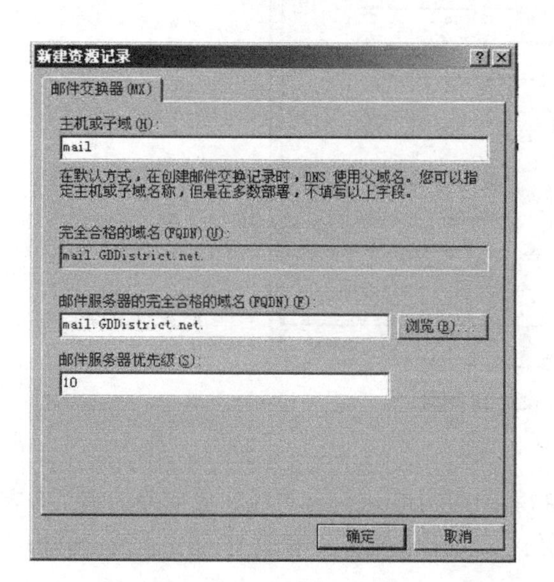

图 3-9　新建邮件交换器

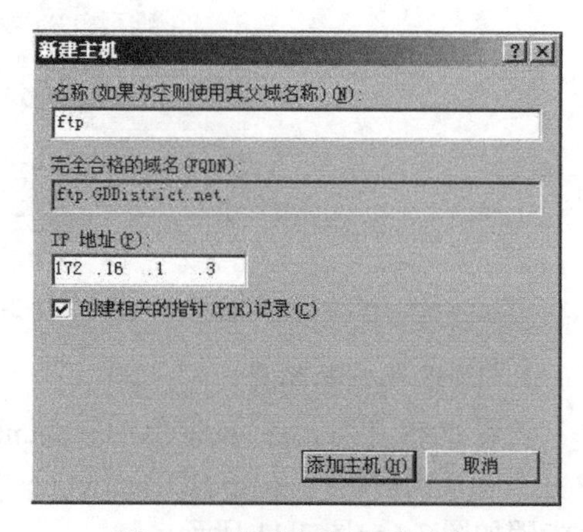

图 3-10　新建名为 ftp 的主机

图 3-11　测试配置结果

4. **FTP 服务器配置**

设定 FTP 服务，具体要求如下。

① FTP 服务地址为社区 A 网段的第三个有效 IP。

② 设定 FTP 服务，禁止匿名登录，只能由特定用户访问，默认系统管理员可以管理所有目录。

③ 设定以下账户，并分配相应的权限。

用户名为 denizen，密码为 down，主目录地址为 C:\ftproot\denizen 或/ftproot/denizen，只能下载文件。

用户名为 web，密码为 web，主目录地址为 C:\ftproot\web 或/ftproot/web，可以上传和下载文件。

具体步骤如图 3-12～图 3-16 所示。

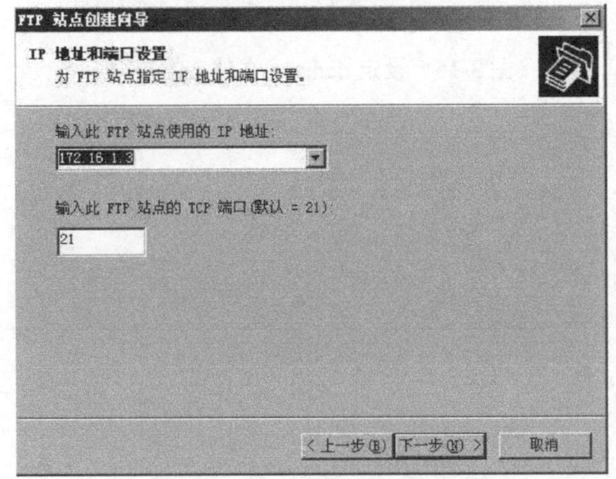

图 3-12　选定 FTP 使用的 IP

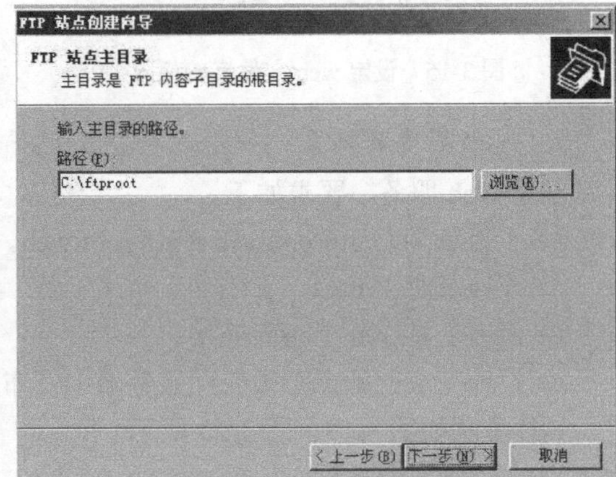

图 3-13　指定 FTP 根目录

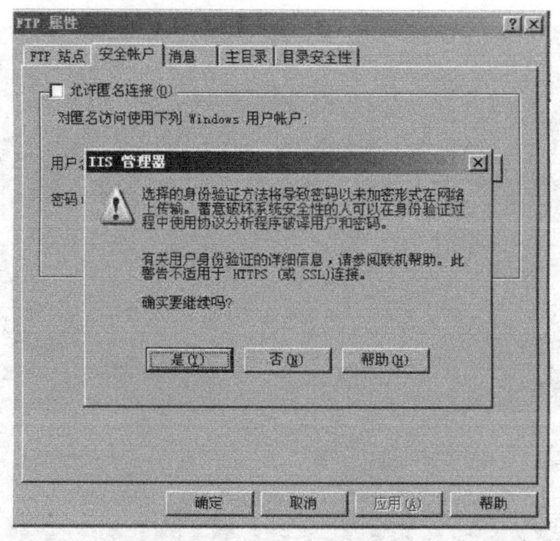

图 3-14　禁止匿名用户访问

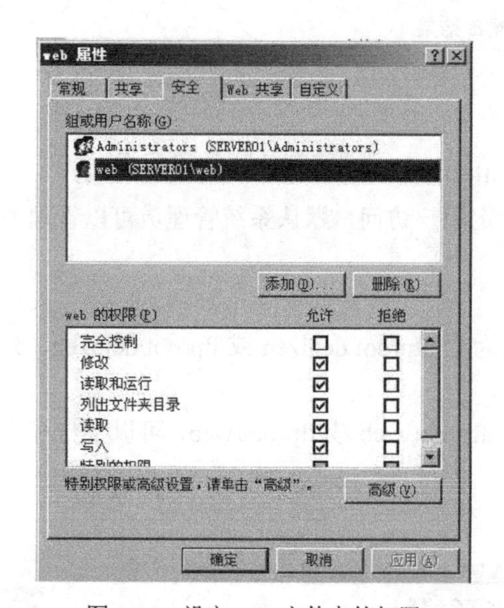

图 3-15　设定 web 文件夹的权限

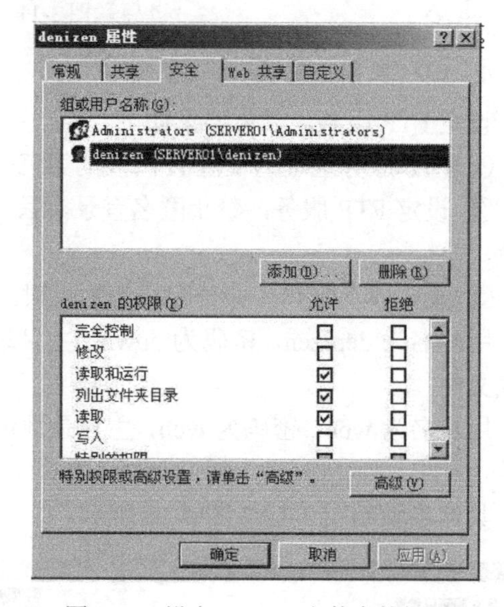

图 3-16　设定 denizen 文件夹的权限

5. Web **服务器配置**

设定 Web 服务，要求如下。

① 主目录为 C:\ftproot\web 或/ftproot/web。

② 连接超时 150s。

③ 最多支持 300 个访问连接。

④ 设计完成的站点必须在此服务器中发布。

具体步骤如图 3-17～图 3-20 所示。

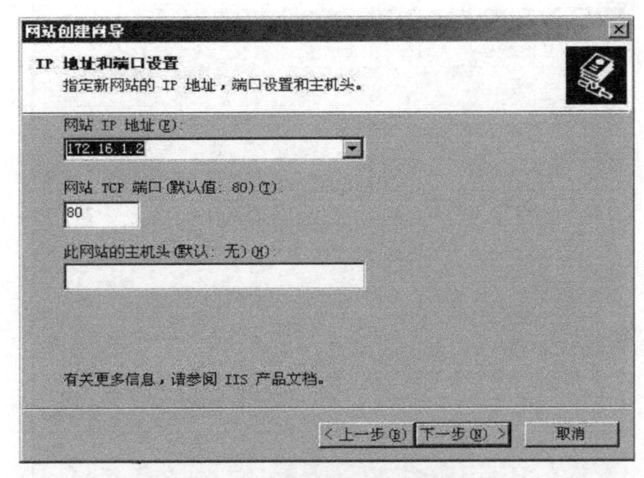

图 3-17　设定 Web 服务器的 IP

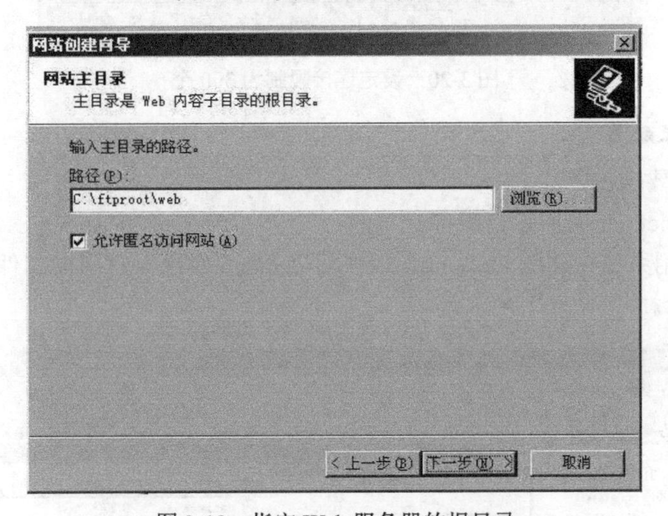

图 3-18　指定 Web 服务器的根目录

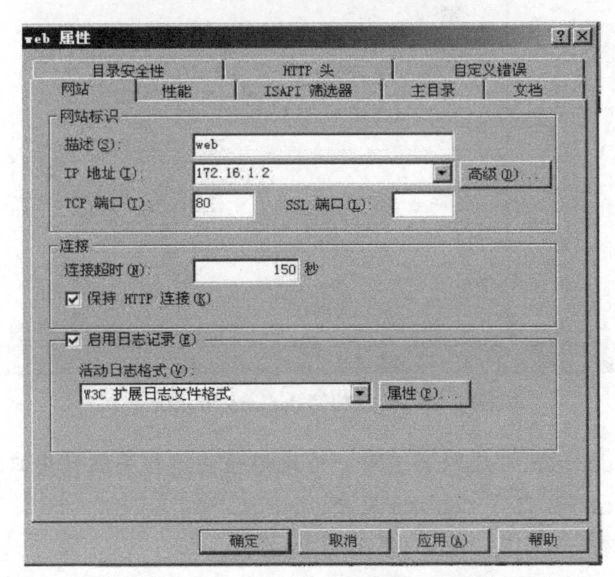

图 3-19　设置连接超时为 150s

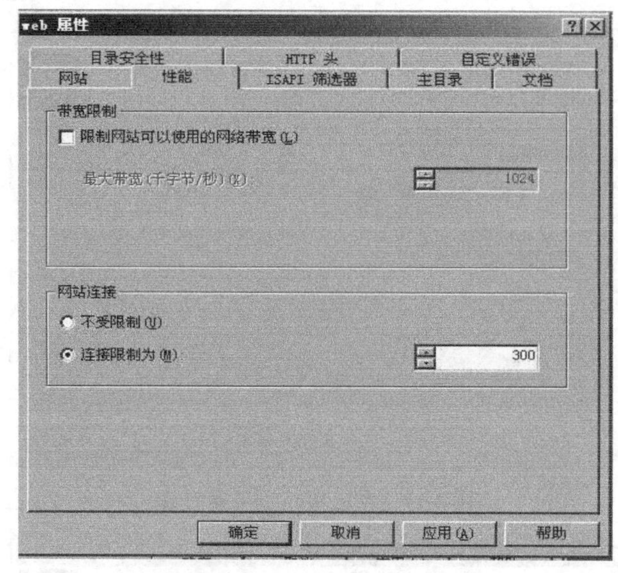

图 3-20　设定连接限制为 300 个

6. **邮件服务器配置**

邮件服务器的要求如下。

① 为 GDDistrict.net 添加邮箱服务。

② 在 PC3 上用系统内建的 Outlook，以账号 denizen 发送一封问候邮件给 officer，内容自拟，如图 3-21 所示。

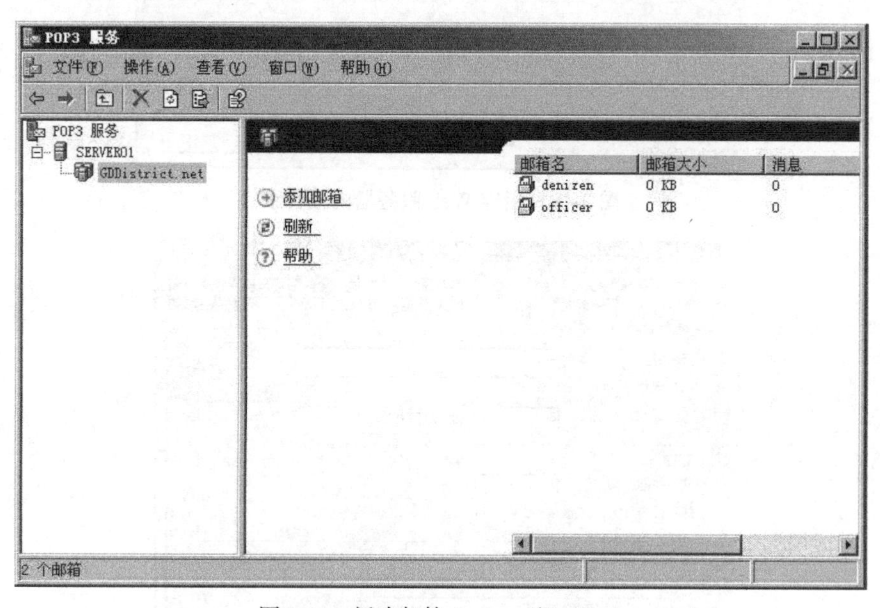

图 3-21　新建邮箱 denizen 和 officer

注意：新建邮箱 denizen 时应取消选中“为此邮箱创建相关联的用户”复选框，因为在配置 FTP 服务器时系统已经创建了 denizen 用户。

邮件服务器的具体设置如图 3-22～图 3-25 所示。

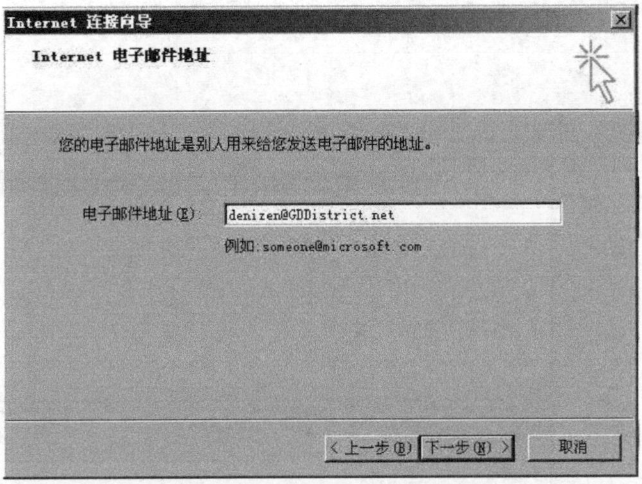

图 3-22　在 Outlook 中设置电子邮件

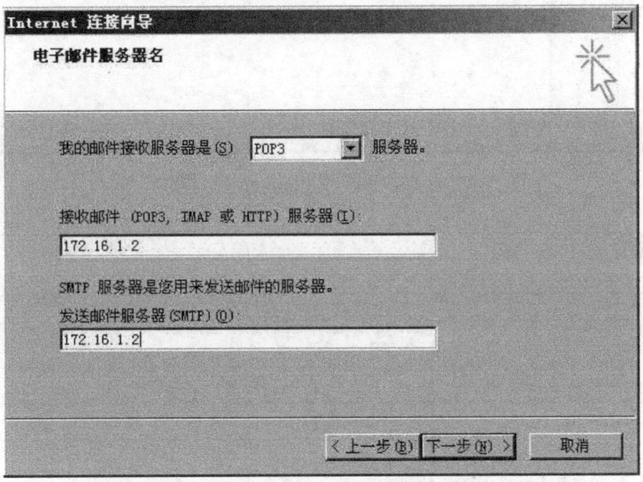

图 3-23　设置电子邮件服务器的 IP 地址

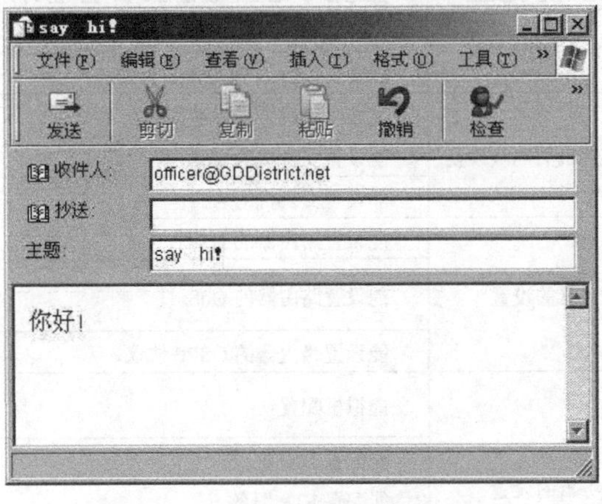

图 3-24　denizen 发送邮件给 officer

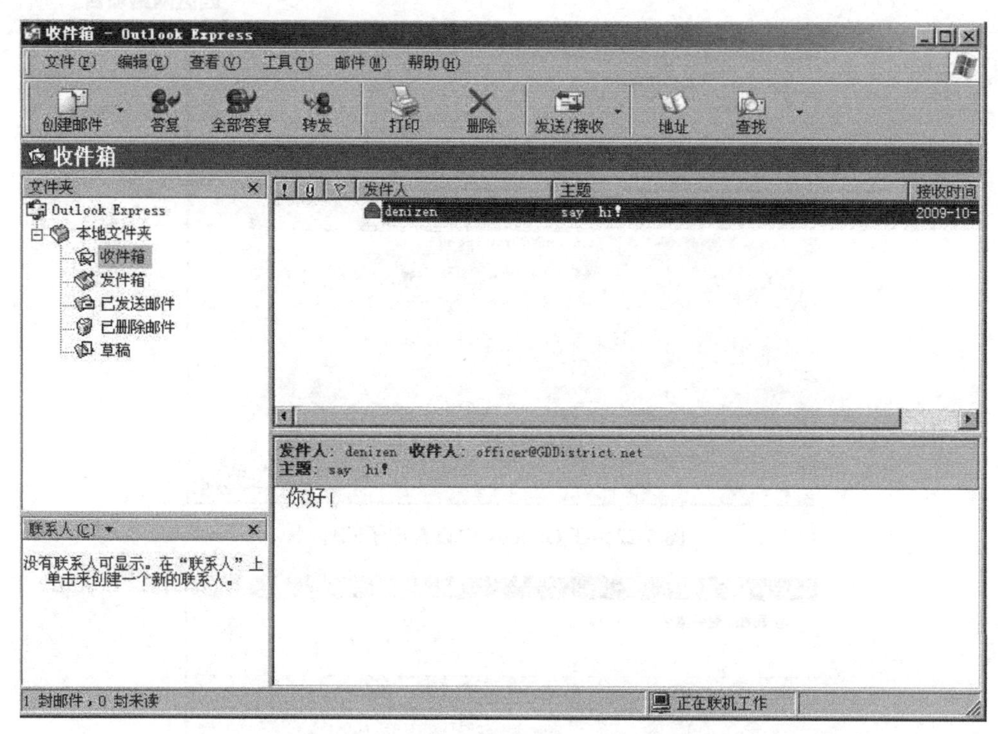

图 3-25 officer 接收 denizen 发送的邮件

项目评价

项目实训评价表					
	内　容		评　价		
	学 习 目 标	评 价 项 目	3	2	1
职业能力	熟练掌握网络的物理连接	能制作网线			
		能按拓扑图连线			
		能按要求贴标签			
	熟练掌握设备的基本设置	能进行 IP 地址、设备名、账号、密码等的设置			
	熟练掌握 VLAN 的设置	能设置 VLAN			
		能测试 VLAN 是否设置正常			
	熟练掌握交换机的高级设置	能在交换机上设置端口安全			
		能设置交换机的 QoS			
		能设置交换机的 ACL			
	熟练掌握路由器的设置	能设置路由器的 HSRP			
		能设置路由器的 QoS			
		能设置路由器的 OSPF 协议			
	掌握常见服务器的设置	虚拟机配置			
		能配置 DNS 服务			
		能配置 FTP 服务			
		能配置 Web 服务			
		能配置邮件服务			

续表

项目实训评价表					
	内　容		评　价		
	学 习 目 标	评 价 项 目	3	2	1
通用能力	交流表达能力				
	与人合作能力				
	沟通能力				
	组织能力				
	活动能力				
	解决问题的能力				
	自我提高的能力				
	革新、创新的能力				
综合评价					

评定等级说明表	
等　级	说　明
3	能高质、高效地完成此学习目标的全部内容，并能解决遇到的特殊问题
2	能高质、高效地完成此学习目标的全部内容
1	能圆满完成此学习目标的全部内容，无须任何帮助和指导

	说　明
优　秀	80%项目达到 3 级水平
良　好	60%项目达到 2 级水平
合　格	全部项目都达到 1 级水平
不合格	不能达到 1 级水平

认证考核

多项选择题

1．某路由器路由表如下：

Routing Tables:

Destination/Mask	Proto	Pref	Metric	Nexthop	Interface
2.0.0.0/8	Direct	0	0	2.2.2.1	Serial0
2.2.2.1/32	Direct	0	0	2.2.2.1	Serial0
2.2.2.2/32	Direct	0	0	127.0.0.1	LoopBack0
3.0.0.0/8	Direct	0	0	3.3.3.1	Ethernet0
3.3.3.1/32	Direct	0	0	127.0.0.1	LoopBack0
10.0.0.0/8	Static	60	0	2.2.2.1	Serial0
127.0.0.0/8	Static	0	0	127.0.0.1	LoopBack0
127.0.0.1/32	Direct	0	0	127.0.0.1	LoopBack0

当该路由器从以太网口收到一个发往 11.1.1.1 主机的数据包时，路由器会（　　）。

A．丢掉该数据包　　B．将数据包从 Serial0 转发

C．将数据包从 Ethernet0 转发　　D．将数据包从 LoopBack0 转发

2．下列不属于网络安全目标的是（　　）。

A．保证机密信息不泄露给非授权的人或实体

B．保证合法用户对信息和资源的使用不会被不正当地拒绝

C．保证网络的关键设备不会被非授权的人员直接接触和访问

D．保证非授权的访问不会对系统造成不良影响

3．关于超级终端的设置，下面的说法正确的是（　　）。

A．通过超级终端配置 DCS 3628S 时，波特率（每秒位数）的值为 9600

B．通过超级终端配置 DCS 3726S 时，波特率（每秒位数）的值为 9600

C．通过超级终端配置 DCR 1720 时，波特率（每秒位数）的值为 19200

D．通过超级终端配置 DCR 2501 时，波特率（每秒位数）的值为 9600

4．10Base-T 网络的标准电缆最大有效传输距离是（　　）。

A．10m　　B．100m　　C．185m　　D．200m

5．目前网络设备的 MAC 地址由（　　）位二进制数字构成，IP 地址由（　　）位二进制数字构成。

A．48，16　　B．64，32　　C．48，32　　D．48，48

6．下面关于 VLAN 的叙述，正确的是（　　）。

A．DCS-3628S 支持基于端口划分的 VLAN

B．DCS-3426 支持基于端口划分的 VLAN

C．DCS-3652 支持基于端口划分的 VLAN 和基于协议划分的 VLAN

D．若要使不同厂商的交换机的相同 VLAN 间实现通信，可以启动神州数码交换机支持的 IEEE 802.1q 协议

7．关于堆叠和级联的描述正确的是（　　）。

A．级联和堆叠都是用交叉线将交换机连接在一起，只是使用的端口不同

B．采用级联方式，共享链路的最大带宽等于级联线的最大带宽；而采用堆叠方式，共享链路的带宽一般可达到该设备端口带宽的几十倍

C．如果是可网管的设备，级联后，各设备仍然有多个网管单元；堆叠后，各设备只相当于一个网管单元

D．DCS 3628S 支持级联和堆叠，且最大堆叠设备为 6 台

8．两台路由器 A 和 B 通过串口相连，路由器 A 的配置如下。

```
#show run
  Current configuration
 !
 interface Ethernet0
    ip address 1.1.1.1 255.0.0.0
    no shutdown
 !
 interface Serial0
   encapsulation ppp
   ip address 2.1.1.1 255.0.0.0
   no shutdown
```

```
!
interface Serial1
  encapsulation ppp
!
exit
ip route 0.0.0.0 0.0.0.0 2.1.1.2
```

路由器 B 的配置如下。

```
#show run
 Current configuration
 !
 interface Ethernet0
   ip address 3.1.1.1 255.0.0.0
   no shutdown
!
 interface Serial0
   physical-layer speed 64000
   encapsulation ppp
   ip address 2.1.1.2 255.0.0.0
   no shutdown
 !
 interface Serial1
   encapsulation ppp
 !
 exit
 ip route 0.0.0.0 0.0.0.0 2.1.1.1 preference 60
```

广域网指路由器 A 和 B 的串口 0 之间，局域网指两台路由器的以太网口之间，则下述说法正确的是（　　）。

A．广域网和局域网都可以连通

B．广域网和局域网都不能连通

C．两端广域网可以连通，但局域网不可以连通

D．两端广域网不可以连通，但局域网可以连通

9．两台路由器 A 和 B 通过串口相连，路由器 A 的配置如下。

```
#show run
   frame-relay switching
 !
 interface Ethernet0
   ip address 10.1.1.1 255.255.0.0
 !
 interface Serial0
   physical-layer speed 64000
   encapsulation frame-relay
```

```
      frame-relay intf-type DCE
      frame-relay interface-dlci 100
      frame-relay map ip 2.1.1.2 dlci 100
      ip address 2.1.1.1 255.0.0.0
    !
    interface Serial1
      encapsulation ppp
    !
    exit
    router rip
     network 2.0.0.0
     redistribute connected
    !
    end
```

路由器 B 的配置如下。

```
  #show run
    interface Ethernet0
      ip address 10.2.1.1 255.255.0.0
    !
    interface Serial0
      encapsulation frame-relay
      ip address 2.1.1.2 255.0.0.0
      frame-relay intf-type DTE
      frame-relay interface-dlci 100
      frame-relay map ip 2.1.1.1 dlci 100
    !
    exit
    router rip
      network 2.0.0.0
      redistribute connected
    !
    end
```

广域网指路由器 A 和 B 的串口之间，局域网指两台路由器的以太网口之间，下列说法正确的是（　　）。

A．广域网和局域网都可以连通

B．广域网和局域网都不能连通

C．两端广域网可以连通，但局域网不可以连通

D．两端广域网不可以连通，但局域网可以连通

10．在 t0～t1 时间后处于 RIP 路由协议环境中的各路由器的路由变化如图 3-26 所示，若再经过一个更新周期的时间，Router A 的路由表中会变化为（　　）。

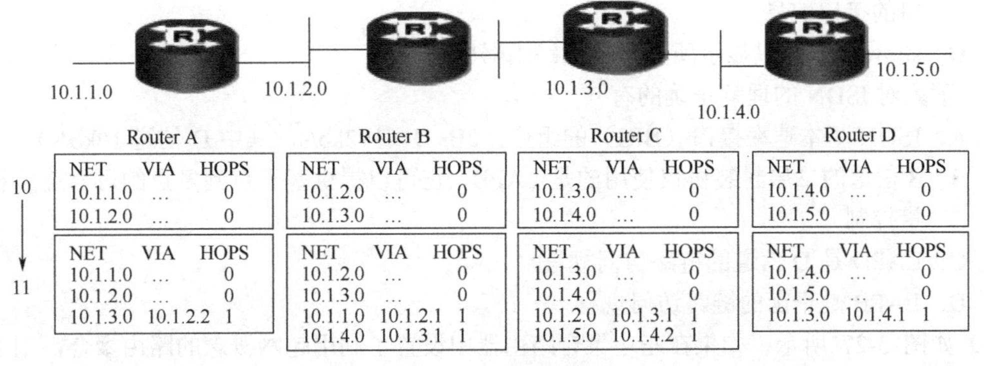

图 3-26 路由变化

A.

NET	VIA	HOPS
10.1.1.0	--	0
10.1.2.0	--	0
10.1.3.0	10.1.2.2	1
10.1.4.0	10.1.2.2	2
10.1.5.0	10.1.2.2	3

B.

NET	VIA	HOPS
10.1.2.0	--	0
10.1.3.0	--	0
10.1.1.0	10.1.2.1	1
10.1.4.0	10.1.3.2	1
10.1.5.0	10.1.3.2	2

C.

NET	VIA	HOPS
10.1.1.0	--	0
10.1.2.0	--	0
10.1.3.0	10.1.2.2	1
10.1.4.0	10.1.2.2	2

11．在默认的情况下，如果一台路由器在所有接口上同时运行了 RIP 和 OSPF 两种动态路由协议，则下列说法正确的是（　　）。

A．针对到达同一网络的路径，在路由表中只会显示 RIP 发现的那一条，因为 RIP 的优先级更高

B．针对到达同一网络的路径，在路由表中只会显示 OSPF 发现的那一条，因为 OSPF 协议的优先级更高

C．针对到达同一网络的路径，在路由表中只会显示 RIP 发现的那一条，因为 RIP 的度量值更小

D．针对到达同一网络的路径，在路由表中只会显示 OSPF 发现的那一条，因为 OSPF 协议的度量值更小

12．路由表中的路由可能来自（　　）。

A．接口上报的直接路由

B．手工配置的静态路由

C．动态路由协议发现的路由

D．以太网接口通过 ARP 获得的该网段中的主机路由

13．解决路由环问题的方法有（　　）。

A．水平分割　　B．触发更新　　C．路由器重启　　D．定义最大跳数

14．下列关于 DCR-1700 路由器特权用户模式下的常用命令，理解正确的是（　　）。

A．show running-config 后面可以跟相关参数以显示参数字母开头的部分内容

B．Chinese 命令用于将当前的 CLI 配置界面完全中文化

C．show interface serial <serial-numberr> <slot number/port number>用于显示此广域网串

口的接口信息

D．show user 可以显示所有登录到路由器中的用户

15．下列对 ISDN 的理解正确的有（　　）。

A．ISDN 基本速率接口（BRI）的组成：2B+D（192kb/s，其中 D 信道 16kb/s）

B．B 信道的二层封装协议使用的是 LAPB，它可以提供基于点到多点的可靠连接和流量控制

C．LAPD 是 D 信道的链路访问规程

D．LAPB 是平衡的链路访问规程

16．如图 3-27 所示，如果在左边聚合路由器中设置了利用超网概念的路由聚合，则下列（　　）中的网络段有可能会被发送出箭头所示端口。

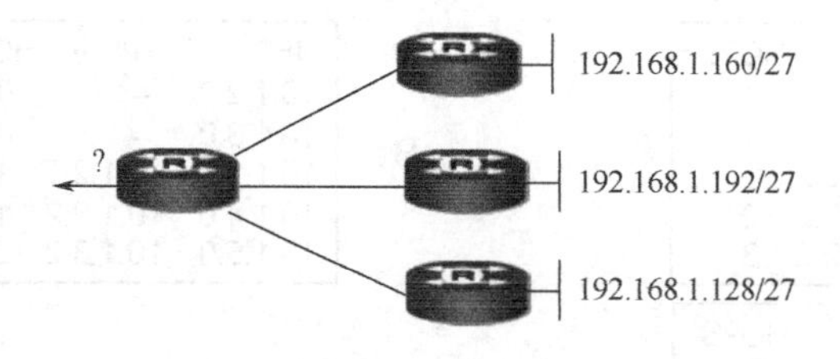

图 3-27　路由聚合

A．192.168.1.0/24　　B．192.168.1.128/25

C．192.168.1.192/26

17．IP 报文头中固定长度部分为（　　）字节。

A．10　　B．20　　C．30　　D．40

18．某公司申请到一个 C 类 IP 地址，但要连接 6 个子公司，最大的一个子公司有 26 台计算机，各个子公司需要在不同的网段中，如果使用统一的子网掩码划分子网，则子网掩码可以是（　　）。

A．255.255.255.0　　B．255.255.255.128

C．255.255.255.192　　D．255.255.255.224

19．一个 32 位的 IP 地址与它的掩码做异或计算，所得到的 32 位二进制数是此 IP 地址的（　　）。

A．A 类地址　　B．主机地址　　C．网络地址　　D．解析地址

20．下面有关 HelloTime 时间间隔的配置，描述不正确的是（　　）。

A．较长的 HelloTime 可以降低生成树计算的消耗，因为网桥可以不那么频繁地发送配置消息

B．较短的 HelloTime 可以在丢包率较高的时候，增强生成树的健壮性，避免因为丢包而误认为链路故障

C．过长的 HelloTime 会导致因为链路丢包而使网桥认为链路故障，开始生成树重新计算

D．HelloTime 配置得越短越好

21．PCMCIA 总线方式能够一次传输（　　）比特的数据。

A．8 比特　　B．16 比特　　C．32 比特　　D．64 比特

22．在当前的局域网中，一般（　　）使用集线器比较合适。

A．在非研发的办公室环境中

B．在楼宇间需要扩展终端间的有效连接距离时

C．在许多员工临时需要互传文件时

D．在 100m 直径范围内用户数不是很大时

23．关于端口镜像的描述正确的是（　　）。

A．镜像端口（源端口）和接收端口（目的端口）必须在同一个 VLAN 中

B．接收端口（目的端口）的速率必须大于等于镜像端口（源端口）的速率，否则会有丢失的数据没有被接收到

C．从 DCS-3726S 的命令 Console(config-if)#port monitor ethernet 1/13，可以知道端口“Ethernet 1/13”为一个目的端口（接收端口）

D．在 DCS-3726S 中配置端口镜像功能时，先进入源端口（镜像端口）配置模式，再配置相关命令指定目的端口（接收端口）

24．下列对生成树协议的理解正确的是（　　）。

A．生成树协议就是在交换网络中形成一个逻辑上的树形结构，从而避免某些物理上的环路形成的交换网中的无用帧造成的拥塞

B．生成树协议实际已经在交换网络中形成了一个物理上的树形结构

C．生成树协议状态一旦稳定，后续发送的数据包将都沿着这个树形路径转发到目的地

D．生成树协议只是为了消除环路的存在，并不能提供冗余备份功能

25．IEEE 802.1q 协议中规定的 VLAN 报文比普通的以太网报文增加了（　　）。

A．TPID(Tag Protocol Indentifier)　　B．Protocol

C．Candidate Format Indicator　　D．VLAN Identified(VLAN ID)

26．下面有关 tagged 和 untagged 的数据帧在交换机中的处理方式，理解正确的是（　　）。

A．tagged 的数据帧如果传输到 untagged 的接口，则可以被正常接收，并发送到与 tag 封装相对应的 VLAN 的相关端口

B．tagged 的数据帧将只能被 tagged 的接口正常接收，并转发到此端口的 PVID 指示的 VLAN 中

C．untagged 的数据帧可以被 tagged 的接口正常接收，并转发到此端口的 PVID 指示的 VLAN 中

D．tagged 的数据帧将只能被 tagged 的接口正常接收，并按照 tagged 中封装的 VLAN ID 选择相关接口传输

27．为了在交换机搭建的局域网环境中实现全双工功能，需要具备的条件是（　　）。

A．启用 Loopback 和冲突探测功能　　B．全双工网卡

C．两根五类双绞线　　D．配置交换机工作于全双工模式

28．如下访问控制列表的含义是（　　）。

```
access-list 11 deny icmp 10.1.10.10 0.0.255.255 any host-unreachable
```

A．规则序列号是 100，禁止发送到 10.1.10.10 主机的所有主机不可达报文

B．规则序列号是 100，禁止发送到 10.1.0.0/16 网段的所有主机不可达报文

C．规则序列号是 100，禁止从 10.1.0.0/16 网段发出的所有主机不可达报文

D．规则序列号是 100，禁止从 10.1.10.10 主机发出的所有主机不可达报文

29．如下访问控制列表的含义是（　　）。

```
access-list 102 deny udp 129.9.8.10 0.0.0.255 202.38.160.10 0.0.0.255 gt 128
```

A．规则序列号是 102，禁止从 202.38.160.0/24 网段的主机到 129.9.8.0/24 网段的主机访问端口大于 128 的 UDP 协议

B．规则序列号是 102，禁止从 202.38.160.0/24 网段的主机到 129.9.8.0/24 网段的主机访问端口小于 128 的 UDP 协议

C．规则序列号是 102，禁止从 129.9.8.0/24 网段的主机到 202.38.160.0/24 网段的主机访问端口小于 128 的 UDP 协议

D．规则序列号是 102，禁止从 129.9.8.0/24 网段的主机到 202.38.160.0/24 网段的主机访问端口大于 128 的 UDP 协议

30．有关处理链路故障的说法，错误的是（　　）。

A．链路失去连通性对用户来说就是无法正常通信，所以对生成树协议来说，其首要目的是防止链路失去连通性。也就是说，临时回路是可以发生的，但绝对不能让链路失去连通性的情况存在

B．由于链路故障在网络中传播有一定的延迟，因此为了防止临时回路的产生，生成树协议引入了一个中间状态，即 Learning 状态

C．为了防止临时回路的产生，生成树协议在将端口由阻塞状态迁移到转发状态时，需要一定的时间延迟

D．生成树协议无法避免链路临时失去连通性

31．在 SNMP 协议中，NMS（Network Management Station）向代理发出的报文有（　　）。

A．Get Request　　B．Get Next Request

C．Set Request　　D．Get Response

E．Trap

32．关于 DIX 以太网和 IEEE 802.3 以太网的描述正确的是（　　）。

A．DIX 以太网数据帧的源 MAC 地址字段后面是类型字段，而 IEEE 802.3 以太网数据帧的源 MAC 地址字段后面是长度字段

B. DIX 以太网数据帧的源 MAC 地址字段后面是长度字段，而 IEEE 802.3 以太网数据帧的源 MAC 地址字段后面是类型字段

C．DIX 以太网定义的最小数据帧长度为 38 字节，IEEE 802.3 定义的最小数据帧的长度为 48 字节

D．DIX 以太网定义的最小数据帧长度为 48 字节，IEEE 802.3 定义的最小数据帧的长度为 38 字节

33．下面对全双工以太网的描述正确的是（　　）。

A．可以在共享式以太网中实现全双工技术

B．可以在一对双绞线上同时接收和发送以太网帧

C．仅可以用于点对点连接

D．可用于点对点和点对多点连接

34．如图 3-28 所示，市中心综合楼中网管工作室有 3 台服务器，要求全部使用千兆连接，则综合楼的核心交换机应该有（　　）千兆端口。

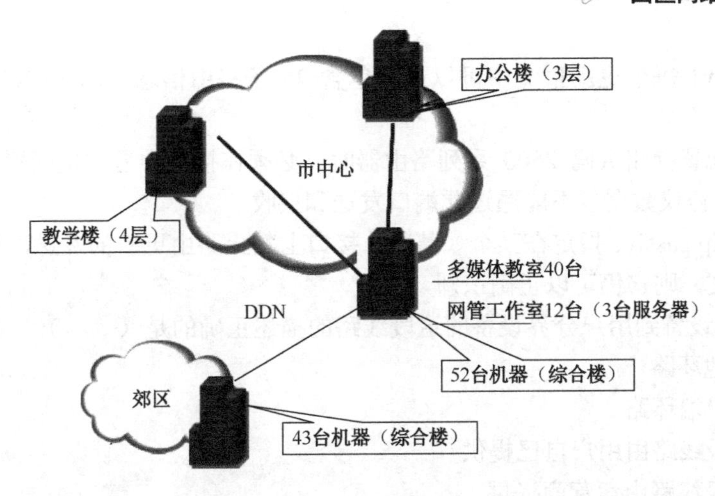

图 3-28　网络结构

A．3 个　　B．4 个　　C．5 个　　D．6 个

35．下列对 DEGIRP 描述正确的是（　　）。

A．不允许单目广播和多目广播，只支持广播

B．本身可以适应网络条件变化和邻居响应性变化

C．可以根据要求限制协议占用带宽的比例

36．神州数码自主研发的 DEIGRP 协议采用的 DUAL 算法的特点有（　　）。

A．总是非常积极地工作，在无法访问目的地而又没有替换路由（可行后续者）时能对邻居进行查询

B．汇总过程是主动的而不是被动的

C．通过 Hello 报文动态地发现新邻居及旧邻居的消失

D．数据传输均使用可靠的机制

37．DCR-1720 与 DCR-1750 的区别为（　　）。

A．DCR-1750 可以最大支持 4 路 FXS 口

B．DCR-1720 最大支持 4 路高速串口

C．DCR-1750 有 3 个接口卡插槽

D．DCR-1750 最大支持 6 路 E&M 接口

38．ISDN 数据链路层规范是以（　　）协议为基础。

A．LAPB　　B．LAPD

C．430　　D．Q.921

39．与 RIP 相比，IGRP 主要改进之处在于（　　）。

A．度量值更客观真实地反映了路径的整体状况

B．支持的最大跳数从 16 跳增加到了无穷大，从而扩大了协议支持的网络规模

C．支持多条等价路径的负载均衡，可以充分地利用网络资源

D．支持多自治系统，易于网络的扩展和延伸

40．下列对 RIP 协议的理解正确的是（　　）。

A．因为 RIP 协议是一个广播型的协议，所以在非广播网络中不可以传输 RIP 协议数据包

B．RIPv1 每个更新报文中可以最多包含 25 条路由信息，而 RIPv2 则可以最多包含 256 条

C．在配置神州数码 2500 系列路由器时，必须在接口中显式地配置 rip enable，否则 RIP 协议数据包不能通过此端口发送和接收

D．ip rip passive 指定在某个（某些）接口上禁止路由更新的发送，但如果接收到 RIP 报文，则它仍可以正确识别

41．从 CO 设备到用户分界设备的这段线路的描述正确的是（　　）。

A．本地环路

B．用户端环路

C．这段线路由用户自己提供

D．这段线路由运营商提供

42．OSPF 协议具有的特点是（　　）。

A．最多可支持近百台路由器

B．如果网络的拓扑结构发生变化，OSPF 立即发送更新报文

C．算法本身保证了不会生成自环路由

D．区域划分减少了路由更新时占用的网络带宽

43．动态路由协议的基本功能是当网络中的路由发生改变时，将此改变迅速有效地传递到网络中的每一台路由器上。同时，由于网络传递的不可靠、时延等各种偶然因素的存在，可能造成路由信息的反复变化，从而导致网络的不稳定。RIP 协议引入了（　　）等机制，较为有效地解决了这些问题。

A．触发刷新　　B．路由保持时间　　C．水平分割　　D．毒性路由

44．在配置 DCR 系列路由器时，如果在接口模式下查看运行信息，应使用命令（　　）。

A．*show run　　B．#show run　　C．/show run　　D．无法查看

45．HDLC 是一种面向（　　）的链路层协议。

A．字符　　B．比特　　C．信元　　D．数据包

46．在 ISDN 的 PRI 线路中，D 通道的一般作用是（　　）。

A．收发传真　　B．传送话音　　C．传送信令　　D．用户数据通道

47．对应图 3-29 的环境，所有路由器均使用 RIP 协议动态学习路由信息；如果 R1 要发送数据包到 192.168.7.0 网络中，会选择（　　）地址作为下一跳。

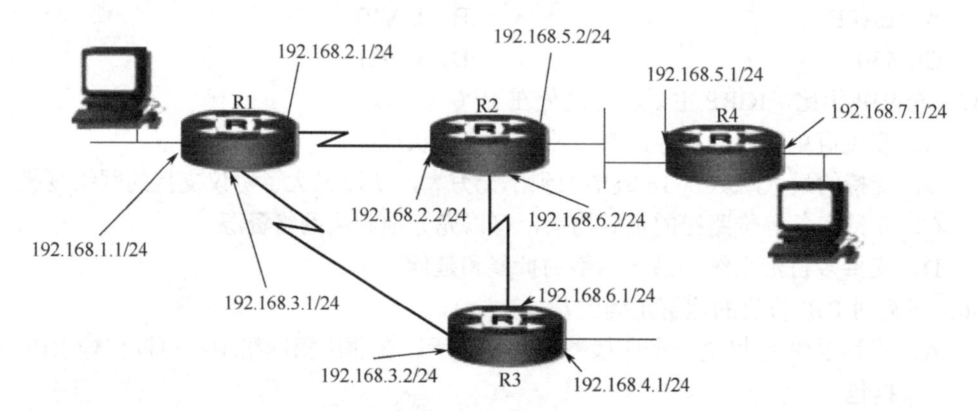

图 3-29　网络环境

A．192.168.3.2　　B．192.168.2.2　　C．192.168.5.1　　D．192.168.6.2

48．定期在路由器间传递路由表的副本，每台路由器都根据接收到的路由表决定是否对自己的路由信息进行更新，通常以广播方式发送给其他路由器。对这段描述理解正确的是（　　）。

A．它描述的是距离矢量路由发现算法

B．它描述的是链路状态路由发现算法

49．以下属于分组交换技术的是（　　）。

A．Ehternet　　B．X.25　　C．PSTN　　D．CATV

50．RARP 的作用是（　　）。

A．将自己的 IP 地址转换为 MAC 地址

B．将对方的 IP 地址转换为 MAC 地址

C．将对方的 MAC 地址转换为 IP 地址

D．知道自己的 MAC 地址，通过 RARP 得到自己的 IP 地址

项目四 企业网络项目

用户需求

集团总部公司有数百台 PC；公司有多个部门，不同部门的相互访问要有限制，公司有自己的内部网站；公司有自己的OA系统；公司中的台式机能连接互联网；集团网内部覆盖多栋建筑物，分别是集团总部和公司的办公、生产经营场所；每层设有机房、少量的信息点，供需求使用；每层楼有一个设备间；每栋建筑和集团总部之间通过两条12芯的室外单模光纤连接；要求将全部信息点接入网络。

网络搭建部分具体需求如下：

（1）要求按照项目背景设计模拟实验拓扑图。

（2）网络设备要设置统一规范的名称，并按一定顺序摆放，统一系统时间。

（3）网络设备要设置登录密码。

（4）交换机要设置相应的VLAN，交换机端口要设置相应的安全措施。

（5）为了优化性能，交换机和路由器要设置QoS来优化网络性能。

（6）全网使用动态OSPF协议。

（7）适当使用网络访问控制措施，保证内部网络的安全性。

内部应用系统需求如下：

（1）集团需要添加一台存放公司开发数据的专门服务器，能对开发部门的用户提供文件共享服务。

（2）建立一台电子邮件服务器，为公司内部员工提供邮件服务。

（3）由于公司申请了域名，因此希望通过域名来访问公司的主机和服务器。

需求分析

为实现集团公司的目标，首先建立一个模拟拓扑图，其网络拓扑结构如图4-1所示。

网络搭建部分需求分析

（1）路由器和交换机分别改名为R1、R2、R3、SW1、SW2，并按顺序从下往上叠放，系统时间为当前时间，其中NETR4为模拟互联网ISP，其他为集团内部网络。

（2）交换机的特权密码是gdyqwSW，使用密文；路由器的特权密码为gdyqwRT，使用明文。

（3）两个交换机划分9个VALN，分别是E1～E3为VLAN 10，E4～E6为VLAN 20，以此类推，直至E22～E24为VLAN 80；E25和E26为VLAN 90。

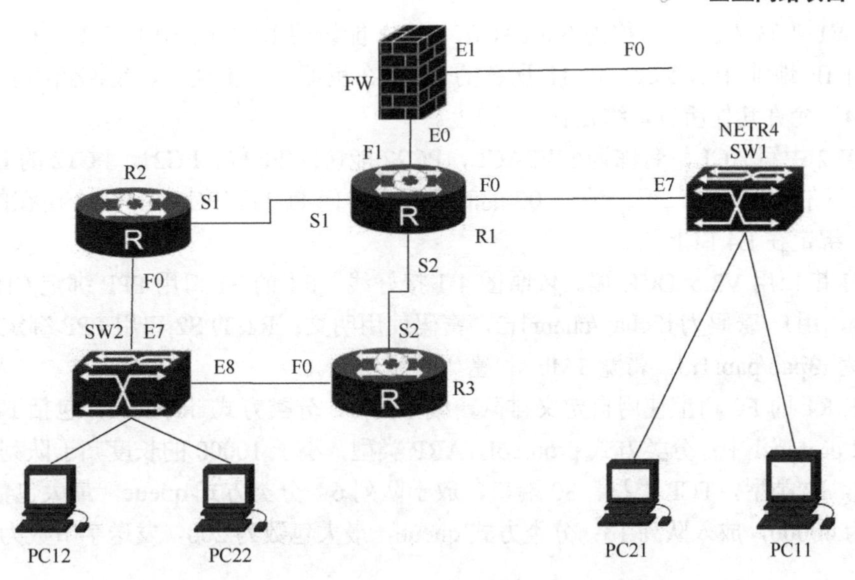

图 4-1 拓扑图

按照表 4-1 设置交换机端口。

表 4-1 交换机端口

交换机	端口	属性
SW1	E5	限制广播数据包，每秒不超过 400 个
SW1	E6	入口限制为 5Mb/s，出口为 4Mb/s，10Mb/s 半双工，只接交叉线
SW1	E10	镜像目的端口，数据源为 F11、F12 的流量
SW1	E12	MAC 绑定 00-22-22-22-22-21、00-22-22-22-22-22、00-22-22-22-22-23、00-22-22-22-22-24
SW2	E6	名称为“SW1-F6-FLOW”，打开端口流控制
SW2	E5	入口限制为 60Mb/s，出口为 80Mb/s，100Mb/s 全双工，只接直通线
SW2	E10	镜像目的端口，数据源为 F11 出流量、F12 进流量
SW2	E12	MAC 绑定 00-33-33-33-33-31、00-33-33-33-33-32、00-33-33-33-33-33、00-33-33-33-33-34

（4）按照表 4-2 设置交换机的 QoS。

表 4-2 交换机的 QoS

交换机	端口	属性
SW1	E13	COS 默认值 5 使用策略表名称为 PMSW1F12，分类表名称自定，实现以下功能 10.2.3.0/24 中的数据，带宽 80Mb/s，突发值 9Mb/s，超过丢弃，放入 DSCP 19 10.2.4.0/24 中的数据，带宽 55Mb/s，突发值 10Mb/s，超过降档，放入 DSCP 56
SW1	E14	COS 默认值 2 分类表名称为 CLSIP567IP，对应 PRECEDENCE 5、6、7 的数据，放入策略表的名称为 PMIP567，策略是带宽 45Mb/s，突发值 9Mb/s，超过降档，放入 DSCP50
SW1	E15	COS 默认值为 3
SW2	E13	PRIORITY-QUEUE
SW2	E14	WRR 权重为 1：1：2：2：4：4：8：8
SW2	E15	WRR 权重为 1：1：2：4：3：6：9：1

（5）SW1 中写 ACL，名称为 SW1ACL，PC11 能访问 IP 地址 10.1.15.2，PC11 所在的 IP 段不能访问 IP 地址 10.1.15.2，PC11 所在的 IP 段在星期一、星期三、星期四不能访问 IP 段 10.1.15.0/24，允许其他所有，绑定在 E1 口上。

（6）SW2 中写 ACL，名称为 SW2ACL，PC22 能访问 PC11、PC21、PC12 的 IP 地址；允许 PC22 在下午 7:00 到第二天上午 7:00 的时间段中访问 PC11、PC21、PC12 所在的 IP，拒绝其他所有，绑定在 E4 口上。

（7）R1 串口用 V3.5 DCE 端。依照图 4-1 接好线。R1 的 S1 口用 PPP 绑定 CHAP 认证，带宽 2Mb/s，用户/密码为 r2chap/chapr1r2，密码使用明文；R1 的 S2 口用 PPP 绑定 PAP 认证，用户/密码为 r3pap/papr1r3，带宽 1Mb/s，密码使用明文。

（8）在 R1 的 F0 口上使用自定义排队，编号为 3，分类方式 interface，包括 E0 的数据，放入队列 2 protocol 中；分类方式 protocol，ARP 类型，小于 10000 的长度归于队列 3；分类方式 protocol，IP 类型，TCP 类型，80 端口，放于队列 6；分类方式 queue，最大包数为 50，发送字节数为 40000，放入队列 13；分类方式 queue，最大包数为 200，发送字节数为 53000，放入队列 4。

（9）R2、R3 的 F0 启用优先级排队，编号为 3，描述为“Link_SV1”，来自 PC12 的数据获得最大优先级、来自 PC22 的数据获得次优先级。

（10）R2 的 F0 连接 SW2 的 E7，IP 地址 10.1.5.2/24，使用 HSRP 热备份，standby IP 为 10.1.5.1/24，优先级为 200。R3 的 F0 连接 SW2 的 E8，IP 地址 10.1.5.3/24，使用 HSRP 热备份，standby IP 为 10.1.5.1/24，优先级为 195。

（11）全网使用 OSPF 动态路由，R1、R2 和 R3 之间区域为 0，接口使用 MD5 认证，认证密钥为 OSPFMD5，认证 ID 为 120，管理距离为 1，其他区域为 10，全网禁止使用默认路由，保证全网畅通。

（12）配置防火墙，使内网 192.168.1.0/24 网段可以访问 Internet。

内部应用系统需求分析

（1）集团需要添加一台存放公司开发数据的专门服务器，能对开发部门的用户提供文件共享服务，根据这个需求，准备采用 Linux 平台下的 NFS 服务，具体需求分析如下。

① /media 目录：共享/media 目录，允许所有客户端访问该目录并只有只读权限。

② /nfs/public 目录：共享/nfs/public 目录，允许 192.168.8.0/24 和 192.168.9.0/24 网段的客户端访问，并且对此目录只有只读权限。

③ /nfs/team1、/nfs/team2、/nfs/team3 目录：共享/nfs/team1、/nfs/team2、/nfs/team3 目录，并且/nfs/team1 只有 team1.michael.com 域成员可以访问并有读写权限，/nfs/team2、/nfs/team3 目录同理。

④ /nfs/works 目录：共享/nfs/works 目录，192.168.8.0/24 网段的客户端具有只读权限，并且将 root 用户映射成匿名用户。

⑤ /nfs/test 目录：共享/nfs/test 目录，所有人都具有读写权限，但当用户使用该共享目录时都将账号映射成匿名用户，并且指定匿名用户的 UID 和 GID 为 65534。

⑥ /nfs/security 目录：共享/nfs/security 目录，仅允许 192.168.8.88 客户端访问并具有读写权限。

（2）建立一台电子邮件服务器，为公司内部员工提供邮件服务。

局域网网段：192.168.8.0/24。

企业域名：redking.com。

DNS 及 Sendmail 服务器地址：192.168.8.1。

由于公司申请了域名，因此希望通过域名来访问公司的主机和服务器。

♂ 方案设计

项目需求分析完成后，确定供货合同，网络公司即可开始具体的实施流程。需求分析分为网络部分、应用系统部分，施工分为网络搭建部分施工、应用系统构建部分施工。下面来具体介绍每个部分的施工流程。

网络搭建部分施工方案

首先根据需求分析，选择网络中应用的设备，根据拓扑图把设备部署到相应的位置，并按拓扑图进行设备连接。主要任务如下。

（1）内部接入层设置

按公司部门名称规划并配置交换网络中的 VLAN，启用生成树协议来避免网络环路，配置网络中所有设备相应的 IP 地址，同时测试线路两端的连通性。

（2）路由层设置

在内网部分启动 OSPF 路由协议。

（3）接入互联网设置

配置 NAT，保证内网用户能访问 Internet。

（4）网络优化设置

使用交换机 QoS、路由器 QoS 实现网络优化。

（5）网络安全防护设置

使用端口安全、密码认证、HSRP 热备份、PPP 绑定 PAP 和 CHAP 认证，提高网络安全性。

使用访问控制列表技术，进行访问控制，提高网络安全性。

应用系统部分施工方案

应用系统部分实施首先根据需求分析来购置服务器，服务器到位后，安装服务器操作系统，根据网络拓扑图放置在相应的位置后，按下面的顺序进行配置。

（1）文件服务器配置。

（2）Web 服务器配置。

（3）DNS 服务器配置。

♂ 知识准备

关于 QoS 的内容，前面项目中已经介绍了一些内容，这里主要补充以下几方面的知识。

1. 基于类的加权公平队列

基于类的加权公平队列（Class Based Weight Fair Queue，CBWFQ）允许用户自定义类别，并对这些类别的带宽进行控制。这在实际中很有用，如可以控制网络访问 Internet 时的 Web 流量的带宽，可以根据数据包的协议类型、ACL、IP 优先级或者输入接口等条件事先定义好流量的类型，为不同类别的流量配置最大带宽、占用接口带宽的百分比等。CBWFQ 可以和 NBAR、WRED 等一起使用。

2. 低延迟队列

低延迟队列（Low Latency Queue，LLQ）的配置和 CBWFQ 类似。有的数据包，如 VoIP 的数据包，对数据的延迟非常敏感。LLQ 允许用户自定义数据类别，并优先使这些类别的数据传输，在这些数据没有传输完之前不会传输其他类别的数据。

3. 加权随机早期检测

加权随机早期检测（Weight Random Early Detect，WRED）是 RED 的 Cisco 实现。当多个 TCP 连接在传输数据时，全部连接都按照最大能力传输数据，很快造成队列满，队列满后的全部数据被丢失；这时所有的发送者立即同时以最小能力传输数据，带宽开始空闲；然后全部发送者开始慢慢加大速度，又同时达到最大速率，出现堵塞，如此反复。这样网络时空时堵，带宽的利用率不高。RED 则随机地丢弃 TCP 的数据包，保证链路的整体利用率。WRED 是对 RED 的改进，数据包根据 IP 优先级分成不同队列，每个队列有最小阈值、最大阈值，当平均长度小于最小阈值时，数据包不会被丢弃；随着平均队列的长度增加，丢弃的概率也增加；当平均长度大于最大阈值时，数据包按照设定的比例丢弃数据包。

4. 承诺访问速率

承诺访问速率（Commited Access Rate，CAR）是一种流量策略的分类和标记的方法，它基于 IP 优先级、DSCP 值、MAC 地址或者访问控制列表来限制 IP 流量的速率。标记可以改变 IP 优先级或者 DSCP。

CAR 使用令牌桶的机制，检查令牌桶中是否有足够的令牌。如果一个接口有可用的令牌，令牌可以从令牌桶中挪走，数据包被转发，当这个时间间隔过去后，令牌会重新添加到令牌桶中。如果接口没有可用的令牌，那么 CAR 可以定义对数据包采取的行为。CAR 使用以下 3 种速率来定义流量的速率。

① Normal rate（正常的速率）：令牌被添加到令牌桶中的平均速率，就是数据包的平均传输速率。

② Normal burst（正常的突发）：正常的突发时在时间间隔内允许正常流量速率的流量。

③ Excess burst（过量突发）：超过正常突发的流量。当配置过量突发时，会借令牌并且将它添加到令牌桶中来允许某种程度的流量突发。当被借的令牌已经使用后，在这个接口上收到的任何超出的流量会被扔掉。流量突发只会发生在短时间内，直到令牌桶中没有令牌存在才停止传输。

通常，建议正常的流量速率配置为在一段时间内的平均流量速率。正常的突发速率应等于正常速率的 1.5 倍，过量速率是正常突发速率的 2 倍。

5. 基于网络的应用识别

基于网络的应用识别（Network Based Application Recognition，NBAR）实际上是一个分类引擎，可查看数据包，对数据包包含的信息进行分析。NBAR 使得路由器不仅要做转发数据的工作，还要对数据包进行检查，这样会大大增加负载。NBAR 可以检查应用层的内容，如可以检查 URL 是否有“.java”字样。NBAR 可以和许多 QoS 配合使用。

项目实现——网络搭建部分实现

1. 网络设备的选择

采购人员依据需求分析、公司现阶段的结点数和预算进行综合分析后，采购了 2 台神州数码 DCRS-5650，保证核心设备具备快速转发数据的能力；采购了 4 台神州数码 DCR-2626 路由器，保证模拟服务提供商网络设备拥有足够的性能，并能实现路由协议的所有功能特性；采购了 1 台 DCFW-1800 防火墙，作为 Internet 接入设备，并且以后可以通过此防火墙进行安全控制。

2. 规划拓扑结构与 IP 地址

网络工程师根据采购的设备和公司需求，建立了如图 4-2 所示的公司整体拓扑结构。

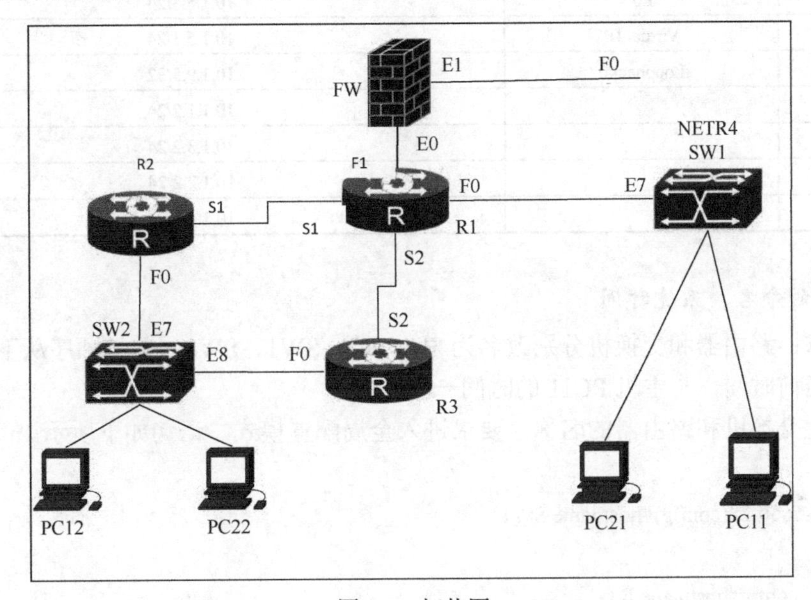

图 4-2 拓扑图

接口 IP 配置见表 4-3。

表 4-3 IP 地址

设 备	接 口	IP 地址
SW1	VLAN 10	10.1.1.1/24
SW1	VLAN 20	10.1.2.1/24
SW1	VLAN 30	10.1.8.2/24
SW1	Loopback1	10.1.9.1/32
SW2	VLAN 10	10.1.3.1/24
SW2	VLAN 20	10.1.4.1/24
SW2	VLAN 30	10.1.5.6/24
SW2	Loopback1	10.1.9.2/32
R1	S1	10.1.7.1/24
R1	S2	10.1.6.1/24
R1	F0	10.1.8.1/24
R1	F1	192.168.1.2/24

续表

设　备	接　口	IP 地址
R1	Loopback0	10.1.9.3/32
NETR4	F1	222.1.1.1/24
FW	E2	222.1.1.2/24
FW	E1	192.168.1.1/24
R2	S1	10.1.7.2/24
R2	F0	10.1.5.2/24
R2	Virtual IP	10.1.5.1/24
R2	Loopback0	10.1.9.4/32
R3	S2	10.1.6.2/24
R3	F0	10.1.5.3/24
R3	Virtual IP	10.1.5.1/24
R2	Loopback0	10.1.9.5/32
PC11		10.1.1.2/24
PC12		10.1.3.2/24
PC21		10.1.2.2/24
PC22		10.1.4.2/24

3. 设备的命名、系统时间

任务要求：路由器和交换机分别改名为 R1、R2、SW1、SW2，并按顺序从下往上叠放，系统时间为当前时间，与主机 PC11 的时间一致。

（1）设置交换机和路由器的名称，要求进入全局配置模式，语句如下所示。

交换机：

```
DCRS-5650-28(config)#hostname SW1
```

路由器：

```
Router_config#hostname R1
```

（2）设置交换机和路由器的系统时间。

交换机：

```
SW1#clock set 08:21:00 2009.09.16                   ！配置交换机的系统时间
```

路由器：

```
R1_config#date                                      ！配置路由器的系统时间
The current date is 2002-01-01 00:06:12             ！路由器系统当前时间
Enter the new date(yyyy-mm-dd):2009-09-16           ！设置路由器的日期
Enter the new time(hh:mm:ss):08:21:00               ！设置路由器的时间
```

小提示：设备叠放顺序也是一个较为重要的步骤，学生做题的时候应该按照题目要求的叠放顺序进行摆放，如果题目没有要求，则按照学生自己平时训练时习惯叠放的顺序进行摆放，这样有助于学生在做题的时候思路清晰，排除错误时更方便。

4. 配置交换机和路由器的特权密码

任务要求：交换机的特权密码是 gdyqwSW，使用密文；路由器的特权密码为 gdyqwRT，使用明文。

交换机：

```
SW1(config)#enable password 8 gdyqw SW                    ！设定交换机的 enable 密码
```

路由器：

```
R1_config#aaa authentication enable default enable        ！使能 enable 密码进行验证
R1_config#enable password 0 gdyqw RT                      ！设定路由器的 enable 密码
```

小问题：学生如果遇到交换机和路由器已事先给出题者设置了特权密码，而题目要求学生自行解除设备上的特权密码，那么应采用什么方法解决呢？

5. **交换机划分 VLAN**

任务要求：两个交换机划分 9 个 VALN，E1～E3 为 VLAN 10；E4～E6 为 VLAN 20；以此类推，E22～E24 为 VLAN 80；E25 和 E26 为 VLAN 90。

```
SW1(config)#vlan 10                                         ！创建 VLAN 10
SW1(Config-Vlan 10)#switchport interface ethernet 0/0/1-3   ！把 E1～E3 端口加入 VLAN 10
SW1(config)#vlan 20                                         ！创建 VLAN 20
SW1(Config-Vlan 20)#switchport interface ethernet 0/0/4-6   ！把 E4～E6 端口加入 VLAN 20
```

小提示：在划分 VLAN 的时候，经常用到的符号是“-”和“;”，分号可以用来单独地把端口加入 VLAN。例如：

```
SW1(Config-Vlan 10)#switchport interface ethernet 0/0/2;4;6;8  ！单独把 2，4，6，8 端口加入 VLAN
```

6. **交换机端口配置**

任务要求：按照表 4-1 设置交换机端口。

交换机 SW1 设置语句如下。

```
SW1(Config-If-Ethernet0/0/5)#rate-suppression broadcast 400
 ！限制广播数据包，每秒不超过 400 个
SW1(Config-If-Ethernet0/0/6)#bandwidth control 5 receive              ！端口带宽入口为 5Mb/s
SW1(Config-If-Ethernet0/0/6)#bandwidth control 4 transmit             ！端口带宽出口为 4Mb/s
SW1(Config-If-Ethernet0/0/6)#speed-duplex force10-half                ！端口为 10Mb/s 半双工模式
SW1(Config-If-Ethernet0/0/6)#mdi across                               ！端口只能适配交叉线模式
SW1(config)#monitor session 1 source interface ethernet 0/0/11-12     ！E11 和 E12 为镜像源端口
SW1(config)#monitor session 1 destination interface Ethernet0/0/10    ！E10 为镜像目的端口
SW1(Config-If-Ethernet0/0/12)#switchport port-security                ！启动端口安全模式
SW1(Config-If-Ethernet0/0/12)#switchport port-security maximum 4      ！安全地址最大数
SW1(Config-If-Ethernet0/0/12)#switchport port-security mac-address 00-33-33-33-33-31
SW1(Config-If-Ethernet0/0/12)#switchport port-security mac-address 00-33-33-33-33-32
SW1(Config-If-Ethernet0/0/12)#switchport port-security mac-address 00-33-33-33-33-33
SW1(Config-If-Ethernet0/0/12)#switchport port-security mac-address 00-33-33-33-33-34
SW1(Config-If-Ethernet0/0/12)#switchport port-security lock           ！锁定安全端口
```

注意：

（1）MAC 地址与端口一旦绑定，该 MAC 地址的数据流只能从该端口进入，不能从其他端口进入。该端口可以允许其他 MAC 地址的数据流通过。但是如果绑定方式采用动态 lock 的方式，则会使该端口的地址学习功能关闭，因此，在取消 lock 之前，其他 MAC 的主机也不能从这个端口进入。

（2）当需要绑定虚拟机的MAC地址时，应该把虚拟机的MAC地址与真实计算机的MAC地址都绑定起来。

（3）镜像目的端口不能是端口聚合组的成员。

小提示：当端口已经绑定了静态MAC地址时，一定要把端口锁定。

7. 交换机QoS

任务要求：按照表4-2设置交换机的QoS。

交换机SW1设置语句如下。

```
SW1(config)#mls qos                                              ！启动 QoS
SW1(config)#ip access-list standard Qos-02                       ！创建 ACL 名称为 Qos-02
SW1(Config-IP-Std-Nacl-Qos-02)#permit 10.2.4.0 0.0.0.255         ！允许 10.2.4.0/24 中的数据
SW1(config)#ip access-list standard Qos-01                       ！创建 ACL 名称为 Qos-01
SW1(Config-IP-Std-Nacl-Qos-01)#permit 10.2.3.0 0.0.0.255         ！允许 10.2.3.0/24 中的数据
SW1(config)#class-map cmap-02                                    ！创建分类表 cmap-02
SW1(Config-ClassMap-cmap-02)#match access-group Qos-02           ！绑定 ACL Qos-02
SW1(config)#class-map cmap-01                                    ！创建分类表 cmap-01
SW1(Config-ClassMap-cmap-01)#match access-group Qos-01           ！绑定 ACL Qos-01
SW1(config)#policy-map PMSW1F12                                  ！创建策略表 PMSW1F12
SW1(Config-PolicyMap-PMSW1F12)#class cmap-01                     ！使用分类表 cmap-01
SW1(Config-PolicyMap-PMSW1F12-Class-cmap-01)#set ip dscp 19          ！dscp 值改为 19
SW1(Config-PolicyMap-PMSW1F12-Class-cmap-01)#police 80000 9000 exceed-action drop
                                    ！带宽 80Mb/s，突发值 9Mb/s，超过丢弃
SW1(Config-PolicyMap-PMSW1F12-Class-cmap-01)#exit               ！退出分类表 cmap-01
SW1(Config-PolicyMap-PMSW1F12)#class cmap-02                     ！使用分类表 cmap-02
SW1(Config-PolicyMap-PMSW1F12-Class-cmap-02)#set ip dscp 56          ！dscp 值改为 56
SW1(Config-PolicyMap-PMSW1F12-Class-cmap-02)
#police 55000 10000 exceed-action policed-dscp-transmit
                                    ！带宽 55Mb/s，突发值 10Mb/s，超过降档
SW1(Config-If-Ethernet0/0/13)#service-policy input PMSW1F12        ！绑定 PMSW1F12 到 E13 端口
SW1(Config-If-Ethernet0/0/13)#mls qos cos 5                        ！设定 13 端口 cos 默认值为 5

SW1(config)#class-map CLSIP567IP                                   ！创建分类表 CLSIP567IP
SW1(Config-ClassMap-CLSIP567IP)#match ip precedence 5 6 7          ！使用 precedence 5 6 7 数据
SW1(config)#policy-map PMIP567                                     ！创建策略表 PMIP567
SW1(Config-PolicyMap-PMIP567)#class CLSIP567IP                     ！使用分类表 CLSIP567IP
SW1(Config-PolicyMap-PMIP567-Class-CLSIP567IP)#set ip dscp 50 ！dscp 值改为 50
SW1(Config-PolicyMap-PMIP567-Class-CLSIP567IP)#police 45000 9000 exceed-action
  policed-dscp-transmit                      ！带宽 45Mb/s，突发值 9Mb/s，超过降档
SW1(Config-If-Ethernet0/0/14)#service-policy input PMIP567         ！绑定 PMIP567 到 E14 端口
SW1(Config-If-Ethernet0/0/14)#mls qos cos 2                        ！设定 14 端口 cos 默认值为 2

SW1(Config-If-Ethernet0/0/15)#mls qos cos 2                        ！设定 15 端口 cos 默认值为 3
```

交换机 SW2 设置语句如下。

```
SW2(Config-If-Ethernet0/0/13)#priority-queue out
                                          ！设定端口 E13 为 priority-queue 方式
SW2(Config-If-Ethernet0/0/14)#wrr-queue bandwidth 1 1 2 2 4 4 8 8   ！设定端口 E14 权重
SW2(Config-If-Ethernet0/0/15)#wrr-queue bandwidth 1 1 2 4 3 6 9 1   ！设定端口 E15 权重
```

注意：

（1）交换机端口默认是关闭 QoS 的，默认设置 8 条发送队列，队列 1 转发普通的数据包，其他队列分别发送一些重要的控制报文（BPDU 等）。

（2）在使能全局 QoS 后，所有交换机端口打开 QoS 功能，设置 8 条发送队列。端口的默认 CoS 值为 0；端口为 not Trusted（不信任）状态；默认优先级队列的 weights 值依次为 1，2，3，4，5，6，7，8，所有的 QoS Map 都采用默认值。

（3）CoS 值 7 默认映射到最高优先级队列 8，通常保留给某些协议报文使用，建议用户不要随意改变 CoS 值 7 到队列 8 的映射关系，端口的默认 CoS 值通常也不要设置为 7。

（4）目前策略表只支持绑定到入口，对出口不支持。

小提示：

（1）QoS 提供 8 个队列支持处理 8 种优先级的流量，但该功能同流控功能是互斥的。

（2）每个 class-map（分类表）内，只能设置一条匹配标准。当匹配 ACL 时，ACL 内只能设置 perimit 规则。

（3）建立策略分类表前，必须先建立一个策略表并且进入策略表模式。在策略分类表模式中，可以对按照分类表分类的包流量进行分类和策略配置。

（4）WRR 权重的绝对值是没有意义的，WRR 通过 8 个权重值的比例来分配带宽，如果设置为 0，则此队标为最高优先级队列，当多个队列配置为 0 时，高队列的优先级更高。

8. **交换机 ACL**

任务说明：

（1）SW1 中写 ACL，名称为 SW1ACL，PC11 能访问 IP 地址 10.1.15.2，PC11 所在的 IP 段不能访问 IP 地址 10.1.15.2，PC11 所在的 IP 段在星期一、星期三、星期四不能访问 IP 段 10.1.15.0/24，允许其他所有，绑定在 E1 口上。

交换机 SW1 设置语句如下。

```
SW1(config)#firewall enable                              ！启动防火墙
SW1(config)#firewall default permit                      ！设定防火墙默认动作为允许
SW1(config)#time-range time-01                           ！定义时间段，名称为 time1
SW1(Config-Time-Range-time-01)#periodic monday wednesday thursday 00:00:00 to 24:00:00
                                                         ！设定每周的星期一、三、四
SW1(config)#ip access-list extended SW1ACL               ！创建扩展 ACL
SW1(Config-IP-Ext-Nacl-SW1ACL)#permit ip host-source 10.1.1.2 host-destination 10.1.15.2
                                   ！允许 PC11 访问 10.1.15.2
SW1(Config-IP-Ext-Nacl-SW1ACL)#permit any-source any-destination    ！允许所有通过
SW1(Config-If-Ethernet0/0/1)#ip access-group SW1ACL in     ！绑定 SW1ACL 到 E1 端口
```

（2）SW2 中写 ACL，名称为 SW2ACL，PC22 能访问 PC11、PC21、PC12 的 IP 地址；允许 PC22 在下午 7:00 到第二天上午 7:00 的时间中访问 PC11、PC21、PC12 所在的 IP，拒绝其

他所有，绑定在 E4 口上。

交换机 SW2 设置语句如下。

```
SW2(config)#firewall enable                                    ! 启动防火墙
SW2(config)#firewall default permit                            ! 设定防火墙默认动作为允许
SW2(config)#time-range time-01                                 ! 定义时间段，名称为 time-01
SW2(Config-Time-Range-time-01)#periodic weekdays 19:00:00 to 24:00:00
SW2(Config-Time-Range-time-01)#periodic weekdays 00:00:00 to 7:00:00
                                                    ! 设定每天下午 7:00 到第二天上午 7:00
SW2(config)#ip access-list extended SW2ACL                     ! 创建扩展 ACL
SW2(Config-IP-Ext-Nacl-SW2ACL)#permit ip host-source 10.1.4.2 host-destination 10.1.1.2
                                                               ! 允许 PC22 访问 PC11
SW2(Config-IP-Ext-Nacl-SW2ACL)#permit ip host-source 10.1.4.2 host-destination 10.1.2.2
                                                               ! 允许 PC22 访问 PC21
SW2(Config-IP-Ext-Nacl-SW2ACL)# permit ip host-source 10.1.4.2 host-destination 10.1.3.2
                                                               ! 允许 PC22 访问 PC12
SW2(Config-IP-Ext-Nacl-SW2ACL)#permit ip host-source 10.1.4.2 10.1.1.0 0.0.0.255
  time-range time-01
                                                    ! 允许 PC22 在规定的时间段内访问 PC11 网段
SW2(Config-IP-Ext-Nacl-SW2ACL)#permit ip host-source 10.1.4.2 10.1.3.0 0.0.0.255 time-range
  time-01
                                                    ! 允许 PC22 在规定的时间段内访问 PC12 网段
SW2(Config-IP-Ext-Nacl-SW2ACL)#permit ip host-source 10.1.4.2 10.1.2.0 0.0.0.255 time-range
  time-01
                                                    ! 允许 PC22 在规定的时间段内访问 PC21 网段
SW2(Config-IP-Ext-Nacl-SW2ACL)#deny ip any-source any-destination       ! 禁止所有通过
SW1(Config-If-Ethernet0/0/4)#ip access-group SW2ACL in         ! 绑定 SW2ACL 到 E4 端口
```

9. **路由器的 PPP 绑定 PAP 认证**

任务说明：R1 串口用 V3.5 DCE 端。依照图 4-2 连接好线。R1 的 S1 口用 PPP 绑定 CHAP 认证，带宽 2Mb/s，用户名/密码为 r2chap/chapr1r2，密码使用明文；R1 的 S2 口用 PPP 绑定 PAP 认证，用户名/密码为 r3pap/papr1r3，带宽 1Mb/s，密码使用明文。

路由器 R1 设置语句如下。

```
R1_config#aaa authentication ppp default local          ! 配置 PPP 认证方式为本地用户认证
R1_config#username r2chap password chapr1r2             ! 增加用户名和密码
R1_config#username r3pap password papr1r3               ! 增加用户名和密码
R1_config_s0/1#encapsulation ppp                        ! 封装 PPP 协议
R1_config_s0/1#ppp authentication chap                  ! 设定验证方式为 CHAP
R1_config_s0/1#ppp chap hostname r2chap                 ! 设定发送给对方的用户名
R1_config_s0/1#ppp chap password chapr1r2               ! 设定发送给对方的密码
R1_config_s0/1#physical-layer speed 2048000             ! 设定 DCE 时钟频率为 2048000
R1_config_s0/2#encapsulation ppp                        ! 封装 PPP 协议
R1_config_s0/2#ppp authentication pap                   ! 设定验证方式为 PAP
```

```
R1_config_s0/2#ppp pap sent-username r3pap password 0 papr1r3
  ！设定发送给对方的用户名和密码
R1_config_s0/2#physical-layer speed 1024000                 ！设定DCE时钟频率为1024000
```

路由器R2设置语句如下。

```
R2_config#aaa authentication ppp default local ！配置PPP认证方式为本地用户认证
R2_config#username r2chap password chapr1r2          ！增加用户名和密码
R2_config_s0/1#encapsulation ppp                     ！封装PPP协议
R2_config_s0/1#ppp authentication chap               ！设定验证方式为CHAP
R2_config_s0/1#ppp chap hostname r2chap              ！设定发送给对方的用户名
R2_config_s0/1#ppp chap password chapr1r2            ！设定发送给对方的密码
```

路由器R3设置语句如下。

```
R3_config#aaa authentication ppp default local       ！配置PPP认证方式为本地用户认证
R3_config#username r3pap password papr1r3            ！增加用户名和密码
R3_config_s0/2#encapsulation ppp                     ！封装PPP协议
R3_config_s0/2#ppp authentication pap                ！设定验证方式为PAP
R3_config_s0/2#ppp pap sent-username r3pap password 0 papr1r3
  ！设定发送给对方的用户名和密码
```

10. **路由器** QoS

任务说明：

（1）在R1的F0口上使用自定义排队，编号为3，分类方式interface，包括F0的数据，放入队列2；分类方式protocol，ARP类型，小于10000的长度归于队列3；分类方式protocol，IP类型，TCP类型，80端口，放于队列6；分类方式queue，最大包数为50，发送字节数为40000，放入队列13；分类方式queue，最大包数为200，发送字节数为53000，放入队列4。

路由器R1设置语句如下。

```
R1_config#queue-list 3 interface fastEthernet 0/0 2
  ！创建自定义排队列表3，从F0端口来的包指定优先级别，放入队列2
R1_config#queue-list 3 protocol arp 3 lt 10000
  ！创建自定义排队列表3，使用ARP类型，将小于10000的包放入队列2
R1_config#queue-list 3 protocol ip 6 tcp www
  ！创建自定义排队列表3，使用IP类型，将TCP协议中的80端口放入队列6
R1_config#queue-list 3 queue 13 byte-count 40000 limit 50
  ！创建自定义排队列表3，使用queue类型，设置最大包数为50，
    发送字数为40000，放入队列13
R1_config#queue-list 3 queue 4 byte-count 53000 limit 200
  ！创建自定义排队列表3，使用queue类型，设置最大包数为200，
  发送字数为53000，放入队列4
R1_config_f0/0#custom-queue-list 3
！绑定在F0端口
```

（2）R2、R3的F0启用优先级排队，编号为3，F0的描述为“Link_SV1”，来自PC12的数据获得最大优先级、来自PC22的数据获得次优先级。

路由器 R2 设置语句如下。

```
R2_config#ip access-list standard PC12                    ! 建立标准访问控制列表
R2_config_std_nacl#permit 10.1.3.2 255.255.255.255        ! PC11 所在 IP 段的数据
R2_config#ip access-list standard PC22                    ! 建立标准访问控制列表
R2_config_std_nacl#permit 10.1.4.2 255.255.255.255        ! PC21 所在 IP 段的数据
R2_config#priority-list 3 protocol ip high list PC11      ! PC11 所在 IP 段的数据放入 high
R2_config#priority-list 3 protocol ip middle list PC22    ! PC21 所在 IP 段的数据放入 middle
R2_config_f0/0#description Link-SV1                       ! F0 的端口描述为 Link-SV1
R2_config_f0/0#priority-group 3                           ! 优先级排队 3 应用在 F0 口
```

路由器 R3 设置语句如下。

```
R3_config#ip access-list standard PC12                    ! 建立标准访问控制列表
R3_config_std_nacl#permit 10.1.3.2 255.255.255.255        ! PC11 所在 IP 段的数据
R3_config#ip access-list standard PC22                    ! 建立标准访问控制列表
R3_config_std_nacl#permit 10.1.4.2 255.255.255.255        ! PC21 所在 IP 段的数据
R3_config#priority-list 3 protocol ip high list PC11      ! PC11 所在 IP 段的数据放入 high
R3_config#priority-list 3 protocol ip middle list PC22    ! PC21 所在 IP 段的数据放入 middle
R3_config_f0/0#description Link-SV1                       ! F0 的端口描述为 Link-SV1
R3_config_f0/0#priority-group 3                           ! 优先级排队 3 应用在 F0 口
```

11. 路由器配置 HSRP

任务说明：R2 的 F0 连接 SW2 的 E7，IP 地址 10.1.5.2/24，使用 HSRP 热备份，standby IP 为 10.1.5.1/24，优先级为 200；R3 的 F0 连接 SW2 的 E8，IP 地址 10.1.5.3/24，使用 HSRP 热备份，standby IP 为 10.1.5.1/24，优先级为 195。

路由器 R2 设置语句如下。

```
R2_config_f0/0#ip address 10.1.5.2 255.255.255.0          ! 设置 F0 的 IP 地址
R2_config_f0/0#standby ip 10.1.5.1 255.255.255.0          ! 设置 F0 的 standby IP 为 10.1.5.1
R2_config_f0/0#standby priority 200                       ! 设置优先级为 200
```

路由器 R3 设置语句如下。

```
R3_config_f0/0#ip address 10.1.5.3 255.255.255.0          ! 设置 F0 的 IP 地址
R3_config_f0/0#standby ip 10.1.5.1 255.255.255.0          ! 设置 F0 的 standby IP 为 10.1.5.1
R3_config_f0/0#standby priority 195                       ! 设置优先级为 200
```

说明：

HSRP 类似于服务器 HA 群集，两台或更多的三层设备以同样的方式配置成 Cluster，创建出单个的虚拟路由器，然后客户端将网关指向该虚拟路由器，最后由 HSRP 决定哪个设备为真正的默认网关。

指定的优先级 priority 用于帮助选择主路由器和备份路由器。假定抢占有效，具有最高优先级的路由器就成为指定的活动路由器。万一相等，再比较 IP 地址，有较高 IP 地址的具有优先级。

需要注意的是，如果一个接口配置了 standby track 命令并且被跟踪的接口无效，则设备的优先级可以动态改变。

当一个路由器开始启动时，它没有完整的路由表。如果配置成抢占模式，则其为一个活动的路由器，但还不能提供足够的路由服务。这个问题可以通过配置延迟时间来解决。

在以下例子中，路由器优先级为120（高于默认值），在试图成为主路由器之前将等待300s（5min）。

```
R1_config#Interface ethernet0
R1_config#standby ip 172.19.108.254
R1_config#stanbdy priority 120 preempt delay 300
```

12. OSPF **路由**

任务说明：全网使用OSPF动态路由，R1、R2和R3之间区域为0，接口使用MD5认证，认证密钥为OSPF MD5，认证ID为120，管理距离为1，其他区域为10，全网禁止使用默认路由，保证全网畅通。

路由器R1设置语句如下。

```
R1_config#router ospf 2                                         ！启动OSPF
R1_config_ospf_2#network 10.1.6.0 255.255.255.0 area 0          ！宣告10.1.6.0/24，区域为0
R1_config_ospf_2#network 10.1.7.0 255.255.255.0 area 0          ！宣告10.1.7.0/24，区域为0
R1_config_ospf_2#network 10.1.8.0 255.255.255.0 area 10         ！宣告10.1.8.0/24，区域为10
R1_config_ospf_2#network 10.1.9.3 255.255.255.255 area 0        ！宣告10.1.9.3/32，区域为0
R1_config_ospf_2#area 0 authentication message-digest           ！区域0启动MD5认证协议
R1_config_ospf_2#area 10 authentication message-digest          ！区域10启动MD5认证协议
R1_config_ospf_2#distance 1                                     ！设置OSPF管理距离为1
R1_config_f0/0#ip ospf authentication message-digest            ！设置F0端口以MD5方式验证
R1_config_f0/0#ip ospf message-digest-key 120 md5 OSPFMD5
     ！设置F0端口的认证ID和密钥
R1_config_s0/1#ip ospf authentication message-digest            ！设置S1端口以MD5方式验证
R1_config_s0/1#ip ospf message-digest-key 120 md5 OSPFMD5
  ！设置S1端口的认证ID和密钥
R1_config_s0/2#ip ospf authentication message-digest            ！设置S2端口以MD5方式验证
R1_config_s0/2#ip ospf message-digest-key 120 md5 OSPFMD5
     ！设置S2端口的认证ID和密钥
```

路由器R2设置语句如下。

```
R2_config#router ospf 2                                         ！启动OSPF
R2_config_ospf_2#network 10.1.5.0 255.255.255.0 area 10         ！宣告10.1.5.0/24，区域为10
R2_config_ospf_2#network 10.1.7.0 255.255.255.0 area 0          ！宣告10.1.7.0/24，区域为0
R2_config_ospf_2#network 10.1.9.4 255.255.255.255 area 0        ！宣告10.1.9.4/32，区域为0
R2_config_ospf_2#area 0 authentication message-digest           ！区域0启动MD5认证协议
R2_config_ospf_2#area 10 authentication message-digest          ！区域10启动MD5认证协议
R2_config_ospf_2#distance 1                                     ！设置OSPF管理距离为1
R2_config_f0/0#ip ospf authentication message-digest            ！设置F0端口以MD5方式验证
R2_config_f0/0#ip ospf message-digest-key 120 md5 OSPFMD5
     ！设置F0端口的认证ID和密钥
R2_config_s0/1#ip ospf authentication message-digest            ！设置S1端口以MD5方式验证
R2_config_s0/1#ip ospf message-digest-key 120 md5 OSPFMD5
```

```
        ! 设置 S1 端口的认证 ID 和密钥
```

路由器 R3 设置语句如下。

```
R3_config#router ospf 2                                         ! 启动 OSPF
R3_config_ospf_2#network 10.1.6.0 255.255.255.0 area 0          ! 宣告 10.1.6.0/24，区域为 0
R3_config_ospf_2#network 10.1.9.5 255.255.255.255 area 0        ! 宣告 10.1.9.5/32，区域为 0
R3_config_ospf_2#network 10.1.5.0 255.255.255.0 area 10         ! 宣告 10.1.5.0/24，区域为 10
R3_config_ospf_2#area 0 authentication message-digest           ! 区域 0 启动 MD5 认证协议
R3_config_ospf_2#area 10 authentication message-digest          ! 区域 10 启动 MD5 认证协议
R3_config_ospf_2#distance 1                                     ! 设置 OSPF 管理距离为 1
R3_config_f0/0#ip ospf authentication message-digest            ! 设置 F0 端口以 MD5 方式验证
R3_config_f0/0#ip ospf message-digest-key 120 md5 OSPFMD5
        ! 设置 F0 端口的认证 ID 和密钥
R3_config_s0/2#ip ospf authentication message-digest            ! 设置 S2 端口以 MD5 方式验证
R3_config_s0/2#ip ospf message-digest-key 120 md5 OSPFMD5
        ! 设置 S2 端口的认证 ID 和密钥
```

13. **防火墙配置**

任务说明：配置防火墙，使内网 192.168.1.0/24 网段可以访问 Internet。

步骤 1：配置接口。

① 通过防火墙默认 eth0 接口地址 192.168.1.1 登录到防火墙并进行接口的配置。

② 通过 WebUI 登录防火墙，如图 4-3 所示。

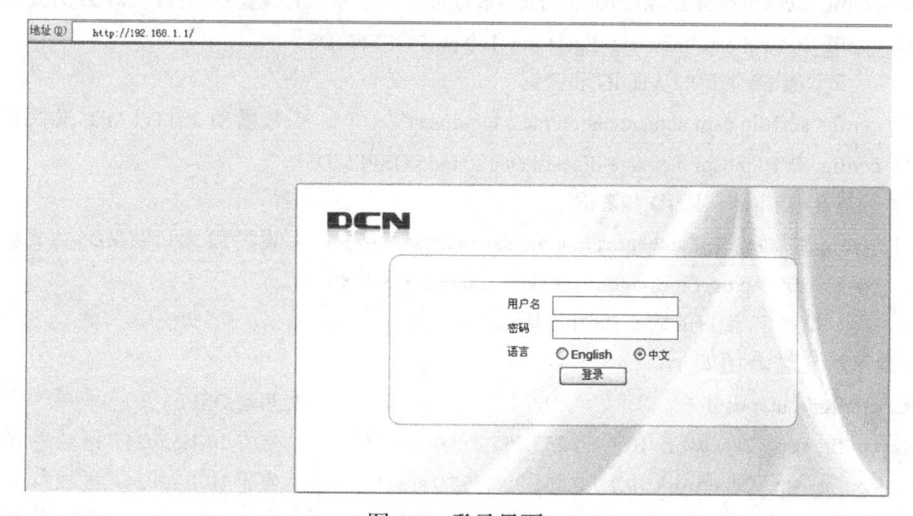

图 4-3 登录界面

③ 输入默认用户名 admin，密码 admin，单击“登录”按钮，配置外网接口地址，内网 IP 地址使用默认值即可，如图 4-4 所示。

步骤 2：添加路由。

添加到外网的默认路由，在目的路由中新建路由条目，添加下一跳地址，如图 4-5 所示。

步骤 3：添加 SNAT 策略。

在“防火墙”→“NAT”→“SNAT”中添加源 NAT 策略，如图 4-6 所示。

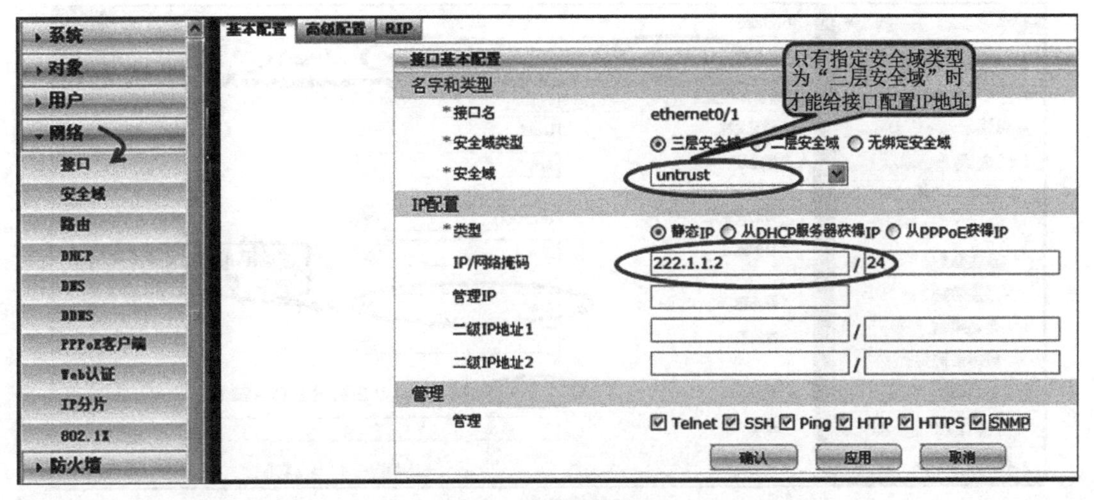

图 4-4　配置网络接口

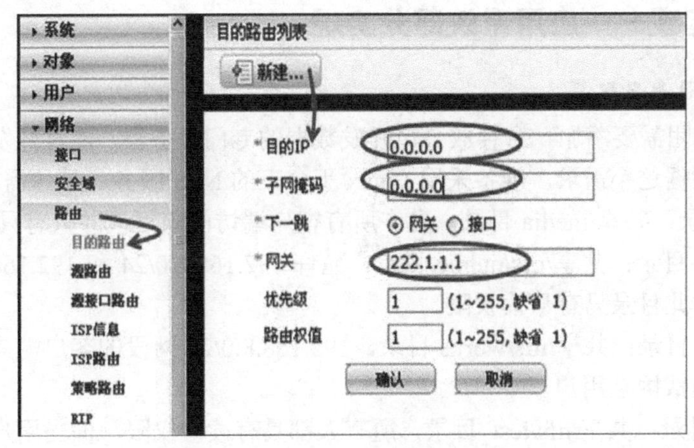

图 4-5　添加路由

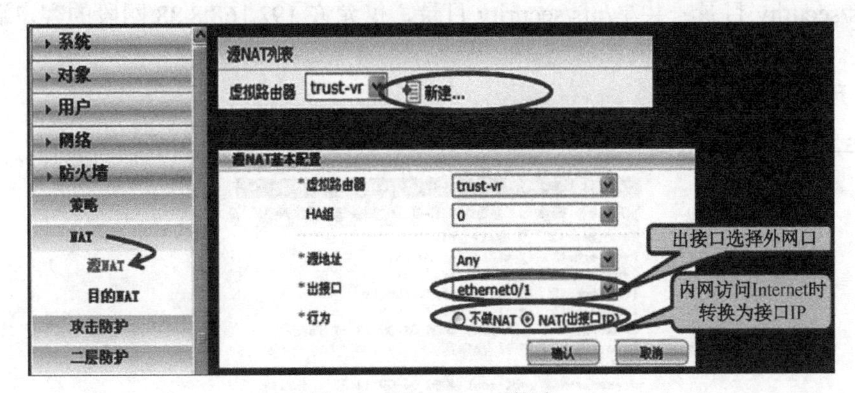

图 4-6　添加 SNAT 策略

步骤 4：添加安全策略，如图 4-7 所示。

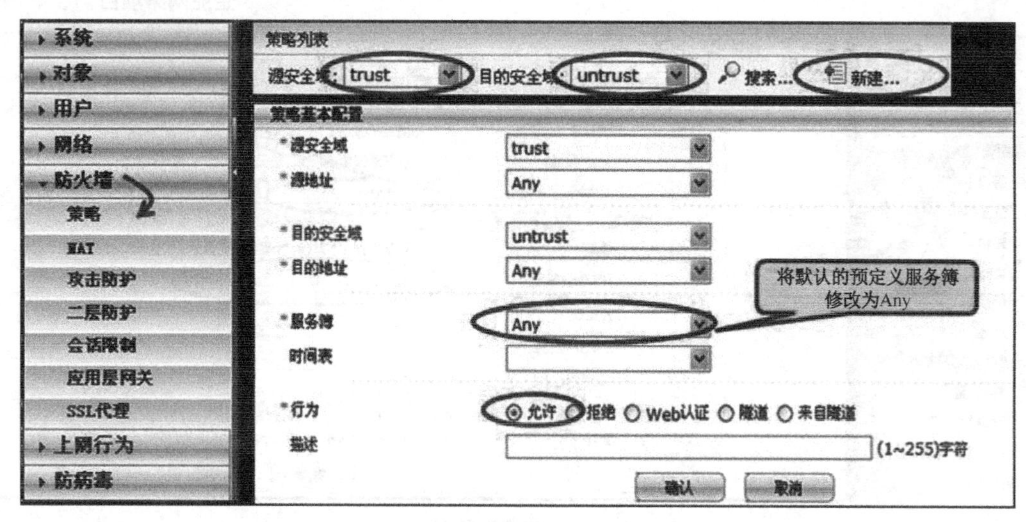

图 4-7　添加安全策略

项目实现——应用系统部分实现

1. NFS 服务服务器配置

需求说明：集团需要添加一台存放公司开发数据的专门服务器，能对开发部门的用户提供文件共享服务，根据这个需求，准备采用 Linux 平台下的 NFS 服务，具体需求分析如下。

① /media 目录：共享/media 目录，允许所有客户端访问该目录并只有只读权限。

② /nfs/public 目录：共享/nfs/public 目录，允许 192.168.8.0/24 和 192.168.9.0/24 网段的客户端访问，并且对此目录只有只读权限。

③ /nfs/works 目录：共享/nfs/works 目录，192.168.8.0/24 网段的客户端具有只读权限，并且将 root 用户映射成匿名用户。

④ /nfs/test 目录：共享/nfs/test 目录，所有人都具有读写权限，但当用户使用该共享目录时都将账号映射成匿名用户，并且指定匿名用户的 UID 和 GID 为 65534。

⑤ /nfs/security 目录：共享/nfs/security 目录，仅允许 192.168.8.88 网段的客户端访问并具有读写权限。

具体实现如下。

步骤 1： 创建相应目录，如图 4-8 所示。

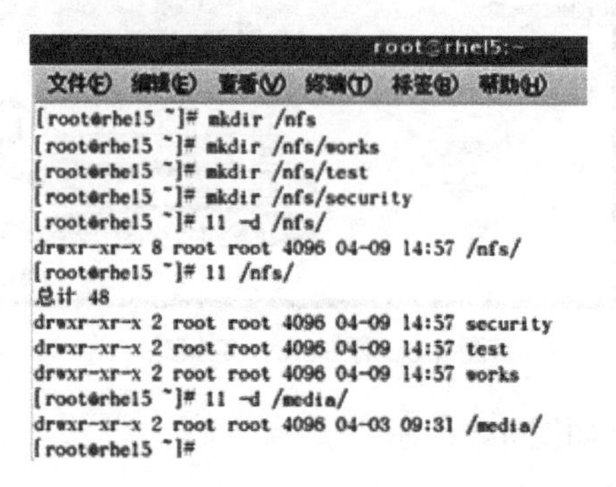

图 4-8　创建目录

<u>**步骤 2：**</u>安装 nfs-utils 及 portmap 软件包，如图 4-9 所示。

nfs-utils-1.0.9-24.el5：NFS 服务的主程序包，它提供 rpc.nfsd、rpc.mountd 及相关的说明文件。

portmap-4.0-65.2.2.1：RPC 主程序，记录服务的端口映射信息。

<u>**步骤 3：**</u>编辑/etc/exports 配置文件，如图 4-10 所示。

/etc/exports：NFS 服务的主配置文件。

```
vim /etc/exports
```

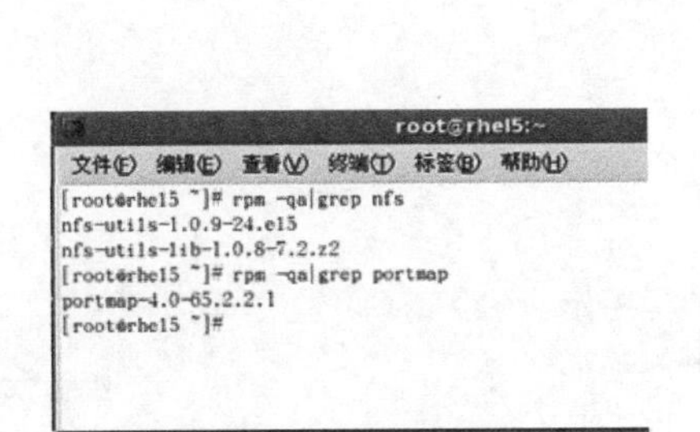

图 4-9　安装软件包

图 4-10　编辑配置文件

配置完成后如图 4-11 所示。

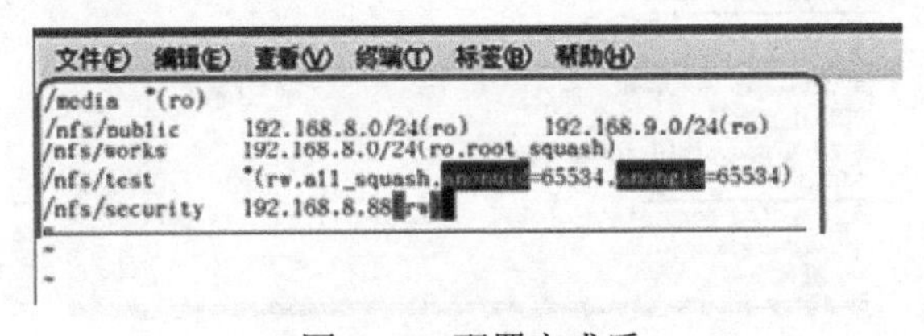

图 4-11　配置完成后

注意：在发布共享目录的格式中除了共享目录是必要参数之外，其他参数都是可选的。共享目录与客户端之间及客户端与客户端之间需要使用空格符号，但是客户端与参数之间是不能有空格的，如图 4-12 所示。

图 4-12　示例

步骤 4： 配置 NFS 固定端口。

```
vim /etc/sysconfig/nfs
```

自定义以下端口，但不能和其他端口冲突，如图 4-13 所示。

```
RQUOTAD_PORT=5001
LOCKD_TCPPORT=5002
LOCKD_UDPPORT=5002
MOUNTD_PORT=5003
STATD_PORT=5004
```

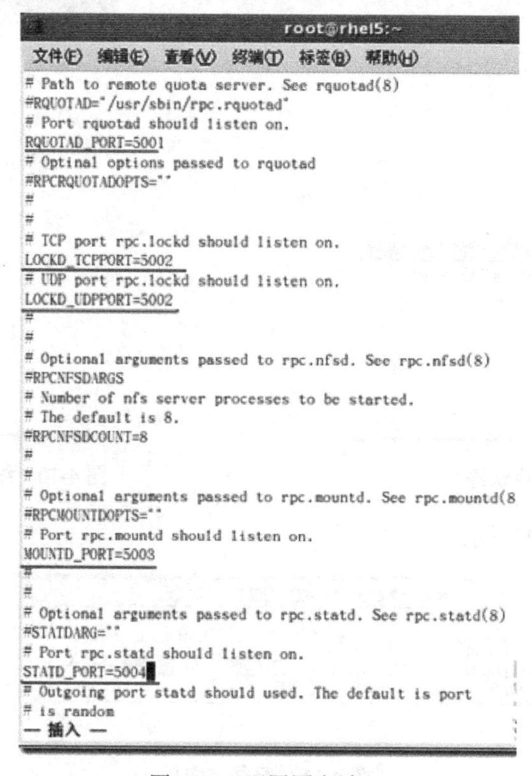

图 4-13　配置固定端口

步骤 5： 配置 iptables 策略，如图 4-14 所示。

```
iptables -P INPUT -j DROP
iptables -A INPUT -i lo -j ACCEPT
iptables -A INPUT -p tcp -m multiport --dport 111,2049 -j ACCEPT
iptables -A INPUT -p udp -m multiport --dport 111,2049 -j ACCEPT
iptables -A INPUT -p tcp --dport 5001:5004 -j ACCEPT
iptables -A INPUT -p udp --dport 5001:5004 -j ACCEPT
service iptables save
```

步骤 6： 启动 portmap 和 NFS 服务，如图 4-15 所示。

由于 NFS 服务是基于 portmap 服务的，因此需要先启用 portmap 服务。

```
service portmap restart
service nfs restart
```

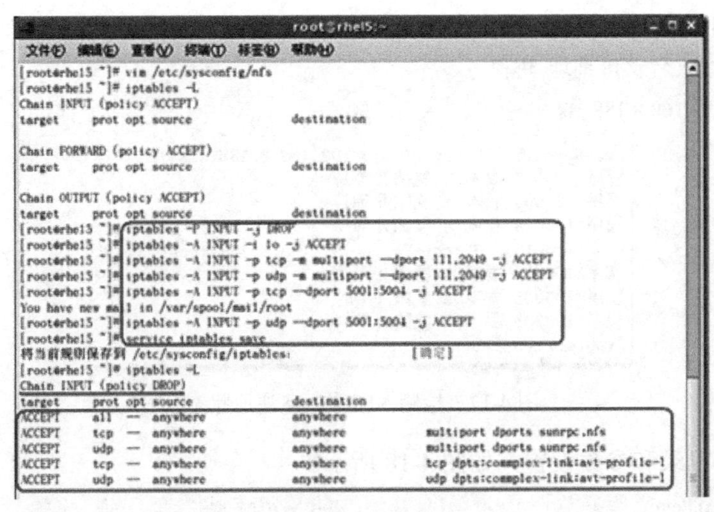

图 4-14　配置策略

```
[root@rhel5 ~]# vim /etc/exports
[root@rhel5 ~]# service portmap restart
停止 portmap:                                    [确定]
启动 portmap:                                    [确定]
[root@rhel5 ~]# service nfs restart
关闭 NFS mountd:                                 [失败]
关闭 NFS 守护进程:                               [失败]
关闭 NFS quotas:                                 [失败]
关闭 NFS 服务:                                   [失败]
启动 NFS 服务:                                   [确定]
关掉 NFS 配额:                                   [确定]
启动 NFS 守护进程:                               [确定]
启动 NFS mountd:                                 [确定]
[root@rhel5 ~]# chkconfig --level 3 nfs on
[root@rhel5 ~]# chkconfig --list |grep nfs
```

图 4-15　启用服务

<u>步骤 7：</u>测试。

① 使用 rpcinfo 命令检测 NFS 是否使用了固定端口，如图 4-16 所示。

```
rpcinfo -p
```

```
[root@rhel5 ~]# rpcinfo -p
   程序 版本 协议   端口
    100000    2   tcp    111  portmapper
    100000    2   udp    111  portmapper
    100011    1   udp   5001  rquotad
    100011    2   udp   5001  rquotad
    100011    1   tcp   5001  rquotad
    100011    2   tcp   5001  rquotad
    100003    2   udp   2049  nfs
    100003    3   udp   2049  nfs
    100003    4   udp   2049  nfs
    100021    1   udp   5002  nlockmgr
    100021    3   udp   5002  nlockmgr
    100021    4   udp   5002  nlockmgr
    100021    1   tcp   5002  nlockmgr
    100021    3   tcp   5002  nlockmgr
    100021    4   tcp   5002  nlockmgr
    100003    2   tcp   2049  nfs
    100003    3   tcp   2049  nfs
    100003    4   tcp   2049  nfs
    100005    1   udp   5003  mountd
    100005    1   tcp   5003  mountd
    100005    2   udp   5003  mountd
    100005    2   tcp   5003  mountd
    100005    3   udp   5003  mountd
    100005    3   tcp   5003  mountd
[root@rhel5 ~]#
```

图 4-16　检测 NFS 是否使用了固定端口

② 检测 NFS 的 rpc 注册状态，如图 4-17 所示。

```
rpcinfo -u 主机名或 IP 地址 进程
rpcinfo -u 192.168.8.188 nfs
```

```
[root@rhel5 ~]# rpcinfo -u 192.168.8.188 nfs
程序 100003 版本 2 就绪并等待
程序 100003 版本 3 就绪并等待
程序 100003 版本 4 就绪并等待
[root@rhel5 ~]# rpcinfo -u 192.168.8.188 mount
程序 100005 版本 1 就绪并等待
程序 100005 版本 2 就绪并等待
程序 100005 版本 3 就绪并等待
[root@rhel5 ~]#
```

图 4-17 检测 NFS 的 rpc 注册状态

③ 查看共享目录和参数设置，如图 4-18 所示。

```
cat /var/lib/nfs/etab
```

```
[root@rhel5 ~]# cat /var/lib/nfs/etab
/nfs/security   192.168.8.88(rw,sync,wdelay,hide,nocrossmnt,secure,root_squash,no_all_squash,no_subtree_check,s
ecure_locks,acl,mapping=identity,anonuid=65534,anongid=65534)
/nfs/public     192.168.8.0/24(ro,sync,wdelay,hide,nocrossmnt,secure,root_squash,no_all_squash,no_subtree_check
,secure_locks,acl,mapping=identity,anonuid=65534,anongid=65534)
/nfs/public     192.168.9.0/24(ro,sync,wdelay,hide,nocrossmnt,secure,root_squash,no_all_squash,no_subtree_check
,secure_locks,acl,mapping=identity,anonuid=65534,anongid=65534)
/nfs/works      192.168.8.0/24(ro,sync,wdelay,hide,nocrossmnt,secure,root_squash,no_all_squash,no_subtree_check
,secure_locks,acl,mapping=identity,anonuid=65534,anongid=65534)
/nfs/team1      *.team1.michael.com(rw,sync,wdelay,hide,nocrossmnt,secure,root_squash,no_all_squash,no_subtree_
check,secure_locks,acl,mapping=identity,anonuid=65534,anongid=65534)
/nfs/team2      *.team2.michael.com(rw,sync,wdelay,hide,nocrossmnt,secure,root_squash,no_all_squash,no_subtree_
check,secure_locks,acl,mapping=identity,anonuid=65534,anongid=65534)
/nfs/team3      *.team3.michael.com(rw,sync,wdelay,hide,nocrossmnt,secure,root_squash,no_all_squash,no_subtree_
check,secure_locks,acl,mapping=identity,anonuid=65534,anongid=65534)
/nfs/test       *(rw,sync,wdelay,hide,nocrossmnt,secure,root_squash,all_squash,no_subtree_check,secure_locks,ac
l,mapping=identity,anonuid=65534,anongid=65534)
/media  *(ro,sync,wdelay,hide,nocrossmnt,secure,root_squash,no_all_squash,no_subtree_check,secure_locks,acl,map
ping=identity,anonuid=65534,anongid=65534)
[root@rhel5 ~]#
```

图 4-18 查看共享目录和参数设置

④ 使用 showmount 命令查看共享目录发布及使用情况，如图 4-19 和图 4-20 所示。

```
showmount -e 或 showmount -e IP 地址
```

```
[root@rhel5 ~]# showmount -e
Export list for rhel5.wanxuan.com:
/media        *
/nfs/test     *
/nfs/works    192.168.8.0/24
/nfs/public   192.168.9.0/24,192.168.8.0/24
/nfs/security 192.168.8.88
[root@rhel5 ~]# showmount -e 192.168.8.188
Export list for 192.168.8.188:
/media        *
/nfs/test     *
/nfs/works    192.168.8.0/24
/nfs/public   192.168.9.0/24,192.168.8.0/24
/nfs/security 192.168.8.88
[root@rhel5 ~]#
```

图 4-19 查看共享目录发布情况

```
showmount -d 或者 showmount -d IP 地址
```

```
[root@rhel5 ~]# showmount -d
Directories on rhel5.wanxuan.com:
/media
/nfs/test
[root@rhel5 ~]# showmount -d 192.168.8.188
Directories on 192.168.8.188:
/media
/nfs/test
[root@rhel5 ~]#
```

图 4-20 查看共享目录使用情况

<u>**步骤 8：**</u> Linux 客户端测试。

① 查看 EO 端口配置情况，如图 4-21 所示。

```
[root@localhost ~]# ifconfig eth0
eth0      Link encap:Ethernet  HWaddr 00:0C:29:D0:24:62
          inet addr:192.168.8.186  Bcast:192.168.8.255  Mask:255.255.255.0
          inet6 addr: fe80::20c:29ff:fed0:2462/64 Scope:Link
          UP BROADCAST RUNNING MULTICAST  MTU:1500  Metric:1
          RX packets:1351 errors:0 dropped:0 overruns:0 frame:0
          TX packets:100 errors:0 dropped:0 overruns:0 carrier:0
          collisions:0 txqueuelen:1000
          RX bytes:108224 (105.6 KiB)  TX bytes:15184 (14.8 KiB)
          Interrupt:67 Base address:0x2024

[root@localhost ~]#
```

图 4-21 查看 EO 端口配置情况

② 查看 NFS 服务器共享目录，如图 4-22 所示。

```
showmount -e 192.168.8.188
```

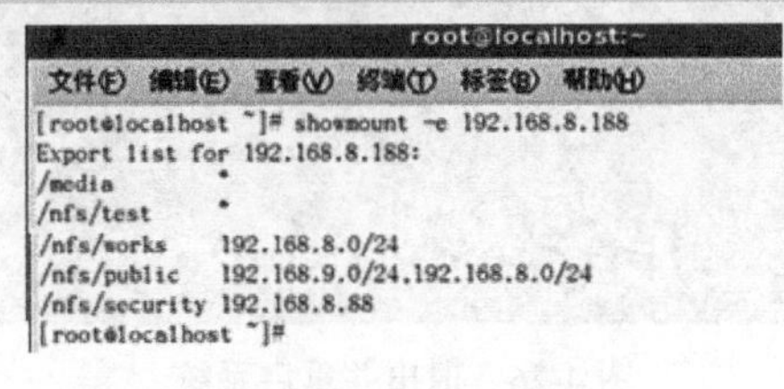

图 4-22 查看共享目录

③ 挂载及卸载 NFS 文件系统，如图 4-23 所示。

```
mount -t nfs NFS 服务器 IP 地址或主机名：共享名 本地挂载点
```

```
[root@localhost ~]# mount -t nfs 192.168.8.188:/media /mnt/media/
[root@localhost ~]# mount -t nfs 192.168.8.188:/nfs/works /mnt/nfs
[root@localhost ~]# umount /mnt/media/
[root@localhost ~]# umount /mnt/nfs/
[root@localhost ~]#
```

图 4-23 挂载及卸载 NFS 文件系统

如果想挂载一个没有权限访问的 NFS 共享目录，则会报错，如图 4-24 所示。

```
[root@localhost ~]# mount -t nfs 192.168.8.188:/nfs/security /mnt/nfs
mount: 192.168.8.188:/nfs/security failed, reason given by server: Permission de
nied
[root@localhost ~]#
```

图 4-24 报错

④ 启动自动挂载 NFS 文件系统，如图 4-25 所示。

```
vim /etc/fstab
```

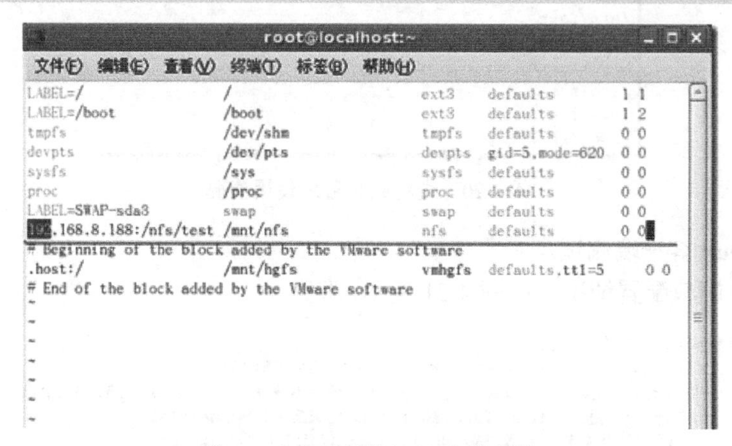

```
LABEL=/                  /            ext3    defaults          1 1
LABEL=/boot              /boot        ext3    defaults          1 2
tmpfs                    /dev/shm     tmpfs   defaults          0 0
devpts                   /dev/pts     devpts  gid=5,mode=620    0 0
sysfs                    /sys         sysfs   defaults          0 0
proc                     /proc        proc    defaults          0 0
LABEL=SWAP-sda3          swap         swap    defaults          0 0
192.168.8.188:/nfs/test  /mnt/nfs     nfs     defaults          0 0
# Beginning of the block added by the VMware software
.host:/                  /mnt/hgfs    vmhgfs  defaults,ttl=5    0 0
# End of the block added by the VMware software
```

图 4-25　自动挂载 NFS 文件系统

保存文件，退出并重启系统，如图 4-26 所示。

```
Stopping cups:                                             [  OK  ]
Stopping hpiod:                                            [  OK  ]
Stopping hpssd:                                            [  OK  ]
Shutting down xfs:                                         [  OK  ]
Shutting down console mouse services:                      [  OK  ]
Stopping sshd:                                             [  OK  ]
Shutting down sm-client:                                   [  OK  ]
Shutting down sendmail:                                    [  OK  ]
Stopping acpi daemon:                                      [  OK  ]
Stopping crond:                                            [  OK  ]
Stopping autofs:  Stopping automount:                      [  OK  ]
                                                           [  OK  ]
Stopping system message bus:                               [  OK  ]
Stopping RPC idmapd:                                       [  OK  ]
Stopping NFS statd:                                        [  OK  ]
Stopping portmap:                                          [  OK  ]
Stopping auditd: audit(1239266698.346:20): audit_pid=0 old=2375 by auid=42949672
95
```

图 4-26　退出并重启系统

在 NFS 服务器的/nfs/test 目录中新建文件进行测试，如图 4-27 所示。

```
[root@rhel5 ~]# ll /nfs/
总计 48
drwxr-xr-x 2 root root 4096 04-09 14:57 security
drwxr-xr-x 2 root root 4096 04-09 14:57 test
drwxr-xr-x 2 root root 4096 04-09 14:57 works
[root@rhel5 ~]# ll /nfs/test/
总计 0
[root@rhel5 ~]# touch /nfs/test/test_fstab.txt
[root@rhel5 ~]# ll /nfs/test/
总计 4
-rw-r--r-- 1 root root 0 04-09 16:46 test_fstab.txt
[root@rhel5 ~]#
```

图 4-27　测试

发现 Linux 客户端系统重新启动了，如图 4-28 所示。
查看/nfs/test 有没有挂载成功，如果挂载成功就显示目录内容，如图 4-29 所示。

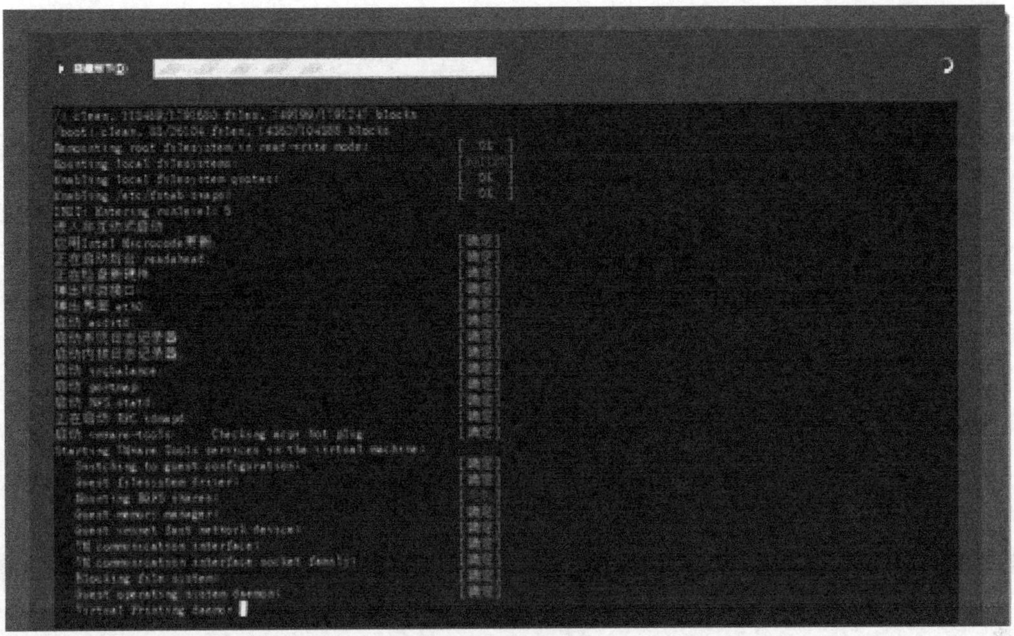

图 4-28 系统重启

```
[root@localhost ~]# ll /mnt/nfs/
总计 4
-rw-r--r-- 1 root root 0 04-09 16:46 test_fstab.txt
[root@localhost ~]#
```

图 4-29 挂载结果

2. 邮件服务器系统配置

前文叙述了邮件服务系统的需求分析：建立一台电子邮件服务器，为公司内部员工提供邮件服务。

局域网网段：192.168.8.0/24。

企业域名：redking.com。

DNS 及 Sendmail 服务器地址：192.168.8.1。

由于公司申请了域名，因此希望通过域名来访问公司的主机和服务器。

在 Linux 平台上有一款很优秀的邮件服务软件——Sendmail，现在使用它来搭建邮件服务器。

Sendmail 服务是与 DNS 服务结合相当紧密的服务，所以在配置 Sendmail 之前，需要设置并调试好 DNS 服务器，DNS 配置中设置 MX 资源记录并指定邮件服务器地址。

步骤 1：配置 DNS 主配置文件 named.conf，如图 4-30 所示。

步骤 2：配置 redking.com 区域文件。

使用 MX 记录设置邮件服务器，否则 Sendmail 无法正常工作，如图 4-31 所示。

步骤 3：配置 redking.com 反向区域文件，如图 4-32 所示。

步骤 4：修改 DNS 域名解析的配置文件，如图 4-33 所示。

```
root@rhel5:~
文件(F) 编辑(E) 查看(V) 终端(T) 标签(B) 帮助(H)
options {
        directory "/var/named";
};
zone "." IN {
        type hint;
        file "named.root";
};
zone "redking.com" IN {
        type master;
        file "redking.com.zone";
};
zone "8.168.192.in-addr.arpa" IN {
        type master;
        file "8.168.192.in-addr.arpa.zone";
};
"/etc/named.conf" 15L, 250C
```

图 4-30　设置主配置文件

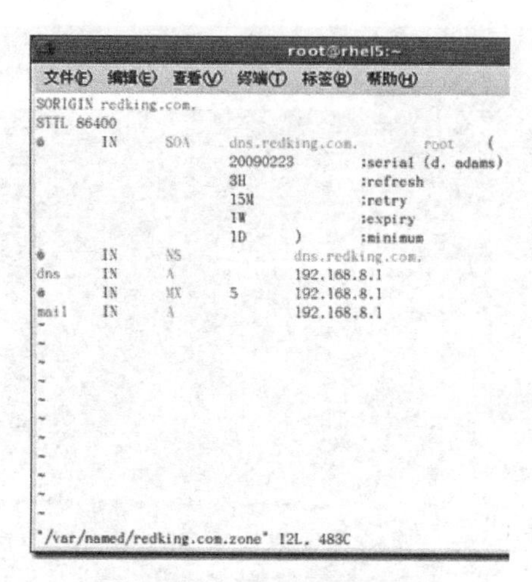

```
root@rhel5:~
文件(F) 编辑(E) 查看(V) 终端(T) 标签(B) 帮助(H)
$ORIGIN redking.com.
$TTL 86400
@       IN      SOA     dns.redking.com.        root    (
                        20090223        ;serial (d. adams)
                        3H              ;refresh
                        15M             ;retry
                        1W              ;expiry
                        1D      )       ;minimum
@       IN      NS              dns.redking.com.
dns     IN      A               192.168.8.1
@       IN      MX      5       192.168.8.1
mail    IN      A               192.168.8.1
"/var/named/redking.com.zone" 12L, 483C
```

图 4-31　配置区域文件

```
root@rhel5:~
文件(F) 编辑(E) 查看(V) 终端(T) 标签(B) 帮助(H)
$TTL 86400
@       IN      SOA     1.8.168.192.in-addr.arpa.       root    (
                        20090223        ;Serial (d. adams)
                        3H              ;Refresh
                        15M             ;Retry
                        1W              ;Expiry
                        1D      )       ;Minimum
@       IN      NS              dns.redking.com.
1       IN      PTR             dns.redking.com.
@       IN      MX      5       mail.redking.com.
1       IN      PTR             mail.redking.com.
"/var/named/8.168.192.in-addr.arpa.zone" 12L, 528C
```

图 4-32　配置反向区域文件

```
root@rhel5:~
文件(F) 编辑(E) 查看(V) 终端(T) 标签(B) 帮助(H)
nameserver 192.168.8.1
```

图 4-33　修改域名解析的配置文件

<u>**步骤 5：**</u>重启 named 服务使配置生效，如图 4-34 所示。

```
[root@rhel5 ~]# service named restart
停止 named:                                                [确定]
启动 named:                                                [确定]
[root@rhel5 ~]# tail /var/log/messages
Feb 27 13:44:59 rhel5 named[4411]: listening on IPv4 interface eth0, 192.168.8.1#53
Feb 27 13:44:59 rhel5 named[4411]: listening on IPv4 interface virbr0, 192.168.122.1#53
Feb 27 13:44:59 rhel5 named[4411]: binding TCP socket: address in use
Feb 27 13:44:59 rhel5 named[4411]: command channel listening on 127.0.0.1#953
Feb 27 13:44:59 rhel5 named[4411]: command channel listening on ::1#953
Feb 27 13:44:59 rhel5 named[4411]: zone 8.168.192.in-addr.arpa/IN: loaded serial 20090223
Feb 27 13:44:59 rhel5 named[4411]: zone redking.com/IN: loaded serial 20090223
Feb 27 13:44:59 rhel5 named[4411]: running
Feb 27 13:44:59 rhel5 named[4411]: zone 8.168.192.in-addr.arpa/IN: sending notifies (serial 20090223)
Feb 27 13:44:59 rhel5 named[4411]: client 192.168.8.1#32776: received notify for zone '8.168.192.in-add
r.arpa'
[root@rhel5 ~]#
```

图 4-34　重启服务

<u>**步骤 6：**</u>安装 Sendmail 软件包。

RHEL5 默认安装 sendmail-8.13.8-2.el5 及 m4-1.4.5-3.el5.1 软件包，这里只要安装 sendmail-cf-8.13.8-2.el5 宏文件包即可，如图 4-35 所示。

<u>**步骤 7：**</u>编辑 sendmail.mc，修改 SMTP 侦听网段范围。

配置邮件服务器需要更改 IP 地址为公司内部网段或者 0.0.0.0，这样可以扩大侦听范围（通常设置成 0.0.0.0），否则邮件服务器无法正常发送邮件。

配置文件为 vim /etc/mail/sendmail.mc。

```
[root@rhel5 ~]# rpm -qa |grep sendmail
sendmail-8.13.8-2.el5
[root@rhel5 ~]# rpm -ivh /mnt/cdrom/Server/sendmail-cf-8.13.8-2.el5.i386.rpm
Preparing...                ########################################### [100%]
   1:sendmail-cf            ########################################### [100%]
[root@rhel5 ~]# rpm -qa |grep sendmail
sendmail-cf-8.13.8-2.el5
sendmail-8.13.8-2.el5
[root@rhel5 ~]# rpm -qa |grep m4
m4-1.4.5-3.el5.1
[root@rhel5 ~]#
```

图 4-35　安装软件包

将第 116 行的 SMTP 侦听范围从 127.0.0.1 改为 0.0.0.0，如图 4-26 所示。

```
root@rhel5:~
文件(F) 编辑(E) 查看(V) 终端(T) 标签(B) 帮助(H)
FEATURE(local_procmail, `', `procmail -t -Y -a $h -d $u')dnl
FEATURE(`access_db', `hash -T<TMPF> -o /etc/mail/access.db')dnl
FEATURE(`blacklist_recipients')dnl
EXPOSED_USER(`root')dnl
dnl #
dnl # For using Cyrus-IMAPd as POP3/IMAP server through LMTP delivery uncomment
dnl # the following 2 definitions and activate below in the MAILER section the
dnl # cyrusv2 mailer.
dnl #
dnl define(`confLOCAL_MAILER', `cyrusv2')dnl
dnl define(`CYRUSV2_MAILER_ARGS', `FILE /var/lib/imap/socket/lmtp')dnl
dnl #
dnl # The following causes sendmail to only listen on the IPv4 loopback address
dnl # 127.0.0.1 and not on any other network devices. Remove the loopback
dnl # address restriction to accept email from the internet or intranet.
dnl #
DAEMON_OPTIONS(`Port=smtp,Addr=0.0.0.0, Name=MTA')dnl
dnl #
dnl # The following causes sendmail to additionally listen to port 587 for
```

图 4-36　修改侦听范围

将第 155 行修改成自己的域，如 LOCAL_DOMAIN('redking.com')dnl，如图 4-37 所示。

```
root@rhel5:~
文件(F) 编辑(E) 查看(V) 终端(T) 标签(B) 帮助(H)
dnl DAEMON_OPTIONS(`Name=MTA-v4, Family=inet, Name=MTA-v6, Family=inet6')
dnl #
dnl # We strongly recommend not accepting unresolvable domains if you want to
dnl # protect yourself from spam. However, the laptop and users on computers
dnl # that do not have 24x7 DNS do need this.
dnl #
FEATURE(`accept_unresolvable_domains')dnl
dnl #
dnl FEATURE(`relay_based_on_MX')dnl
dnl #
dnl # Also accept email sent to "localhost.localdomain" as local email.
dnl #
LOCAL_DOMAIN(`redking.com')dnl
dnl #
dnl # The following example makes mail from this host and any additional
dnl # specified domains appear to be sent from mydomain.com
dnl #
dnl MASQUERADE_AS(`mydomain.com')dnl
dnl #
dnl # masquerade not just the headers, but the envelope as well
dnl #
```

图 4-37　修改自己的域

使用 m4 命令生成 sendmail.cf 文件，其实 sendmail.mc 就是一个模板文件，如图 4-38 所示。

```
m4 /etc/mail/sendmail.mc > /etc/mail/sendmail.cf
```

```
[root@rhel5 ~]# m4 /etc/mail/sendmail.mc > /etc/mail/sendmail.cf
[root@rhel5 ~]#
```

图 4-38　生成文件

步骤 8： 修改 local-host-names 文件，添加域名及主机名，如图 4-39 所示。

```
vim /etc/mail/local-host-names
```

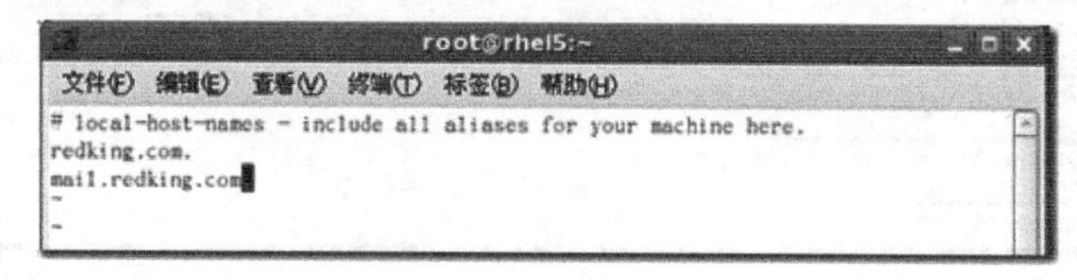

图 4-39 修改文件并添加域名及主机名

步骤 9： 安装 Dovecot 软件包（POP3 和 IMAP）。

Sendmail 服务器基本配置完成后，Mail Server 就可以完成邮件发送工作了，如果需要使用 POP3 和 IMAP 协议接收邮件，则需要安装 Dovecot 软件包。在 RHEL5 中 Dovecot 整合了 IMAP。

安装 Dovecot 软件包要解决其依赖性，安装 per-DBI-1.52-1.fc6.i386.rpm 和 mysql-5.0.22-2.1.0.1.i386.rpm，如图 4-40 所示。

```
[root@rhel5 ~]# rpm -ivh /mnt/cdrom/Server/dovecot-1.0-1.2.rc15.el5.i386.rpm
error: Failed dependencies:
        libmysqlclient.so.15 is needed by dovecot-1.0-1.2.rc15.el5.i386
        libmysqlclient.so.15(libmysqlclient_15) is needed by dovecot-1.0-1.2.rc15.el5.i386
[root@rhel5 ~]# rpm -ivh /mnt/cdrom/Server/perl-DBI-1.52-1.fc6.i386.rpm
Preparing...                ########################################### [100%]
   1:perl-DBI               ########################################### [100%]
You have new mail in /var/spool/mail/root
[root@rhel5 ~]# rpm -ivh /mnt/cdrom/Server/mysql-5.0.22-2.1.0.1.i386.rpm
Preparing...                ########################################### [100%]
   1:mysql                  ########################################### [100%]
[root@rhel5 ~]# rpm -ivh /mnt/cdrom/Server/dovecot-1.0-1.2.rc15.el5.i386.rpm
Preparing...                ########################################### [100%]
   1:dovecot                ########################################### [100%]
[root@rhel5 ~]#
```

图 4-40 安装软件包

步骤 10： 启动 Sendmail 服务。

使用 service sendmail restart 和 service dovecot restart 命令启动 Sendmail 和 Dovecot 服务,如果每次开机时自动启动，可以使用 chkconfig 命令修改，如图 4-41 所示。

```
[root@rhel5 ~]# service sendmail restart
关闭 sm-client:                                            [确定]
关闭 sendmail:                                             [确定]
启动 sendmail:                                             [确定]
启动 sm-client:                                            [确定]
[root@rhel5 ~]# service dovecot start
启动 Dovecot Imap:                                         [确定]
[root@rhel5 ~]#
```

图 4-41 启动服务

步骤 11： 测试端口。

使用 netstat 命令测试是否开启 SMTP 的 25 端口、POP3 的 110 端口及 IMAP 的 143 端口，如图 4-42 所示。

也可以使用 netstat –ntla 进行测试，如图 4-43 所示。

步骤 12： 验证 Sendmail 的 SMTP 认证功能。

在 telnet localhost 25 后输入 ehlo localhost，验证 Sendmail 的 SMTP 认证功能，如图 4-44～图 4-46 所示。

```
telnet localhost 110
```

telnet mail.redking.com 25

telnet mail.redking.com 110

```
[root@rhel5 ~]# netstat -an |grep 25
tcp        0      0 0.0.0.0:25                  0.0.0.0:*                   LISTEN
unix  2      [ ACC ]     STREAM     LISTENING     10025  @/tmp/fam-root-
unix  25     [ ]         DGRAM                    5513   /dev/log
unix  3      [ ]         STREAM     CONNECTED     57025
unix  3      [ ]         STREAM     CONNECTED     10125
unix  3      [ ]         STREAM     CONNECTED     9825   /tmp/.ICE-unix/2889
unix  2      [ ]         DGRAM                    7125
[root@rhel5 ~]# netstat -an |grep 110
tcp        0      0 :::110                      :::*                        LISTEN
[root@rhel5 ~]# netstat -an |grep 143
tcp        0      0 :::143                      :::*                        LISTEN
unix  3      [ ]         STREAM     CONNECTED     10143
unix  3      [ ]         STREAM     CONNECTED     6143
[root@rhel5 ~]#
```

图 4-42　测试端口（一）

```
root@rhel5:~
文件(F) 编辑(E) 查看(V) 终端(T) 标签(B) 帮助(H)
[root@rhel5 ~]# netstat -ntla
Active Internet connections (servers and established)
Proto Recv-Q Send-Q Local Address               Foreign Address             State
tcp        0      0 127.0.0.1:2208              0.0.0.0:*                   LISTEN
tcp        0      0 0.0.0.0:843                 0.0.0.0:*                   LISTEN
tcp        0      0 0.0.0.0:111                 0.0.0.0:*                   LISTEN
tcp        0      0 192.168.8.1:53              0.0.0.0:*                   LISTEN
tcp        0      0 127.0.0.1:53                0.0.0.0:*                   LISTEN
tcp        0      0 192.168.122.1:53            0.0.0.0:*                   LISTEN
tcp        0      0 0.0.0.0:23                  0.0.0.0:*                   LISTEN
tcp        0      0 127.0.0.1:631               0.0.0.0:*                   LISTEN
tcp        0      0 0.0.0.0:25                  0.0.0.0:*                   LISTEN
tcp        0      0 127.0.0.1:953               0.0.0.0:*                   LISTEN
tcp        0      0 127.0.0.1:2207              0.0.0.0:*                   LISTEN
tcp        0      0 127.0.0.1:39829             127.0.0.1:25                ESTABLISHED
tcp        0      0 127.0.0.1:25                127.0.0.1:39829             ESTABLISHED
tcp        0      0 :::993                      :::*                        LISTEN
tcp        0      0 :::995                      :::*                        LISTEN
tcp        0      0 :::110                      :::*                        LISTEN
tcp        0      0 :::143                      :::*                        LISTEN
tcp        0      0 :::22                       :::*                        LISTEN
tcp        0      0 ::1:953                     :::*                        LISTEN
[root@rhel5 ~]#
```

图 4-43　测试端口（二）

```
root@rhel5:~
文件(F) 编辑(E) 查看(V) 终端(T) 标签(B) 帮助(H)
[root@rhel5 ~]# telnet localhost 25
Trying 127.0.0.1...
Connected to localhost.localdomain (127.0.0.1).
Escape character is '^]'.
220 rhel5.wanxuan.com ESMTP Sendmail 8.13.8/8.13.8; Fri, 27 Feb 2009 13:48:12 +0800
ehlo localhost
250-rhel5.wanxuan.com Hello rhel5.wanxuan.com [127.0.0.1], pleased to meet you
250-ENHANCEDSTATUSCODES
250-PIPELINING
250-8BITMIME
250-SIZE
250-DSN
250-ETRN
250-DELIVERBY
250 HELP
quit
221 2.0.0 rhel5.wanxuan.com closing connection
Connection closed by foreign host.
[root@rhel5 ~]# telnet localhost 110
Trying 127.0.0.1...
Connected to localhost.localdomain (127.0.0.1).
Escape character is '^]'.
+OK Dovecot ready.
quit
+OK Logging out
Connection closed by foreign host.
[root@rhel5 ~]#
```

图 4-44　验证功能（一）

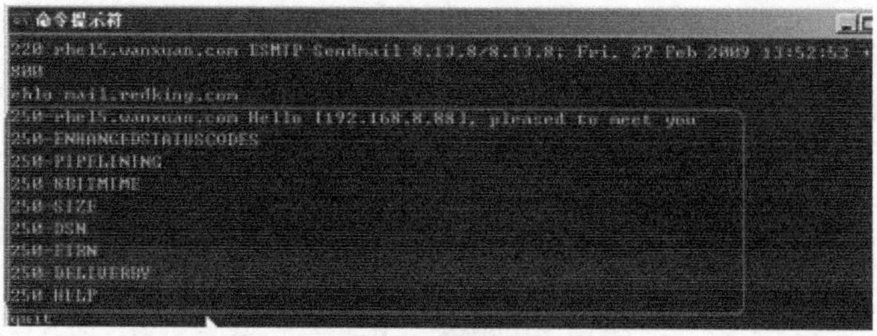

命令提示符
250-ENHANCEDSTATUSCODES
250-PIPELINING
250-8BITMIME
250-SIZE
250-DSN
250-ETRN
250-DELIVERBY
250 HELP

图 4-45　验证功能（二）

Telnet mail.redking.com
+OK Dovecot ready.

图 4-46　验证功能（三）

步骤 13：建立用户，如图 4-47 所示。

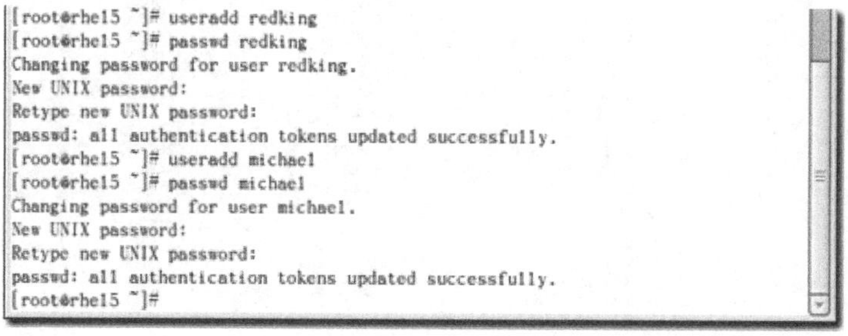

[root@rhel5 ~]# useradd redking
[root@rhel5 ~]# passwd redking
Changing password for user redking.
New UNIX password:
Retype new UNIX password:
passwd: all authentication tokens updated successfully.
[root@rhel5 ~]# useradd michael
[root@rhel5 ~]# passwd michael
Changing password for user michael.
New UNIX password:
Retype new UNIX password:
passwd: all authentication tokens updated successfully.
[root@rhel5 ~]#

图 4-47　建立用户

步骤 14：客户端测试，如图 4-48～图 4-51 所示。

mail.redking.com 属性
常规
服务器
连接
安全
高级
邮件帐户
请键入您想用来指代这些服务器的名称。例如："Work" 或 "Microsoft Mail Server"。
mail.redking.com
用户信息
姓名(N):
michael
单位(O):
电子邮件地址(M):
michael@redking.com
答复地址(Y):
接收邮件或同步时包含此帐户(I)

图 4-48　“常规”设置

mail.redking.com 属性
常规
服务器
连接
安全
高级
服务器信息
我的邮件接收服务器是(M) POP3 服务器。
接收邮件(POP3)(I):
mail.redking.com
发送邮件(SMTP)(U):
mail.redking.com
接收邮件服务器
帐户名(C):
michael
密码(P):
****
记住密码(W)
使用安全密码验证登录(S)
发送邮件服务器
我的服务器要求身份验证(V)
设置(E)...

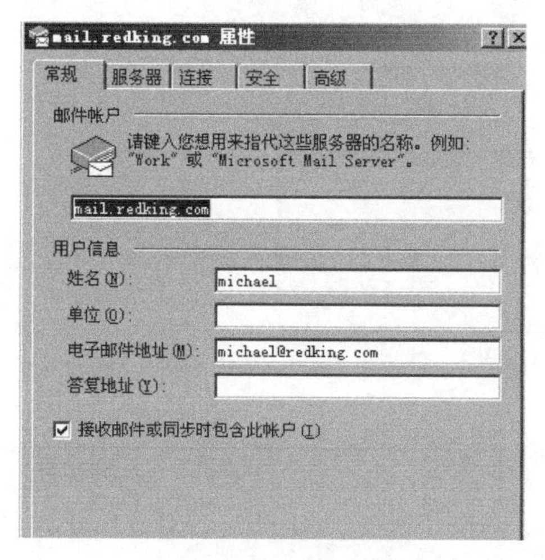

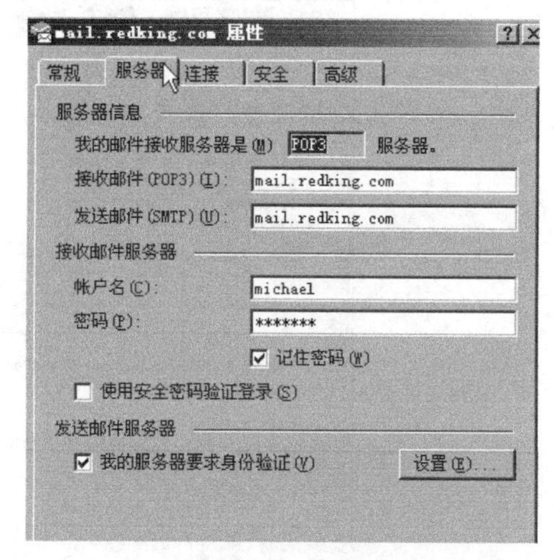

图 4-49　“服务器”设置

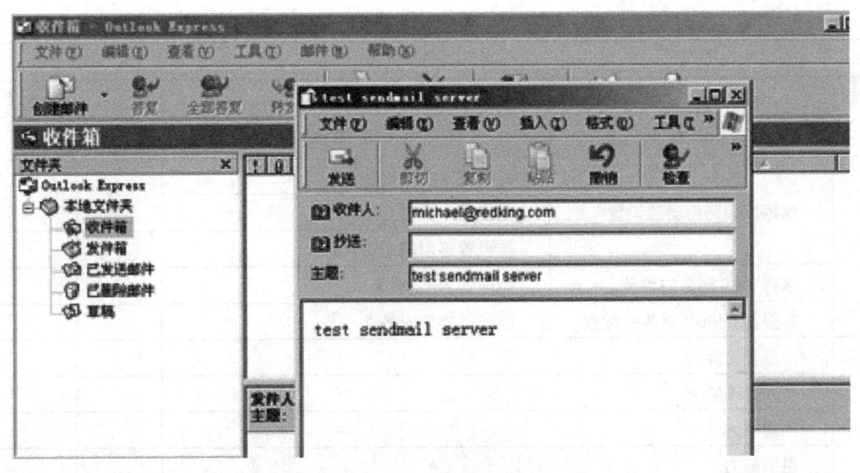

图 4-50　发送邮件

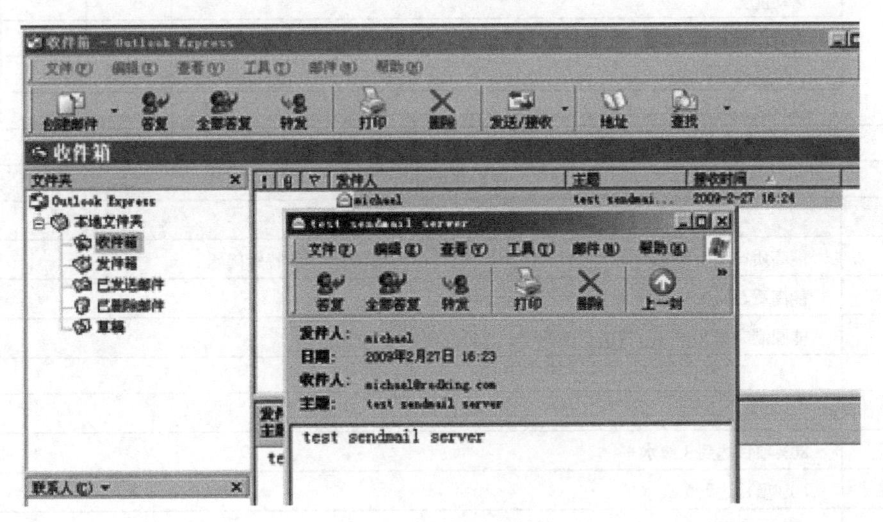

图 4-51　查看邮件

项目评价

项目实训评价表

	内　容		评　价		
	学 习 目 标	评 价 项 目	3	2	1
职业能力	熟练掌握网络的物理连接	能制作网线			
		能按拓扑图连线			
		能按要求贴标签			
	熟练掌握路由器的基本设置	能进行 IP 地址、设备名、账号、密码等设置			
	熟练掌握 VLAN 的设置	能设置 VLAN			
		能测试 VLAN 是否正常设置			
	熟练掌握交换机的高级设置	能在交换机上设置端口安全			
		能设置交换机 QoS			
		能设置交换机 ACL			

续表

项目实训评价表					
	内　容		评　价		
	学 习 目 标	评 价 项 目	3	2	1
	熟练掌握路由器的设置	能设置路由器 HSRP			
		能设置路由器 QoS			
		能设置路由器 OSPF			
	掌握 NFS 服务的设置	能配置 NFS 服务			
	掌握 Sendmail 服务的配置	能配置邮件服务			
通用能力	交流表达能力				
	与人合作能力				
	沟通能力				
	组织能力				
	活动能力				
	解决问题的能力				
	自我提高的能力				
	革新、创新的能力				
综合评价					

评定等级说明表	
等 级	说　明
3	能高质、高效地完成此学习目标的全部内容，并能解决遇到的特殊问题
2	能高质、高效地完成此学习目标的全部内容
1	能圆满完成此学习目标的全部内容，无须任何帮助和指导
	说　明
优　秀	80%项目达到 3 级水平
良　好	60%项目达到 2 级水平
合　格	全部项目都达到 1 级水平
不合格	不能达到 1 级水平

认证考核

多项选择题

1．下列应用使用 TCP 连接的有（　　）。

A．Telnet　　B．BGP

C．FTP　　D．TFTP

2．TCP 和 UDP 协议的相似之处是（　　）。

A．传输层协议

B．面向连接的协议

C．面向非连接的协议

D．A、B、C 三项均不对

3．下列应用使用 UDP 连接的有（　　）。

A．TFTP　　B．Syslog　　C．SNMP　　D．HTTP

4．第一个八位组以二进 1110 开头的 IP 地址是（　　）地址。

A．A 类　　B．B 类　　C．C 类　　D．D 类

5．下面不属于 ICMP 提供的信息的是（　　）。

A．目的地不可达　B．目标重定向　C．回声应答　D．源逆制

6．C 类地址最大可能子网位数是（　　）。

A．6　　B．8　　C．12　　D．14

7．（　　）协议是一种基于广播的协议，主机通过它可以动态地发现对应于一个 IP 地址的 MAC 地址。

A．ARP　　B．DNS　　C．ICMP　　D．RARP

8．IP 地址为 192.168.100.132，子网掩码为 255.255.255.192 的地址，可以划分（　　）个子网位，（　　）个主机位。

A．2，32　　B．4，30　　C．254，254　　D．2，30

9．关于 IPX 的描述正确的是（　　）。

A．IPX 地址总长度为 80 位，其中网络地址占 48 位，结点地址占 32 位

B．IPX 地址总长度为 80 位，其中网络地址占 32 位，结点地址占 48 位

C．IPX 是一个对应于 OSI 参考模型的第 3 层的可路由的协议

D．NCP 属于应用层的协议，主要在工作站和服务器间建立连接，并在服务器和客户机间传送请求和响应

10．在无盘工作站向服务器申请 IP 地址时，使用的是（　　）协议。

A．ARP　　B．RARP　　C．BOOTP　　D．ICMP

11．以太网交换机的数据转发方式可以被设置为（　　）。

A．自动协商方式　B．存储转发方式　C．迂回方式　D．直通方式

12．当交换机检测到一个数据包携带的目的地址与源地址属于同一个端口时，交换机会（　　）。

A．把数据转发到网络上的其他端口中　B．不再把数据转发到其他端口中

C．在两个端口间传送数据　D．在工作于不同协议的网络间传送数据

13．下面（　　）标准描述了生成树协议。

A．802.1j　　B．802.1x　　C．802.1d　　D．802.1p

14．下列有关端口隔离的描述正确的是（　　）。

A．DCS-3726B 出厂时即是端口隔离状态，所有端口都可以与第一个端口通信，但之间不可以互通

B．DCS-3726S 可以通过配置实现与 3726B 一样的端口隔离功能，但出厂默认不是隔离状态

C．可以通过配置私有 VLAN 功能实现端口隔离

D．可以通过配置公用端口实现端口隔离

15．下列关于静态配置链路聚合和动态配置链路聚合的理解，正确的是（　　）。

A．静态配置链路聚合需要在聚合组的每个聚合端口中进行配置

B．动态配置链路聚合只需要在主端口中配置一次，在全局模式中启用 LACP 协议即可

C．静态配置链路聚合不能进行负载均衡

D．动态配置链路聚合不需要配置聚合组号，交换机会根据目前聚合组的情况自动指定

16．网络接口卡可以（　　）。

A．建立、管理、终止应用之间的会话，管理表示层实体之间的数据交换

B．在计算机之间建立网络通信机制

C．为应用进程提供服务

D．提供建立、维护、终止应用之间的会话，管理表示层实体之间的数据交换

17．以下关于以太网交换机的说法正确的是（　　）。

A．以太网交换机是一种工作在网络层的设备

B．以太网交换机最基本的工作原理就是 802.1d

C．生成树协议解决了以太网交换机组建虚拟私有网的需求

D．使用以太网交换机可以隔离冲突域

18．关于交换机交换方式的描述正确的是（　　）。

A．碎片隔离式交换：交换机只检查进入交换机端口的数据帧头部的目的 MAC 地址部分，即把数据转发出去

B．存储转发式交换：交换机要完整地接收一个数据帧，并根据校验的结果以确定是否转发数据

C．直通式交换：交换机只转发长度大于 64 字节的数据帧，而隔离掉小于 64 字节的数据

D．这些说法全部正确

19．在 DCS-3726 中，下面可以把一个端口加入到一个链路聚合组 10 中的命令是（　　）。

A．DCS 3726s(config)#channel-group 10

B．DCS 3726s(config-if)#channel-group

C．DCS 3726s(config-if)#channel-group 10

D．DCS 3726s#channel-group 10

20．集线器的缺点主要有（　　）。

A．不能增加网络可达范围

B．一个集线器就是一个冲突域

C．集线器必须遵循 CSMA/CD 才可以正常工作

D．不能进行网络管理

21．对交换机中流量控制技术的理解正确的是（　　）。

A．半双工方式下，流量控制是通过 IEEE 802.3x 标准实现的

B．全双工方式下，流量控制是通过 IEEE 802.3x 标准实现的

C．半双工方式下，流量控制是通过反向压力技术实现的

D．全双工方式下，流量控制是通过反向压力技术实现的

22．关于端口聚合描述正确的是（　　）。

A．在一个聚合组里，每个端口必须工作在全双工模式下

B．在一个聚合组里，各成员端口的属性必须和第一个端口的属性相同

C．在一个聚合组里，各成员端口必须属于同一个 VLAN

D．在一个聚合组里，各成员必须使用相同的传输介质

23．在交换机中，有关动态和静态 VLAN 描述不正确的是（　　）。

A．用户手工配置的 VLAN 称为静态 VLAN

B．通过运行动态 VLAN 协议学习到的 VLAN 称为动态 VLAN

C．通过命令 show vlan *vlan_id* 可以查看 VLAN 的动态、静态属性

D．用户不可以配置静态和动态 VLAN 的属性

24．在逻辑上，所有的交换机都由（　　）和（　　）组成。

A．数据转发逻辑　　B．交换模块

C．MAC 地址表　　D．输入/输出接口

25．下列关于生成树的描述正确的是（　　）。

A．IEEE 802.1d 为基本的生成树协议，在 DCS3628S 中默认是关闭状态

B．IEEE 802.1w 为快速生成树协议，可以使网络的收敛时间缩短至几秒

C．IEEE 802.1s 使交换机在很短的时间内实现生成树的收敛

D．生成树协议属于应用层协议

26．关于端口流量控制的描述正确的是（　　）。

A．交换机端口工作在半双工模式下，采用背压的方式，进入交换机端口的流量达到一定数值后，该端口会模拟产生碰撞，迫使数据源暂缓发送数据

B．交换机端口工作在半双工模式下，采用 IEEE 802.3x 技术，进入交换机端口的流量达到一定数值后，该端口会向源发送一个 64 字节的“pause”信息包，迫使数据源暂缓发送数据

C．交换机工作在全双工模式下，采用背压的方式，进入交换机端口的流量达到一定数值后，该端口会模拟产生碰撞，迫使数据源暂缓发送数据

D．交换机工作在全双工模式下，采用 IEEE 802.3x 技术，进入交换机端口的流量达到一定数值后，该端口会向源发送一个 64 字节的“pause”信息包，迫使数据源暂缓发送数据

27．下面可以正确表示 MAC 地址的是（　　）。

A．0067.8GCD.98EF　　B．007D.7000.ES89

C．0000.3922.6DDB　　D．0098.FFFF.0AS1

28．如图 4-52 所示为网卡与 CPU 的通信方式，这表示的是（　　）。

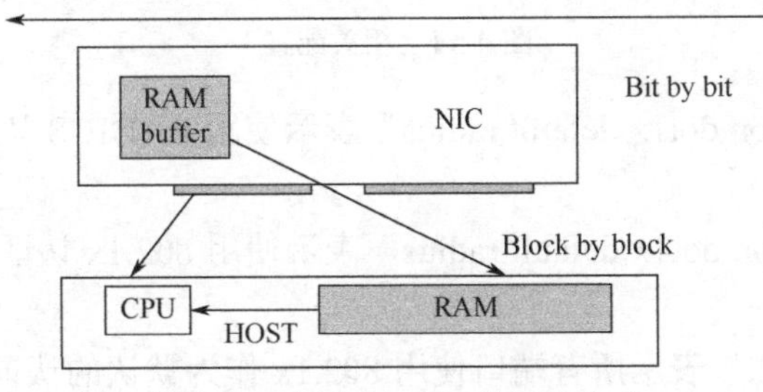

图 4-52　网卡与 CPU 的通信方式

A．DMA（直接存储器存取）传送方式

B．程序查询方式

C．共享内存式

D．中断处理方式

29．“棕色，外形、长度与16位的ISA卡一样，但深度较大”，以上描述的是（　　）。

A．ISA插槽　　B．EISA插槽　　C．VESA插槽　　D．PCI插槽

30．下面的说法正确的是（　　）。

A．防火墙不可以工作在网桥模式下，即用防火墙连接的内、外网络工作在同一个网段

B．防火墙可以工作在网桥模式下，即用防火墙连接的内、外网络，以及连接在DMZ端口上的服务器在同一个网段

C．防火墙可以工作在路由模式下，即用防火墙连接的内、外网络可以工作在不同网段

D．防火墙不可以工作在路由模式下，即用防火墙连接的内、外网络，以及连接在DMZ端口上的服务器在不同网段

31．（　　）为两次握手协议，它通过在网络上以明文的方式传递用户名及口令来对用户进行验证。

A．PAP　　B．IPCP　　C．CHAP　　D．RADIUS

32．在如图4-53所示的配置中，可以得到（　　）。

```
Console(config)#vlan database
Console(config-vlan)#vlan 2 name R&D media ethernet state active
```

图4-53　相关命令

A．这是创建VLAN的命令，其中VLAN名为database

B．这是创建VLAN的命令，其中VLAN名为R&D

C．VLAN的ID为2，并使这个VLAN状态为活动的

D．此VLAN中包含2个端口成员，并设置为活动状态

33．在如图4-54所示的配置中，其中对圈出来的部分理解正确的是（　　）。

```
Console(config)#interface vlan 1
Console(config-if)#ip address 10/1/1/2 255.255.255.0
Console(config-if)#exit
Console(config)#authentication dot1x default radius
Console(config)#dot1x default
Console(config)#radius-server key test
Console(config)#radius-server host 10.1.1.3
```

图4-54　相关配置

A．“authentication dot1x default radius”表示使用RADIUS认证服务作为802.1x认证的默认方式

B．“authentication dot1x default radius”表示使用802.1x认证作为RADIUS认证服务的默认方式

C．“dot1x default”表示所有端口使用802.1x作为默认的认证方式

D．“dot1x default”表示VLAN 1接口使用802.1x作为默认的认证方式

34．VLAN技术的优点有（　　）。

A．增加了组网的灵活性

B．可以减少碰撞的产生

C．提高了网络的安全性

D．在一台设备上阻隔广播，而不必有额外的花销

35．下列关于 802.1q 标签头的错误叙述有（　　）。

A．802.1q 标签头长度为 4 字节

B．802.1q 标签头包含了标签协议标识和标签控制信息

C．802.1q 标签头的标签协议标识部分包含了一个固定的值——0x8200

D．802.1q 标签头的标签控制信息部分包含的 VLAN ID 是一个 12 位的域

36．在访问控制列表中地址和子网掩码 168.18.64.0　0.0.3.255 表示的 IP 地址范围是（　　）。

A．168.18.67.0～168.18.70.255　　B．168.18.64.0～168.18.67.255

C．168.18.63.0～168.18.64.255　　D．168.18.64.255～168.18.67.255

37．把一台 Web 服务器从一个网段转移到另外一个网段，以下（　　）能够最好地保持客户端浏览器与 Web 服务器之间原有的映射关系。

A．改变服务器的 IP 地址和 URL 地址

B．改变服务器的 IP 地址，但不改变 URL 地址

C．不改变服务器的 IP 地址，而改变 URL 地址

D．不改变服务器的 IP 地址，也不改变 URL 地址

38．某网络管理员使用命令 ping 192.168.10.1 时得到了下面的提示：

```
Pinging 192.168.10.1 with 32 bytes of data:
Destination host unreachable.
Destination host unreachable.
Destination host unreachable.
```

使用命令 ping 127.0.0.1 时得到了如下提示：

```
Pinging 127.0.0.1 with 32 bytes of data:
Replay from 127.0.0.1 :bytes=32 time<1ms ttl=128
Replay from 127.0.0.1 :bytes=32 time<1ms ttl=128
Replay from 127.0.0.1 :bytes=32 time<1ms ttl=128
```

下列说法正确的是（　　）。

A．该主机的网卡安装有问题

B．该主机的网卡安装没有问题

C．该主机的网线连接正常

D．该主机的网线连接不正常

39．流量控制的 3 种方式是（　　）。

A．缓存技术　　B．源抑制技术

C．端口速率自协商机制　　D．窗口机制

40．在 DCS-3726s 中，（　　）可以把一个端口加入到一个链路聚合组 20 中。

A．DCS 3726s(config)#channel-group 20

B．DCS 3726s(config-if)#channel-group

C．DCS 3726s(config-if)#channel-group 20

D．DCS 3726s#channel-group 20

41．如图 4-55 所示，可以看出（　　）可能连接了其他交换机的端口。

```
Console(config)#interface ethernet 1/1
Console(config-if)#switchport allowed vlan add 2 tagged
Console(config-if)#exit
Console(config)#interface ethernet 1/2
Console(config-if)#switchport allowed vlan add 2 untagged
Console(config-if)#exit
Console(config)#interface ethernet 1/3
Console(config-if)#switchport allowed vlan add 2 tagged
Console(config-if)#exit
```

图 4-55　相关配置

A．ethernet 1/1　　B．ethernet 1/2　　C．ethernet 1/3

42．下列对于端口镜像的理解错误的有（　　）。

A．端口镜像中的目的端口速率必须大于等于源端口，否则可能会丢弃数据

B．在使用端口镜像时，不能创建多对一的镜像，以避免造成数据丢失

C．DCS 交换机在默认状态下，端口镜像会镜像所有的接收和发送数据

43．802.1d 生成树协议规定的端口从阻塞状态到转发状态的中间过渡阶段与其所需时间的对应关系正确的是（　　）。

A．阻断→侦听：20s　　B．侦听→学习：20s

C．学习→转发：15s　　D．阻断→侦听：15s

44．如果需要配置一个交换机作为网络的根，则应该配置（　　）。

A．桥的 HelloTime　　B．桥的优先级

C．该桥所有端口配置为边缘端口　　D．将给该桥所有端口的路径花费配置为最小

45．广播风暴在（　　）时产生。

A．大量 ARP 报文产生

B．存在环路的情况下，如果端口收到一个广播报文，则广播报文会增生，从而产生广播风暴

C．站点太多，产生的广播报文太多

D．交换机坏了，将所有的报文都广播出去

46．下面关于生成树协议的原理描述，错误的是（　　）。

A．从网络的所有网桥中，选出一个作为根网桥

B．计算本网桥到根网桥的最短路径

C．对于每个 LAN，选出离根网桥最近的那个网桥作为指定网桥，负责所在 LAN 上的数据转发

D．网桥选择若干个根端口，该端口给出的路径是此网桥到根网桥的最佳路径

47．在 SNMP 协议中，NMS 向代理发出的报文有（　　）。

A．GET　　B．GET NEXT　　C．SET　　D．REQUEST

48．要从一台主机远程登录到另一台主机，使用的应用程序为（　　）。

A．HTTP　　B．PING　　C．Telnet　　D．Tracert

49．下列能正确描述数据封装过程的是（　　）。

A．数据段→数据包→数据帧→数据流→数据

B．数据流→数据段→数据包→数据帧→数据

C．数据→数据包→数据段→数据帧→数据流

D．数据→数据段→数据包→数据帧→数据流

50．交换机的基本功能主要有两个：数据帧的过滤和转发。下面的理解正确的有（　　）。

A．这是以交换机中的 MAC 地址表为基础的

B．过滤功能是自动学习并更新 MAC 地址表，用以将发往本端口连接的设备的数据帧保留在本地，不进行转发

C．转发功能是自动学习并更新 MAC 地址表，用以将发往某特定设备的数据帧直接发送到指定的端口，而不发送给所有的端口

D．当交换机处于初始状态时，它的 MAC 地址表为空，如果收到一个数据帧的目的 MAC 地址是不可知的，则交换机会拒绝转发此数据帧，并回送给源设备一个出错信息

项目五 中型企业网络项目

用户需求

某电子商务公司由于公司规模扩大，要把公司整体搬迁到一座新楼，并且要在其他城市开办一家分公司。由于公司原来的网络设备严重老化，不能在新环境中起到作用，并且需要对公司电子商务网站进行重新改版以适应新时期的业务，所以决定请专业网络公司来对公司进行整体规划和施工。

某公司网络工程师根据该电子商务公司业务的需求，同时与其网络管理员和公司领导协商后，归纳出该公司对网络环境的需求，根据需求进一步细分为3个模块，分别为网络部分、服务器部分和电子商务网站部分。本项目根据模块划分归纳出需求，分别对这些模块进行需求分析。

网络搭建部分具体需求如下：

（1）要求按照公司背景设计网络。

（2）网络设备要设置统一规范的名称，并按一定顺序摆放，统一系统时间。

（3）网络设备要设置登录密码。

（4）交换机要设置相应的VLAN，交换机端口要设置相应的安全措施。

（5）无线局域网要设置SSID和密码。

（6）为了优化性能，交换机和路由器要设置QoS来优化网络性能。

（7）使用恰当的动态路由协议互连互通。

（8）适当使用网络访问控制措施，保证内部网络的安全性。

内部应用系统需求如下：

（1）需要添加一台存放公司重要数据的专门服务器，能对不同职能部门的用户提供不同的访问权限。

（2）建立一台Web服务器，以展示企业形象和增加公司业务。

（3）建立一台电子邮件服务器，为内部员工提供免费邮箱。

（4）由于公司申请了域名，因此希望通过域名来访问公司的主机和服务器。

需求分析

网络搭建部分需求分析：

（1）由于公司的网络规模较小，主公司采用二层的网络架构，将核心层和汇聚层合为一层，既保障了业务数据流的畅通，又可以实现层次性网络架构。

为了保证主公司内网核心交换机不会出现单点失败问题，采用了双核心交换机，并使用STP和VRRP协议实现了数据的负载均衡。

（2）公司内部有业务部和财务部，使用了 VLAN 技术，将两个行政部门的交换机划分到不同的VLAN中，既可以实现统一管理，又可以保障网络的安全性。

创建VLAN 1和VLAN 2，把业务部的主机划分到VLAN 1，将财务部的主机划分到VLAN 2。

（3）由于主公司的规模较小，网络设备数量少，为了简化管理，可以采用RIP路由协议。

（4）服务提供商为主公司提供IP地址14.1.196.2，为子公司提供IP地址36.0.0.1，使用网络地址转换技术，将私有IP地址转化为公有IP地址，使内网用户能够访问互联网。利用DNAT技术发布内网的服务，为外网用户提供服务。

（5）为了模拟大中型网络，公网部分采用了OSPF路由协议，保证网络能获得最佳的路由表项。公网中路由器串行链路为了安全采用了PPP协议的CHAP认证。为了保证主公司和子公司间数据的安全性，采用了IpSec VPN技术，在两台防火墙间建立了隧道。

内部应用系统需求分析：

（1）公司添加一台存放重要数据的文件服务器，并通过配置使员工能通过网络访问文件服务器，所有员工能读取共享文件夹“业务部”，但业务部员工拥有完全控制权限；仅允许财务部的员工访问共享文件夹“财务部”，并拥有完全控制权限。此服务器放置在离客户端较近的位置，以提高访问速度。

（2）公司申请的域名空间为shangwu.com，并添加一台独立支持ASP语言的Web服务器，其域名为www.shangwu.com，并能限制客户端连接数量，保证服务质量。要求此服务器放置在防火墙的DMZ中，保证服务器的安全，并为内外网用户提供服务。

（3）公司添加一台独立的邮件服务器mail.shangwu.com，安装POP3和SMTP服务，为内网用户提供邮箱服务，同时能收发到域*.com和*.cn的邮件。要求此服务器放置在防火墙的DMZ中，以保证服务器的安全。

（4）公司添加一台 DNS 服务器，使员工能通过域名访问公司内网数据，并访问 Internet资源。

网络工程师决定把文件服务器直接连接到公司核心交换机上，保证内网用户访问此服务器的速度。把Web服务器、邮件服务器和DNS服务器放置在防火墙的DMZ中，来保证这些服务器不会受到外网和内网用户的攻击。

方案设计

项目需求分析完成后，确定供货合同，之后网络公司就开始了具体的实施流程。需求分析分为网络部分、应用系统部分，施工分为网络搭建部分、应用系统构建部分。下面来具体介绍每个部分的施工流程。

网络搭建部分实施方案：

根据需求分析，选择网络中应用的设备，并制定电子商务公司网络拓扑图。设备到位后，根据拓扑图把设备部署到相应的位置，并按拓扑图进行设备连接。设备之间的线路没有问题后，按公司部门名称规划并配置交换网络中的VLAN，启用生成树协议来避免网络环路，配置网络中所有设备相应的 IP 地址，配置模拟公网部分路由器接口 PPP 协议，同时测试线路两端的连通性。在内网部分启动 RIP 路由协议，在公网部分启动 OSPF 路由协议，以减少网络管理员的工作量。在内网的交换机上启动 VRRP，以避免单点失败。配置防火墙 NAT，保证内网用户能访问 Internet，并发布内网服务器。在主公司和子公司间启用 IPSec VPN 来保证在公网中安全地传输数据。

应用系统部分实施方案：

服务器的构建首先应根据需求分析来购置服务器，服务器到位后，安装服务器操作系统 Windows Server 2003 企业版，根据网络拓扑图放置在相应的位置，先配置文件服务器，以保证用户数据的安全和快速访问；配置 DNS 服务器，使网络中的用户能通过域名访问内外网服务器；配置邮件服务器并给员工分配邮箱，使其能收发邮件；配置 Web 服务器，安装并配置 IIS，为支持后面的电子商务网站做好基础设置。

知识准备

1. Web 服务器

Web 服务器是可以向发出请求的浏览器提供文档的程序，如图 5-1 所示。

① Web 服务器是一种被动程序：只有当 Internet 上运行在其他计算机中的浏览器发出请求时，服务器才会响应。

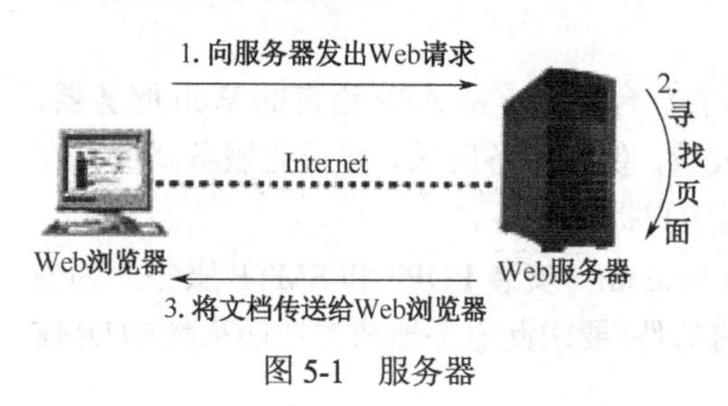

图 5-1 服务器

② 最常用的 Web 服务器是 Apache 和 Microsoft 的 Internet 信息服务器（Internet Information Services，IIS）。

③ Internet 上的服务器也称为 Web 服务器，是一台在 Internet 上具有独立 IP 地址的计算机，可以向 Internet 上的客户机提供 Web、E-mail 和 FTP 等服务。

④ Web 服务器指驻留于因特网上某种类型计算机的程序。当 Web 浏览器（客户端）连接到服务器上并请求文件时，服务器将处理该请求并将文件反馈到该浏览器上，附带的信息会告诉浏览器如何查看该文件（文件类型）。服务器使用超文本传输协议与客户机浏览器进行信息交流。

Web 服务器不仅能够存储信息，还能在用户通过 Web 浏览器提供的信息的基础上运行脚本和程序。

2. FTP 服务器

FTP 服务器是在互联网上提供存储空间的计算机，它们依照 FTP 协议提供服务。FTP（文件传输协议）就是专门用来传输文件的协议。简单地说，支持 FTP 协议的服务器就是 FTP 服务器。

一般来说，用户联网的首要目的就是实现信息共享，文件传输是信息共享非常重要的内容之一。

与大多数 Internet 服务一样，FTP 也是一个客户机/服务器系统。用户通过一个支持 FTP 协议的客户机程序，连接到远程主机上的 FTP 服务器程序。用户通过客户机程序向服务器程序发出命令，服务器程序执行用户所发出的命令，并将执行的结果返回到客户机。例如，用户发出一条命令，要求服务器向用户传送某个文件的一份副本，服务器会响应这条命令，将指定文件送至用户的机器上。客户机程序代表用户接收到这个文件，并将其存放在用户目录中。

3. DNS服务器

域名系统（Domain Name System，DNS）主要用于使用户更方便地访问互联网。DNS服务器由域名解析器和域名服务器组成。域名服务器是指保存有该网络中所有主机的域名和对应IP地址，并具有将域名转换为IP地址功能的服务器。其中，域名必须对应一个IP地址，而IP地址不一定有域名。域名系统采用类似目录树的等级结构。域名服务器为客户机/服务器模式中的服务器方，它主要有两种形式：主服务器和转发服务器。将域名映射为IP地址的过程就称为“域名解析”。

（1）DNS工作原理

DNS分为Client和Server，Client扮演发问的角色，即向Server访问一个Domain Name，而Server必须回答此Domain Name的真正IP地址。而当地的DNS先会查自己的资料库。如果自己的资料库没有，则会向该DNS上所设的DNS服务器询问，得到答案之后，将收到的答案存起来，并回答客户。DNS服务器会根据不同的授权区，记录所属该网域下的各名称资料，这个资料包括网域下的次网域名称及主机名称。

在每一个名称服务器中都有一个快取缓存区，这个快取缓存区的主要目的是将该名称服务器查询出来的名称及相应的IP地址记录到快取缓存区中，这样当下一次另外一个客户端到此服务器上查询相同的名称时，服务器就不用到其他主机上去寻找了，可直接从缓存区中找到该名称记录资料，传回给客户端，加速客户端对名称查询的速度。

例如，当DNS客户端向指定的DNS服务器查询网络上的某一台主机名称时，DNS服务器会在该资料库中找寻用户所指定的名称。如果没有，该服务器会先在自己的快取缓存区中查询有无该记录，如果找到该记录，则会从DNS服务器直接将所对应的IP地址传回给客户端。如果名称服务器在资料记录和快取缓存区中都查不到时，会向最近的名称服务器请求帮忙找寻该名称的IP地址，在另一台服务器上也有相同的动作的查询，当查询到后会回复原本要求查询的服务器，该DNS服务器在接收到另一台DNS服务器查询的结果后，先将所查询到的主机名称及对应IP地址记录到快取缓存区中，再将所查询到的结果回复给客户端。

（2）查询模式

有两种询问原理——递归式和交谈式。前者由DNS代理去问，问的方法是使用Interactive方式；后者是由本机直接做Interactive式的询问。由上例可以看出，在一般查询名称的过程中，实际上这两种查询模式是交互存在的。

递归式：DNS客户端向DNS Server进行查询的模式。这种方式是将要查询的封包送出去询问，等待正确名称的正确响应，这种方式只处理响应回来的封包是否正确响应或返回找不到该名称的错误讯息。

交谈式：DNS Server间的查询模式，由Client端或DNS Server发起询问。这种方式发送封包去询问，所响应回来的资料不一定是最后正确的名称位置，但也不是错误信息，而是通知最接近的IP位置，然后到此IP上去寻找所要解析的名称，反复动作，直到找到正确位置为止。

4. 邮件服务器

电子邮件是因特网上最为流行的应用之一。如同邮递员分发投递传统信件一样，电子邮件也是异步的，也就是说，人们是在方便的时候发送和阅读邮件的，无须预先与别人协同。与传统信件不同的是，电子邮件既迅速，又易于分发，而且成本低廉。另外，现代的电子邮件消息可以包含超链接、HTML格式文本、图像、声音甚至视频数据。

（1）结构

系统由3类主要部件构成：用户代理、邮件服务器和简单邮件传送协议(Simple Mail Transfer Protocol，SMTP)。例如，在这样的上下文中说明每类部件：发信人Alice给收件人Bob发送一个电子邮件消息。用户代理允许用户阅读、回复、转寄、保存和编写邮件消息。Alice写完电子邮件消息后，她的用户代理把这个消息发送给邮件服务器，再由该邮件服务器把这个消息排到外出消息队列中。当Bob想阅读电子邮件消息时，他的用户代理将从其邮件服务器的邮箱中取得邮件。

（2）原理

邮件服务器构成了电子邮件系统的核心。每个收信人都有一个位于某个邮件服务器上的邮箱。Bob的邮箱用于管理和维护已经发送给他的邮件消息。一个邮件消息的典型旅程是从发信人的用户代理开始的，经过邮件发信人的邮件服务器，中转到收信人的邮件服务器，然后投递到收信人的邮箱中。当Bob想查看自己的邮箱中的邮件消息时，存放该邮箱的邮件服务器将以其提供的用户名和口令认证。Alice的邮件服务器还要处理Bob的邮件服务器出现故障的情况。如果Alice的邮件服务器无法把邮件消息立即递送到Bob的邮件服务器，Alice的服务器会把它们存放在消息队列中，以后再尝试递送。这种尝试通常约每30min执行一次；要是过了若干天仍未尝试成功，该服务器就把这个消息从消息队列中去除，同时以另一个邮件消息通知发信人（Alice）。

SMTP是因特网电子邮件系统首要的应用层协议。它使用由TCP提供的可靠的数据传输服务把邮件消息从发信人的邮件服务器传送到收信人的邮件服务器。和大多数应用层协议一样，SMTP也存在两个端：在发信人的邮件服务器上执行的客户端和在收信人的邮件服务器上执行的服务器端。SMTP的客户端和服务器端同时运行在每个邮件服务器上。当一个邮件服务器向其他邮件服务器发送邮件消息时，它是作为SMTP客户在运行的。当一个邮件服务器从其他邮件服务器接收邮件消息时，它是作为SMTP服务器在运行的。

项目实现——网络搭建部分实现

1. 网络设备的选择

采购人员依据需求分析、公司现阶段的结点数和预算进行综合分析后，采购了2台神州数码DCRS-5650，保证核心设备具备快速转发数据的能力；采购了2台神州数码DCS-3950二层交换机，保证接入层交换机为100Mb/s接口，并能进行初步的接入控制；采购了2台神州数码DCR-2626路由器，保证模拟服务提供商网络设备拥有足够的性能，并能实现OSPF所有功能特性；采购了2台DCFW-1800防火墙，除了能作为Internet接入设备之外，还能提供硬件VPN功能，使VPN通道性能增强，以后可以通过此防火墙进行安全控制。

2. 规划拓扑结构

网络工程师根据采购的设备和公司需求，建立了如图5-2所示的公司整体拓扑结构。

两台神州数码DCS-3950二层交换机作为接入层设备，配置VLAN，划分出不同的广播域；两台神州数码DCRS-5650三层交换机作为核心层设备，这两台交换机同时作为网络的双核心，避免核心单点失败，同时又预留了大量接口，保证了公司未来业务的发展；所有的交换机都启用生成树协议，避免环路；两台神州数码DCFW-1800防火墙作为主公司和子公司接入Internet的设备，配置NAT后，能使内网的用户通过较少的公网IP地址访问Internet；两台神州数码

DCR-2626 路由器模拟公网路由器，让学生练习公网网络协议的使用。

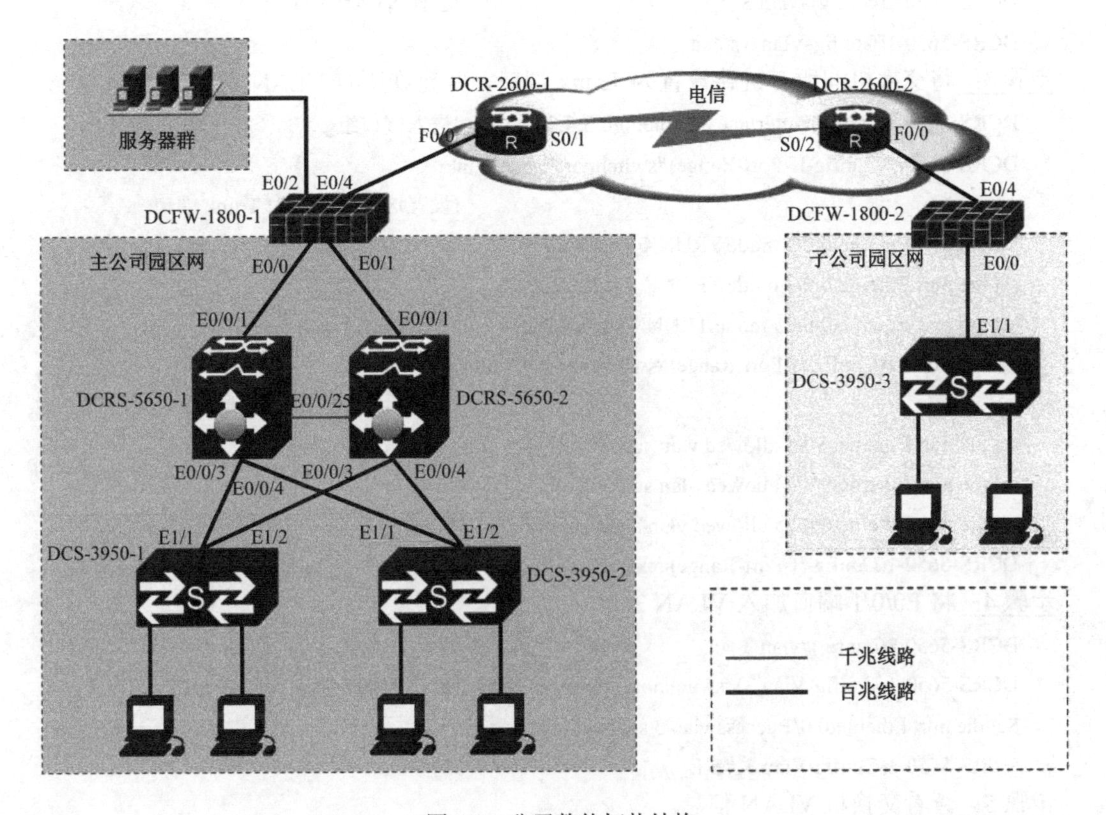

图 5-2　公司整体拓扑结构

网络设备到位后，网络施工人员按此拓扑结构进行了布线，并按拓扑图中各设备间的接口进行了连线，为具体的功能配置做好了准备。

3. 规划 VLAN

任务要求：在公司的三层交换机 DCRS-5650-1 添加 VLAN 1、VLAN 2 和 VLAN 3，在 DCRS-5650-2 上添加 VLAN 1、VLAN 2 和 VLAN 4。在二层交换机 DCS-3950-1 和 DCS-3950-2 上添加 VLAN 1 和 VLAN 2。交换机间所有链路设置为 Trunk 端口，并允许所有 VLAN 通过。DCRS-5650-1 上的 E0/0/1 接口加入 VLAN 3，DCRS-5650-2 上的 E0/0/1 接口加入 VLAN 4，DCS-3950-1 和 DCS-3950-2 的 E1/0/1～12 加入 VLAN 1，DCS-3950-1 和 DCS-3950-2 的 E1/0/13～24 加入 VLAN 2。

1）DCRS-5650-1 的配置

步骤 1：设置交换机标识符。

```
DCRS-5650-28>enable                                  ！进入特权模式
DCRS-5650-28#config                                  ！进入配置模式
DCRS-5650-28(config)#hostname DCRS-5650-1            ！设置交换机名为 DCRS-5650-1
```

步骤 2：创建相应 VLAN。

```
DCRS-5650-1(config)#vlan 1                           !创建 VLAN 1
DCRS-5650-1(Config-Vlan 1)#exit
```

```
DCRS-5650-1(config)#vlan 2                                !创建 VLAN 2
DCRS-5650-1(Config-Vlan 2)#exit
DCRS-5650-1(config)#vlan 3                                !创建 VLAN 3
DCRS-5650-1(Config-Vlan 3)#exit
```

步骤 3：将交换机间所有链路设置为 Trunk 端口，并允许所有 VLAN 通过。

```
DCRS-5650-1(config)#interface ethernet 0/0/3;4;25         !进入接口组
DCRS-5650-1(Config-If-Port-Range)#switchport mode trunk
                                                          !设置这 3 个接口为 Trunk 端口
set the port Ethernet0/0/3 mode TRUNK successfully
set the port Ethernet0/0/4 mode TRUNK successfully
set the port Ethernet0/0/25 mode TRUNK successfully
DCRS-5650-1(Config-If-Port-Range)#switchport trunk allowed vlan all
                                                          !允许所有 VLAN 数据通过
set the port Ethernet0/0/3 allowed vlan successfully
set the port Ethernet0/0/4 allowed vlan successfully
set the port Ethernet0/0/25 allowed vlan successfully
DCRS-5650-1(Config-If-Port-Range)#exit
```

步骤 4：将 E0/0/1 端口加入 VLAN 3。

```
DCRS-5650-1(config)#vlan 3
DCRS-5650-1(Config-Vlan 3)#switchport interface e0/0/1 !接口 E0/0/1 加入 VLAN 3
Set the port Ethernet0/0/1 access vlan 3 successfully
DCRS-5650-1(Config-Vlan 3)#exit
```

步骤 5：查看交换机 VLAN 信息。

```
DCRS-5650-1(config)#show vlan                             !显示 VLAN 信息
VLAN Name         Type       Media      Ports
---- ------------ ---------- --------- ----------------------------------------
1    default      Static     ENET       Ethernet0/0/2     Ethernet0/0/3(T)
                                        Ethernet0/0/4(T)  Ethernet0/0/5
                                        Ethernet0/0/6     Ethernet0/0/7
                                        Ethernet0/0/8     Ethernet0/0/9
                                        Ethernet0/0/10    Ethernet0/0/11
                                        Ethernet0/0/12    Ethernet0/0/13
                                        Ethernet0/0/14    Ethernet0/0/15
                                        Ethernet0/0/16    Ethernet0/0/17
                                        Ethernet0/0/18    Ethernet0/0/19
                                        Ethernet0/0/20    Ethernet0/0/21
                                        Ethernet0/0/22    Ethernet0/0/23
                                        Ethernet0/0/24    Ethernet0/0/25(T)
                                        Ethernet0/0/26    Ethernet0/0/27
                                        Ethernet0/0/28
2    VLAN 0002    Static     ENET       Ethernet0/0/3(T)  Ethernet0/0/4(T)
```

```
                                  Ethernet0/0/25(T)
3    VLAN 0003    Static    ENET    Ethernet0/0/1      Ethernet0/0/3(T)
                                  Ethernet0/0/4(T)   Ethernet0/0/25(T)
```

可以看到交换机 DCRS-5650-1 有 3 个 VLAN，接口 3、4 和 25 为 Trunk 端口，接口 1 属于 VLAN 3。

（2）DCRS-5650-2 的配置

步骤 1：设置交换机标识符。

```
DCRS-5650-28>enable
DCRS-5650-28#config
DCRS-5650-28(config)#hostname DCRS-5650-2                ！设置交换机名为 DCRS-5650-2
```

步骤 2：创建相应 VLAN。

```
DCRS-5650-2(config)#vlan 1                              ！创建 VLAN 1
DCRS-5650-2(Config-Vlan 1)#exit
DCRS-5650-2(config)#vlan 2                              ！创建 VLAN 2
DCRS-5650-2(Config-Vlan 2)#exit
DCRS-5650-2(config)#vlan 4                              ！创建 VLAN 4
DCRS-5650-2(Config-Vlan 4)#exit
```

步骤 3：将交换机间所有链路设置为 Trunk 端口，并允许所有 VLAN 通过。

```
DCRS-5650-2(config)#interface ethernet 0/0/3;4;25        ！进入接口组
DCRS-5650-2(Config-If-Port-Range)#switchport mode trunk
                                                        ！设置这些端口为 Trunk 端口
set the port Ethernet0/0/3 mode TRUNK successfully
set the port Ethernet0/0/4 mode TRUNK successfully
set the port Ethernet0/0/25 mode TRUNK successfully
DCRS-5650-2(Config-If-Port-Range)#switchport trunk allowed vlan all
                                                            ！允许所有 VLAN 数据通过
set the port Ethernet0/0/3 allowed vlan successfully
set the port Ethernet0/0/4 allowed vlan successfully
set the port Ethernet0/0/25 allowed vlan successfully
DCRS-5650-2(Config-If-Port-Range)#exit
```

步骤 4：将 E0/0/1 端口加入 VLAN 4。

```
DCRS-5650-2(config)#vlan 4
DCRS-5650-2(Config-Vlan 3)#switchport interface e0/0/1       ！接口 E0/0/1 加入 VLAN 4
Set the port Ethernet0/0/1 access vlan 3 successfully
DCRS-5650-2(Config-Vlan 3)#exit
```

步骤 5：查看交换机 VLAN 信息。

```
DCRS-5650-2(config)#show vlan
VLAN Name         Type       Media     Ports
---- ------------ ---------- --------- ----------------------------------------
1    default      Static     ENET      Ethernet0/0/2         Ethernet0/0/3(T)
                                       Ethernet0/0/4(T)      Ethernet0/0/5
```

```
                                        Ethernet0/0/6        Ethernet0/0/7
                                        Ethernet0/0/8        Ethernet0/0/9
                                        Ethernet0/0/10       Ethernet0/0/11
                                        Ethernet0/0/12       Ethernet0/0/13
                                        Ethernet0/0/14       Ethernet0/0/15
                                        Ethernet0/0/16       Ethernet0/0/17
                                        Ethernet0/0/18       Ethernet0/0/19
                                        Ethernet0/0/20       Ethernet0/0/21
                                        Ethernet0/0/22       Ethernet0/0/23
                                        Ethernet0/0/24       Ethernet0/0/25(T)
                                        Ethernet0/0/26       Ethernet0/0/27
                                        Ethernet0/0/28
2     VLAN 0002     Static    ENET      Ethernet0/0/3(T)     Ethernet0/0/4(T)
                                        Ethernet0/0/25(T)
4     VLAN 0004     Static    ENET      Ethernet0/0/1    Ethernet0/0/3(T)
                                        Ethernet0/0/4(T)     Ethernet0/0/25(T)
```

可以看到交换机 DCRS-5650-2 有 3 个 VLAN，接口 3、4 和 25 为 Trunk 端口，接口 1 属于 VLAN 4。

（3）DCS-3900-1 的配置

步骤 1：给交换机设置标识符。

```
DCS-3950-28C>enable
DCS-3950-28C#config
DCS-3950-28C(config)#hostname DCS-3950-1                    ! 设置交换机名为 DCS-3950-1
```

步骤 2：创建相应 VLAN，加入相应端口。

```
DCS-3950-1(config)#vlan 1
DCS-3950-1(config-vlan 1)#switchport interface e1/1-12        ! 接口 1～12 加入 VLAN 1
Set the port Ethernet1/1 access vlan 1 successfully
Set the port Ethernet1/2 access vlan 1 successfully
Set the port Ethernet1/3 access vlan 1 successfully
Set the port Ethernet1/4 access vlan 1 successfully
Set the port Ethernet1/5 access vlan 1 successfully
Set the port Ethernet1/6 access vlan 1 successfully
Set the port Ethernet1/7 access vlan 1 successfully
Set the port Ethernet1/8 access vlan 1 successfully
Set the port Ethernet1/9 access vlan 1 successfully
Set the port Ethernet1/10 access vlan 1 successfully
Set the port Ethernet1/11 access vlan 1 successfully
Set the port Ethernet1/12 access vlan 1 successfully
DCS-3950-1(config-vlan 1)#exit
DCS-3950-1(config)#vlan 2
DCS-3950-1(config-vlan 2)#switchport interface e1/13-24       ! 接口 13～24 加入 VLAN 2
```

```
Set the port Ethernet1/13 access vlan 2 successfully
Set the port Ethernet1/14 access vlan 2 successfully
Set the port Ethernet1/15 access vlan 2 successfully
Set the port Ethernet1/16 access vlan 2 successfully
Set the port Ethernet1/17 access vlan 2 successfully
Set the port Ethernet1/18 access vlan 2 successfully
Set the port Ethernet1/19 access vlan 2 successfully
Set the port Ethernet1/20 access vlan 2 successfully
Set the port Ethernet1/21 access vlan 2 successfully
Set the port Ethernet1/22 access vlan 2 successfully
Set the port Ethernet1/23 access vlan 2 successfully
Set the port Ethernet1/24 access vlan 2 successfully
DCS-3950-1(config-vlan 2)#exit
```

步骤 3： 将交换机间所有链路设置为 Trunk 端口，并允许所有 VLAN 通过。

```
DCS-3950-1(config)#interface e1/1-2
DCS-3950-1(config-if-port-range)#switchport mode trunk
                                        ！接口 1～2 设置为 Trunk 接口
Set the port Ethernet1/1 mode Trunk successfully
Set the port Ethernet1/2 mode Trunk successfully
DCS-3950-1(config-if-port-range)#switchport trunk allowed vlan all
                                        ！允许所有 VLAN 数据通过
DCS-3950-1(config-if-port-range)#exit
```

步骤 4： 查看交换机 VLAN 信息。

```
DCS-3950-1(config)#show vlan
VLAN Name          Type       Media     Ports
---- ------------ ---------- --------- ----------------------------------------
1    default       Static     ENET      Ethernet1/1          Ethernet1/2
                                        Ethernet1/3          Ethernet1/4
                                        Ethernet1/5          Ethernet1/6
                                        Ethernet1/7          Ethernet1/8
                                        Ethernet1/9          Ethernet1/10
                                        Ethernet1/11         Ethernet1/12
                                        Ethernet1/25         Ethernet1/26
                                        Ethernet1/27         Ethernet1/28
2    VLAN 0002     Static     ENET      Ethernet1/1(T)       Ethernet1/2(T)
                                        Ethernet1/13         Ethernet1/14
                                        Ethernet1/15         Ethernet1/16
                                        Ethernet1/17         Ethernet1/18
                                        Ethernet1/19         Ethernet1/20
                                        Ethernet1/21         Ethernet1/22
                                        Ethernet1/23         Ethernet1/24
```

可以看到交换机 DCS-3950-1 有 2 个 VLAN，接口 1 和 2 为 Trunk 端口，接口 3～12 属于 VLAN 1，接口 13～24 属于 VLAN 2。

（4）DCS-3950-2 的配置

步骤 1：给交换机设置标识符。

```
DCS-3950-28C>enable
DCS-3950-28C#config
DCS-3950-28C(config)#hostname DCS-3950-2                    ！设置交换机名为 DCS-3950-2
```

步骤 2：创建相应 VLAN，加入相应端口。

```
DCS-3950-2(config)#vlan 1
DCS-3950-2(config-vlan 1)#switchport interface e1/1-12      ！接口 1～12 加入 VLAN 1
Set the port Ethernet1/1 access vlan 1 successfully
Set the port Ethernet1/2 access vlan 1 successfully
Set the port Ethernet1/3 access vlan 1 successfully
Set the port Ethernet1/4 access vlan 1 successfully
Set the port Ethernet1/5 access vlan 1 successfully
Set the port Ethernet1/6 access vlan 1 successfully
Set the port Ethernet1/7 access vlan 1 successfully
Set the port Ethernet1/8 access vlan 1 successfully
Set the port Ethernet1/9 access vlan 1 successfully
Set the port Ethernet1/10 access vlan 1 successfully
Set the port Ethernet1/11 access vlan 1 successfully
Set the port Ethernet1/12 access vlan 1 successfully
DCS-3950-2(config-vlan 1)#exit
DCS-3950-2(config)#vlan 2
DCS-3950-2(config-vlan 2)#switchport interface e1/13-24     ！接口 13～24 加入 VLAN 2
Set the port Ethernet1/13 access vlan 2 successfully
Set the port Ethernet1/14 access vlan 2 successfully
Set the port Ethernet1/15 access vlan 2 successfully
Set the port Ethernet1/16 access vlan 2 successfully
Set the port Ethernet1/17 access vlan 2 successfully
Set the port Ethernet1/18 access vlan 2 successfully
Set the port Ethernet1/19 access vlan 2 successfully
Set the port Ethernet1/20 access vlan 2 successfully
Set the port Ethernet1/21 access vlan 2 successfully
Set the port Ethernet1/22 access vlan 2 successfully
Set the port Ethernet1/23 access vlan 2 successfully
Set the port Ethernet1/24 access vlan 2 successfully
DCS-3950-2(config-vlan 2)#exit
```

步骤 3：将交换机间所有链路设置为 Trunk 端口，并允许所有 VLAN 通过。

```
DCS-3950-2(config)#interface e1/1-2
DCS-3950-2(config-if-port-range)#switchport mode trunk      ！接口 1 和 2 为 Trunk 端口
```

```
Set the port Ethernet1/1 mode Trunk successfully
Set the port Ethernet1/2 mode Trunk successfully
DCS-3950-2(config-if-port-range)#switchport trunk allowed vlan all
                                                        ！允许所有 VLAN 通过
DCS-3950-2(config-if-port-range)#exit
```

步骤 4： 查看交换机 VLAN 信息。

```
DCS-3950-2(config)#show vlan
VLAN Name          Type       Media      Ports
---- ------------ ---------- --------- ----------------------------------------
1    default      Static     ENET       Ethernet1/1          Ethernet1/2
                                        Ethernet1/3          Ethernet1/4
                                        Ethernet1/5          Ethernet1/6
                                        Ethernet1/7          Ethernet1/8
                                        Ethernet1/9          Ethernet1/10
                                        Ethernet1/11         Ethernet1/12
                                        Ethernet1/25         Ethernet1/26
                                        Ethernet1/27         Ethernet1/28
2    VLAN 0002    Static     ENET       Ethernet1/1(T)       Ethernet1/2(T)
                                        Ethernet1/13         Ethernet1/14
                                        Ethernet1/15         Ethernet1/16
                                        Ethernet1/17         Ethernet1/18
                                        Ethernet1/19         Ethernet1/20
                                        Ethernet1/21         Ethernet1/22
                                        Ethernet1/23         Ethernet1/24
```

可以看到交换机 DCS-3950-2 有 2 个 VLAN，接口 1 和 2 为 Trunk 端口，接口 3～12 属于 VLAN 1，接口 13～24 属于 VLAN 2。

4．**配置生成树协议**

任务要求：在所有交换机上启动 MSTP 协议，MSTP 域名设置为 shangwu，建立两个实例 0 和 1，VLAN 1、VLAN 3 和 VLAN 4 加入实例 0，VLAN 2 加入实例 1。设置 DCRS-5650-1 在实例 0 中的优先级为 4096，并设置 DCRS-5650-2 在实例 1 中的优先级为 4096。

（1）DCRS-5650-1 的配置

步骤 1： 启用生成树，并设置生成树模式为 MSTP。

```
DCRS-5650-1(config)#spanning-tree                        ！启动生成树协议
MSTP is starting now, please wait............
MSTP is enabled success
DCRS-5650-1(config)#spanning-tree mode mstp              ！设置 STP 模式为 MSTP
```

步骤 2： 按照任务要求，配置生成树。

```
DCRS-5650-1(config)#spanning-tree mst configuration               ！进入 MST 配置视图
DCRS-5650-1(Config-Mstp-Region)#name shangwu                      ！设置 MSTP 域名为 shangwu
DCRS-5650-1(Config-Mstp-Region)#instance 0 vlan 1;3;4             ！VLAN 1、3 和 4 加入实例 0
DCRS-5650-1(Config-Mstp-Region)#instance 1 vlan 2                 ！VLAN 2 加入实例 1
```

```
DCRS-5650-1(Config-Mstp-Region)#exit
```

<u>步骤 3：</u>设置 DCRS-5650-1 在实例 0 中的优先级为 4096。

```
DCRS-5650-1(config)#spanning-tree mst 0 priority 4096
                                        ！设置本交换机在实例 0 中的优先级为 4096
```

（2）DCRS-5650-2 的配置

<u>步骤 1：</u>启用生成树，并设置生成树模式为 MSTP。

```
DCRS-5650-2(config)#spanning-tree                      ！启用生成树协议
MSTP is starting now, please wait............
MSTP is enabled success
DCRS-5650-2(config)#spanning-tree mode mstp            ！设置 STP 模式为 MSTP
```

<u>步骤 2：</u>按照任务要求，配置生成树。

```
DCRS-5650-2(config)#spanning-tree mst configuration             ！进入 MST 配置视图
DCRS-5650-2(Config-Mstp-Region)#name shangwu                    ！设置 MSTP 域名为 shangwu
DCRS-5650-2(Config-Mstp-Region)#instance 0 vlan 1;3;4           ！VLAN 1、3 和 4 加入实例 0
DCRS-5650-2(Config-Mstp-Region)#instance 1 vlan 2               ！VLAN 2 加入实例 1
DCRS-5650-2(Config-Mstp-Region)#exit
```

<u>步骤 3：</u>设置 DCRS-5650-2 在实例 1 中的优先级为 4096。

```
DCRS-5650-2(config)#spanning-tree mst 1 priority 4096
                                        ！设置本交换机在实例 1 中的优先级为 4096
```

（3）DCS-3950-1 的配置

<u>步骤 1：</u>启用生成树，并设置生成树模式为 MSTP

```
DCS-3950-1(config)#spanning-tree                       ！启用生成树协议
MSTP has already been enabled.
DCS-3950-1(config)#spanning-tree mode mstp             ！设置 STP 模式为 MSTP
```

<u>步骤 2：</u>按照任务要求，配置生成树。

```
DCS-3950-1(config)#spanning-tree mst configuration              ！进入 MST 配置视图
DCS-3950-1(config-mstp-region)#name shangwu                     ！设置 MSTP 域名为 shangwu
DCS-3950-1(config-mstp-region)#instance 0 vlan 1                ！VLAN 1 加入实例 0
DCS-3950-1(config-mstp-region)#instance 1 vlan 2                ！VLAN 2 加入实例 1
DCS-3950-1(config-mstp-region)#exit
```

（4）DCS-3950-2 的配置

<u>步骤 1：</u>启用生成树，并设置生成树模式为 MSTP。

```
DCS-3950-2(config)#spanning-tree                       ！启用生成树协议
MSTP has already been enabled.
DCS-3950-2(config)#spanning-tree mode mstp             ！设置 STP 模式为 MSTP
```

<u>步骤 2：</u>按照任务要求，配置生成树。

```
DCS-3950-2(config)#spanning-tree mst configuration              ！进入 MST 配置视图
DCS-3950-2(config-mstp-region)#name shangwu                     ！设置 MSTP 域名为 shangwu
DCS-3950-2(config-mstp-region)#instance 0 vlan 1                ！VLAN 1 加入实例 0
DCS-3950-2(config-mstp-region)#instance 1 vlan 2                ！VLAN 2 加入实例 1
DCS-3950-2(config-mstp-region)#exit
```

5. 规划并配置 IP 地址

任务要求：把主公司、子公司和电信网络中的所有设备按表 5-1 进行设置。

表 5-1 设置 IP 地址

设　备	接　口	IP 地址
DCFW-1800-1	E0/0	192.168.1.1/24
	E0/1	192.168.2.1/24
	E0/2	192.168.4.1/24
	E0/4	14.1.196.2/24
DCFW-1800-2	E0/1	192.168.30.1/24
	E0/4	36.0.0.1/24
DCR-2600-1	F0/0	14.1.196.1/24
	S0/1	27.16.0.1/24
DCR-2600-2	F0/0	36.0.0.2/24
	S0/2	27.16.0.2/24
DCRS-5650-1	VLAN 1	192.168.10.254/24
	VLAN 2	192.168.20.254/24
	VLAN 3	192.168.1.2/24
DCRS-5650-1	VLAN 1	192.168.10.253/24
	VLAN 2	192.168.20.253/24
	VLAN 4	192.168.2.2/24

此公司的网络拓扑如图 5-3 所示。

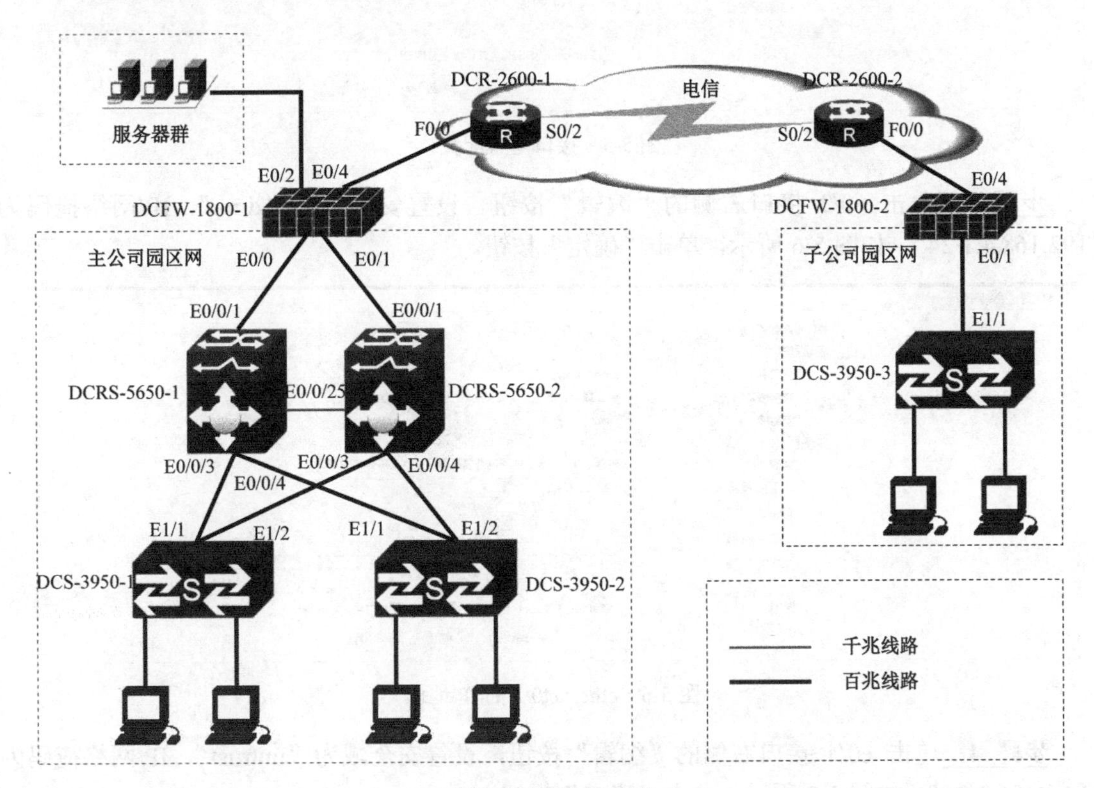

图 5-3 网络拓扑图

（1）DCFW-1800-1 的配置

步骤 1：登录防火墙“DCFW-1800-1”，选择“网络”→“接口”选项，进入如图 5-4 所示界面，ethernet0/0 的 IP 地址默认为 192.168.1.1/24，安全域为“trust”。

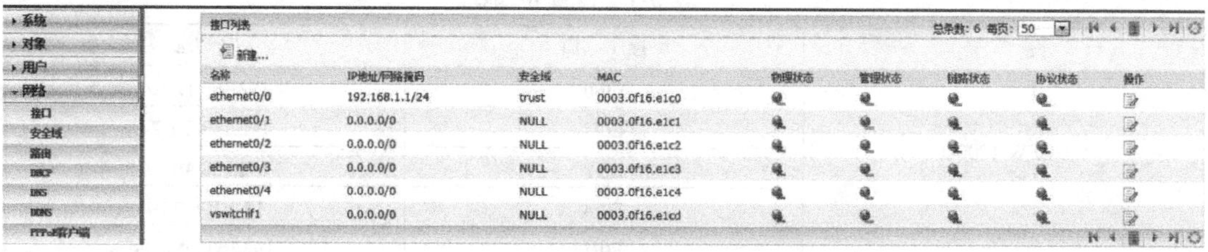

系统
对象
用户
网络
接口
安全域
路由
DHCP
DNS
DDNS
PPPoE客户端

接口列表　　总条数：6 每页：50

新建...

名称	IP地址/网络掩码	安全域	MAC	物理状态	管理状态	链路状态	协议状态	操作
ethernet0/0	192.168.1.1/24	trust	0003.0f16.e1c0					
ethernet0/1	0.0.0.0/0	NULL	0003.0f16.e1c1					
ethernet0/2	0.0.0.0/0	NULL	0003.0f16.e1c2					
ethernet0/3	0.0.0.0/0	NULL	0003.0f16.e1c3					
ethernet0/4	0.0.0.0/0	NULL	0003.0f16.e1c4					
vswitchif1	0.0.0.0/0	NULL	0003.0f16.e1cd					

图 5-4　网络接口的设置

步骤二：单击“编辑”按钮，设置安全域为“trust”，IP/网络掩码为“192.168.2.1/24”，如图 5-5 所示，单击“确定”按钮。

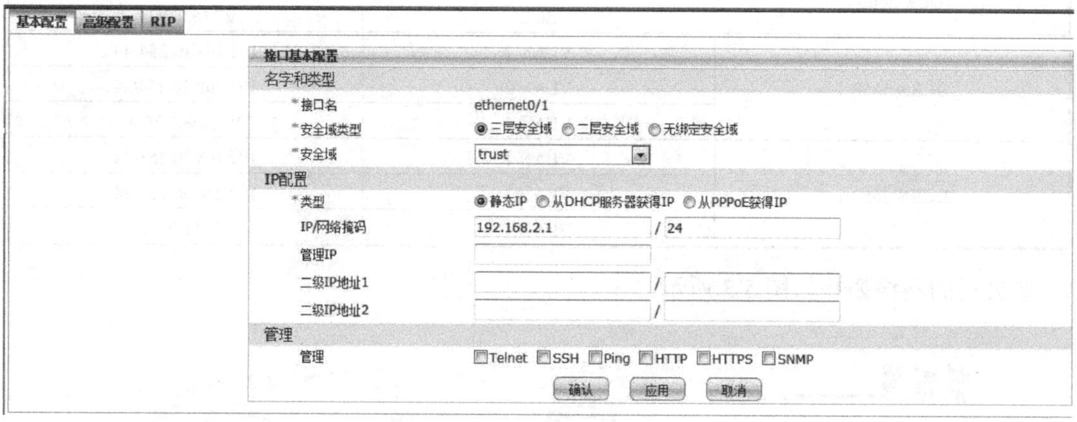

基本配置　高级配置　RIP

接口基本配置
名字和类型
*接口名　ethernet0/1
*安全域类型　◉三层安全域 ○二层安全域 ○无绑定安全域
*安全域　trust
IP配置
*类型　◉静态IP ○从DHCP服务器获得IP ○从PPPoE获得IP
IP/网络掩码　192.168.2.1 / 24
管理IP
二级IP地址1　/
二级IP地址2　/
管理
管理　☐Telnet ☐SSH ☐Ping ☐HTTP ☐HTTPS ☐SNMP
确认　应用　取消

图 5-5　接口基本配置

步骤 3：单击 e0/2 接口右侧的“编辑”按钮，设置安全域为“dmz”，IP/网络掩码为“192.168.4.1/24”，如图 5-6 所示，单击“确定”按钮。

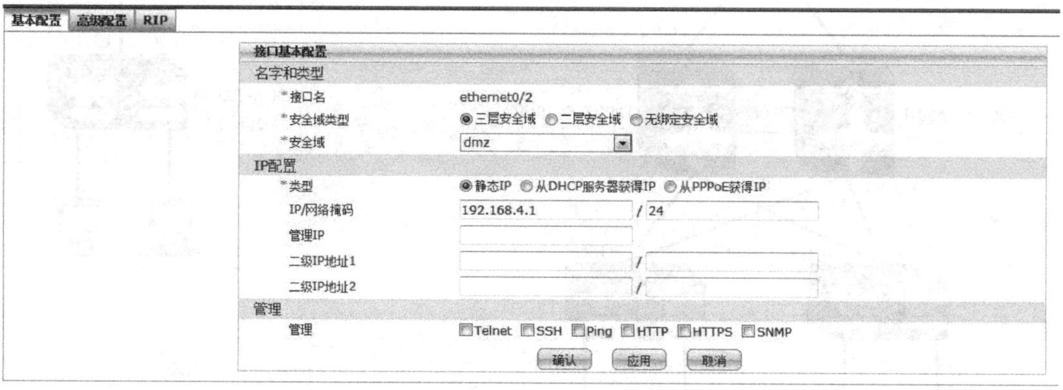

基本配置　高级配置　RIP

接口基本配置
名字和类型
*接口名　ethernet0/2
*安全域类型　◉三层安全域 ○二层安全域 ○无绑定安全域
*安全域　dmz
IP配置
*类型　◉静态IP ○从DHCP服务器获得IP ○从PPPoE获得IP
IP/网络掩码　192.168.4.1 / 24
管理IP
二级IP地址1　/
二级IP地址2　/
管理
管理　☐Telnet ☐SSH ☐Ping ☐HTTP ☐HTTPS ☐SNMP
确认　应用　取消

图 5-6　ethernet0/2 的 IP 地址

步骤 4：单击 e0/4 接口右侧的“编辑”按钮，设置安全域为“untrust”，IP/网络掩码为“14.1.196.2/24”，如图 5-7 所示，单击“确定”按钮。

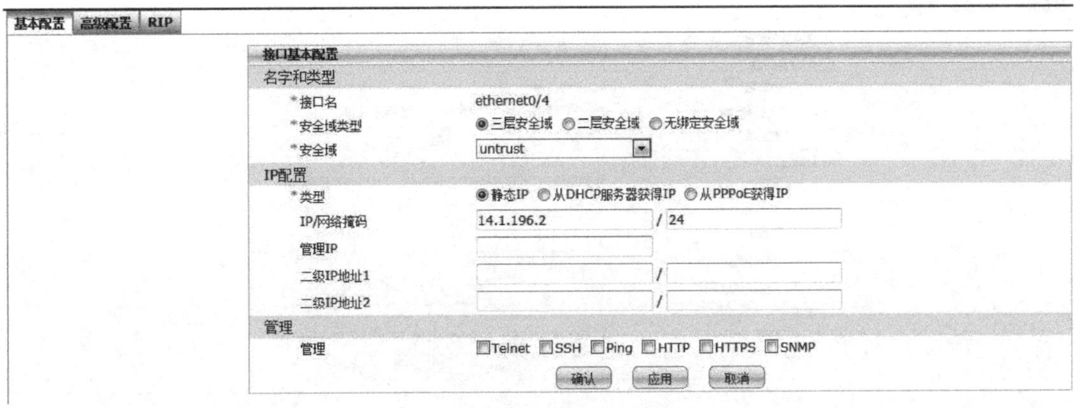

基本配置
高级配置
RIP
接口基本配置
名字和类型
*接口名
ethernet0/4
*安全域类型
三层安全域 二层安全域 无绑定安全域
*安全域
untrust
IP配置
*类型
静态IP 从DHCP服务器获得IP 从PPPoE获得IP
IP/网络掩码
14.1.196.2
/ 24
管理IP
二级IP地址1
二级IP地址2
管理
Telnet SSH Ping HTTP HTTPS SNMP
确认
应用
取消

图 5-7　ethernet0/4 的 IP 地址

（2）DCFW-1800-2 的配置

<u>**步骤 1：**</u>登录防火墙“DCFW-1800-2”，选择“网络”→“接口”选项，进入如图 5-8 所示界面。

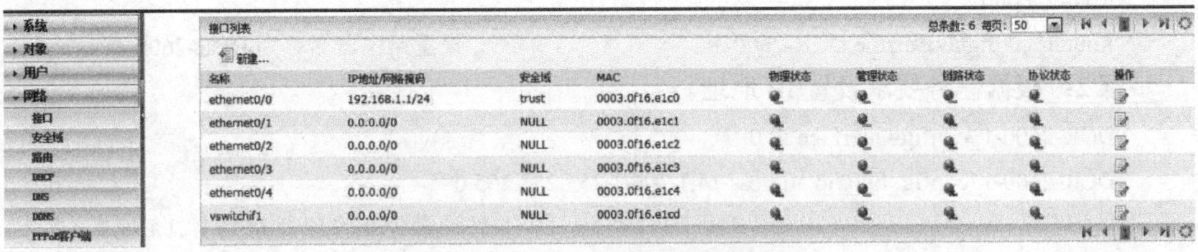

系统
对象
用户
网络
接口
安全域
路由
DHCP
DNS
DDNS
PPPoE客户端
接口列表
总条数：6 每页：50
新建...
名称
IP地址/网络掩码
安全域
MAC
物理状态
管理状态
链路状态
协议状态
操作
ethernet0/0 192.168.1.1/24 trust 0003.0f16.e1c0
ethernet0/1 0.0.0.0/0 NULL 0003.0f16.e1c1
ethernet0/2 0.0.0.0/0 NULL 0003.0f16.e1c2
ethernet0/3 0.0.0.0/0 NULL 0003.0f16.e1c3
ethernet0/4 0.0.0.0/0 NULL 0003.0f16.e1c4
vswitchif1 0.0.0.0/0 NULL 0003.0f16.e1cd

图 5-8　网络接口的设置

<u>**步骤 2：**</u>单击 e0/0 右侧的“编辑”按钮，设置安全域为“trust”，IP/网络掩码为“192.168.30.1/24”，如图 5-9 所示，单击“确定”按钮。

基本配置
高级配置
RIP
接口基本配置
名字和类型
*接口名
ethernet0/0
*安全域类型
三层安全域 二层安全域 无绑定安全域
*安全域
trust
IP配置
*类型
静态IP 从DHCP服务器获得IP 从PPPoE获得IP
IP/网络掩码
192.168.30.1
/ 24
管理IP
二级IP地址1
二级IP地址2
管理
Telnet SSH Ping HTTP HTTPS SNMP
确认
应用
取消

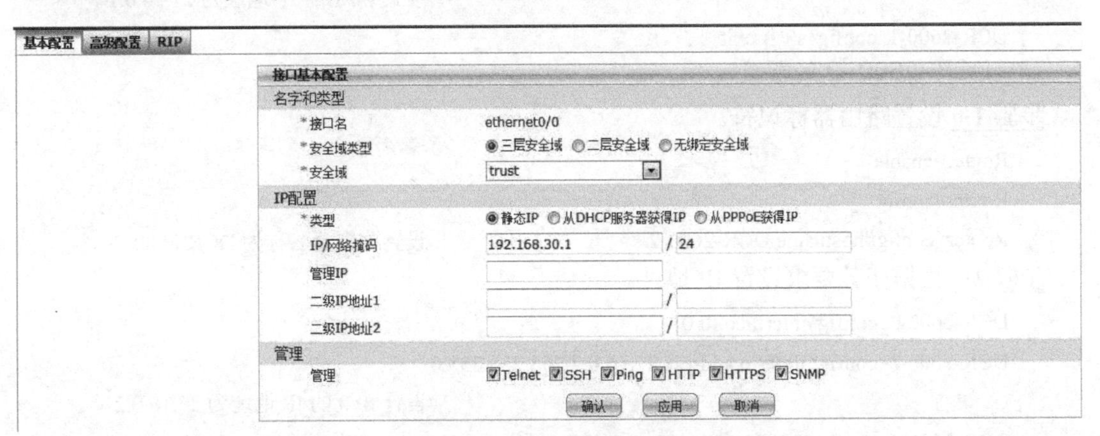

图 5-9　ethernet0/0 的 IP 地址

<u>**步骤 3：**</u>单击 e0/4 右侧的“编辑”按钮，设置安全域为“untrust”，IP/网络掩码为“36.0.0.1/24”，如图 5-10 所示，单击“确定”按钮。

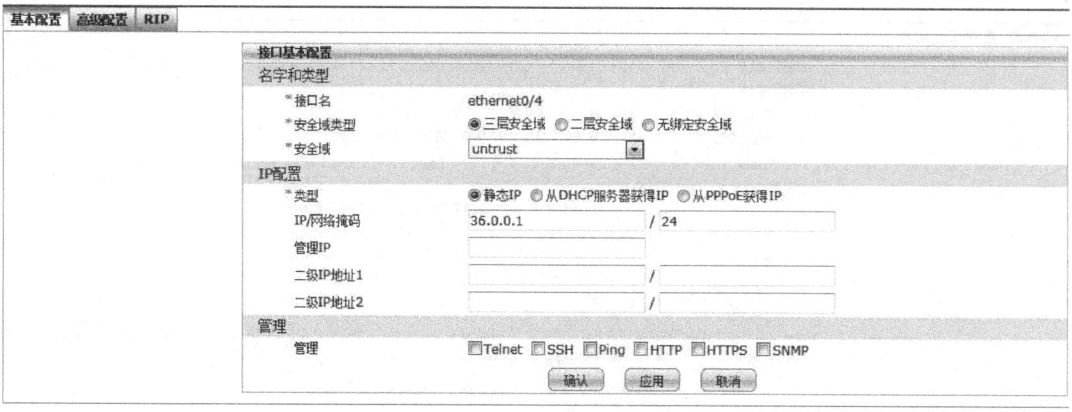

图 5-10　ethernet0/4 的 IP 地址

（3）DCR-2600-1 的配置

步骤 1：设置路由器标识符。

```
Router>enable
Router#config
Router_config#hostname DCR-2600-1                    ! 设置路由器名称为 DCR-2600-1
```

步骤 2：根据任务要求设置 IP 地址。

```
DCR-2600-1_config#interface f0/0
DCR-2600-1_config_f0/0#ip address 14.1.196.1 255.255.255.0
                                                     ! 设置 f0/0 的 IP 地址为 14.1.196.1
DCR-2600-1_config_f0/0#exit
DCR-2600-1_config#interface s0/1
DCR-2600-1_config_s0/1#ip address 27.16.0.1 255.255.255.0
                                                     ! 设置 S0/1 的 IP 地址为 27.16.0.1
DCR-2600-1_config_s0/1#exit
```

（4）DCR-2600-2 的配置

步骤 1：设置路由器标识符。

```
Router>enable
Router#config
Router_config#hostname DCR-2600-2                    ! 设置路由器名称为 DCR-2600-2
```

步骤 2：根据任务要求设置 IP 地址。

```
DCR-2600-2_config#interface f0/0
DCR-2600-2_config_f0/0#ip address 27.16.0.2 255.255.255.0
                                                     ! 设置 f0/0 的 IP 地址为 27.16.0.2
DCR-2600-2_config_f0/0#exit
DCR-2600-2_config#interface s0/2
DCR-2600-2_config_s0/2#ip address 36.0.0.2 255.255.255.0
                                                     ! 设置 s0/2 的 IP 地址为 36.0.0.2
DCR-2600-2_config_s0/2#exit
```

（5）DCRS-5650-1 的配置

步骤：根据任务要求，设置 VLAN 的 IP 地址。

```
DCRS-5650-1>enable
DCRS-5650-1#config
DCRS-5650-1(config)#interface vlan 1
DCRS-5650-1(Config-if-Vlan 1)#ip address 192.168.10.254 255.255.255.0
                                        ！设置 VLAN 1 的 IP 地址为 192.168.10.254
DCRS-5650-1(Config-if-Vlan 1)#exit
DCRS-5650-1(config)#interface vlan 2
DCRS-5650-1(Config-if-Vlan 2)#ip address 192.168.20.254 255.255.255.0
                                        ！设置 VLAN 2 的 IP 地址为 192.168.20.254
DCRS-5650-1(Config-if-Vlan 2)#exit
DCRS-5650-1(config)#interface vlan 3
DCRS-5650-1(Config-if-Vlan 3)#ip address 192.168.1.2 255.255.255.0
                                        ！设置 VLAN 3 的 IP 地址为 192.168.1.2
DCRS-5650-1(Config-if-Vlan 3)#exit
```

（6）DCRS-5650-2 的配置

步骤：根据任务要求，设置 VLAN 的 IP 地址。

```
DCRS-5650-2>enable
DCRS-5650-2#config
DCRS-5650-2(config)#interface vlan 1
DCRS-5650-2(Config-if-Vlan 1)#ip address 192.168.10.253 255.255.255.0
                                        ！设置 VLAN 1 的 IP 地址为 192.168.10.253
DCRS-5650-2(Config-if-Vlan 1)#exit
DCRS-5650-2(config)#interface vlan 2
DCRS-5650-2(Config-if-Vlan 2)#ip address 192.168.20.253 255.255.255.0
                                        ！设置 VLAN 2 的 IP 地址为 192.168.20.253
DCRS-5650-2(Config-if-Vlan 2)#exit
DCRS-5650-2(config)#interface vlan 4
DCRS-5650-2(Config-if-Vlan 4)#ip address 192.168.2.2 255.255.255.0
                                        ！设置 VLAN 4 的 IP 地址为 192.168.2.2
DCRS-5650-2(Config-if-Vlan 4)#exit
```

经过以上配置后，所有需要配置 IP 地址的设备已经全部配置完毕。

6. 配置 PPP 认证方式

任务要求：在电信网络中的 DCR-2600-1 的 S0/1 接口和 DCR-2600-2 的 S0/2 接口上启用 PPP 协议，并设置 CHAP 认证，CHAP 认证账号为“2600-1”和“2600-2”，CHAP 认证密码为 dcchina。

（1）DCR-2600-1 的配置

步骤 1：因为 IP 地址已经设置完成，所以直接配置 PPP 协议即可。

```
DCR-2600-1_config#interface s0/1
DCR-2600-1_config_s0/1#encapsulation ppp                ！封装协议为 PPP
```

```
DCR-2600-1_config_s0/1#ppp authentication chap        ! 验证方式为 CHAP
DCR-2600-1_config_s0/1#ppp chap hostname 2600-1       ! CHAP 认证用户为 2600-1
DCR-2600-1_config_s0/1#ppp chap password dcchina      ! CHAP 认证的密码为 dcchina
DCR-2600-1_config_s0/1#exit
```

步骤 2： 设置认证为本地认证，并创建用户。

```
DCR-2600-1_config#aaa authentication ppp default local   ! PPP 认证方式为本地认证
DCR-2600-1_config#username 2600-2 password dcchina
                                                         ! 建立本地用户 2600-2，密码为 dcchina
```

（2）DCR-2600-2 的配置

步骤 1： 因为 IP 地址已设置完成，所以直接配置 PPP 协议即可。

```
DCR-2600-2_config#interface s0/2
DCR-2600-2_config_s0/2#physical-layer speed 2048000   ! 接口速度为 2048000
DCR-2600-2_config_s0/2#encapsulation ppp              ! 封装协议为 PPP
DCR-2600-2_config_s0/2#ppp authentication chap        ! 验证方式为 CHAP
DCR-2600-2_config_s0/2#ppp chap hostname 2600-2       ! CHAP 认证用户为 2600-2
DCR-2600-2_config_s0/2#ppp chap password dcchina      ! CHAP 认证的密码为 dcchina
DCR-2600-2_config_s0/2#exit
```

步骤 2： 设置认证为本地认证，并创建用户。

```
DCR-2600-2_config#aaa authentication ppp delete local    ! PPP 认证方式为本地认证
DCR-2600-2_config#username 2600-1 password dcchina
                                                         ! 建立本地用户 2600-2，密码为 dcchina
```

至此，两台路由器中所有配置已完成，可查看端口状态。

（3）DCR-2600-1 的接口配置

```
DCR-2600-1_config#show interface s0/1                 ! 显示接口 S0/1 的端口状态
Serial0/1 is up, line protocol is up                  ! 物理层 UP，数据链路层 UP
 Mode=Sync DTE
  DTR=UP,DSR=UP,RTS=UP,CTS=UP,DCD=UP
  MTU 1500 bytes, BW 64 kbit, DLY 2000 usec
  Interface address is 27.16.0.1/24
  Encapsulation PPP, loopback not set                          ! 封装协议为 PPP
  Keepalive set(10 sec)
  LCP    Opened
  CHAP Opened,    Message: ' Welcome to Digital China Router'  ! CHAP 认证已启用
  IPCP Opened
       local IP address: 27.16.0.1    remote IP address: 27.16.0.2
  60 second input rate 44 bits/sec, 0 packets/sec!
  60 second output rate 44 bits/sec, 0 packets/sec!
    429 packets input, 11654 bytes, 3 unused_rx, 0 no buffer
    8 input errors, 0 CRC, 7 frame, 0 overrun, 0 ignored, 1 abort
    576 packets output, 15157 bytes, 8 unused_tx, 0 underruns
  error:
```

```
  0 clock, 0 grace
 PowerQUICC SCC specific errors:
  0 recv allocb mblk fail        0 recv no buffer
  0 transmitter queue full       0 transmitter hwqueue_full
```

（4）DCR-2600-2 的接口配置

```
DCR-2600-2_config#show interface s0/2                          ！显示接口 S0/2 的端口状态
Serial0/2 is up, line protocol is up                           ！物理层 UP，数据链路层 UP
 Mode=Sync DCE Speed=2048000
  DTR=UP,DSR=UP,RTS=UP,CTS=UP,DCD=UP
  MTU 1500 bytes, BW 64 kbit, DLY 2000 usec
  Interface address is 27.16.0.2/24
  Encapsulation PPP, loopback not set                          ！封装协议为 PPP
  Keepalive set(10 sec)
  LCP   Opened
  CHAP Opened,   Message: ' Welcome to Digital China Router'   ！CHAP 认证已启用
  IPCP Opened
       local IP address: 27.16.0.2   remote IP address: 27.16.0.1
  60 second input rate 66 bits/sec, 0 packets/sec!
  60 second output rate 62 bits/sec, 0 packets/sec!
    539 packets input, 14245 bytes, 3 unused_rx, 0 no buffer
    0 input errors, 0 CRC, 0 frame, 0 overrun, 0 ignored, 0 abort
    392 packets output, 10734 bytes, 8 unused_tx, 0 underruns
  error:
    0 clock, 0 grace
  PowerQUICC SCC specific errors:
    0 recv allocb mblk fail        0 recv no buffer
0 transmitter queue full       0 transmitter hwqueue_full
```

线路两端的端口状态为物理层 UP、数据链路层 UP，证明 CHAP 验证已通过。

7. **配置 RIP 协议**

任务要求：在主公司的防火墙上建立一条默认路由，网关指向 14.1.196.1。防火墙和三层交换机相应接口上启用 RIP 协议，版本为 RIPv2，并在防火墙上把默认路由引入 RIP 协议。

（1）DCFW-1800-1 的配置

<u>**步骤 1：**</u>选择“网络”→“路由”→“目的路由”选项，进入如图 5-11 所示界面。

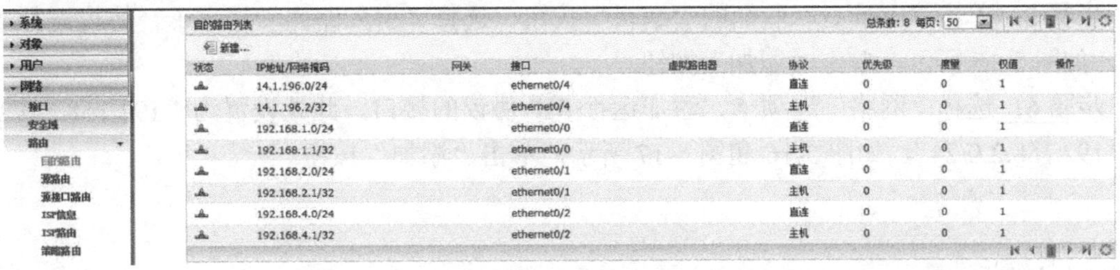
系统
对象
用户
网络
接口
安全域
路由
目的路由
源路由
源接口路由
ISP信息
ISP路由
策略路由
目的路由列表
总条数: 8 每页: 50
新建...
状态 IP地址/网络掩码 网关 接口 虚拟路由器 协议 优先级 度量 权值 操作
14.1.196.0/24 ethernet0/4 直连 0 0 1
14.1.196.2/32 ethernet0/4 主机 0 0 1
192.168.1.0/24 ethernet0/0 直连 0 0 1
192.168.1.1/32 ethernet0/0 主机 0 0 1
192.168.2.0/24 ethernet0/1 直连 0 0 1
192.168.2.1/32 ethernet0/1 主机 0 0 1
192.168.4.0/24 ethernet0/2 直连 0 0 1
192.168.4.1/32 ethernet0/2 主机 0 0 1

图 5-11　目的路由

步骤 2： 单击“新建”按钮，创建默认路由，设置目的 IP 为“0.0.0.0”，子网掩码为“0.0.0.0”，网关为“14.1.196.1”，如图 5-12 所示，单击“确认”按钮。

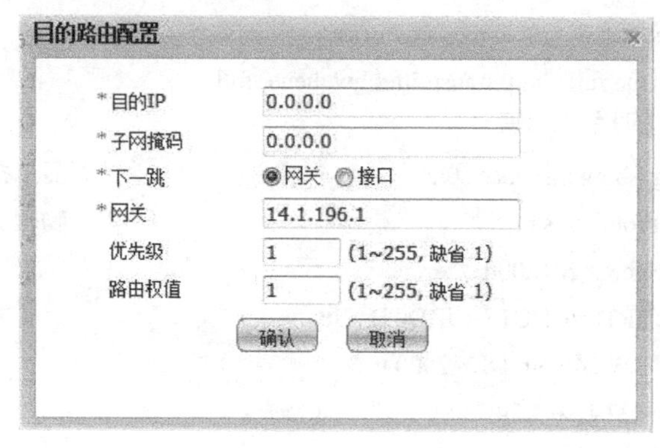

图 5-12　默认路由

步骤 3： 选择“网络”→“路由”→“RIP”选项，进入如图 5-13 所示界面。

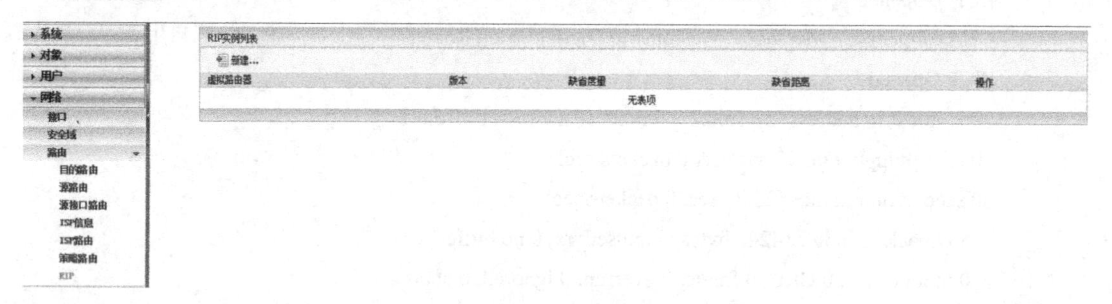

图 5-13　RIP

步骤 4： 单击“新建”按钮，版本选择“V2”，启用“缺省信息发布”，其他部分为默认值，如图 5-14 所示，单击“确认”按钮。

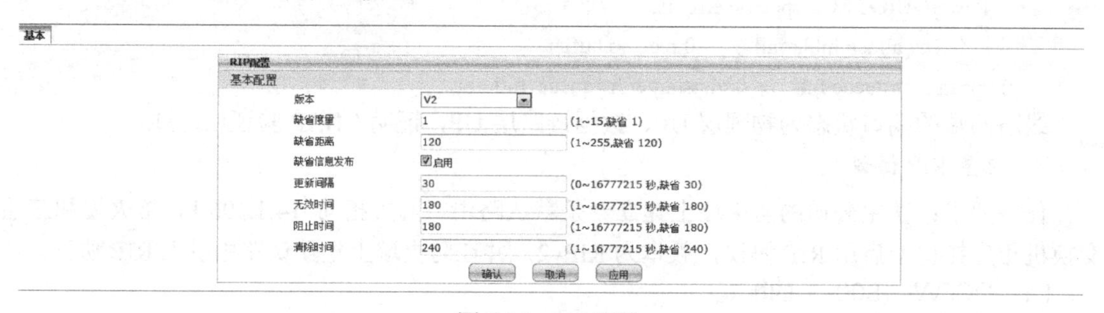

图 5-14　RIP 配置

步骤 5： 单击“trust-vr”右侧的“编辑”按钮，选择“引入路由”选项卡，协议选择“静态”，如图 5-15 所示，单击“添加”按钮。

步骤 6： 选择“网络”选项卡，添加运行 RIP 协议的接口，此处设置为“192.168.1.0/24”和“192.168.2.0/24”，如图 5-16 和图 5-17 所示，单击“添加”按钮。

基本 引入路由 被动接口 邻居 网络 距离 数据库

RIP配置

再发布路由配置

*协议 静态

*度量 1 (1~15, 缺省 1)

添加

再发布路由列表

协议	度量	操作
无表项		

图 5-15 引入路由

基本 引入路由 被动接口 邻居 网络 距离 数据库

RIP配置

网络配置

*网络（IP地址/掩码） 192.168.1.0 / 24

添加

网络日志列表

No.	IP地址/网络掩码	操作
无表项		

图 5-16 网络设置（一）

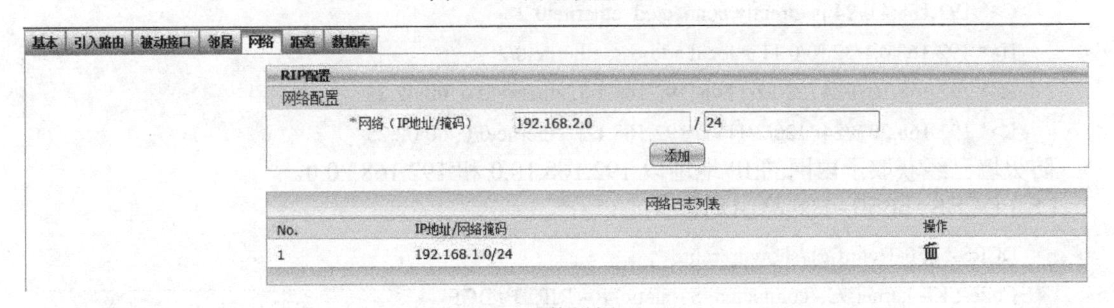

图 5-17 网络设置（二）

（2）DCRS-5650-1 的配置

步骤：配置 RIP 协议。

```
DCRS-5650-1(config)#router rip                              ！启用 RIP 协议
DCRS-5650-1(config-router)#version 2                        ！设置版本为 2
DCRS-5650-1(config-router)#network 192.168.10.0/24          ！该网段启用 RIP 协议
DCRS-5650-1(config-router)#network 192.168.20.0/24          ！该网段启用 RIP 协议
DCRS-5650-1(config-router)#network 192.168.1.0/24           ！该网段启用 RIP 协议
DCRS-5650-1(config-router)#exit
```

（3）DCRS-5650-2 的配置

步骤：配置 RIP 协议。

```
DCRS-5650-2(config)#router rip                              ！启用 RIP 协议
DCRS-5650-2(config-router)#version 2                        ！设置版本为 2
DCRS-5650-2(config-router)#network 192.168.10.0/24          ！该网段启用 RIP 协议
DCRS-5650-2(config-router)#network 192.168.20.0/24          ！该网段启用 RIP 协议
DCRS-5650-2(config-router)#network 192.168.2.0/24           ！该网段启用 RIP 协议
DCRS-5650-2(config-router)#exit
```

全部配置完成后，查看路由表。

（4）DCFW-1800-1 的配置

```
DCFW-1800-1(config)# show ip route
Codes: K - kernel route, C - connected, S - static, I - ISP, R - RIP, O - OSPF,
       B - BGP, D - DHCP, P - PPPoE, H - HOST, G - SCVPN, V - VPN, M - IMPORT,
       > - selected route, * - FIB route

Routing Table for Virtual Router <trust-vr>
================================================================================
S>* 0.0.0.0/0 [1/0/1] via 14.1.196.1, ethernet0/4          ! 默认路由
C>* 14.1.196.0/24 is directly connected, ethernet0/4
H>* 14.1.196.2/32 [0/0/1] is local address, ethernet0/4
C>* 192.168.1.0/24 is directly connected, ethernet0/0
H>* 192.168.1.1/32 [0/0/1] is local address, ethernet0/0
C>* 192.168.2.0/24 is directly connected, ethernet0/1
H>* 192.168.2.1/32 [0/0/1] is local address, ethernet0/1
C>* 192.168.4.0/24 is directly connected, ethernet0/2
H>* 192.168.4.1/32 [0/0/1] is local address, ethernet0/2
R>* 192.168.10.0/24 [120/2/1] via 192.168.1.2, ethernet0/0, 00:02:25
R>* 192.168.20.0/24 [120/2/1] via 192.168.1.2, ethernet0/0, 00:02:25
```

防火墙已经获取了内网的 IP 地址段 192.168.10.0 和 192.168.20.0。

（5）DCRS-5650-1 的路由配置

```
DCRS-5650-1(config)#show ip route
Codes: K - kernel, C - connected, S - static, R - RIP, B - BGP
       O - OSPF, IA - OSPF inter area
       N1 - OSPF NSSA external type 1, N2 - OSPF NSSA external type 2
       E1 - OSPF external type 1, E2 - OSPF external type 2
       i - IS-IS, L1 - IS-IS level-1, L2 - IS-IS level-2, ia - IS-IS inter area
       * - candidate default
Gateway of last resort is 192.168.1.1 to network 0.0.0.0
R*      0.0.0.0/0 [120/2] via 192.168.1.1, Vlan 3, 00:00:17
C       127.0.0.0/8 is directly connected, Loopback
C       192.168.1.0/24 is directly connected, Vlan 3
R       192.168.2.0/24 [120/2] via 192.168.1.1, Vlan 3, 00:00:17
C       192.168.10.0/24 is directly connected, Vlan 1
C       192.168.20.0/24 is directly connected, Vlan 2
```

路由器 DCRS-5650-1 通过 RIP 协议获取了默认路由和 192.168.2.0 网段的路由表项。

（6）DCRS-5650-2 的路由配置

```
DCRS-5650-2(config)#show ip route
Codes: K - kernel, C - connected, S - static, R - RIP, B - BGP
       O - OSPF, IA - OSPF inter area
```

```
        N1 - OSPF NSSA external type 1, N2 - OSPF NSSA external type 2
        E1 - OSPF external type 1, E2 - OSPF external type 2
        i - IS-IS, L1 - IS-IS level-1, L2 - IS-IS level-2, ia - IS-IS inter area
        * - candidate default
Gateway of last resort is 192.168.2.1 to network 0.0.0.0
R*      0.0.0.0/0 [120/2] via 192.168.2.1, Vlan 4, 00:00:55
C       127.0.0.0/8 is directly connected, Loopback
R       192.168.1.0/24 [120/2] via 192.168.10.254, Vlan 1, 00:03:26
C       192.168.2.0/24 is directly connected, Vlan 4
C       192.168.10.0/24 is directly connected, Vlan 1
C       192.168.20.0/24 is directly connected, Vlan 2
```

路由器 DCRS-5650-2 通过 RIP 协议获取了默认路由和 192.168.1.0 网段的路由表项。

8. **配置 OSPF 路由协议**

任务要求：在路由器和防火墙上启用 OSPF 路由协议，并且相应网段都属于区域 0。

（1）DCFW-1800-1 的配置

步骤 1：进入虚拟路由器。

```
DCFW-1800-1(config)# ip vrouter trust-vr                    ! 进入虚拟路由器
```

步骤 2：配置 OSPF 协议。

```
DCFW-1800-1(config-vrouter)# router ospf                    ! 启用 OSPF 路由协议
DCFW-1800-1(config-router)# router-id 14.1.196.2            ! 设置 router-id
DCFW-1800-1(config-router)# network 14.1.176.0/24 area 0    ! 此网段属于区域 0
DCFW-1800-1(config-router)# exit
```

（2）DCFW-1800-2 的配置

步骤 1：进入虚拟路由器。

```
DCFW-1800-2(config)# ip vrouter trust-vr                    ! 进入虚拟路由器
```

步骤 2：配置 OSPF 协议。

```
DCFW-1800-2(config-vrouter)# router ospf                    ! 启用 OSPF 路由协议
DCFW-1800-2(config-router)# router-id 36.0.0.1              ! 设置 router-id
DCFW-1800-2(config-router)# network 36.0.0.0/24 area 0      ! 此网段属于区域 0
DCFW-1800-2(config-router)# exit
```

（3）DCR-2600-1 配置 OSPF 协议

```
DCR-2600-1_config#router ospf 1                             ! 启用 OSPF 协议
DCR-2600-1_config_ospf_1#network 14.1.196.0 255.255.255.0 area 0
                                                            ! 此网段属于区域 0
DCR-2600-1_config_ospf_1#network 27.16.0.0    255.255.255.0 area 0
                                                            ! 此网段属于区域 0
DCR-2600-1_config_ospf_1#exit
```

（4）DCR-2600-2 配置 OSPF 协议

```
DCR-2600-2_config#router ospf 1                             ! 启用 OSPF 路由协议
DCR-2600-2_config_ospf_1#network 36.0.0.0 255.255.255.0 area 0
```

```
                                                    ！此网段属于区域 0
DCR-2600-2_config_ospf_1#network 27.16.0.0  255.255.255.0 area 0
                                                    ！此网段属于区域 0
DCR-2600-2_config_ospf_1#exit
```

全部配置完成后，可查看路由表以验证配置结果。

查看 DCFW-1800-1 的路由表。

```
DCFW-1800-1(config)# show ip route                  ！显示路由表项
Codes: K - kernel route, C - connected, S - static, I - ISP, R - RIP, O - OSPF,
       B - BGP, D - DHCP, P - PPPoE, H - HOST, G - SCVPN, V - VPN, M - IMPORT,
       > - selected route, * - FIB route

Routing Table for Virtual Router <trust-vr>
===============================================================================
C>* 14.1.196.0/24 is directly connected, ethernet0/4
H>* 14.1.196.2/32 [0/0/1] is local address, ethernet0/4
O>* 27.16.0.0/24 [110/1601/1] via 14.1.196.1, ethernet0/4, 00:00:27
O>* 36.0.0.0/24 [110/1602/1] via 14.1.196.1, ethernet0/4, 00:00:27
===============================================================================
```

防火墙通过 OSPF 路由协议获得了网段 27.16.0.0 和 36.0.0.0 的路由表项。

查看 DCFW-1800-2 的路由表。

```
DCFW-1800-2(config)# show ip route                  ！显示路由表项
Codes: K - kernel route, C - connected, S - static, I - ISP, R - RIP, O - OSPF,
       B - BGP, D - DHCP, P - PPPoE, H - HOST, G - SCVPN, V - VPN, M - IMPORT,
       > - selected route, * - FIB route

Routing Table for Virtual Router <trust-vr>
===============================================================================
O>* 14.1.196.0/24 [110/1602/1] via 36.0.0.2, ethernet0/4, 00:02:43
O>* 27.16.0.0/24 [110/1601/1] via 36.0.0.2, ethernet0/4, 00:02:43
C>* 36.0.0.0/24 is directly connected, ethernet0/4
H>* 36.0.0.1/32 [0/0/1] is local address, ethernet0/4
===============================================================================
```

防火墙通过 OSPF 路由协议获得了网段 27.16.0.0 和 14.1.196.0 的路由表项。

查看 DCR-2600-1 的路由表。

```
DCR-2600-1_config#show ip route                     ！显示路由表项
Codes: C - connected, S - static, R - RIP, B - BGP, BC - BGP connected
       D - BEIGRP, DEX - external BEIGRP, O - OSPF, OIA - OSPF inter area
       ON1 - OSPF NSSA external type 1, ON2 - OSPF NSSA external type 2
       OE1 - OSPF external type 1, OE2 - OSPF external type 2
       DHCP - DHCP type, L1 - IS-IS level-1, L2 - IS-IS level-2
```

```
VRF ID: 0

C        14.1.196.0/24        is directly connected, FastEthernet0/0
C        27.16.0.0/24         is directly connected, Serial0/1
C        27.16.0.2/32         is directly connected, Serial0/1
O        36.0.0.0/24          [110,1601] via 27.16.0.2(on Serial0/1)
```

路由器通过 OSPF 路由协议获得了网段 36.0.0.0 的路由表项。

查看 DCR-2600-2 的路由表。

```
DCR-2600-2_config#show ip route                          ! 显示路由表项
Codes: C - connected, S - static, R - RIP, B - BGP, BC - BGP connected
       D - BEIGRP, DEX - external BEIGRP, O - OSPF, OIA - OSPF inter area
       ON1 - OSPF NSSA external type 1, ON2 - OSPF NSSA external type 2
       OE1 - OSPF external type 1, OE2 - OSPF external type 2
       DHCP - DHCP type, L1 - IS-IS level-1, L2 - IS-IS level-2
VRF ID: 0
O        14.1.196.0/24        [110,1601] via 27.16.0.1(on Serial0/2)
C        27.16.0.0/24         is directly connected, Serial0/2
C        27.16.0.1/32         is directly connected, Serial0/2
C        36.0.0.0/24          is directly connected, FastEthernet0/0
```

路由器通过 OSPF 路由协议获得了网段 14.1.196.0 的路由表项。

9. 配置 VRRP 协议

任务要求：在 DCRS-5650-1 和 DCRS-5650-2 的 VLAN 1 上启用 VRRP 协议，虚拟路由器的 IP 地址为 192.168.10.1，其中 DCRS-5650-1 的优先级为 105。在 DCRS-5650-1 和 DCRS-5650-2 的 VLAN 2 上启用 VRRP 协议，虚拟路由器的 IP 地址为 192.168.20.1，其中 DCRS-5650-2 的优先级为 105。

（1）DCRS-5650-1 的配置

```
DCRS-5650-1(config)#router vrrp 1                          ! 创建 VRRP 组 1
DCRS-5650-1(config-router)#virtual-ip 192.168.10.1         ! 设置虚拟 IP 地址
DCRS-5650-1(config-router)#interface vlan 1                ! 将 VLAN 1 加入 VRRP 组
DCRS-5650-1(config-router)#priority 105                    ! 优先级为 105
DCRS-5650-1(config-router)#exit
DCRS-5650-1(config)#router vrrp 2                          ! 创建 VRRP 组 2
DCRS-5650-1(config-router)#virtual-ip 192.168.20.1         ! 设置虚拟 IP 地址
DCRS-5650-1(config-router)#interface vlan 2                ! 将 VLAN 2 加入 VRRP 组
DCRS-5650-1(config-router)#exit
```

（2）DCRS-5650-2 的配置

```
DCRS-5650-2(config)#router vrrp 1                          ! 创建 VRRP 组 1
DCRS-5650-2(config-router)#virtual-ip 192.168.10.1         ! 设置虚拟 IP 地址
DCRS-5650-2(config-router)#interface vlan 1                ! 将 VLAN 1 加入 VRRP 组
DCRS-5650-2(config-router)#exit
DCRS-5650-2(config)#router vrrp 2                          ! 创建 VRRP 组 2
```

```
DCRS-5650-2(config-router)#virtual-ip 192.168.20.1          ！设置虚拟 IP 地址
DCRS-5650-2(config-router)#interface vlan 2                  ！将 VLAN 2 加入 VRRP 组
DCRS-5650-2(config-router)#priority 105                      ！优先级为 105
DCRS-5650-2(config-router)#exit
```

交换机配置完成后可查看 VRRP 协议状态。

查看 DCRS-5650-1 的 VRRP 协议状态。

```
DCRS-5650-1(config)#show vrrp                                ！查看 VRRP 协议状态
VrId 1
 State is Initialize
 Virtual IP is 192.168.10.1 (Not IP owner)                   ！虚拟 IP 为 192.168.10.1
 Interface is Vlan 1                                         ！VRRP 组运行在 VLAN 1 上
 Priority is 105                                             ！优先级为 105
 Advertisement interval is unset
 Preempt mode is TRUE                                        ！抢占模式启动
VrId 2
 State is Initialize
 Virtual IP is 192.168.20.1 (Not IP owner)                   ！虚拟 IP 为 192.168.20.1
 Interface is Vlan 2                                         ！VRRP 组运行在 VLAN 2 上
 Priority is unset                                           ！没有设置优先级，默认为 100
 Advertisement interval is unset
 Preempt mode is TRUE                                        ！抢占模式启动
```

查看 DCRS-5650-2 的 VRRP 协议状态。

```
DCRS-5650-2(config)#show vrrp                                ！查看 VRRP 协议状态
VrId 1
 State is Initialize
 Virtual IP is 192.168.10.1 (Not IP owner)                   ！虚拟 IP 为 192.168.10.1
 Interface is Vlan 1                                         ！VRRP 组运行在 VLAN 1 上
 Priority is unset                                           ！没有设置优先级，默认为 100
 Advertisement interval is unset
 Preempt mode is TRUE
VrId 2
 State is Initialize
 Virtual IP is 192.168.20.1 (Not IP owner)                   ！虚拟 IP 为 192.168.20.1
 Interface is Vlan 2                                         ！VRRP 组运行在 VLAN 2 上
 Priority is 105                                             ！优先级为 105
 Advertisement interval is unset
 Preempt mode is TRUE
```

通过以上配置，DCRS-5650-1 为虚拟路由 192.168.10.1 的活动路由器，DCRS-5650-2 为虚拟路由 192.168.20.1 的活动路由器。

10. 防火墙配置 NAT 允许内网用户访问外网用户

任务要求：在防火墙 DCFW-1800-1 上启用 NAT，转换接口为 E0/4。设置防火墙策略允许内网 192.168.10.0 和 192.168.20.0 网段访问外网的 DNS、Web、FTP 和邮件服务器。

在防火墙 DCFW-1800-2 上启用 NAT，转换接口为 E0/4。设置防火墙策略允许内网 192.168.30.0 网段访问外网的 DNS、Web、FTP 和邮件服务器。

（1）DCFW-1800-1 的配置

步骤 1：选择“防火墙”→“NAT”→“源 NAT”选项，进入如图 5-18 所示界面。

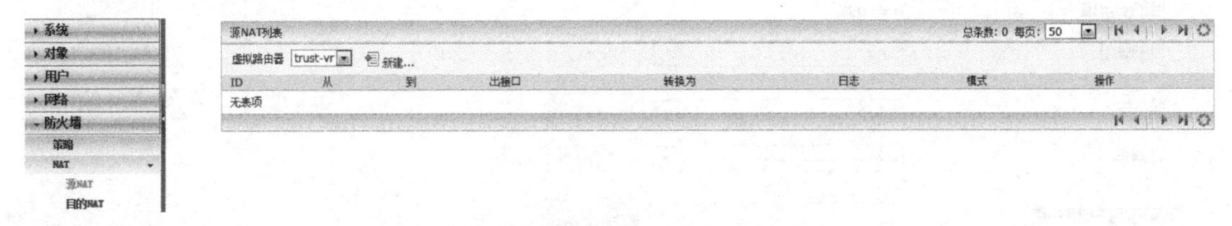

图 5-18　源 NAT 列表

步骤 2：单击“新建”按钮，设置源地址为“Any”，出接口为“ethernet0/4”，行为为“NAT（出接口 IP）”，如图 5-19 所示，单击“确认”按钮。

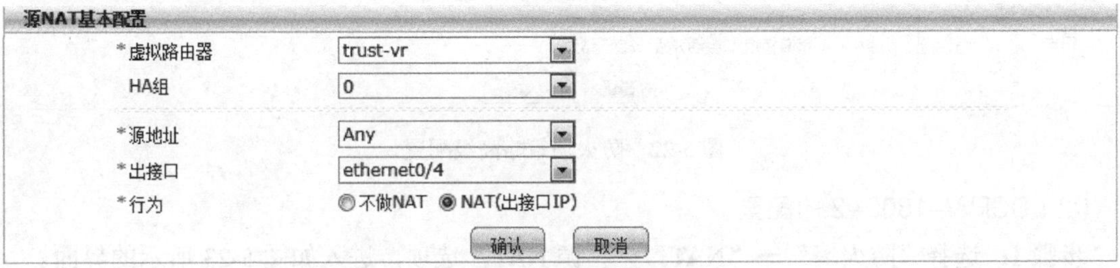

源NAT基本配置
*虚拟路由器 trust-vr
HA组 0
*源地址 Any
*出接口 ethernet0/4
*行为 不做NAT　NAT(出接口IP)
确认　取消

图 5-19　源 NAT 基本配置

步骤 3：选择“防火墙”→“策略”选项，进入如图 5-20 所示界面。

图 5-20 防火墙策略

步骤 4：单击“新建”按钮，设置源安全域为“trust”，目的安全域为“untrust”，服务簿为“DNS”，行为为“允许”，如图 5-21 所示，单击“确认”按钮。

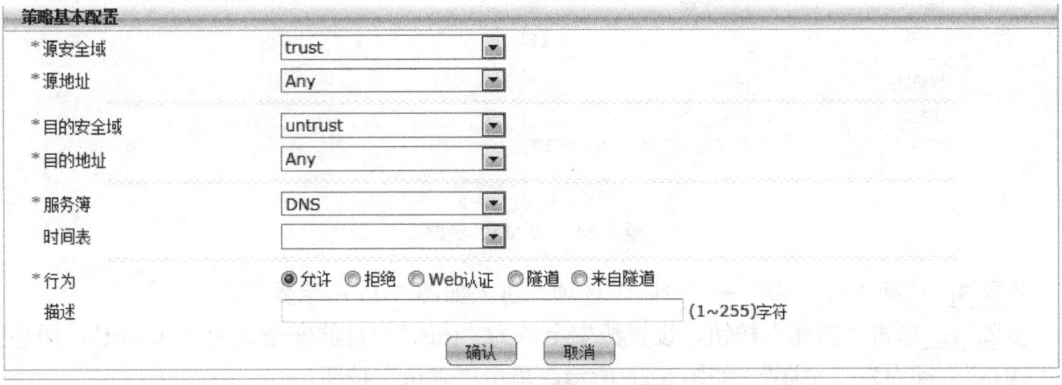

策略基本配置
*源安全域 trust
*源地址 Any
*目的安全域 untrust
*目的地址 Any
*服务簿 DNS
时间表
*行为 允许　拒绝　Web认证　隧道　来自隧道
描述 (1~255)字符
确认　取消

图 5-21　防火墙策略基本配置

步骤 5： 单击此策略的“编辑”按钮，将源地址的“Any”改为“192.168.10.0”和“192.168.20.0”，服务簿改为“DNS、Web、FTP 和 Mail”，如图 5-22 所示，单击“确认”按钮。

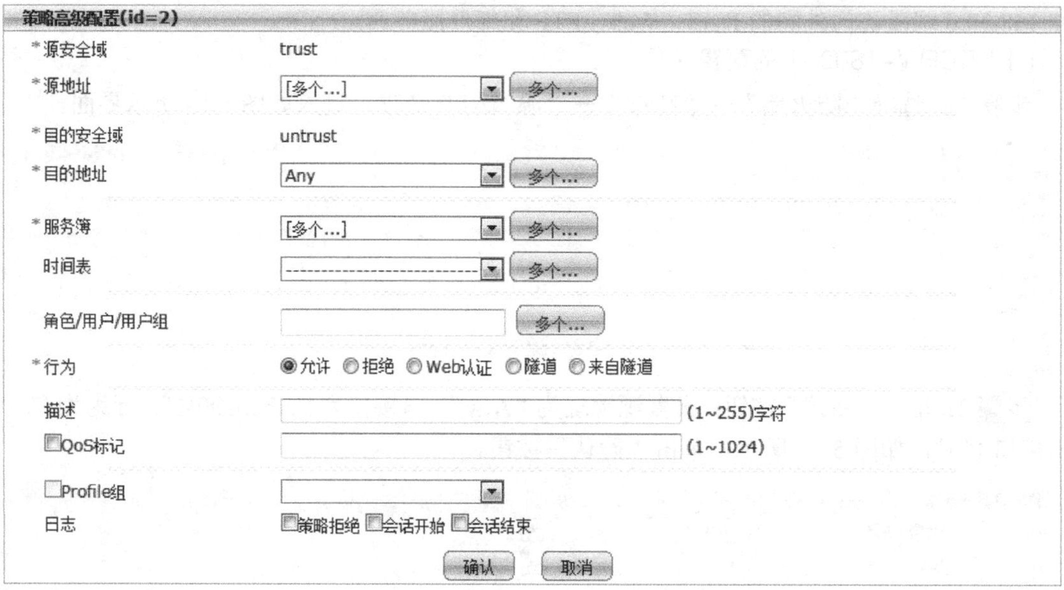

策略高级配置(id=2)
*源安全域 trust
*源地址 [多个...] 多个...
*目的安全域 untrust
*目的地址 Any 多个...
*服务簿 [多个...] 多个...
时间表 多个...
角色/用户/用户组 多个...
*行为 允许 拒绝 Web认证 隧道 来自隧道
描述 (1~255)字符
QoS标记 (1~1024)
Profile组
日志 策略拒绝 会话开始 会话结束
确认 取消

图 5-22 防火墙策略高级配置

（2）DCFW-1800-2 的配置

步骤 1： 选择“防火墙”→“NAT”→“源 NAT”选项，进入如图 5-23 所示的界面。

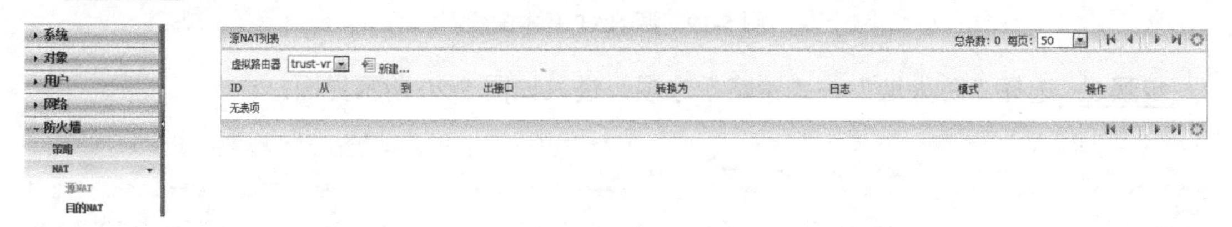

图 5-23 源 NAT 列表

步骤 2： 单击“新建”按钮，设置出接口为“ethernet0/4”，如图 5-24 所示，单击“确认”按钮。

源NAT基本配置
*虚拟路由器 trust-vr
HA组 0
*源地址 Any
*出接口 ethernet0/4
*行为 不做NAT NAT(出接口IP)
确认 取消

图 5-24 源 NAT 策略

步骤 3： 选择“防火墙”→“策略”选项，进入如图 5-25 所示界面。

步骤 4： 单击“新建”按钮，设置源安全域为“trust”，目的安全域为“untrust”，服务簿为“DNS”，行为为“允许”，如图 5-26 所示，单击“确认”按钮。

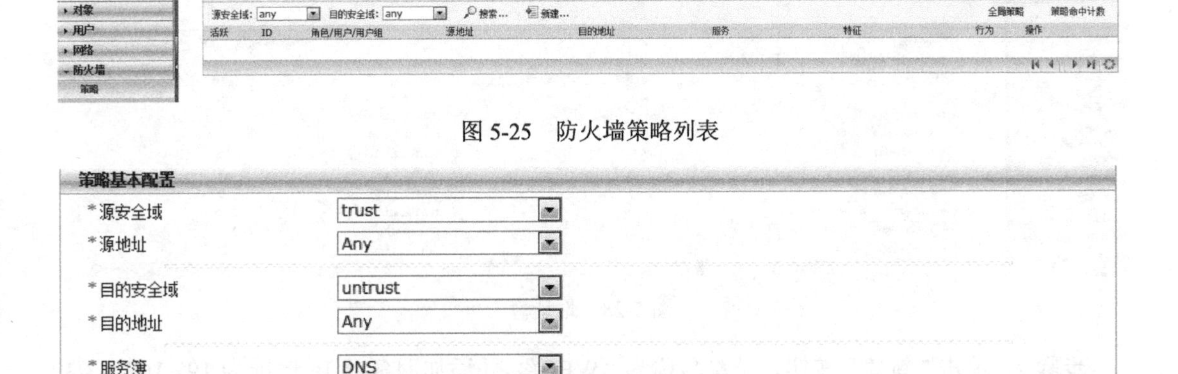

图 5-25　防火墙策略列表

图 5-26　防火墙策略基本配置

<u>**步骤 5:**</u> 单击此策略的“编辑”按钮，将源地址的“Any”改为“192.168.30.0”，服务簿改为“DNS、Web、FTP 和 Mail”，如图 5-27 所示，单击“确认”按钮。

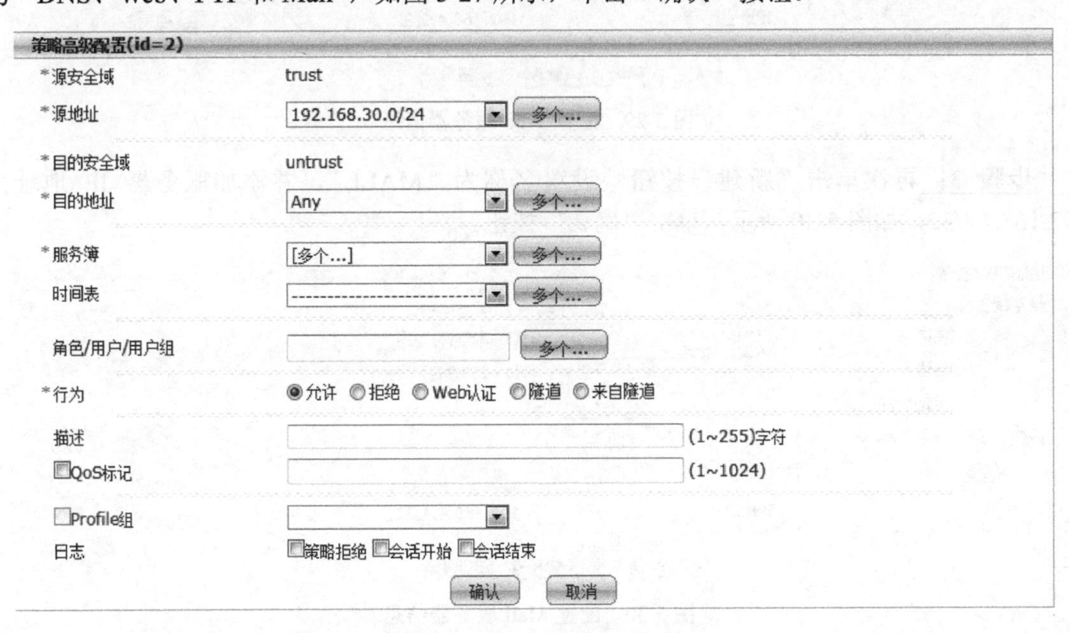

图 5-27　防火墙策略高级配置

对以上两台防火墙的配置完成后，内网用户只要设置了正确 IP 地址、网关和 DNS 服务器即可访问外网。

11. **防火墙配置 NAT 发布内网服务器**

任务要求：在防火墙 DCFW-1800-1 上发布 DMZ 的服务器，仅发布 Web 和 Mail 服务器，Web 服务器 IP 地址为 192.168.4.3/24，Mall 服务器 IP 地址为 192.168.4.4/24；公网 IP 地址为 E0/4 接口的 IP 地址。

步骤 1： 选择“对象”→“地址簿”选项，进入如图 5-28 所示界面。

名称	描述	关联安全域	成员	关联项	操作
Any			0.0.0.0/0		-
ipv4.ethernet0/0			192.168.1.1/32		-
ipv4.ethernet0/0_subnet			192.168.1.1/24		-
ipv4.ethernet0/1			192.168.2.1/32		-
ipv4.ethernet0/1_subnet			192.168.2.1/24		-
ipv4.ethernet0/2			192.168.4.1/32		-
ipv4.ethernet0/2_subnet			192.168.4.1/24		-
ipv4.ethernet0/4			14.1.196.2/32		-
ipv4.ethernet0/4_subnet			14.1.196.2/24		-

图 5-28　地址簿

步骤 2： 单击“新建”按钮，设置名称为“WEB”，并添加服务器 IP 地址为 192.168.4.3/32，如图 5-29 所示，单击“确认”按钮。

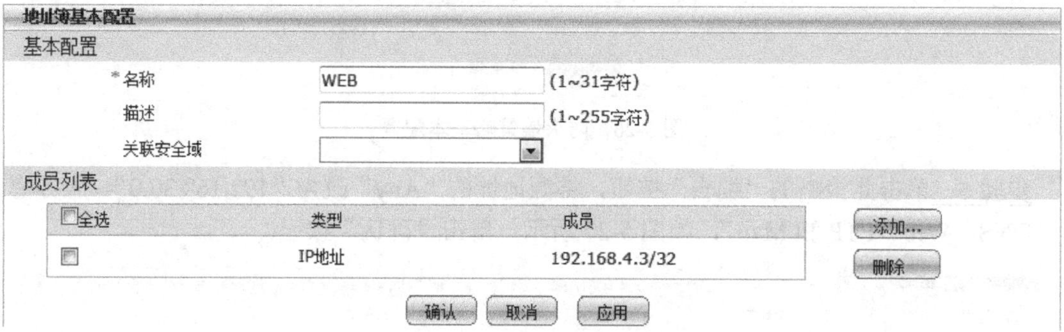

图 5-29　配置 Web 服务器信息

步骤 3： 再次单击“新建”按钮，设置名称为“MALL”，并添加服务器 IP 地址为 192.168.4.4/32，如图 5-30 所示，单击“确认”按钮。

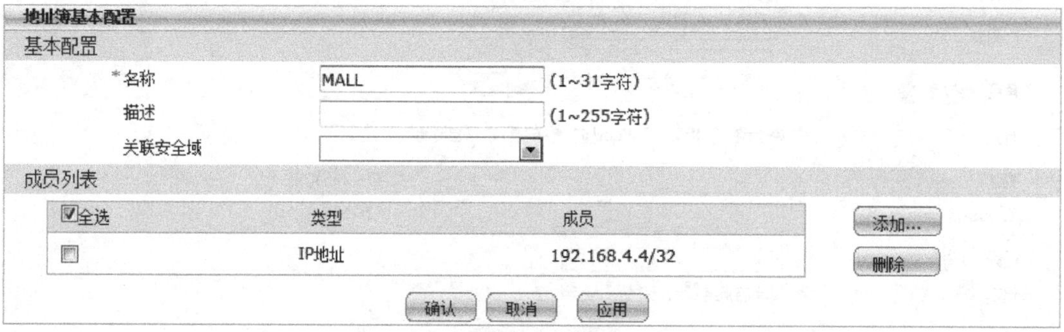

图 5-30　配置 Mail 服务器信息

步骤 4： 继续单击“新建”按钮，设置名称为“外网 IP”，并添加服务器 IP 地址为 14.1.196.2/32，如图 5-31 所示，单击“确认”按钮。

步骤 5： 选择“防火墙”→“策略”选项，单击“新建”按钮，设置源安全域为“untrust”，源地址为“Any”，目的安全域为“dmz”，目的地址选择“WEB”，服务簿为“HTTP”，行为为“允许”，如图 5-32 所示，单击“确认”按钮。

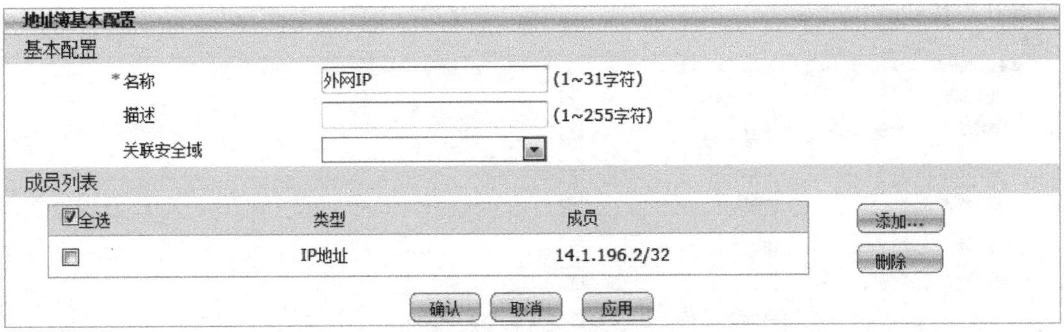

地址簿基本配置
基本配置
*名称 外网IP (1~31字符)
描述 (1~255字符)
关联安全域
成员列表
全选 类型 成员 添加...
IP地址 14.1.196.2/32 删除
确认 取消 应用

图 5-31 外网 IP 配置

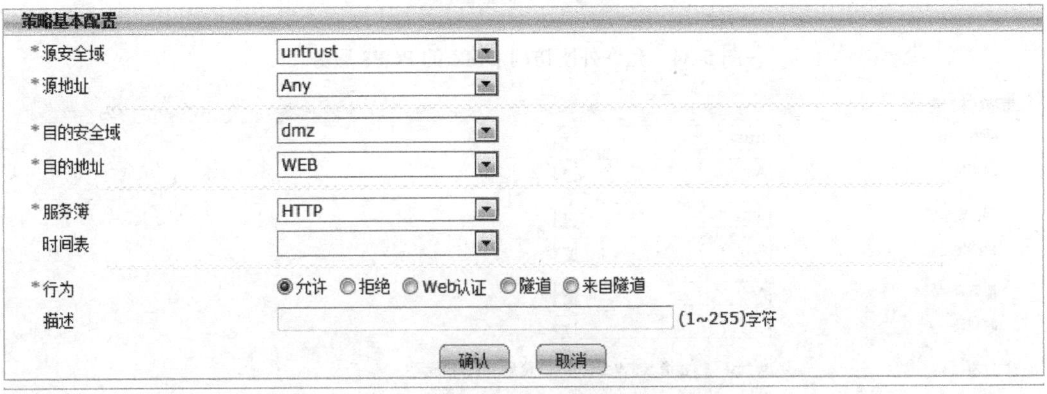

策略基本配置
*源安全域 untrust
*源地址 Any
*目的安全域 dmz
*目的地址 WEB
*服务簿 HTTP
时间表
*行为 允许 拒绝 Web认证 隧道 来自隧道
描述 (1~255)字符
确认 取消

图 5-32 外网访问 DMZ 的防火墙策略

步骤 6: 选择“防火墙”→“策略”选项，单击“新建”按钮，设置源安全域为“untrust”，源地址为“Any”，目的安全域为“dmz”，目的地址选择“MALL”，服务簿为“SMTP”，行为为“允许”，如图 5-33 所示，单击“确认”按钮。

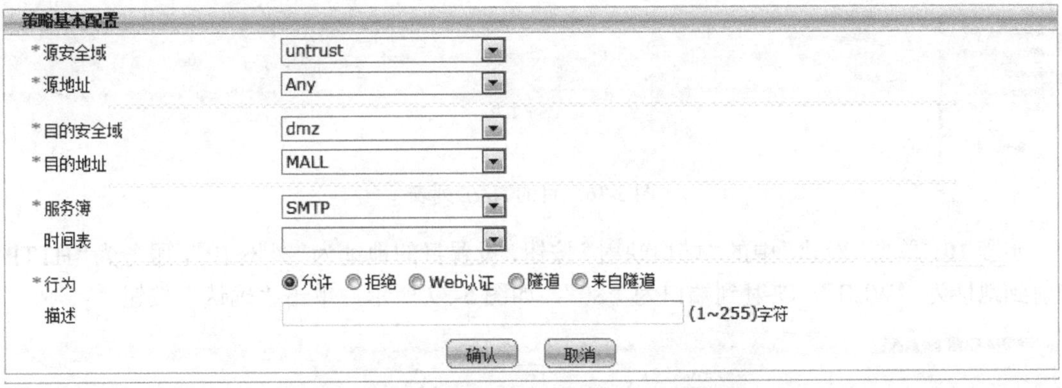

策略基本配置
*源安全域 untrust
*源地址 Any
*目的安全域 dmz
*目的地址 MALL
*服务簿 SMTP
时间表
*行为 允许 拒绝 Web认证 隧道 来自隧道
描述 (1~255)字符
确认 取消

图 5-33 允许外网访问 DMZ 的 SMTP 服务

步骤 7: 再次单击“新建”按钮，设置源安全域为“untrust”，源地址为“Any”，目的安全域为“dmz”，目的地址选择“MALL”，服务簿为“POP3”，行为为“允许”，如图 5-34 所示，单击“确认”按钮。

步骤 8: 继续单击“新建”按钮，设置源安全域为“trust”，源地址为“Any”，目的安全域为“dmz”，目的地址选择“Any”，服务簿为“Any”，行为为“允许”，如图 5-35 所示，单击“确认”按钮。

策略基本配置
*源安全域 untrust
*源地址 Any
*目的安全域 dmz
*目的地址 MALL
*服务簿 POP3
时间表
*行为 允许 拒绝 Web认证 隧道 来自隧道
描述 (1~255)字符
确认 取消

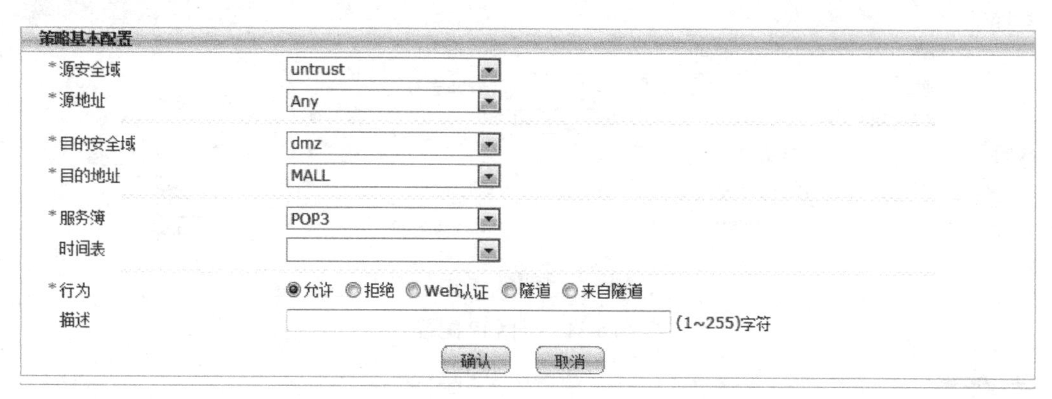

图 5-34　允许外网访问 DMZ 的 POP3 服务

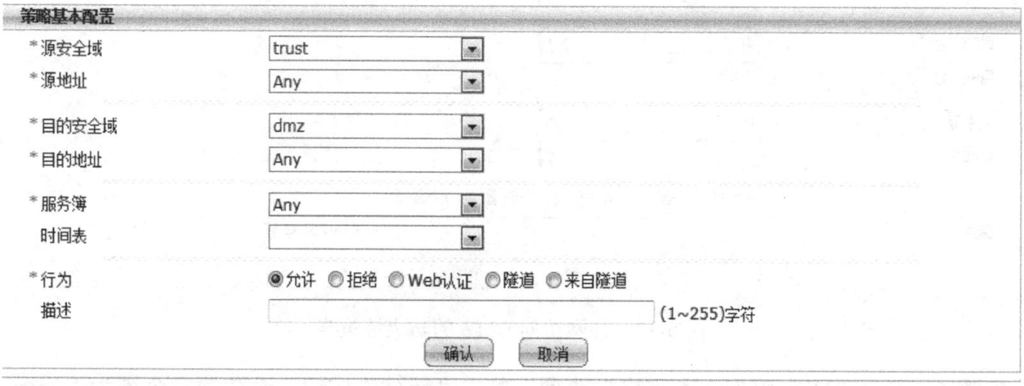

策略基本配置
*源安全域 trust
*源地址 Any
*目的安全域 dmz
*目的地址 Any
*服务簿 Any
时间表
*行为 允许 拒绝 Web认证 隧道 来自隧道
描述 (1~255)字符
确认 取消

图 5-35　允许内网用户访问 DMZ 的所有服务

步骤 9: 选择“防火墙”→“NAT”→“目的 NAT”选项，进入如图 5-36 所示界面。

系统
对象
用户
网络
防火墙
策略
NAT
目的NAT列表
虚拟路由器 trust-vr
新建...
ID
从
到
服务
转换为
端口
日志
SLB
操作
无表项

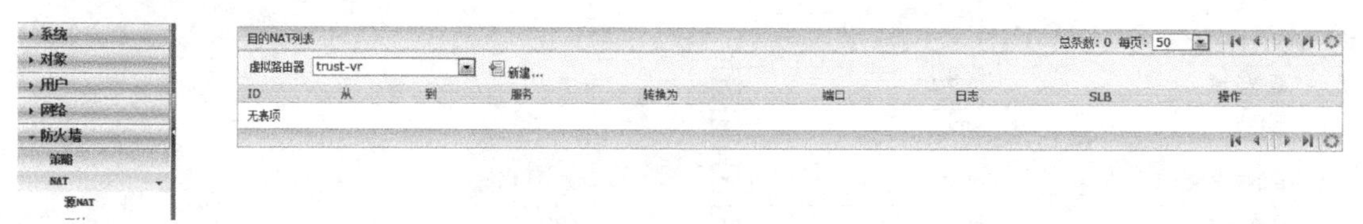

图 5-36　目的 NAT 列表

步骤 10: 单击“新建”中的“端口映射”按钮，设置目的地址为“外网 IP”，服务为“HTTP”，映射到地址为“WEB”，映射到端口为“80”，如图 5-37 所示，单击“确认”按钮。

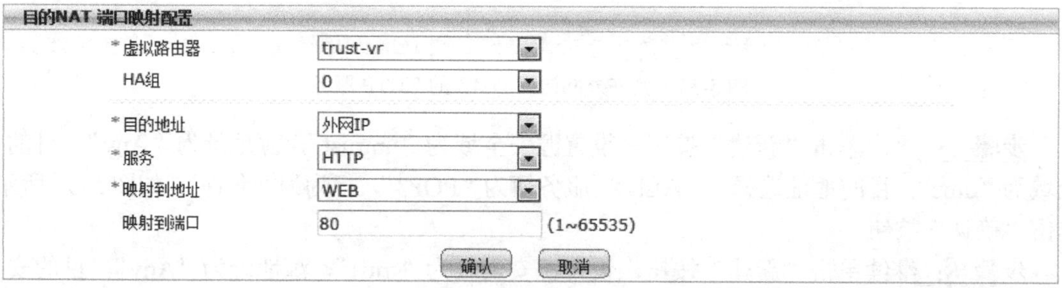

目的NAT 端口映射配置
*虚拟路由器 trust-vr
HA组 0
*目的地址 外网IP
*服务 HTTP
*映射到地址 WEB
映射到端口 80 (1~65535)
确认 取消

图 5-37　映射 Web 服务器

步骤 11： 再次单击“新建”中的“端口映射”按钮，设置目的地址为“外网 IP”，服务为“SMTP”，映射到地址为“MALL”，映射到端口为“25”，如图 5-38 所示，单击“确认”按钮。

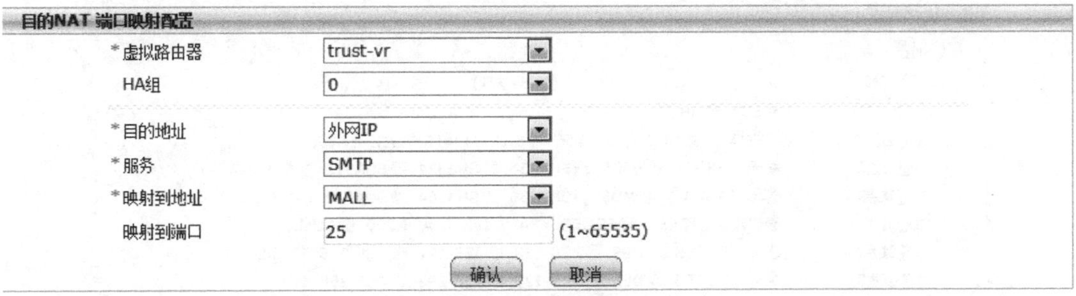

目的NAT 端口映射配置
*虚拟路由器 trust-vr
HA组 0
*目的地址 外网IP
*服务 SMTP
*映射到地址 MALL
映射到端口 25 (1~65535)
确认 取消

图 5-38 映射 SMTP 服务器

步骤 12： 单击“新建”中的“端口映射”按钮，设置目的地址为“外网 IP”，服务为“POP3”，映射到地址为“MALL”，映射到端口为“110”，如图 5-39 所示，单击“确认”按钮。

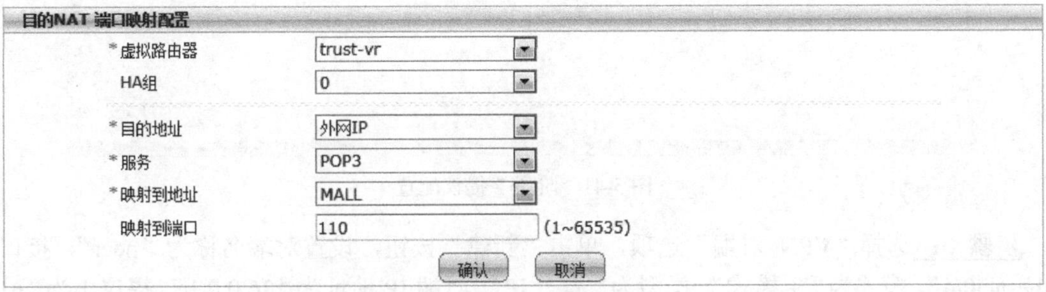

目的NAT 端口映射配置
*虚拟路由器 trust-vr
HA组 0
*目的地址 外网IP
*服务 POP3
*映射到地址 MALL
映射到端口 110 (1~65535)
确认 取消

图 5-39 映射 POP3 服务器

12. 两站点间防火墙 VPN 隧道

任务要求：在两台防火墙 DCFW-1800-1 和 DCFW-1800-2 上建立站点到站点的 IPSec VPN，允许 DCFW-1800-1 上的 192.168.10.0 和 192.168.20.0 网段访问 DCFW-1800-2 上的 192.168.30.0 网段时触发虚拟局域网，其中 P1 阶段采用 IKE 协商密码，MD5 认证算法，预共享密钥为 dcchina；在 P2 阶段采用协议为 ESP，验证算法为 MD5，加密算法为 3DES。

（1）DCFW-1800-1 的配置

步骤 1： 选择“VPN”→“IPSec VPN”→“P1 提议”选项，单击“新建”按钮，设置提议名称为“p1”，认证为“Pre-shared Key”，验证算法为“MD5”，加密算法为“3DES”，如图 5-40 所示，单击“确认”按钮。

图 5-40 阶段 1 提议配置

步骤 2：选择“P2 提议”选项，单击“新建”按钮，设置提议名称为“p2”，协议为 ESP，验证算法为“MD5”，加密算法为“3DES”，如图 5-41 所示，单击“确认”按钮。

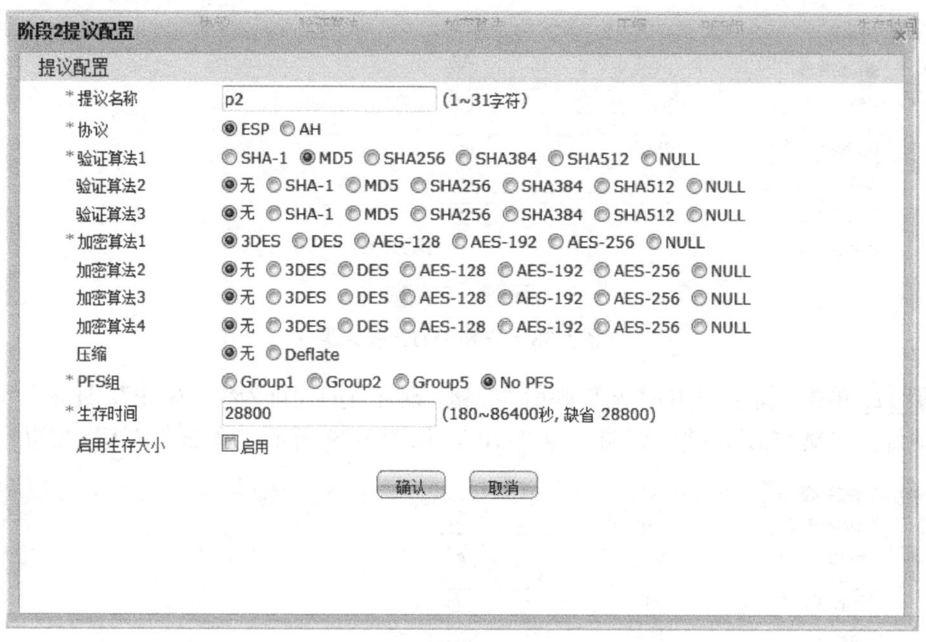

图 5-41 阶段 2 提议配置

步骤 3：选择“VPN 对端”选项，单击“新建”按钮，设置对端名称为“peer”，接口为“ethernet0/4”，模式为“主模式”，类型为“静态 IP”，对端 IP 地址为“36.0.0.1”，提议 1 为“p1”，预共享密钥为“dcchina”，如图 5-42 所示，单击“确认”按钮。

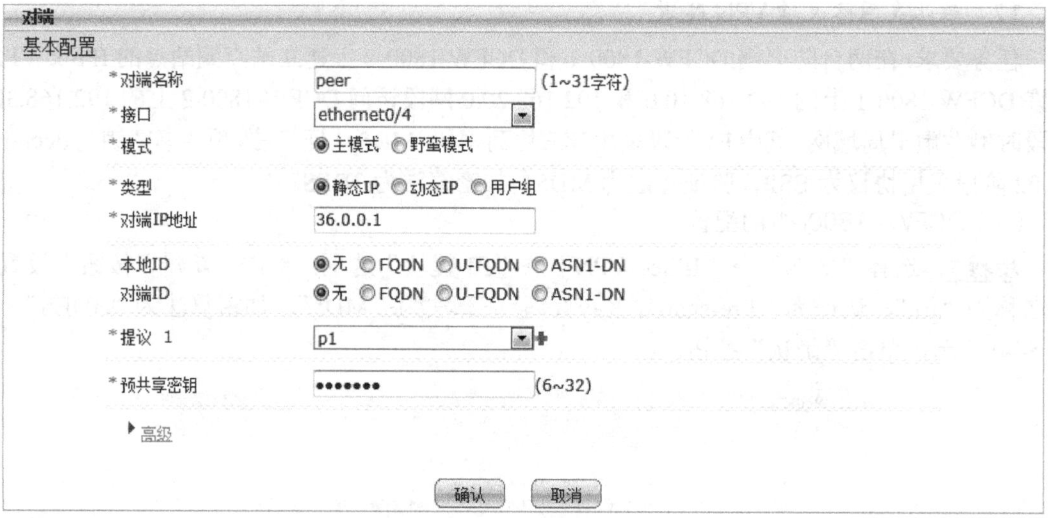

对端
基本配置
* 对端名称 peer (1~31字符)
* 接口 ethernet0/4
* 模式 主模式 野蛮模式
* 类型 静态IP 动态IP 用户组
* 对端IP地址 36.0.0.1
本地ID 无 FQDN U-FQDN ASN1-DN
对端ID 无 FQDN U-FQDN ASN1-DN
* 提议 1 p1
* 预共享密钥 ••••••• (6~32)
高级
确认 取消

图 5-42 对端配置

步骤 4：选择“IPSec VPN”选项，单击“新建”按钮，导入“peer”，单击“隧道”按钮，设置名称为“VPN”，提议名称为“p2”，如图 5-43 所示，单击“确认”按钮。

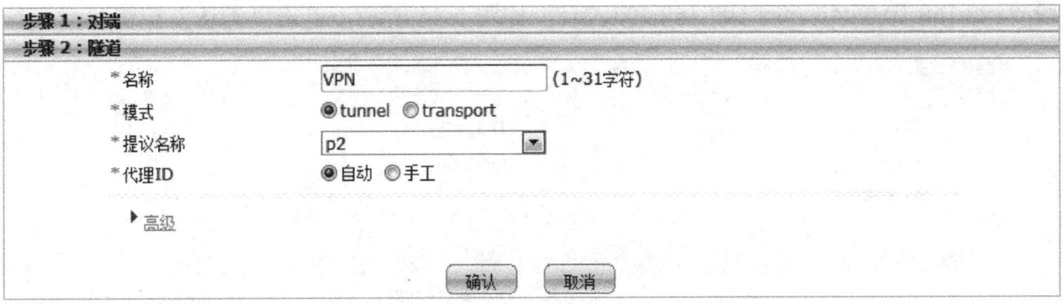

图 5-43 IPSec VPN 配置

步骤 5: 选择“网络”→“接口”选项，单击“新建”按钮，选择“隧道接口”，接口名为 tunnel1，安全域类型为“三层安全域”，安全域为“trust”，隧道类型为“IPSec”，VPN 名称选择“VPN”，如图 5-44 所示，单击“确认”按钮。

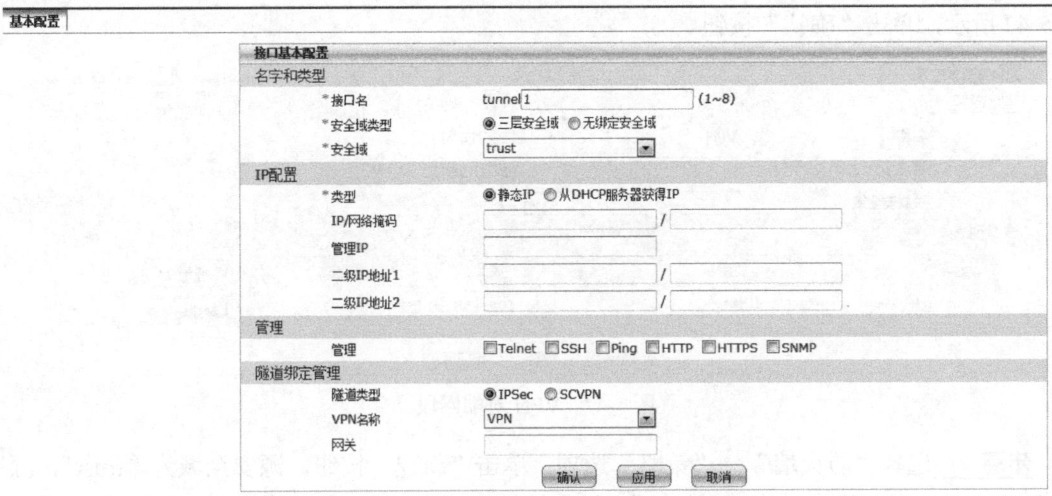

图 5-44 隧道接口 tunnel1

步骤 6: 选择“网络”→“路由”→“目的路由”选项，单击“新建”按钮，设置目的 IP 为“192.168.30.0”，下一跳是“接口”，接口为“tunnel1”，如图 5-45 所示，单击“确认”按钮。

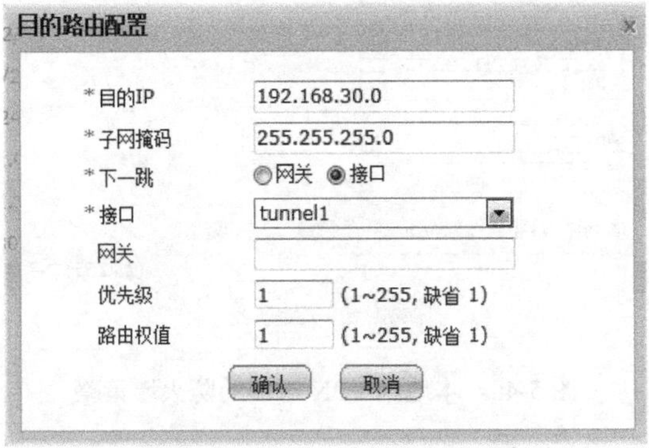

图 5-45 目的路由配置

步骤 7: 选择“对象”→“地址簿”选项，单击“新建”按钮，设置名称为“local”，添加网段“192.168.10.0/24”和“192.168.20.0/24”，如图 5-46 所示，单击“确认”按钮。

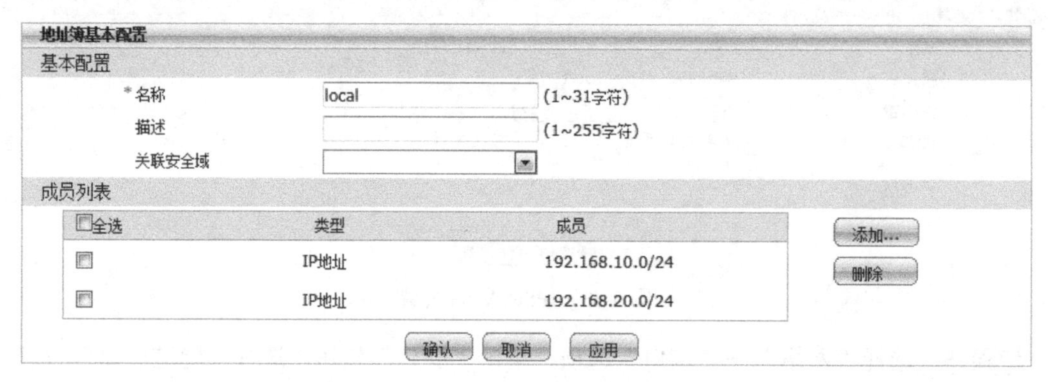

图 5-46　本地能访问 VPN 对端的网段

步骤 8： 再次单击“新建”按钮，设置名称为“VPN”，添加网段“192.168.30.0/24”，如图 5-47 所示，单击“确认”按钮。

地址簿基本配置
基本配置
*名称　VPN　(1~31字符)
描述　(1~255字符)
关联安全域
成员列表

全选	类型	成员
□	IP地址	192.168.30.0/24

添加…　删除
确认　取消　应用

图 5-47　VPN 对端网段

步骤 9： 选择“防火墙”→“策略”选项，单击“新建”按钮，源安全域为“trust”，源地址为“local”，目的安全域为“untrust”，目的地址为“VNP”，服务簿为“Any”，行为为“允许”，如图 5-48 所示，单击“确认”按钮。

策略基本配置
*源安全域　trust
*源地址　local
*目的安全域　untrust
*目的地址　VPN
*服务簿　Any
时间表
*行为　◉允许　○拒绝　○Web认证　○隧道　○来自隧道
描述　(1~255)字符
确认　取消

图 5-48　本地到 VPN 对端的防火墙策略

步骤 10： 再次单击“新建”按钮，源安全域为“untrust”，源地址为“VPN”，目的安全域为“trust”，目的地址为“local”，服务簿为“Any”，行为为“允许”，如图 5-49 所示，单击“确认”按钮。

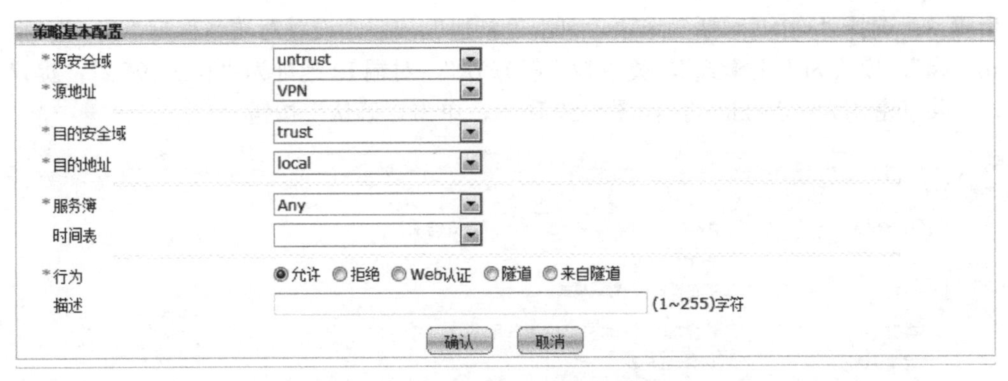

图 5-49　允许 VPN 对端到本地的访问

（2）DCFW-1800-2 的配置

步骤 1：选择“VPN”→“IPSec VPN”→“P1 提议”选项，单击“新建”按钮，设置提议名称为“p1”，认证为“Pre-shared Key”，验证算法为“MD5”，加密算法为“3DES”，如图 5-50 所示，单击“确认”按钮。

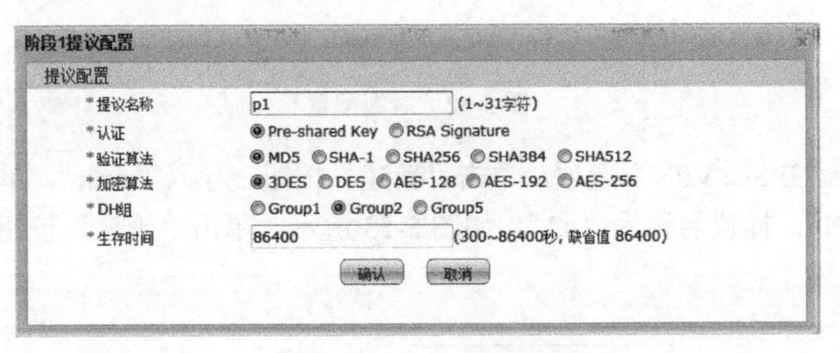

图 5-50　阶段 1 提议配置

步骤 2：选择“P2 提议”选项，单击“新建”按钮，设置提议名称为“p2”，协议为“ESP”，验证算法为“MD5”，加密算法为“3DES”，如图 5-51 所示，单击“确认”按钮。

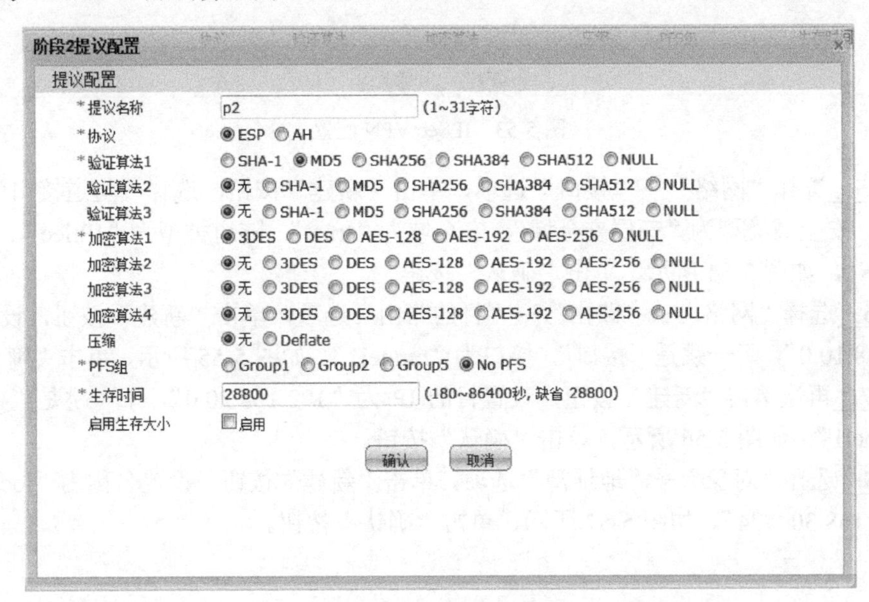

图 5-51　阶段 2 提议配置

步骤 3： 选择“VPN 对端”选项，单击“新建”按钮，设置对端名称为“peer”，接口为“ethernet0/4”，模式为“主模式”，类型为“静态 IP”，对端 IP 地址为“14.1.196.2”，提议 1 为“p1”，预共享密钥为“dcchina”，如图 5-52 所示，单击“确认”按钮。

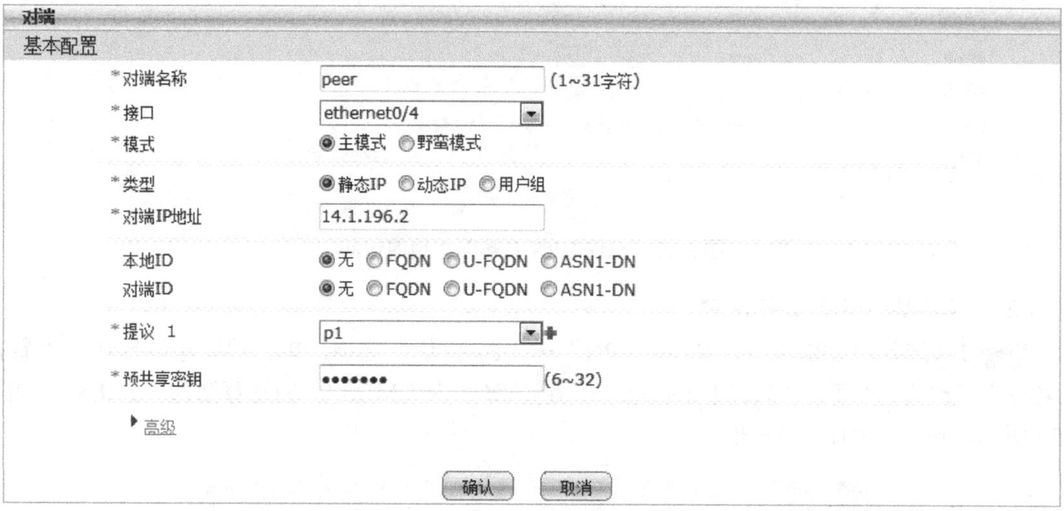

图 5-52　对端配置

步骤 4： 选择“IPSec VPN”选项，单击“新建”按钮，导入“peer”，单击“隧道”按钮，设置名称为“VPN”，提议名称为“p2”，如图 5-53 所示，单击“确认”按钮。

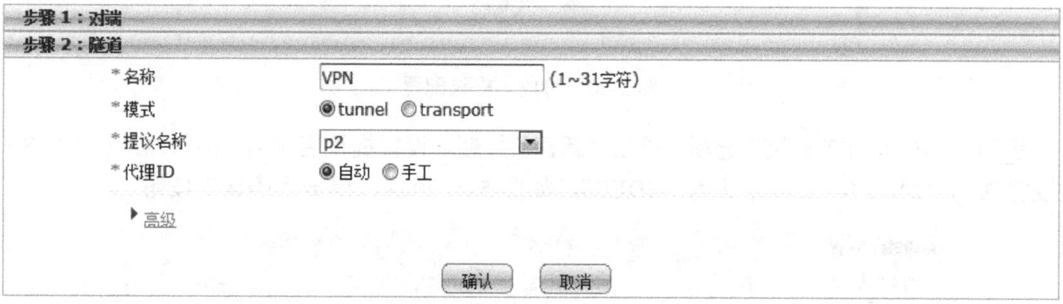

图 5-53　IPSec VPN 配置

步骤 5： 选择“网络”→“接口”选项，单击“新建”按钮，选择“隧道接口”，接口名为 tunnel1，安全域类型为“三层安全域”，安全域为“trust”，隧道类型为“IPSec”，VPN 名称选择“VPN”，如图 5-54 所示，单击“确认”按钮。

步骤 6： 选择“网络”→“路由”→“目的路由”选项，单击“新建”按钮，设置目的 IP 为“192.168.10.0”，下一跳是“接口”，接口为“tunnel1”，如图 5-55 所示，单击“确认”按钮。

步骤 7： 再次单击“新建”按钮，设置目的 IP 为“192.168.20.0”，下一跳是“接口”，接口为“tunnel1”，如图 5-56 所示，单击“确认”按钮。

步骤 8： 选择“对象”→“地址簿”选项，单击“新建”按钮，设置名称为“local”，添加网段“192.168.30.0/24”，如图 5-57 所示，单击“确认”按钮。

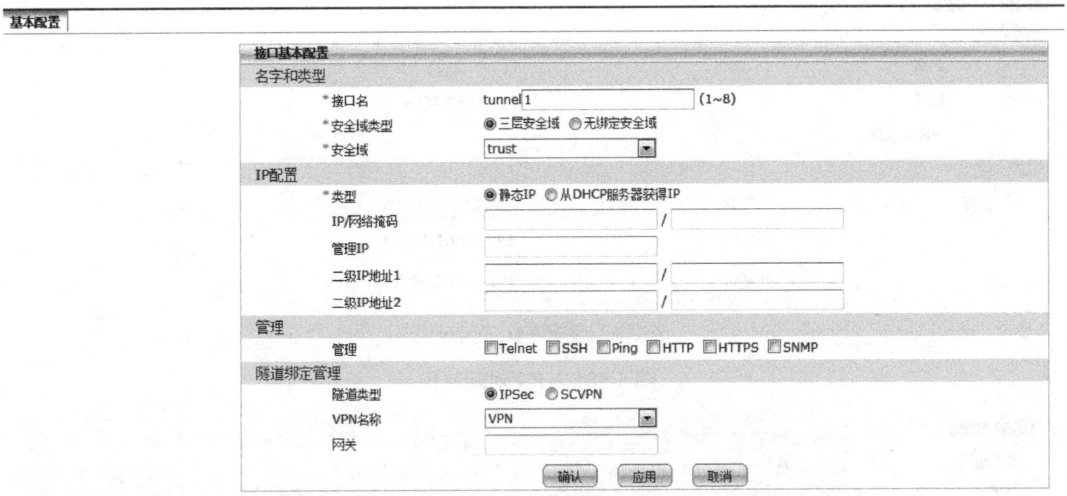

图 5-54　隧道接口 tunnel1

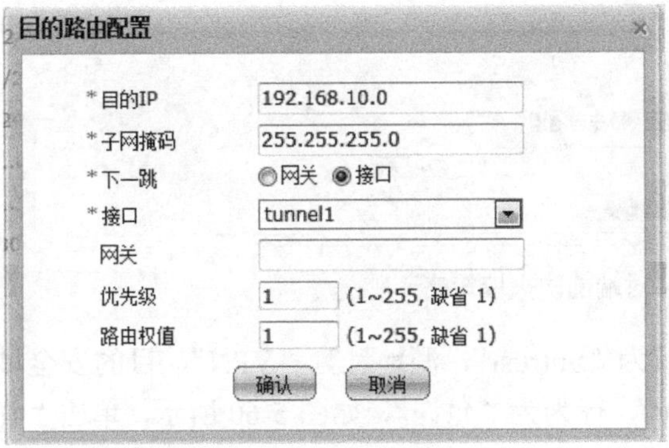

图 5-55　目的路由配置（一）

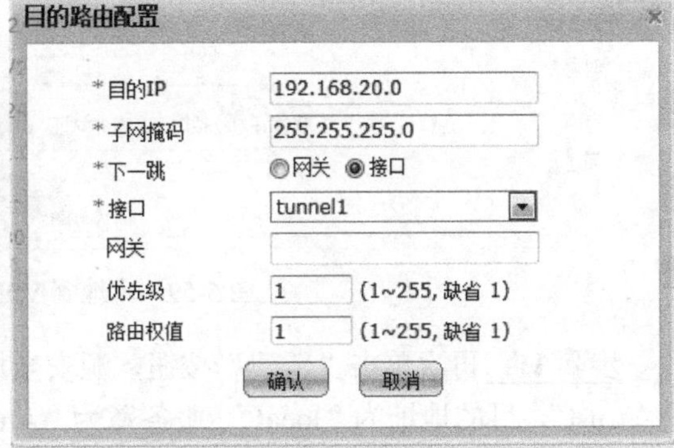

图 5-56　目的路由配置（二）

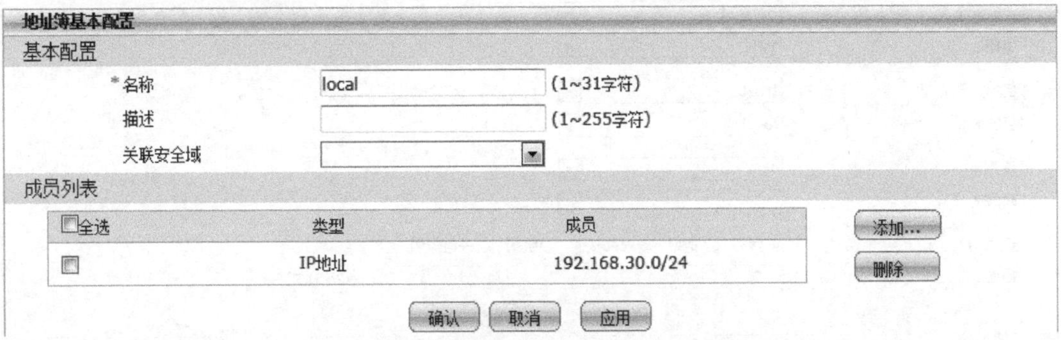

图 5-57　本地能访问 VPN 对端的网段

<u>**步骤 9：**</u>再次单击“新建”按钮，设置名称为“VPN”，添加网段“192.168.10.0/24”和“192.168.20.0/24”，如图 5-58 所示，单击“确认”按钮。

<u>**步骤 10：**</u>选择“防火墙”→“策略”选项，单击“新建”按钮，源安全域为“trust”，源地址为“local”，目的安全域为“untrust”，目的地址为“VNP”，服务簿为“Any”，行为为“允许”，如图 5-59 所示，单击“确认”按钮。

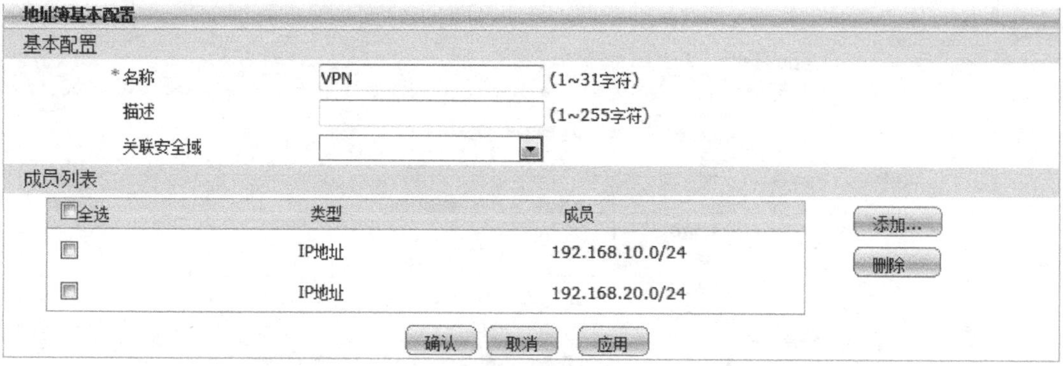

图 5-58 VPN 对端网段

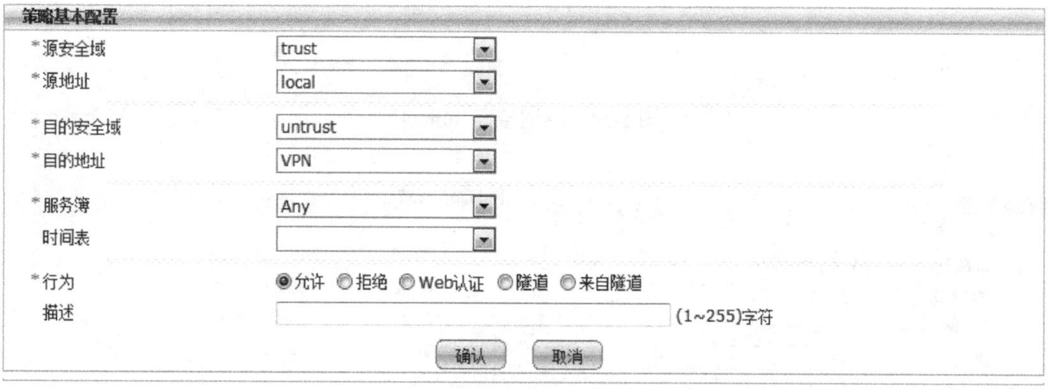

图 5-59 本地到 VPN 对端的防火墙策略

<u>**步骤 11：**</u>再次单击“新建”按钮，源安全域为“untrust”，源地址为“VPN”，目的安全域为“trust”，目的地址为“local”，服务簿为“Any”，行为为“允许”，如图 5-60 所示，单击“确认”按钮。

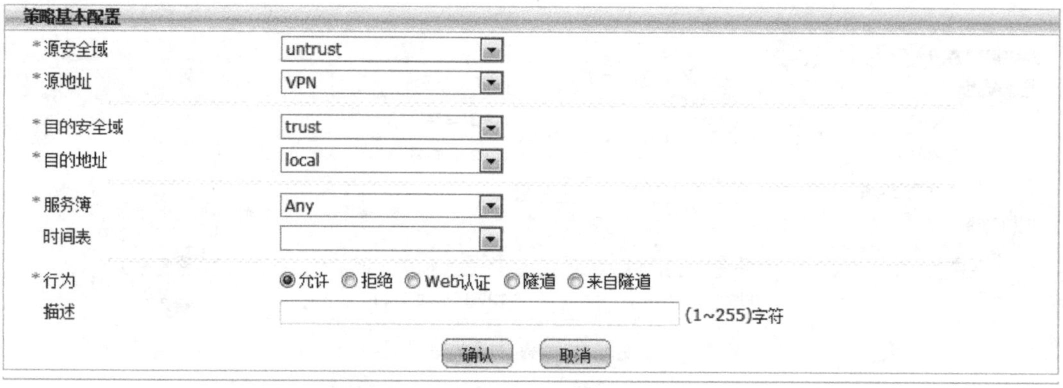

图 5-60 允许 VPN 对端到本地的访问

配置完成后只要有客户端访问 VPN 对端网段的需求，两台防火墙就会建立 IPSec VPN Tunnel，两端即可进行安全的数据传输。

项目实现——应用系统部分实现

1. 配置文件服务器

需求说明：此公司文件服务器的 IP 地址为 192.168.2.2/24，为了对不同部门的员工设置不同的权限。在服务器上新建文件夹“E:/财务部”并共享，使其在本地及网络上仅允许用户组“caiwu”对其有完全控制权限，不允许其他用户访问。新建文件夹“E:/业务部”并共享，使其在本地及网络上允许用户组“yewu”对其有完全控制权限，允许其他用户有读权限。

具体实现步骤如下。

步骤 1：根据需求设置服务器 IP 地址为 192.168.2.2，网关 IP 地址为 192.168.2.1，如图 5-61 所示。

步骤 2：选择“开始”→“管理工具”→“计算机管理”选项，打开如图 5-62 所示的窗口。

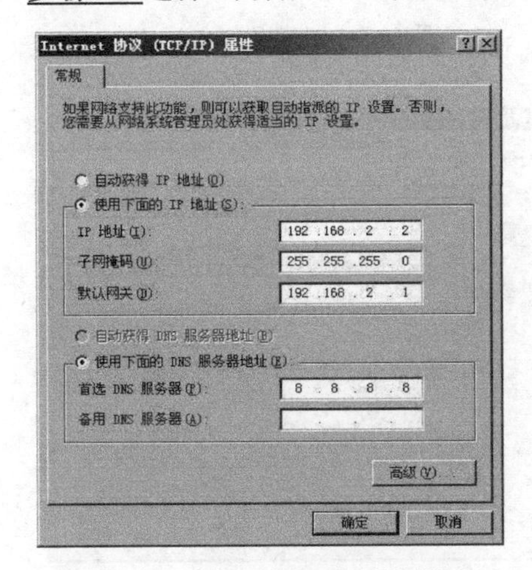

图 5-61 文件服务器 IP 地址设置

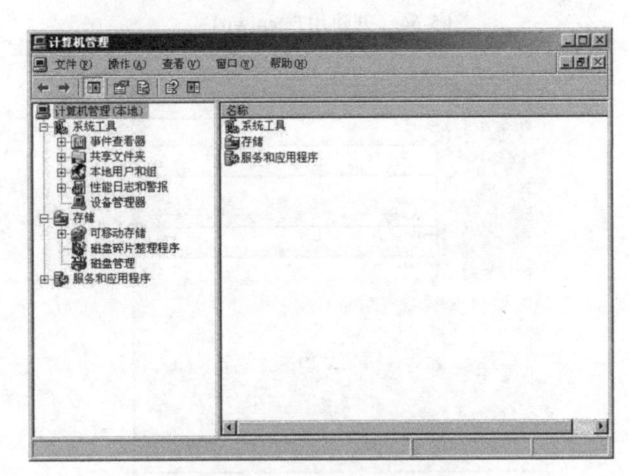

图 5-62 “计算机管理”窗口

步骤 3：选择“本地用户和组”→“用户”选项，进入如图 5-63 所示的界面。

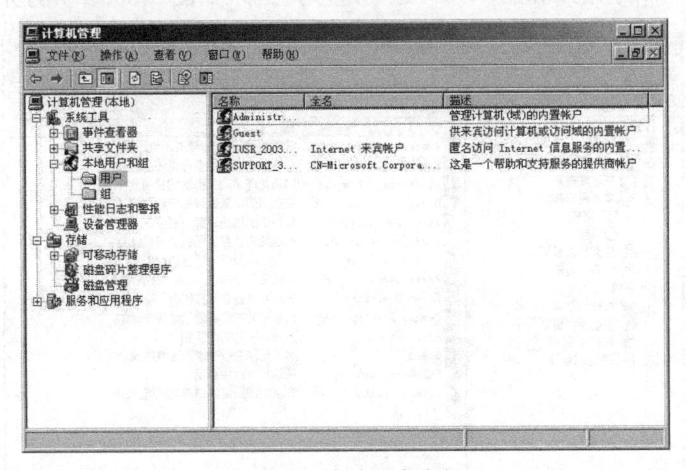

图 5-63 本地用户和组

步骤 4：右击“用户”，在弹出的快捷菜单中选择“新用户”选项，弹出“新用户”对话框，分别创建用户名为“caiwu1”“caiwu2”“yewu1”“yewu2”的新用户，如图 5-64～图 5-67

所示，单击“创建”按钮。

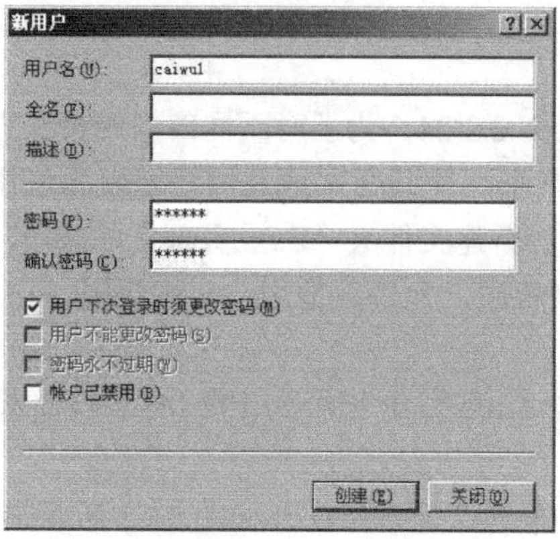

图 5-64　创建用户 caiwu1

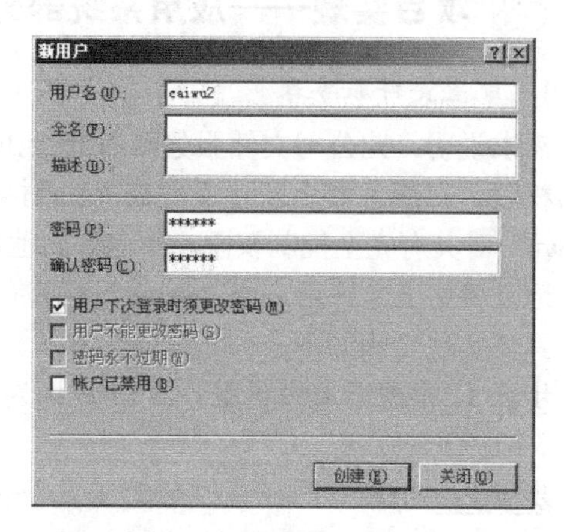

图 5-65　创建用户 caiwu2

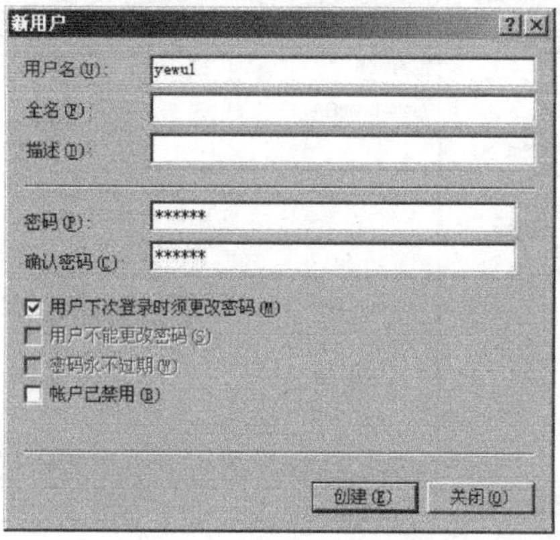

图 5-66　创建用户 yewu1

图 5-67　创建用户 yewu2

步骤 5：选择“本地用户和组”→“组”选项，进入如图 5-68 所示的界面。

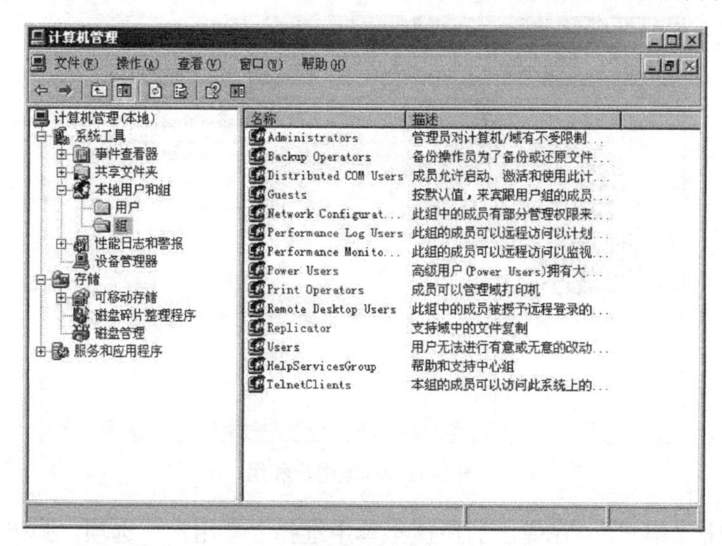

图 5-68　组

步骤 6： 右击“组”，在弹出的快捷菜单中选择“新建组”选项，新建组名为“caiwu”和“yewu”，并加入相应“用户”，如图 5-69 和图 5-70 所示，单击“创建”按钮。

图 5-69　创建组 caiwu

图 5-70　创建组 yewu

步骤 7： 在“E:\”目录下创建“财务部”和“业务部”文件夹，如图 5-71 所示。

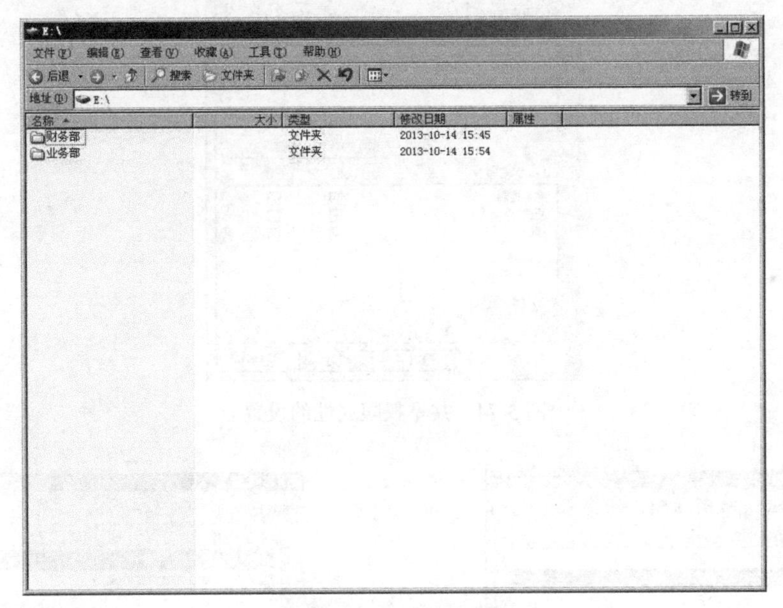

图 5-71　创建新文件夹

步骤 8： 在“财务部属性”对话框中选择“安全”选项卡，删除其他组和用户，添加“caiwu”组，并配置只允许对此文件夹有“完全控制”权限，如图 5-72 所示，单击“确定”按钮。

步骤 9： 在“财务部属性”对话框中选择“共享”选项卡，并选中“共享此文件夹”单选按钮，共享名为“财务部”，如图 5-73 所示。

步骤 10： 单击“权限”按钮，配置只允许“caiwu”组对其有“完全控制”权限，其他人不能访问，如图 5-74 所示，单击“确定”按钮。

步骤 11： 在“业务部属性”对话框中选择“安全”选项卡，删除其他组和用户，添加“yewu”组，并配置只允许对此文件夹有“完全控制”权限，添加“Everyone”组，分配“读取”权限，如图 5-75 和图 5-76 所示，单击“确定”按钮。

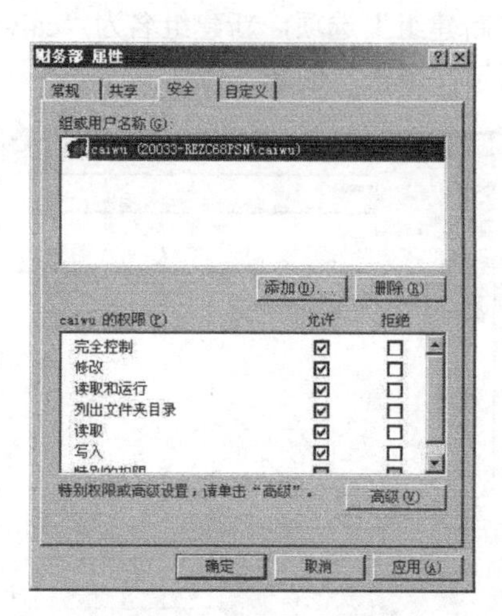

图 5-72　文件夹安全属性

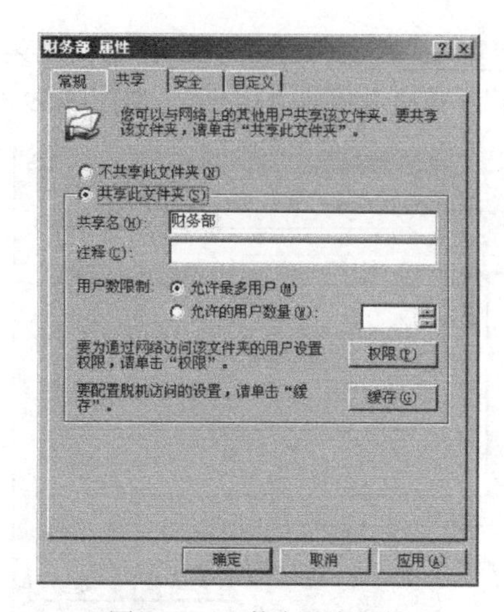

图 5-73　文件夹共享属性

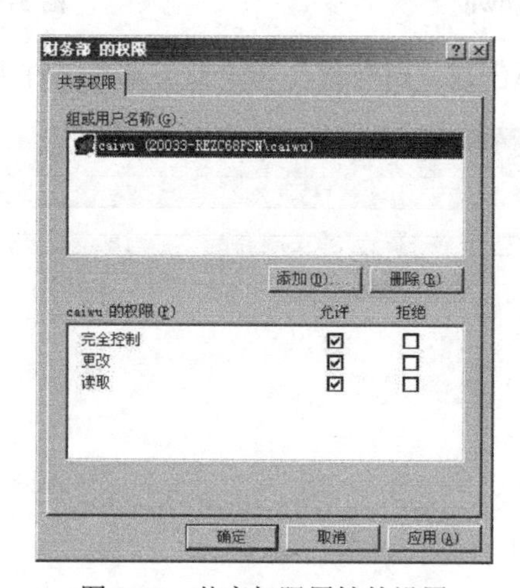

图 5-74　共享权限属性的设置

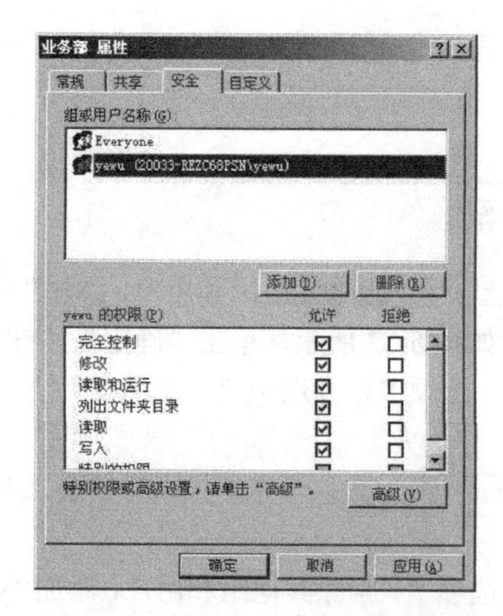

图 5-75　设置 yewu 组完全控制权限

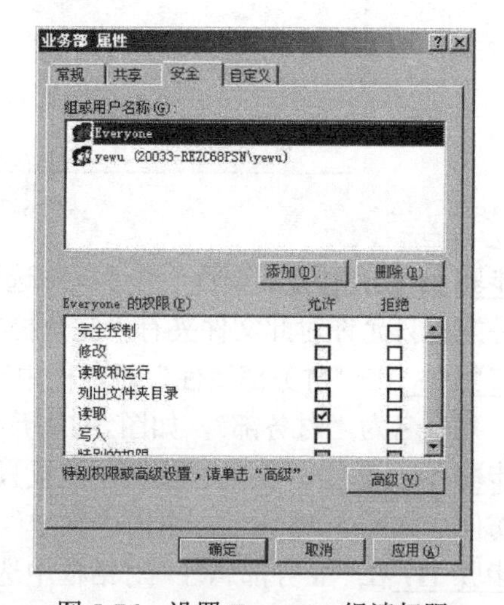

图 5-76　设置 Everyone 组读权限

<u>步骤 12：</u>在“业务部属性”对话框中选择“共享”选项卡，选择“共享此文件夹”单选按钮，设置共享名为“业务部”，如图 5-77 所示。

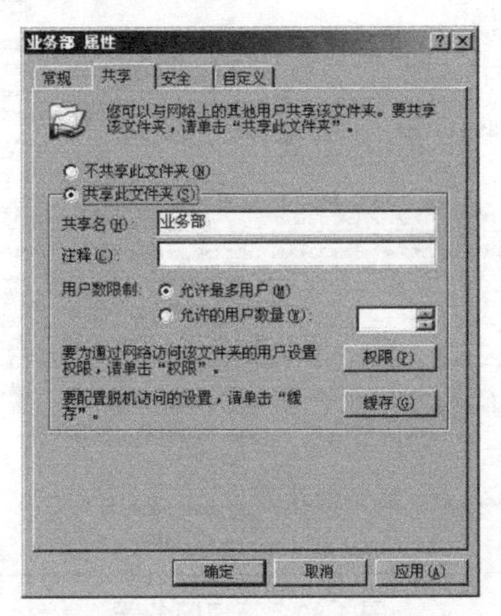

图 5-77　文件夹共享属性

<u>步骤 13：</u>单击“权限”按钮，配置只允许“yewu”组对其有“完全控制”权限，其他人只有“读取”权限，如图 5-78 和图 5-79 所示，单击“确定”按钮。

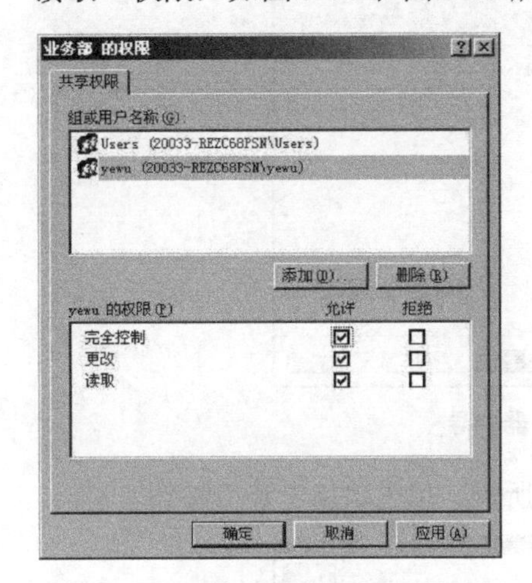

图 5-78　设置 yewu 组完全控制权限

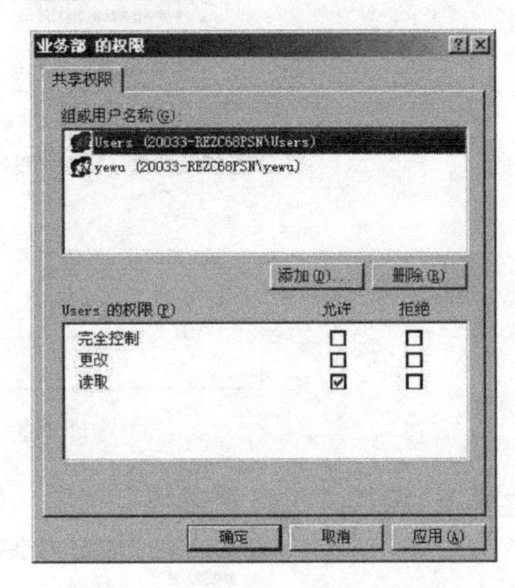

图 5-79　设置 Users 组具有读权限

2. 配置 DNS 服务器

任务要求：此公司在域名服务提供商中申请了域名 shangwu.com，Web 服务器的域名是 www.shangwu.com，邮件服务器的域名是 mail.shangwu.com，外网的 DNS 服务器上把这两个域名对应到公司的公网 IP 地址 211.147.176.231 上。公司内网 DNS 服务器不对外网用户提供服务，仅为内网用户提供域名到服务器内网 IP 的对应，并把内网用户请求的外部域名转发到 8.8.8.8。内网 DNS 服务器建立区域 shangwu.com，新建主机记录 www.shangwu.com 并指向 IP 地址 192.168.4.2，新建主机记录 mail.shangwu.com 并指向 IP 地址 192.168.4.3。

<u>步骤 1：</u>选择“开始”→“管理工具”→“管理您的服务器”选项，进入如图 5-80 所示的界面。

<u>步骤 2：</u>单击“添加或删除角色”超链接，进入如图 5-81 所示的界面，单击“下一步”按钮。

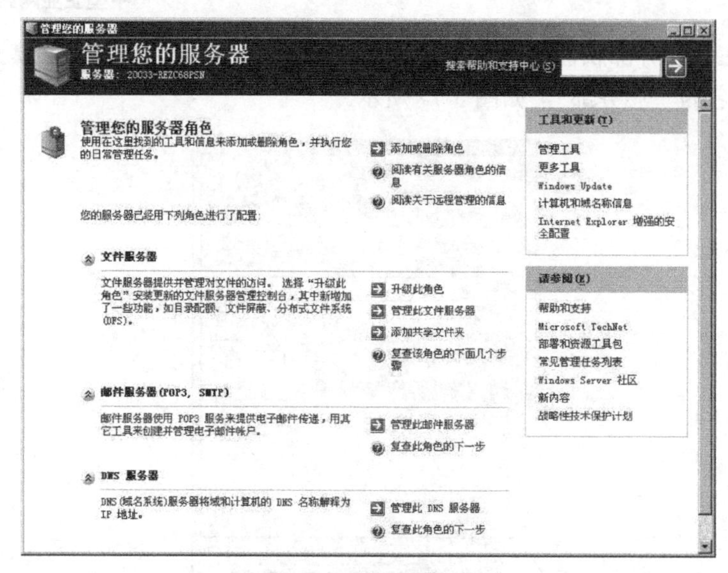

图 5-80　管理服务器

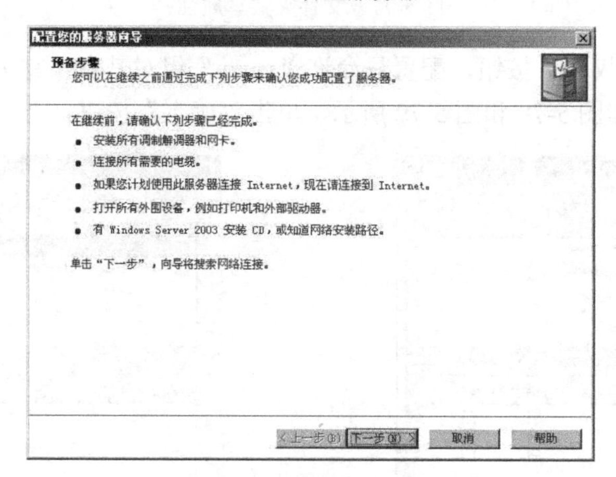

图 5-81　配置服务器向导

步骤 3：选择"DNS 服务器"选项，如图 5-82 所示，单击"下一步"按钮。

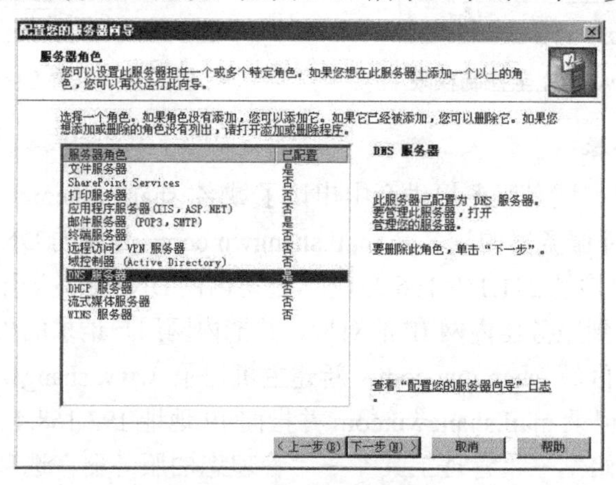

图 5-82　选择服务器角色

步骤 4：查看 DNS 服务器安装总结，如图 5-83 所示，单击"下一步"按钮。

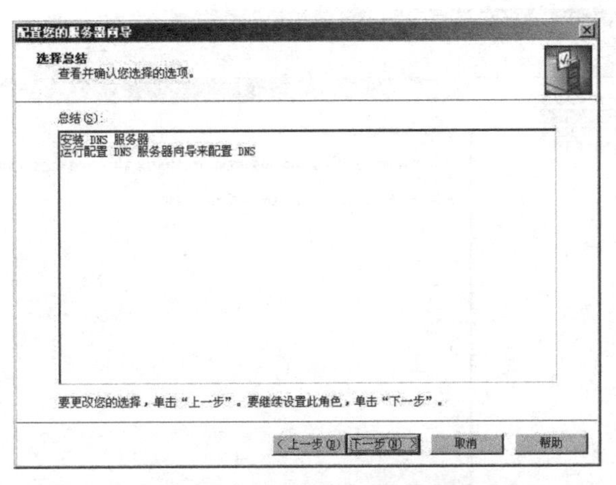

图 5-83　安装 DNS 服务器

<u>步骤 5：</u>单击“下一步”按钮，如图 5-84 所示。

<u>步骤 6：</u>选中“只配置根提示（只适合高级用户使用）”单选按钮，如图 5-85 所示，单击“下一步”按钮。

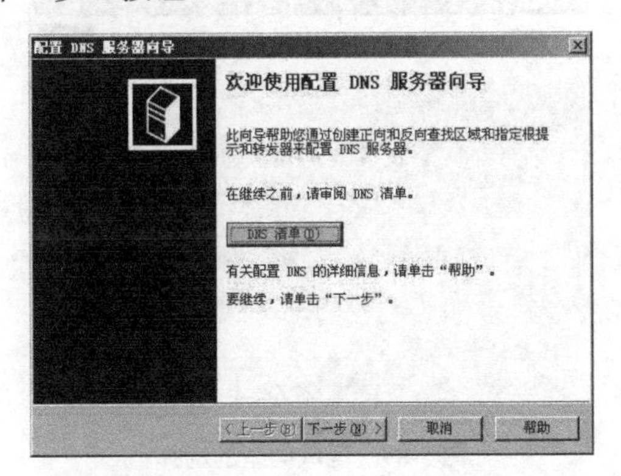

图 5-84　配置 DNS 服务器向导

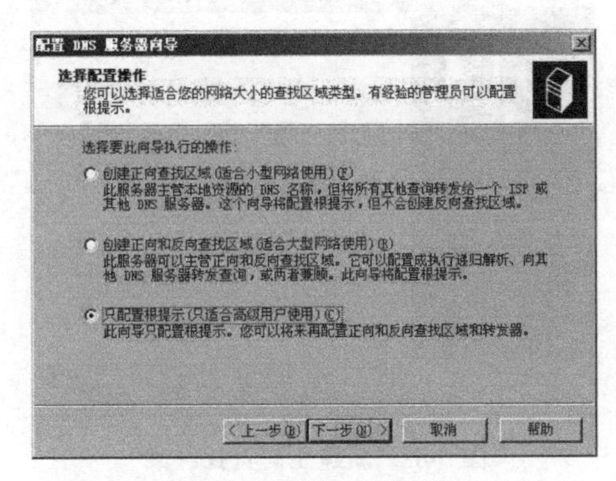

图 5-85　选择配置操作

<u>步骤 7：</u>如图 5-86 所示，单击“完成”按钮，即可安装完毕。

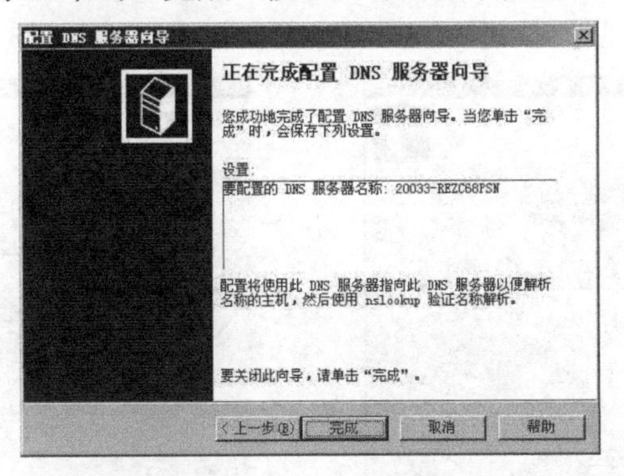

图 5-86　完成 DNS 服务器的安装

<u>步骤 8：</u>选择“开始”→“管理工具”→“DNS”选项，进入如图 5-87 所示的界面。

<u>步骤 9：</u>右击“正向查找区域”，在弹出的快捷菜单中选择“新建区域”选项，出现如图 5-88 所示的对话框，单击“下一步”按钮。

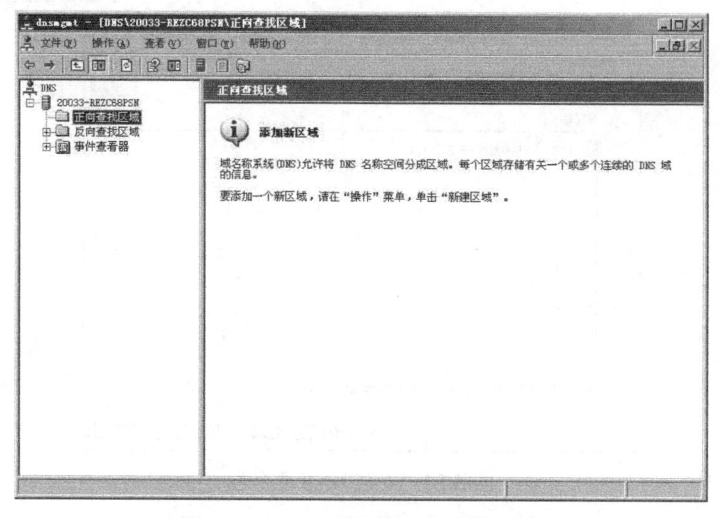

图 5-87　DNS 服务器正向查找区域

步骤 10：区域类型选择“主要区域”，如图 5-89 所示，单击“下一步”按钮。

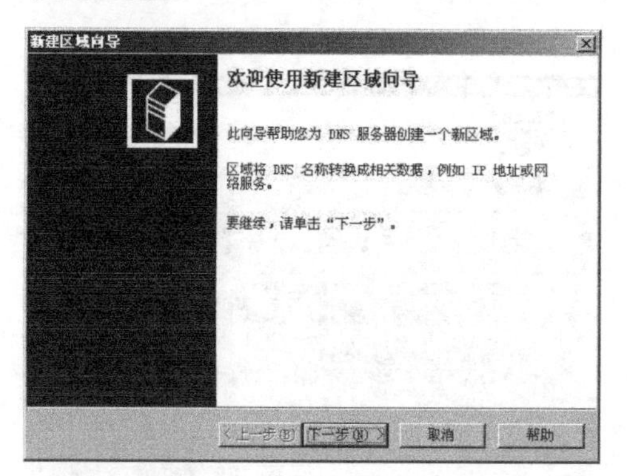

图 5-88　新建正向查找区域

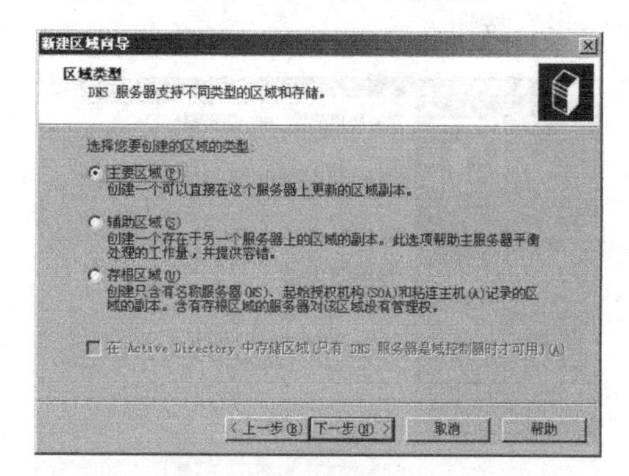

图 5-89　区域类型的选择

步骤 11：设置区域名称为“shangwu.com”，如图 5-90 所示，单击“下一步”按钮。

步骤 12：区域文件选择“创建新文件，文件名为”，文件名为“shangwu.com.dns”，如图 5-91 所示，单击“下一步”按钮。

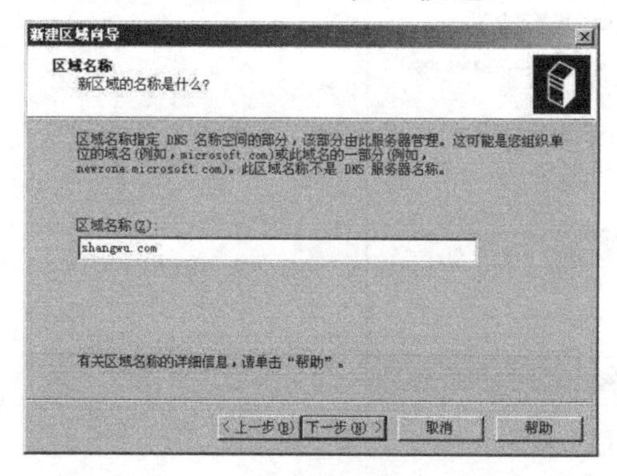

图 5-90　区域名称

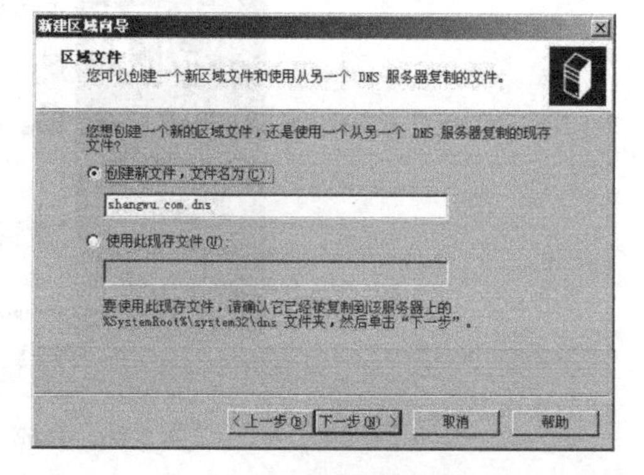

图 5-91　区域文件

步骤 13：动态更新选择“不允许动态更新”，如图 5-92 所示，单击“下一步”按钮。

步骤 14：如图 5-93 所示，单击“完成”按钮，区域即可创建完成。

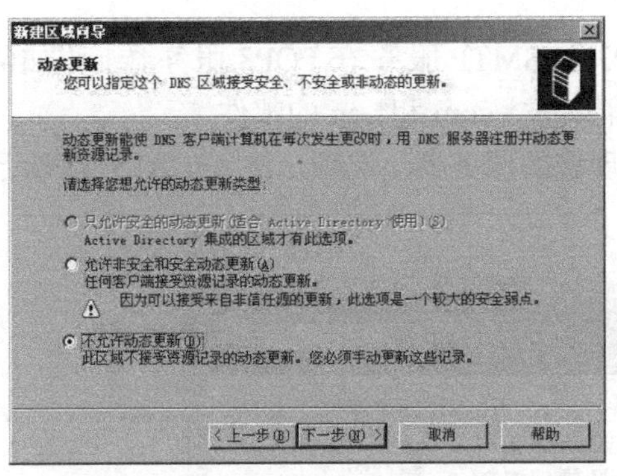

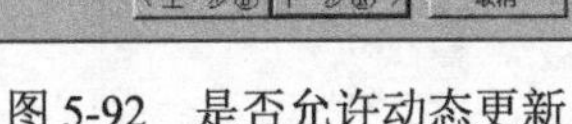

图 5-92　是否允许动态更新

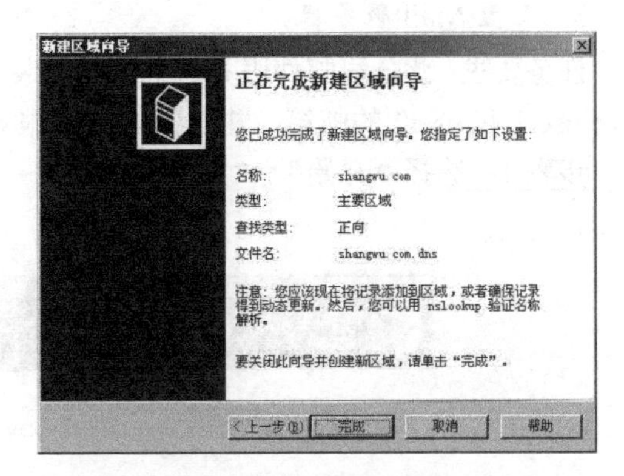

图 5-93　新建区域成功

步骤 15： 右击区域"shangwu.com"，在弹出的快捷菜单中选择"新建主机"选项，弹出"新建主机"对话框，设置名称为"www"，IP 地址为"192.168.4.2"，如图 5-94 所示，单击"添加主机"按钮。

步骤 16： 右击区域"shangwu.com"，在弹出的快捷菜单中选择"新建主机"选项，弹出"新建主机"对话框，设置名称为"mail"，IP 地址为"192.168.4.3"，如图 5-95 所示，单击"添加主机"按钮。

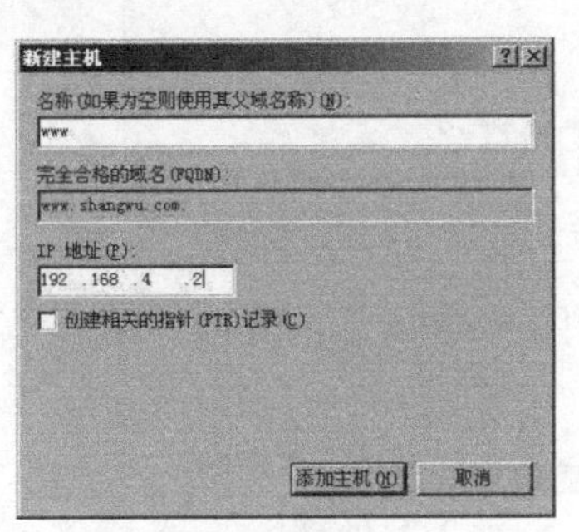

图 5-94　新建主机

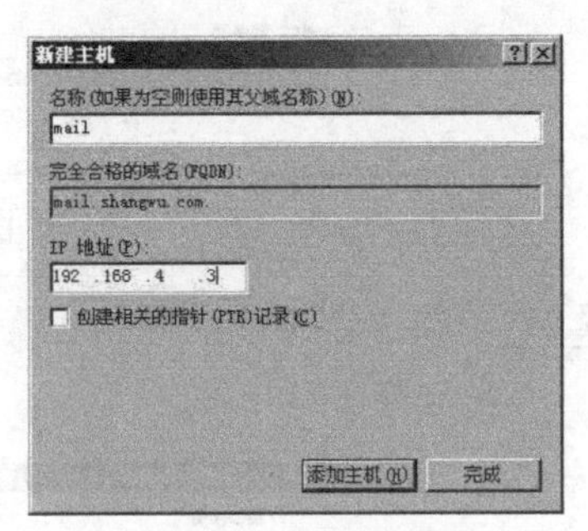

图 5-95　新建主机 mail

步骤 17： 右击区域"shangwu.com"，在弹出的快捷菜单中选择"新建邮件交换器"选项，弹出"新建资源记录"对话框，设置邮件服务器的完全合格的域名为"mail.shangwu.com"，邮件服务器优先级为"10"，如图 5-96 所示，单击"确定"按钮。

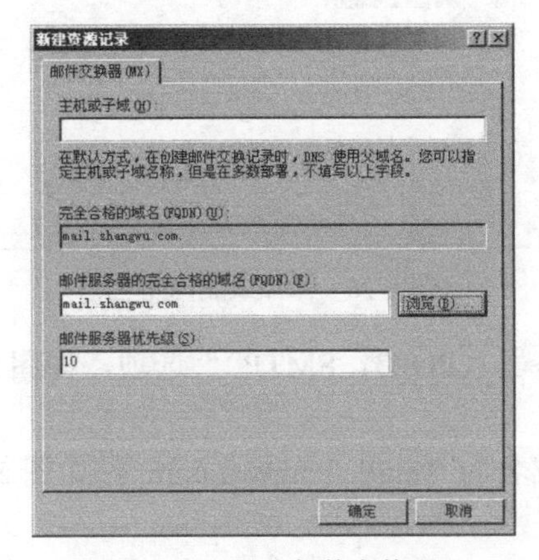

图 5-96　新建邮件交换器

3. 配置 Mail 服务器

任务要求：此公司邮件服务器上需要安装 POP3 和 SMTP 服务,在 POP3 服务器上添加两个用户 user1 和 user2 的邮箱，并配置 SMTP 服务器能转发*.com 和*.cn 的邮件。

步骤 1：选择“开始”→“管理工具”→“管理您的服务器”选项，进入如图 5-97 所示的界面。

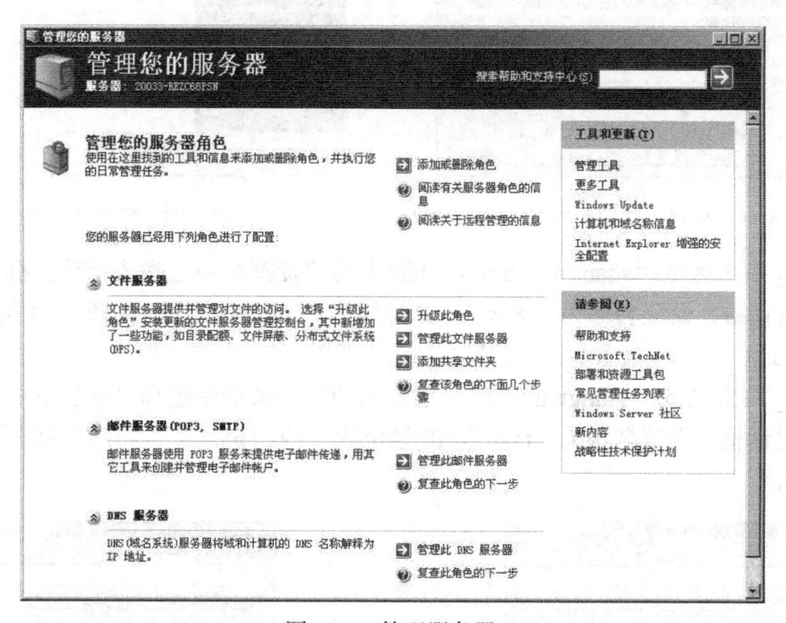

图 5-97　管理服务器

步骤 2：单击“添加或删除角色”超链接，进入如图 5-98 所示的界面，单击“下一步”按钮。

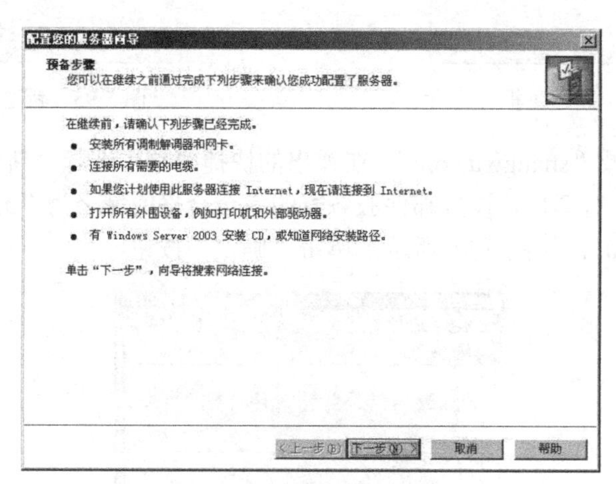

图 5-98　添加或删除角色

步骤 3：选择“邮件服务器（POP3，SMTP）”选项，如图 5-99 所示，单击“下一步”按钮。

步骤 4：设置电子邮件域名为“mail.shangwu.com”，如图 5-100 所示，单击“下一步”按钮。

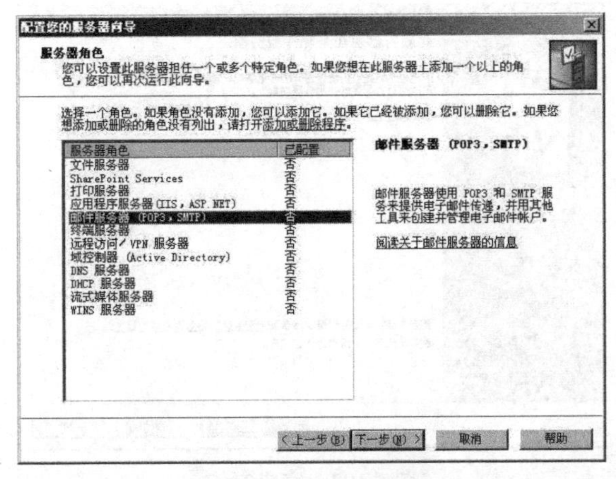

图 5-99　添加邮件服务器

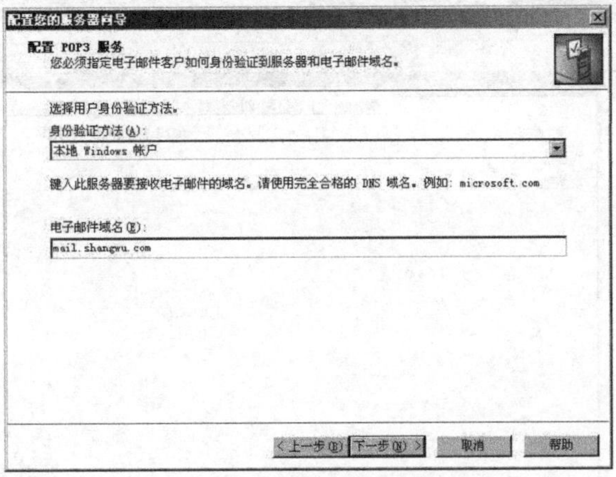

图 5-100　电子邮件域名

步骤 5： 确认选择总结，如图 5-101 所示，单击“下一步”按钮，开始安装 POP3。

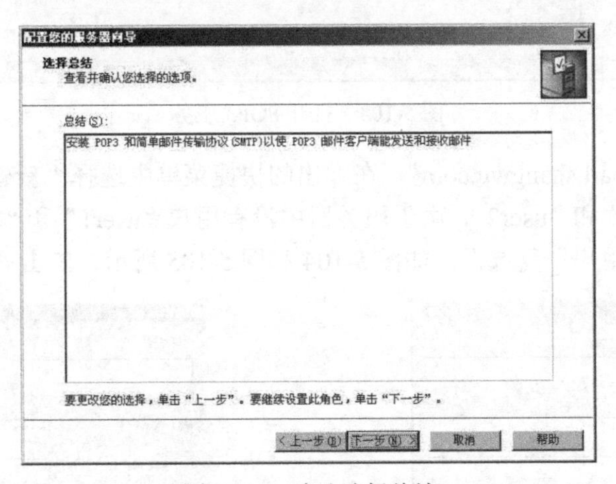

图 5-101　确认选择总结

步骤 6： 安装完成后进入如图 5-102 所示的界面，单击“完成”按钮。

步骤 7： 选择“开始”→“管理工具”→“POP3 服务”选项，进入如图 5-103 所示的界面。

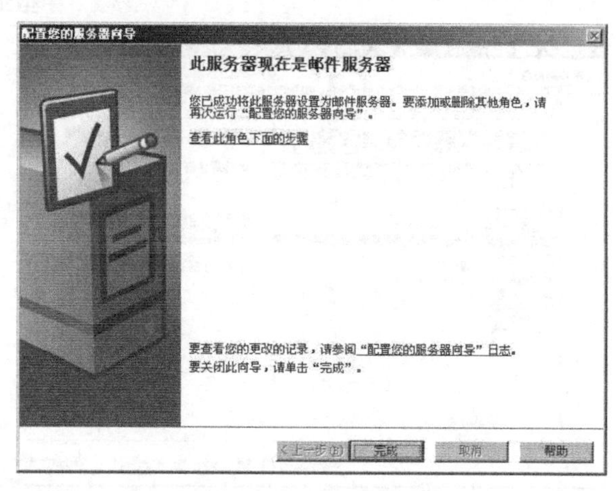

图 5-102　完成安装

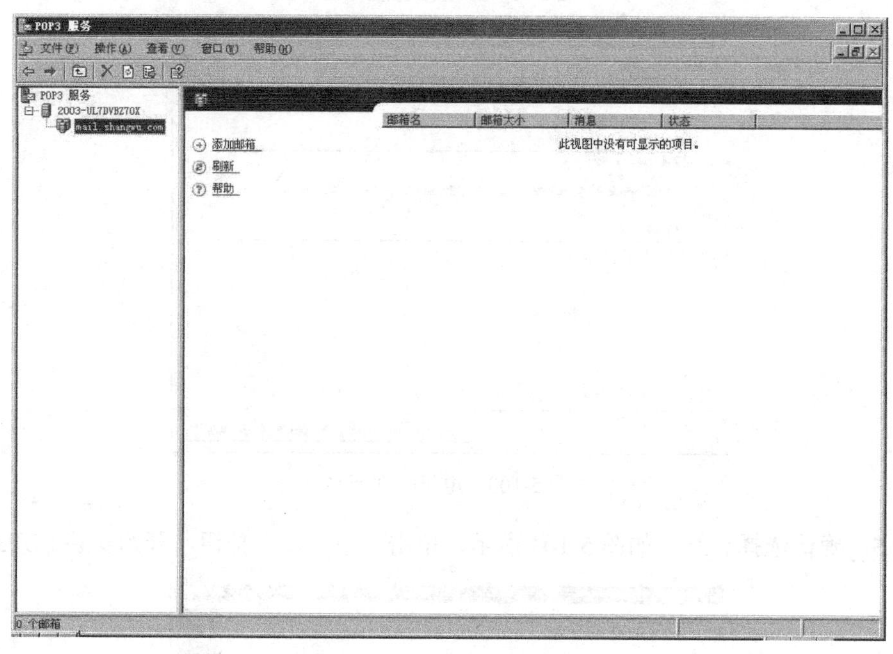

图 5-103　打开 POP3 服务

步骤 8：右击“mail.shangwu.com”，在弹出的快捷菜单中选择“新建”→“邮箱”选项，分别创建邮箱“user1”和“user2”，由于服务器中没有用户“user1”和“user2”，因此选中“为此邮箱创建相关联的用户”复选框，如图 5-104 和图 5-105 所示，单击“确定”按钮。

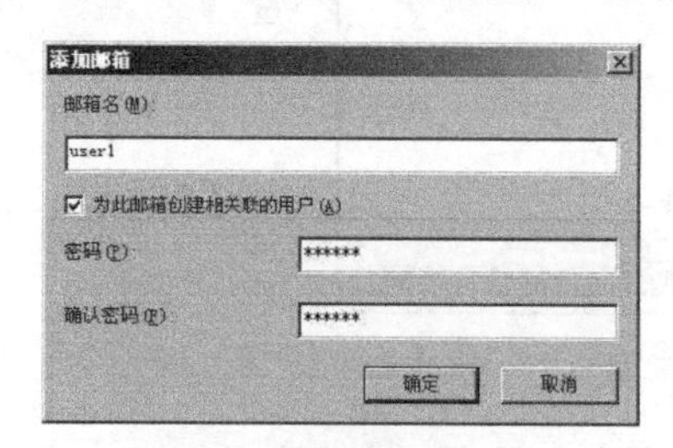

图 5-104　创建邮箱 user1

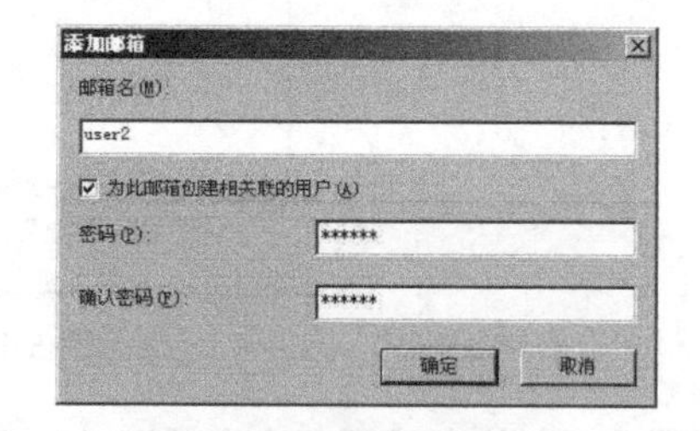

图 5-105　创建邮箱 user2

步骤 9：选择“开始”→“管理工具”→“Internet 信息服务（IIS）管理器”选项，进入如图 5-106 所示的界面。

图 5-106 IIS 管理器

步骤 10: 右击默认 SMTP 虚拟服务器中的“域”，在弹出的快捷菜单中选择“新建”→“域”选项，设置指定域类型为“远程”，如图 5-107 所示，单击“下一步”按钮。

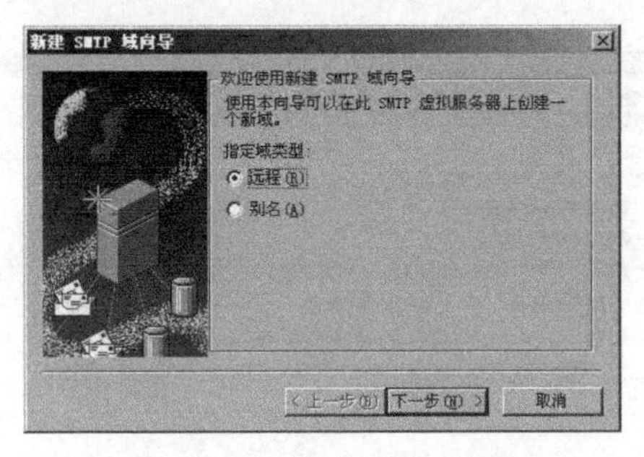

图 5-107 新建远程邮件域

步骤 11: 设置名称为“*.com”和“*.cn”，如图 5-108 和图 5-109 所示，单击“完成”按钮。

图 5-108 新建远程域*.com

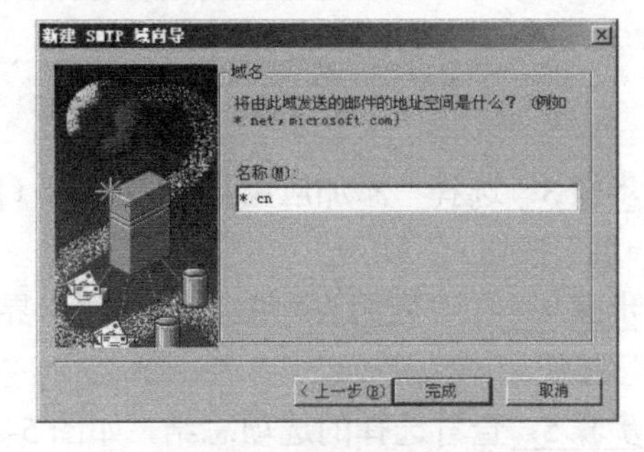

图 5-109 新建远程域*.cn

4. 配置 Web 服务器

任务要求：此公司的 Web 服务器的域名为 www.shangwu.com，IP 地址为 192.168.4.2，要求服务器在安装 IIS 的过程中，服务器要支持 ASP，主目录为默认主目录，首页为 index.asp，进入系统后启动支持“父目录”，支持最大并发连接数为 300。

步骤 1：选择“开始”→“管理工具”→“管理您的服务器”选项，进入如图 5-110 所示的界面。

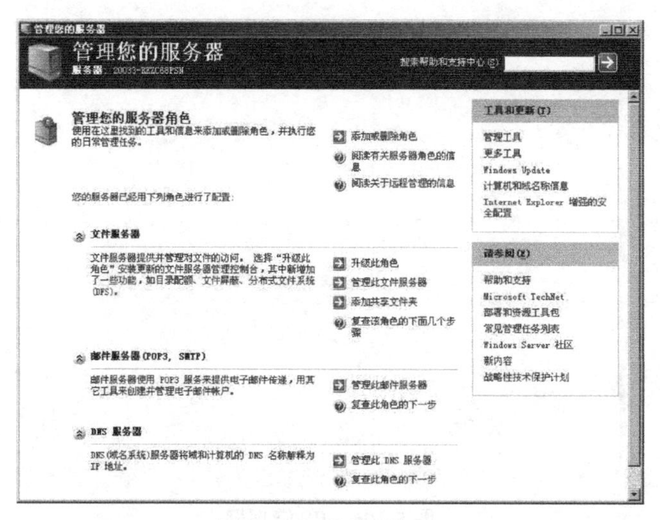

图 5-110　管理服务器

步骤 2：单击“添加或删除角色”超链接，进入如图 5-111 所示的界面，单击“下一步”按钮。

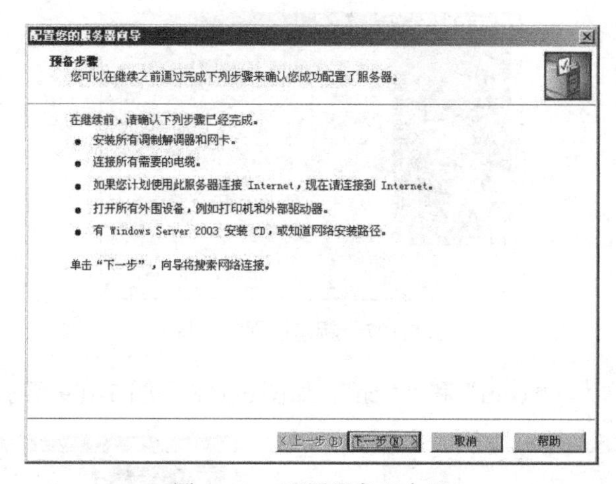

图 5-111　配置服务器向导

步骤 3：选择“添加应用程序服务器（IIS，ASP.NET）”选项，如图 5-112 所示，然后单击“下一步”按钮。

步骤 4：在“应用程序服务器选项”界面中，保留默认选择，如图 5-113 所示，单击“下一步”按钮。

步骤 5：查看选择的选项总结，如图 5-114 所示，单击“下一步”按钮，即可开始安装 IIS。

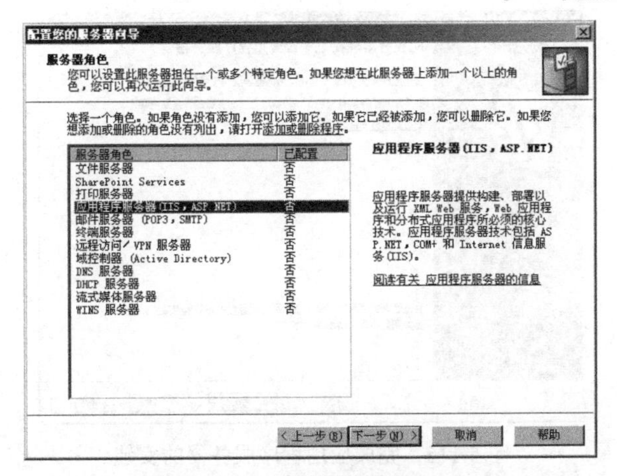

图 5-112　添加应用程序服务器

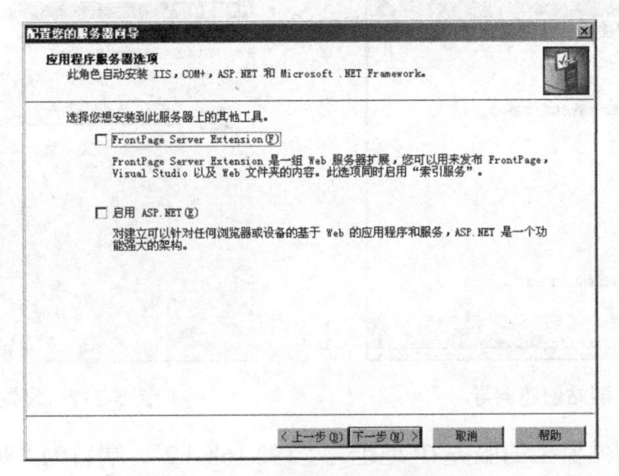

图 5-113　应用程序服务器选项

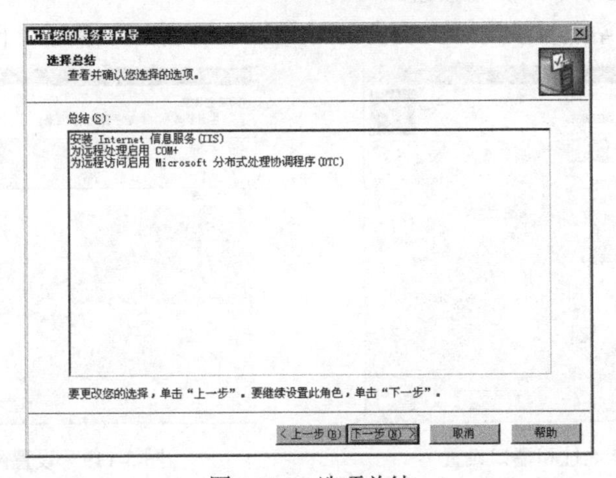

图 5-114　选项总结

步骤 6：进入如图 5-115 所示的界面，单击"完成"按钮，即可完成 Web 服务器的安装。

步骤 7：选择"开始"→"管理工具"→"IIS"选项，右击"网站"，在弹出的快捷菜单中选择"新建"→"网站"选项，进入如图 5-116 所示的界面。

步骤 8：设置网站描述为"商务"，如图 5-117 所示，单击"下一步"按钮。

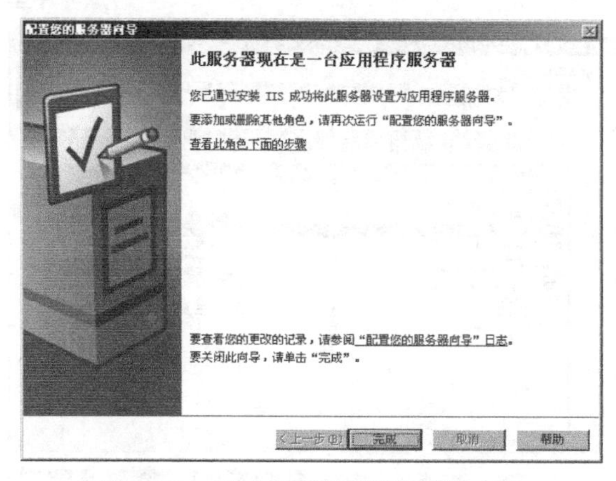

图 5-115　完成应用程序服务器的安装

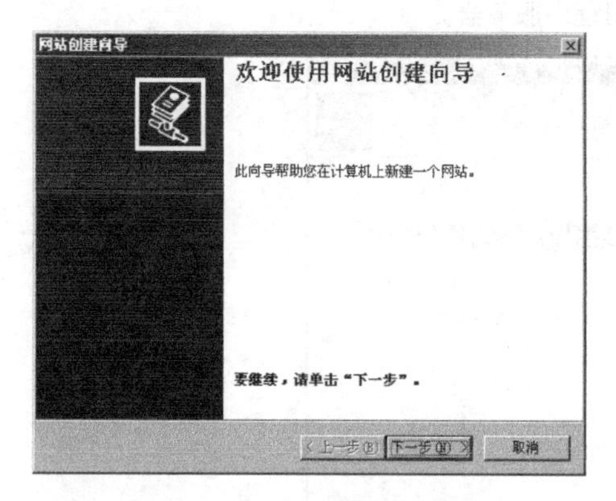

图 5-116　网站创建向导

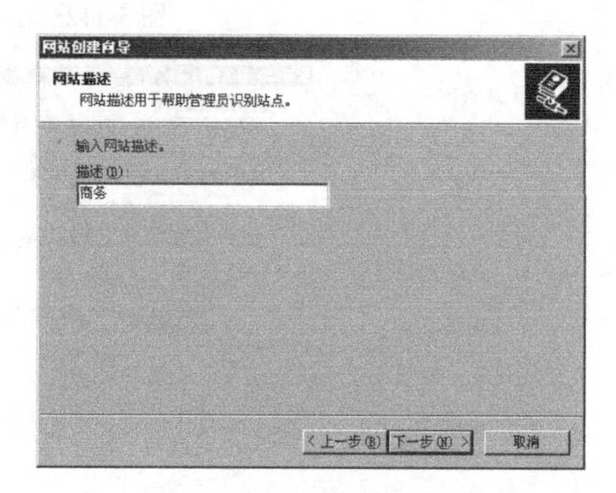

图 5-117　设置网站描述

步骤 9：设置本网站监控的服务 IP 地址为“192.168.4.2”，端口为“80”，主机头位置为空，如图 5-118 所示，单击“下一步”按钮。

步骤 10：设置网站主目录为“C:\商务”，如图 5-119 所示，单击“下一步”按钮。

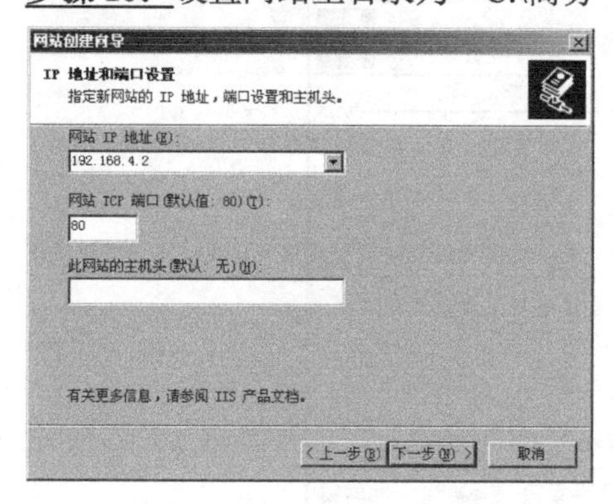

图 5-118　IP 地址和端口设置

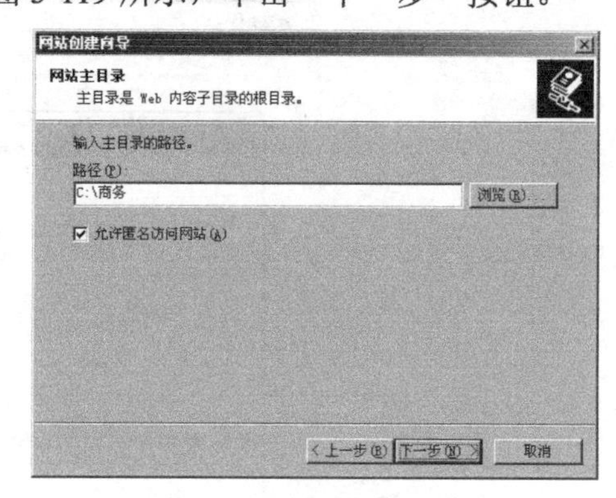

图 5-119　设置网站主目录

步骤 11：网站访问权限设置为“读取”，如图 5-120 所示，单击“下一步”按钮。

步骤 12：如图 5-121 所示，已成功完成网站创建，单击“完成”按钮即可。

步骤 13：右击网站“商务”，在弹出的快捷菜单中选择“属性”选项，在出现的“商务属性”对话框中选择“文档”选项卡，添加默认文档“index.asp”，并移动到最上方，如图 5-122 所示，单击“确定”按钮。

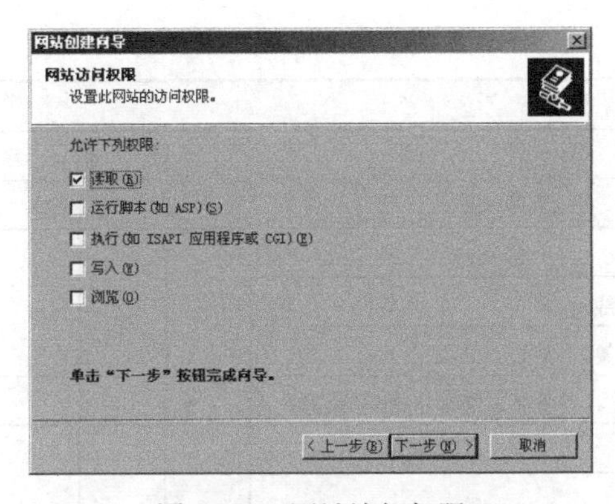

图 5-120　网站访问权限

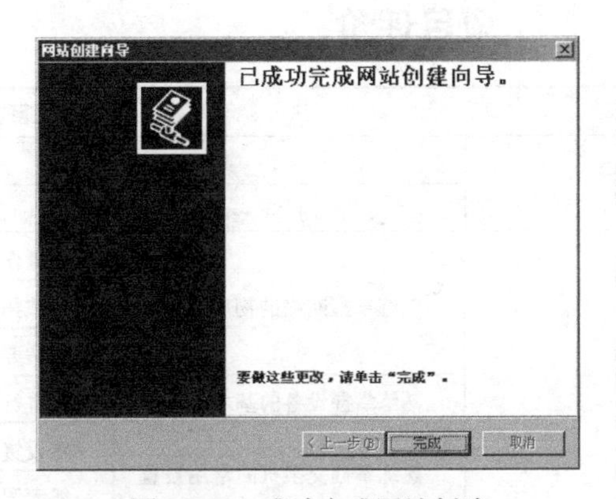

图 5-121　成功完成网站创建

步骤 14：选择"主目录"选项卡，进入如图 5-123 所示的界面。

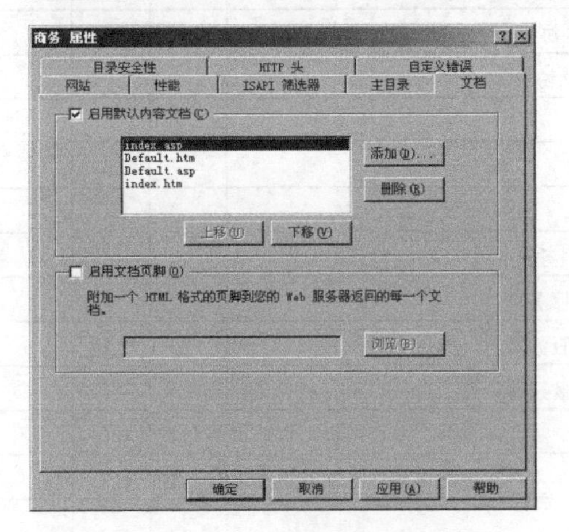

图 5-122　启用默认内容文档

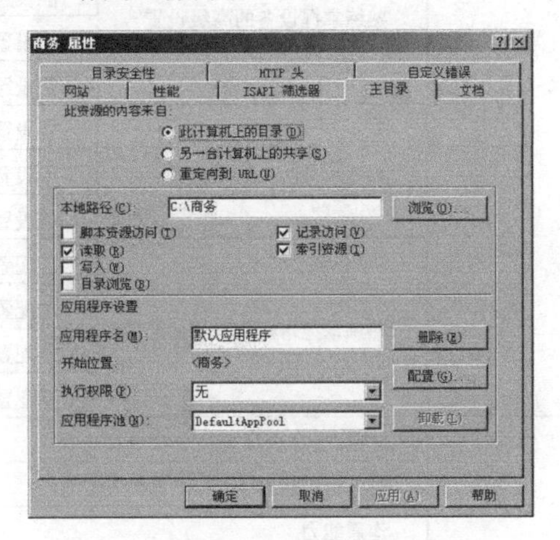

图 5-123　主目录

步骤 15：单击"配置"按钮，弹出"应用程序配置"对话框，选择"选项"选项卡，选中"启用父路径"复选框，如图 5-124 所示，单击"确定"按钮。

步骤 16：选择"性能"选项卡，设置连接限制为"300"，如图 5-125 所示。

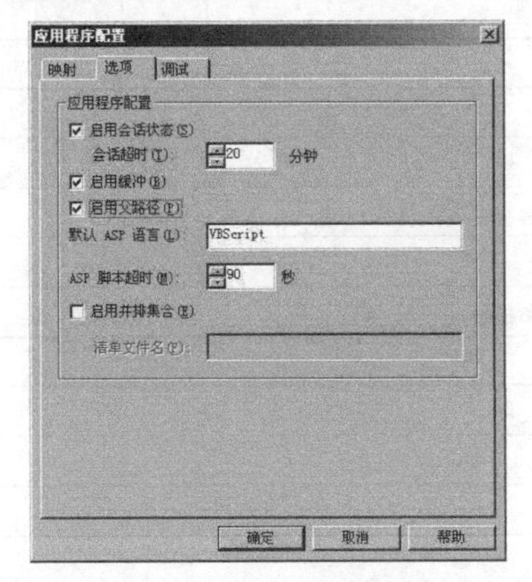

图 5-124　启用父路径

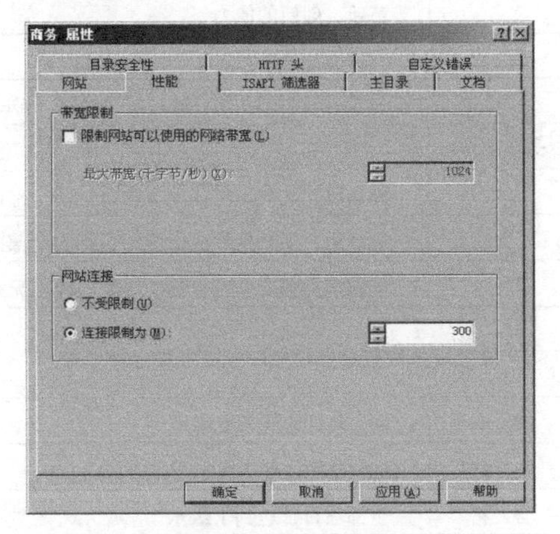

图 5-125　连接限制

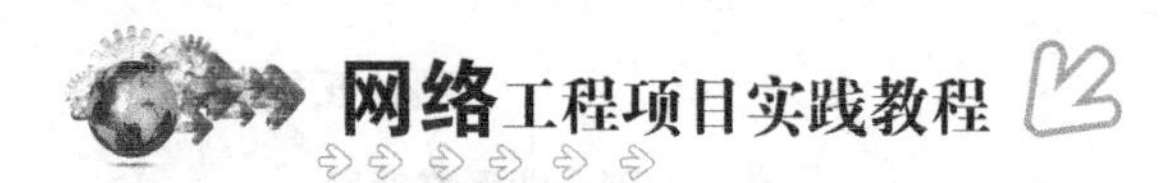

项目评价

项目实训评价表					
	内　容		评　价		
	学 习 目 标	评 价 项 目	3	2	1
职业能力	熟练掌握网络的物理连接	能制作网线			
		能按拓扑图连线			
		能按要求贴标签			
	熟练掌握设备的基本设置	能进行 IP 地址、设备名、账号、密码等设置			
	熟练掌握交换机的常用设置	能设置 VLAN			
		能配置生成树			
	熟练掌握设备的高级设置	能配置 PPP 协议			
		能设置 RIP 协议			
		能设置 OSPF 协议			
		能设置 VRRP 协议			
	熟练掌握防火墙的设置	能设置 NAT			
		能设置 PNAT			
		能设置 VPN			
	熟练掌握常见服务器的配置	能配置文件服务器			
		能配置 DNS 服务器			
		能配置 Mail 服务器			
		能配置 Web 服务器			
通用能力	交流表达能力				
	与人合作能力				
	沟通能力				
	组织能力				
	活动能力				
	解决问题的能力				
	自我提高的能力				
	革新、创新的能力				
综合评价					

评定等级说明表	
等　级	说　明
3	能高质、高效地完成此学习目标的全部内容，并能解决遇到的特殊问题
2	能高质、高效地完成此学习目标的全部内容
1	能圆满完成此学习目标的全部内容，无须任何帮助和指导

	说　明
优　秀	80%项目达到 3 级水平
良　好	60%项目达到 2 级水平
合　格	全部项目都达到 1 级水平
不合格	不能达到 1 级水平

认证考核

多项选择题

1. 下列对 SNMP 和 RMON 的理解正确的是（　　）。
   A．SNMP v1 管理模型包括 4 个关键元素：管理站、管理代理、管理信息库、管理服务器
   B．SNMP v3 具有多种安全处理模块，但只支持 UNIX 操作系统
   C．RMON 包括两个组成部分：RMON 代理和探头收集网络通信数据，管理软件对多个探头的数据进行分析
   D．RMON2 是 RMON 的扩展，可以监视每个网段，并拥有比 RMON 强大的分析功能
2. 下列对网络管理协议发展的理解正确的是（　　）。
   A．在 TCP/IP 的早期开发中，网络管理问题并未得到太大的重视，直到 20 世纪 80 年代，依然没有网络管理协议
   B．实际上，SNMP 是 1987 年 11 月发布的简单网关监控协议的升级版
   C．1992 年 7 月，四名 SNMP 的关键人物提出一个称为 SMP 的 SNMP 新版本，SMP 在功能和安全性上得到了提高，可以看作 SNMP v3 的基础
   D．SNMP 的早期发展中就考虑到了与 OSI 网络的兼容性
3. 下面关于 SNMP 的说法正确的是（　　）。
   A．SNMP v1 管理模型包括 4 个关键元素：管理工作站、管理代理、管理信息库、管理协议
   B．SNMP v1 采用主动轮训的方式来监视被管网络设备，SNMP v2 支持分布式/分级式网络管理，同时，SNMP v2 增强了管理协议报文的安全性
   C．SNMP v3 由一个管理引擎和相关联的应用组成，SNMP 引擎用于发送和接收消息、鉴别消息、对消息进行解密和加密以及控制对被管对象的访问等功能。同时，SNMP v3 通过简明的方式实现了管理信息的加密和验证功能，增强了管理协议报文的安全性
   D．以上说法都是正确的
4. 下面关于吉比特以太网的描述正确的是（　　）。
   A．通常所说的 1000Base-TX 就是 IEEE 802.3ab 标准的具体体现
   B．通常所说的 1000Base-SX 和 1000Base-LX 就是 IEEE 802.3z 的具体体现
   C．通常所说的 1000Base-TX 就是 IEEE 802.3z 标准的具体体现
   D．通常所说的 1000Base-SX 和 1000Base-LX 就是 IEEE 802.ab 的具体体现
5. 数据链路层可提供的功能有（　　）。
   A．对数据分段　　B．提供逻辑地址
   C．提供流控功能及差错控制　　D．多路复用
6. 以太网交换机端口的工作模式可以被设置为（　　）。
   A．全双工　　B．Trunk 模式　　C．半双工　　D．自动协商方式
7. 以下关于以太网交换机交换方式的叙述中正确的是（　　）。
   A．Store and Forward 方式不能检测出超短帧（小于 64 字节）

B．使用 Cut-through 方式交换时，交换机不对以太网帧进行过滤

C．使用 Cut-through 方式时，以太网帧将不会在交换机中做任何存储

D．使用 Store and Forward 方式交换时，交换机将对以太网帧进行逐个过滤

8．交换机通过（　　）知道将帧转发到哪个端口。

A．MAC 地址表　　B．ARP 地址表

C．读取源 ARP 地址　　D．读取源 MAC 地址

9．以下对 OSI 参考模型各层的功能理解有误的是（　　）。

A．数据链路层中的 MAC 子层是局域网技术中最核心的部分

B．由于 MAC 地址是由不同的生产厂家自行定义的，因此 MAC 地址有可能出现重复现象

C．不同的局域网有不同的 MAC 子层，也就有不同的 LLC 子层

D．MAC 封装了 LLC，LLC 又封装了上层的网络数据包

10．下面（　　）不是生成树的优点。

A．生成树可以管理冗余链路，在链路发生故障时可以恢复网络连接

B．生成树可以防止环路的产生

C．生成树可以防止广播风暴

D．生成树能够节省网络带宽

11．下列对 OSI 参考模型各层对应的数据描述不正确的是（　　）。

A．应用层、表示层和会话层的数据统称为协议数据单元

B．网络层的数据被称为数据报

C．传输层的数据被称为数据报

D．物理层的数据被称为数据位

12．如果某企业网络有如图 5-126 所示的需求，下列选项中不能满足此需求的有（　　）。

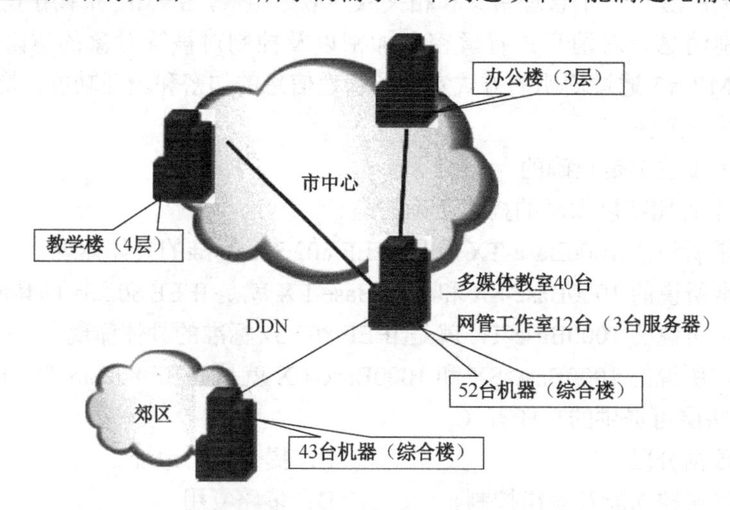

图 5-126　某企业网络图

A．分校的网络设计中，用户希望只采用一台交换机和一台路由器满足需求，则交换机可以选择 DCS-3426

B．办公楼设备选择，可行的有：使用一台 DCS-3652，提供一个千兆上连模块，可以

提供48台机器百兆接入；使用两台DCS-3628S，提供一个千兆上连模块，提供管理模块和堆叠模块，采用堆叠的方式，可以提供48台机器百兆接入

C. 如果服务器可以采用百兆的连接，那么综合楼可以使用一台DCS-3652和一台DCS-3426，可以提供2个GBIC接口，同时提供72个百兆端口

D. 分校的网络设计中，用户希望只采用堆叠的交换机满足需求，则可以使用两台3628S来实现

13. 可以屏蔽过量的广播流量的设置是（　　）。

A. 交换机　　B. 路由器　　C. 集线器　　D. 防火墙

14. 下列广域网接入服务中，属于分组交换的有（　　）。

A. X.25　　B. Frame-Relay　　C. ISDN　　D. ATM

15. 下列关于路由的描述中，（　　）较为接近静态路由的定义。

A. 明确了目的网络地址，但不能指定下一跳地址时采用的路由
B. 由网络管理员手工设定的，明确指出了目的网络和下一跳地址的路由
C. 数据转发的路径没有明确指定，采用特定的算法来计算一条最优的转发路径
D. 以上说法都不正确

16. 下列关于路由的描述中，（　　）较为接近动态路由的定义。

A. 明确了目的网络地址，但不能指定下一跳地址时采用的路由
B. 由网络管理员手工设定的，明确指出了目的网络和下一跳地址的路由
C. 数据转发的路径没有明确指定，采用特定的算法来计算一条最优的转发路径
D. 以上说法都不正确

17. 路由选择表的用途是（　　）。

A. 用于路由器的物理支持
B. 它包含避免路由循环的定时器列表
C. 用于选择最佳路由
D. 用于管理周期更新算法

18. DCR-2501V与DCR-2501相比，主要区别在于（　　）。

A. 多了2个FXO语音接口
B. 多了1个支持FXO的语音接口卡
C. 多了1个支持FXS的语音接口卡
D. 多了2个FXS语音接口

19. 下列对RIPv2的理解正确的是（　　）。

A. RIP版本基本上是一个新的路由协议
B. 更适合现代网络需求的路由协议
C. 组播发送路由更新
D. 每一个路由条目中都携带了子网掩码

20. 下列协议属于网络层的有（　　）。

A. ICMP　　B. RIP　　C. OSPF　　D. IPX

21. RARP协议主要用于（　　）。

A. PC终端获得IP地址

B. X 终端和无盘工作站获得 IP 地址
C. X 终端和无盘工作站获得 MAC 地址
D. 通过 MAC 地址获得 IP 地址

22. 下列所述的（　　）是无连接的传输层协议。
A. TCP　　B. UDP　　C. IP　　D. SPX

23. 关于 TCP 和 UDP 的说法正确的是（　　）。
A. TCP 是一种面向非连接的、不可靠的传输层协议
B. TCP 通过滑动窗口和确认机制来确保数据的完整性传输
C. UDP 是一种非面向连接的协议，省去了确认机制，因此提高了数据传输的高效性，而数据的完整性校验是通过高层协议来实现的
D. TFTP 是通过 UDP 协议端口来实现的

24. FTP 数据连接端口是（　　）。
A. 20　　B. 21　　C. 23　　D. 25

25. 太网交换机一个端口在接收到数据帧时，如果没有在 MAC 地址表中查找到目的 MAC 地址，通常应（　　）。
A. 把以太网帧复制到所有端口
B. 把以太网帧单点传送到特定端口
C. 把以太网帧发送到除本端口以外的所有端口
D. 丢弃该帧

26. 属于物理层的设备是（　　）。
A. 交换机　　B. 路由器　　C. 中继器　　D. 集线器

27. 以太网是（　　）标准的具体实现。
A. IEEE 802.3　　B. IEEE 802.4　　C. IEEE 802.1q　　D. IEEE 802.z

28. 关于集线器的说法错误的是（　　）。
A. 集线器工作在 OSI 参考模型的第二层，是多端口的中继器
B. 集线器工作在 OSI 参考模型的第一层，是多端口的中继器
C. 集线器的主要功能是放大并过滤信号，延伸信号的传输距离
D. 集线器的主要功能是放大信号，延伸信号的传输距离

29. 关于 DCS 3726S 和 DCS 3526 的说法正确是（　　）。
A. 它们都是 24 端口的接入层交换机
B. 前者支持堆叠，且最大可堆叠 6 台，后者不支持堆叠
C. 它们都支持 IEEE 802.1x 端口认证功能
D. 它们都支持私有 VLAN 功能

30. 交换机与集线器相比，其优越性表现在（　　）。
A. 端口独享带宽，整机性能远高于集线器
B. 可以实现对硬件地址的自学习，并根据学到的内容对网络数据进行选择性地转发和过滤
C. 所有的交换机都是可管理的，而集线器是不可管理的
D. 交换机工作在 OSI 模型的第二层，比集线器要智能，可以自动调整网络中的流量，优化网络性能

31．“黑色，分为8位、16位两种，16位的扩展槽可以插8位和16位的控制卡，但8位的扩展槽只能插8位的控制卡”，以上描述表示的是（　　）。

A．ISA插槽　　B．EISA插槽
C．VESA插槽　　D．PCI插槽

32．下列关于VLAN标签头的描述错误的是（　　）。

A．对于连接到交换机上的用户计算机来说，是不需要知道VLAN信息的
B．当交换机确定了报文发送的端口后，无论报文是否含有标签头，都会把报文发送给用户，由收到此报文的计算机负责把标签头从以太网帧中删除，再做处理
C．连接到交换机上的用户计算机需要了解网络中的VLAN
D．连接到交换机上的用户计算机发出的报文都是未封装标签头的报文

33．在如图5-127所示的命令配置中，可以知道（　　）。

```
Console(config)#interface ethernet 1/5
Console(config-if)#flowcontrol
Console(config-if)#no negotiation
```

图5-127　命令配置

A．在此端口上开启了流量控制功能
B．关闭自动协商功能，是为了不让半双工的流控信号扩散到整个网段中
C．关闭自动协商功能，是为了减少初始化过程的流量
D．关闭自动协商功能，是为了不让全双工的IEEE 802.1x控制帧扩散到整个网络中

34．下列地址表示私有地址的是（　　）。

A．192.168.255.200　　B．11.10.1.1
C．172.172.5.5　　D．172.30.2.2
E．172.32.67.44

35．下列对访问控制列表的描述不正确的是（　　）。

A．访问控制列表能决定数据是否可以到达某处
B．访问控制列表可以用来定义某些过滤器
C．一旦定义了访问控制列表，则其所规范的某些数据包就会严格被允许或拒绝
D．访问控制列表可以应用于路由更新的过程中

36．以下情况可以使用访问控制列表准确描述的是（　　）。

A．禁止有CIH病毒的文件到主机
B．只允许系统管理员访问主机
C．禁止所有使用Telnet的用户访问主机
D．禁止使用UNIX系统的用户访问主机

37．以下关于debug命令的说法正确的是（　　）。

A．no debug all 命令关闭路由器上的所有调试输出
B．使用debug命令时要谨慎，因为debug 命令会严重影响系统性能
C．默认情况下，debug 命令的输出信息发送到发起debug命令的虚拟终端
D．debug命令应在路由器负载小的时候使用

38．SNMPv3与SNMPv1、SNMPv2的最大区别在于（　　）。

A．安全性　　B．完整性　　C．有效性　　D．扩充性

39．下列关于 RMON 的理解不正确的是（　　）。

A．RMON 的目标是扩展 MIB-II，使 SNMP 更为有效、更为积极主动地监控远程设备

B．RMON 目前的版本有两个——RMON1 和 RMON2，RMON2 标准在基本的 RMON 组上增加了更先进的分析功能

C．使用 RMON 技术，能对一个网段进行有效监控，但这个远程监控设备必须是一个专门的硬件，或者独立存在，或者放置在工作站、服务器或路由器上

D．RMON MIB 由一组统计数据、分析数据和诊断数据构成，它具有独立于供应商的远程网络

40．关于 RIPv1 和 RIPv2，下列说法正确的是（　　）。

A．RIPv1 支持组播更新报文　　B．RIPv2 支持组播更新报文

C．RIPv1 支持可变长子网掩码　　D．RIPv2 支持可变长子网掩码

41．如果对图 5-128 所示的整个网络配置 OSPF 协议（area 1），使其实现互通，则下列神州数码 1700 系列路由器的配置正确的有（　　）。

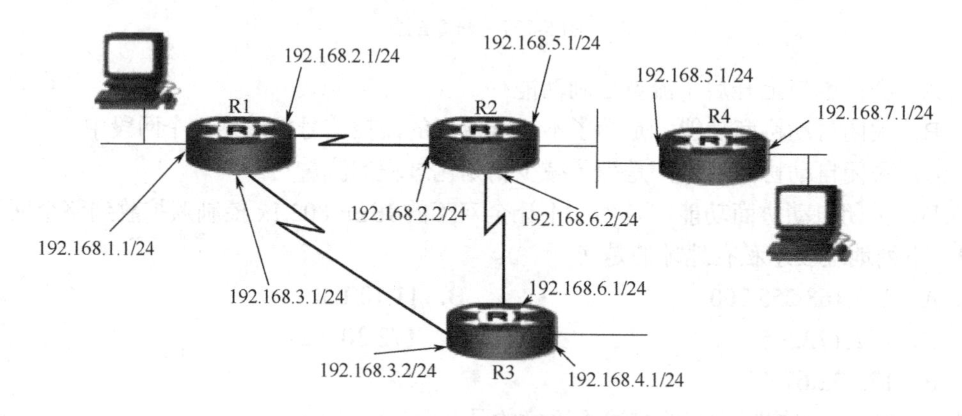

图 5-128　网络配置

A．R1_config# router ospf 100
R1_config# network 192.168.1.0 255.255.255.0 area 1
R1_config# network 192.168.2.0 255.255.255.0 area 1
R1_config# network 192.168.3.0 255.255.255.0 area 1

B．R2_config# router ospf 200
R2_config# network 192.168.5.0 255.255.255.0 area 1
R2_config# network 192.168.6.0 255.255.255.0 area 1

C．R3_config# router ospf 700
R3_config# network 192.168.3.0 0.0.0.255 area 1
R3_config# network 192.168.4.0 0.0.0.255 area 1
R3_config# network 192.168.5.0 0.0.0.255 area 1

D．R4_config# router ospf 2
R4_config# network 192.168.5.0 255.255.255.0 area 1
R4_config# network 192.168.7.0 255.255.255.0 area 1

42．访问控制列表中地址和反掩码为 168.18.0.0　0.0.0.255，其表示的 IP 地址范围是（　　）。

A．168.18.67.1～168.18.70.255
B．168.18.0.1～168.18.0.255
C．168.18.63.1～168.18.64.255
D．168.18.64.255～168.18.67.255

43．一台位于北京的路由器显示如下信息：

```
traceroute to digital(112.32.22.110),30 hops max
1 Beijing.cn 0 ms 0ms 0ms
2 rout1.cn 39 ms 39ms 39ms,
```

则下列说法正确的是（　　）。

A．一定是使用了 trace 112.32.22.110 命令得出的信息
B．rout1.cn 就是 digital 机器的全局域名
C．Beijing.cn 就是这台路由器本身
D．此台路由器中一定配置了 digital 与 112.32.22.110 的对应关系

44．能够在路由器的（　　）中使用 debug 命令。

A．用户模式　　B．特权模式
C．全局配置模式　　D．接口配置模式

45．下面的说法正确的是（　　）。

A．DNS 是用来解析 IP 地址和域名地址（互联网地址）的
B．默认网关是互连内网和外网的通道
C．每个 Windows 用户都可以创建域，并使用域中的一个账号
D．每个 Windows 用户都可以创建工作组，若已经创建了一个工作组，则计算机重启后会自动加入该工作组

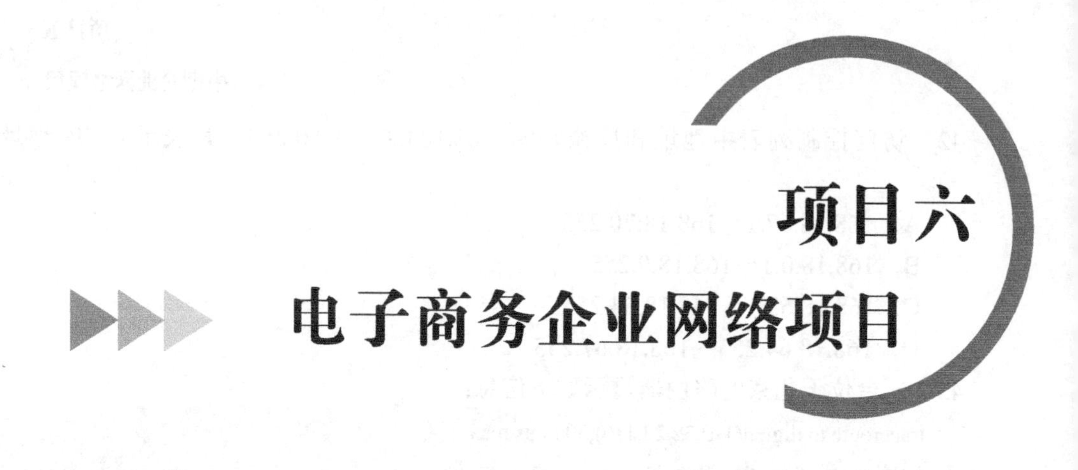

项目六 电子商务企业网络项目

用户需求

随着互联网的蓬勃发展，其巨大的潜力已经逐渐体现出来，一些互联网企业涉足传统产业已经取得了不菲的业绩，如运用网络概念多次融资，并利用网络优势通过并购的方式切入旅行服务行业的携程旅行网；其次，互联网在传播和获取信息上有独特的优势；再者，企业想利用内外部网络进行有效的管理，提高管理效率。上述三大因素可以看作企业建网的主要原因。因此，可以这样说，企业建网的最终目的和它的经营策略是吻合的，就是通过网络来降低企业的管理成本和交易成本，以及通过开展电子商务活动来获得更多的利润。

天亿公司计划在近期内建设企业网络信息系统，在企业内部实现资源高度共享，为生产、办公、管理提供服务；实现办公自动化，建立企业网管理应用系统，以顺应时代的发展趋势，充分利用现代化技术来进一步提高管理质量和办公效率。

天亿公司网络支持的是一个不断多元化的网络应用系统设备的组合，系统设备、管理者及使用者之间的联系必须是亲密无间的、自觉而透明的，从而具备较强的扩展性。

网络搭建部分具体需求如下：

（1）要求按照公司背景设计网络。

（2）网络设备要设置统一规范的名称，并按一定顺序摆放，统一系统时间。

（3）网络设备要设置登录密码。

（4）交换机要设置相应的 VLAN，交换机端口要设置相应的安全措施。

（5）使用恰当的动态路由协议互连互通。

（6）适当使用网络访问控制措施，保证内部网络的安全性。

内部应用系统需求如下：

OA 应用：OA 软件用于解决企业的日常管理规范化、增加企业的可控性、提高企业运转的效率的基本问题，范围涉及日常行政管理、各种事项的审批、办公资源的管理、多人多部门的协同办公、各种信息的沟通与传递。可以概括地说，OA 软件跨越了生产、销售、财务等具体的业务范畴，更集中地关注于企业日常办公的效率和可控性。在天亿公司总部部署 OA 软件，是提高企业整体运转能力不可缺少的一项工作。

需求分析

为实现公司目标，需要先制订网络建设方案，其网络拓扑结构如图 6-1 所示。

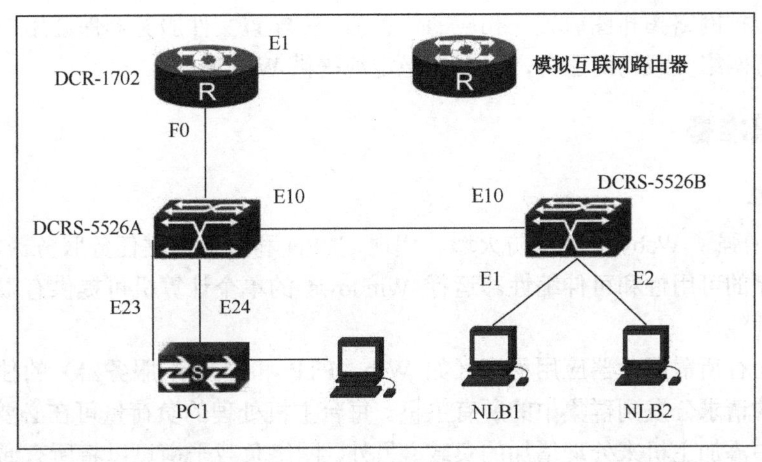

图 6-1　拓扑图

网络搭建部分需求分析：

（1）配置 DCS-3926S 与 DCRS-5526A 之间的两条交换机间链路，以及 DCRS-5526A 与 DCRS-5526B 之间的交换机间链路。

（2）在 DCS-3926S 与 DCRS-5526A 之间的冗余链路中使用 STP 技术防止桥接环路的产生。

（3）为 DCRS-5526A 的 VLAN 接口和 DCR-1702 的接口配置 IP 地址。

（4）在 DCRS-5526A 上实现 VLAN 100 与 VLAN 200 间的通信，并在 DCRS-5526A 与 DCR-1702 上使用静态路由，实现全网的互通。

（5）在 DCR-1702 上配置访问控制，使 VLAN 100 中的主机只能访问外部网络的 Web 服务，不允许访问外部网络的其他服务。

内部应用系统需求分析：

由于内部 OA 系统非常重要，因此需要确保 OA 系统非常稳定地运行。为此，引入网络负载平衡（Network Load Balancing，NLB）来解决此问题。

方案设计

项目需求分析完成后，确定供货合同，网络公司就开始了具体的实施流程。需求分析分为网络部分、应用系统部分，施工分为网络搭建部分、应用系统构建部分。下面来具体介绍每个部分的施工流程。

网络搭建部分实施方案：

首先根据需求分析，选择网络中应用的设备，并制定电子商务公司网络拓扑图。设备到位后，根据拓扑图把设备部署到相应的位置，并按拓扑图进行设备连接。设备之间的线路没有问题后，按公司部门名称规划并配置交换网络中的 VLAN，配置网络中所有设备相应的 IP 地址，配置模拟公网部分路由器接口 PPP 协议，同时测试线路两端的连通性。在内网部分启用动态路由协议，在内网的交换机上启动 VRRP 来避免单点失败。配置防火墙 NAT，保证内网用户能访问 Internet，再发布内网服务器。

应用系统部分实施方案：

首先根据需求分析来购置服务器，服务器到位后，安装服务器操作系统 Windows Server

2008 企业版，根据网络拓扑图放置在相应的位置后，先配置文件服务器保证用户数据的安全和快速访问；配置网络负载均衡服务，以保证稳定地提供 Web 服务。

知识准备

NLB 服务器

NLB 服务增强了 Web、FTP、防火墙、代理、VPN 和其他关键任务服务器之类的 Internet 服务器应用程序的可用性和可伸缩性。运行 Windows 的单个计算机可提供有限的服务器可靠性和可伸缩的性能。

每个主机运行所需服务器应用程序（如 Web、FTP 和 Telnet 服务器）的独立副本。NLB 将传入客户端的请求分发到群集中的所有主机。每台主机处理的负荷量可在必要时配置，也可动态地向群集中添加主机来处理增加的负载。另外，网络负载平衡可以将所有通信发到指定的单个主机上，这个主机称为默认主机。

网络负载平衡允许群集中的所有计算机被一组相同的群集 IP 地址寻址（同时保持其现有的唯一专用 IP 地址）。

对于经过负载平衡的程序，当某个主机出现故障或脱机时，将在继续运行的计算机间自动重新分配负载。单个服务器中的程序将其通信重新定向到特定的主机。当计算机出乎预料地出现故障或脱机时，连到失败或脱机服务器的活动连接将会丢失。但是，如果有意让主机停机，则可以在让计算机脱机之前，用 drainstop 命令为所有活动连接提供服务。在这两种情况下，脱机计算机都可以透明地重新加入群集，并重新获得自己的那份工作负荷。

注意：如果打算在 64 位环境中使用网络负载平衡，则必须使用 64 位网络负载平衡版本。如果不这样做，群集将无法建立。

项目实现——网络搭建部分实现

1. 网络设备的选择

采购人员依据需求分析、公司现阶段的结点数和预算进行综合分析后，采购了 2 台神州数码 DCRS-5626，保证核心设备具备快速转发数据的能力；采购了 1 台神州数码 DCS-3926 二层交换机，保证接入层交换机为 100Mb/s 接口，并能进行初步的接入控制；采购了 2 台神州数码 DCR-1702 路由器，保证模拟服务提供商网络设备拥有足够的性能，作为 Internet 接入设备。

2. 规划拓扑结构

网络工程师根据采购的设备和公司需求，建立了如图 6-1 所示的公司整体拓扑结构。

接入层采用二层交换机 DCS-3926S，汇聚和核心层使用了两台三层交换机 DCRS-5526A 和 DCRS-5526B，网络边缘采用一台路由器 DCR-1702 用于连接到外部网络。

为了实现链路的冗余备份，DCS-3926S 与 DCRS-5526A 之间使用两条链路相连。DCS-3926S 上连接一台 PC，PC 处于 VLAN 100 中。DCRS-5526B 上连接 NLB1 服务器和 NLB2 服务器，两台服务器处于 VLAN 200 中。DCRS-5526A 使用具有三层特性的物理端口与 DCR-1702 相连，在 DCR-1702 的外部接口上连接一台外部路由器。

说明：这里采用的设备均为神州数码公司网络产品。其中，DCRS-5526 为三层交换机。

网络设备到位后，网络施工人员按此拓扑结构进行了布线，并按拓扑图中各设备间接口进行了连线，为具体的功能配置做好了准备。

3. 交换机之间链路配置

任务要求：配置 DCS-3926S 与 DCRS-5526A 之间的两条交换机链路，以及 DCRS-5526A 与 DCRS-5526B 之间的交换机链路。

将 DCS-3926S 的 E0/0/23、E0/0/24 接口设置为 Trunk 端口：

```
3926S(Config)#interface e0/0/23-24
3926S(Config-Port-Range)#switchport mode trunk
```

将 DCRS-5526A 的 E0/0/23、E0/0/24、E0/0/10 接口设置为 Trunk 端口:

```
5526A(Config-Ethernet0/0/20)#interface e0/0/10;23-24
5526A(Config-Port-Range)#switchport mode trunk
```

将 DCRS-5526B 的 E0/0/10 接口设置为 Trunk 端口:

```
5526B(Config-Vlan 200)#interface e0/0/10
5526B(Config-Ethernet0/0/10)#switchport mode trunk
```

4. 生成树设置

任务要求：在 DCS-3926S 与 DCRS-5526A 之间的冗余链路中使用 STP 技术防止桥接环路的产生。

在 DCS-3926S 上启用 STP：

```
3926S(Config)#spanning-tree mode stp
3926S(Config)#spanning-tree l
```

在 DCRS-5526A 上启用 STP:

```
5526A(Config)#spanning-tree mode
stp 5526A(Config)#spanning-tree
```

5. 配置 IP 地址

任务要求：为 DCRS-5526A 的 VLAN 接口和 DCR-1702 的接口配置 IP 地址。

为 DCRS-5526A 的 VLAN 接口配置 IP 地址:

```
5526A(Config)#vlan 100
5526A(Config-Vlan 100)#exit
5526A(Config)#vlan 200
5526A(Config-Vlan 200)#exit
5526A(Config)#interface vlan 100
5526A(Config-If-Vlan 100)#ip address 172.16.100.1 255.255.255.0
5526A(Config-If-Vlan 100)#exit
5526A(Config) #interface vlan 200
5526A(Config-If-Vlan 200)#ip address 172.16.200.1 255.255.255.0 l
```

为 DCR-1702 的接口配置 IP 地址:

```
1702_config#interface f0/0
1702_config_f0/0#ip address 10.1.1.1 255.255.255.0 1702_config_f0/0#interface e0/1
1702_config_e0/1#ip address 10.1.2.1 255.255.255.0
```

在 DCRS-5526A 上使用具有三层特性的物理端口实现与 DCR-1702 的互连。

将 DCRS-5526A 的 E0/0/20 配置为三层端口：

```
5526A(Config)#interface e0/0/20
```

```
5526A(Config-Ethernet0/0/20)#no switchport
5526A(Config-Ethernet0/0/20)#ip address 10.1.1.2 255.255.255.0
```

6. 配置路由并使全网互连互通

任务要求：在 DCRS-5526A 上实现 VLAN 100 与 VLAN 200 间的通信，并在 DCRS-5526A 与 DCR-1702 上使用静态路由，实现全网的互通。

在 DCRS-5526A 上配置静态路由：

```
5526A(Config)#ip route 10.1.2.0 255.255.255.0 10.1.1.1 1
```

在 DCR-1702 上配置静态路由：

```
1702_config#ip route 172.16.100.0 255.255.255.0 10.1.1.2
1702_config#ip route 172.16.200.0 255.255.255.0 10.1.1.2
```

7. 访问控制设置

任务要求：在 DCR-1702 上配置访问控制，使 VLAN 100 中的主机只能访问外部网络的 Web 服务，不允许访问外部网络的其他服务。

```
1702_config#iaccess-list 100 permit tcp 172.16.100.0 0.0.0.255 host 10.1.2.2 eq www   1702_config#iinterface e0/1
1702_config_e0/1#ip access-group 100 out
```

8. 配置结果验证

① DCR-1702 验证内容如下：

```
R1702_config#show ip route
Codes: C - connected, S - static, R - RIP, B - BGP, BC - BGP connected      D - DEIGRP, DEX - external DEIGRP, O - OSPF, OIA - OSPF inter area      ON1 - OSPF NSSA external type 1, ON2 - OSPF NSSA external type 2
  OE1 - OSPF external type 1, OE2 - OSPF external type 2      DHCP - DHCP type
VRF ID: 0
C     10.1.1.0/24       is directly connected, FastEthernet0/0
C     10.1.2.0/24       is directly connected, Ethernet0/1
S     172.16.100.0/24     [1,0] via 10.1.1.2
S     172.16.200.0/24     [1,0] via 10.1.1.2
```

② DCRS-5526A 验证内容如下：

```
5526A#show ip route
Total route items is 4, the matched route items is 4
Codes: C - connected, S - static, R - RIP derived, O - OSPF derived      A - OSPF ASE, B - BGP derived,
D - DVMRP derived
  Destination         Mask            Nexthop        Interface        Preference
C  172.16.100.0     255.255.255.0     0.0.0.0        Vlan 100            0
C  172.16.200.0     255.255.255.0     0.0.0.0        Vlan 200            0
S  10.1.2.0         255.255.255.0     10.1.1.1       Ethernet0/0/20      1
C  10.1.1.0         255.255.255.0     0.0.0.0        Ethernet0/0/20      0
```

③ 对网络需求进行验证：PC 能够访问内部网络中的 NLB 集群服务器，PC 能通过公司网络访问 Internet 的 Web 服务器（模拟）。

项目实现——应用系统部分实现

这里主要部署 OA 软件，具体实施步骤如下。

步骤 1：服务器、客户端安装及配置见表 6-1，服务器、客户端 IP 设置见表 6-2。

表 6-1 服务器、客户机安装及配置

服务器/客户端	设备与服务			
NLB1	网卡 1（NLB）	网卡 2（LAN）	IIS	OA 站点
NLB2	网卡 1（NLB）	网卡 2（LAN）	IIS	OA 站点

表 6-2 服务器、客户机 IP 设置

服务器/客户端	IP 地址		备　注
NLB1	LAN：10.10.1.111/8	NLB：192.168.1.1/24	LAN 用于设置公共网络 IP，NLB 用于设置专用网络 IP
NLB2	LAN：10.10.1.112/8	NLB：192.168.1.2/24	

步骤 2：重命名服务器网卡显示名，以方便识别，如图 6-3 所示。

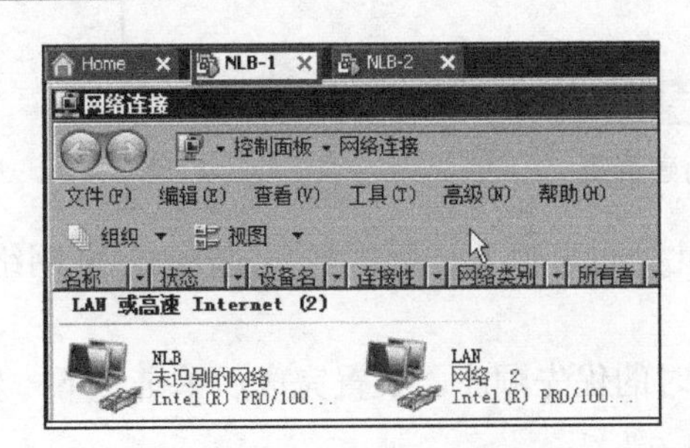

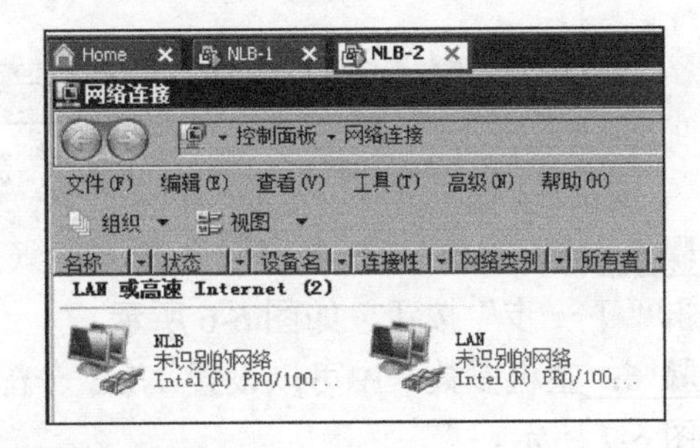

图 6-3 重命名服务器网卡显示名

步骤 3：安装网络负载平衡管理工具，如图 6-4 所示。

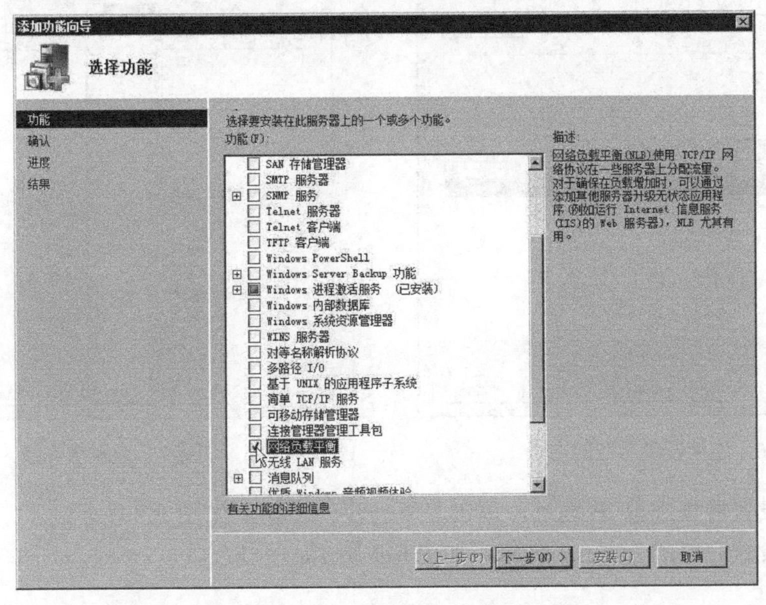

图 6-4 安装网络负载平衡管理工具

步骤 4：创建群集。在 NLB1 的计算机上运行“nlbmgr”命令或选择“开始”→“管理工具”→“网络负载平衡管理器”选项，打开“网络负载平衡管理器”窗口，新建一个群集，如图 6-5 所示。

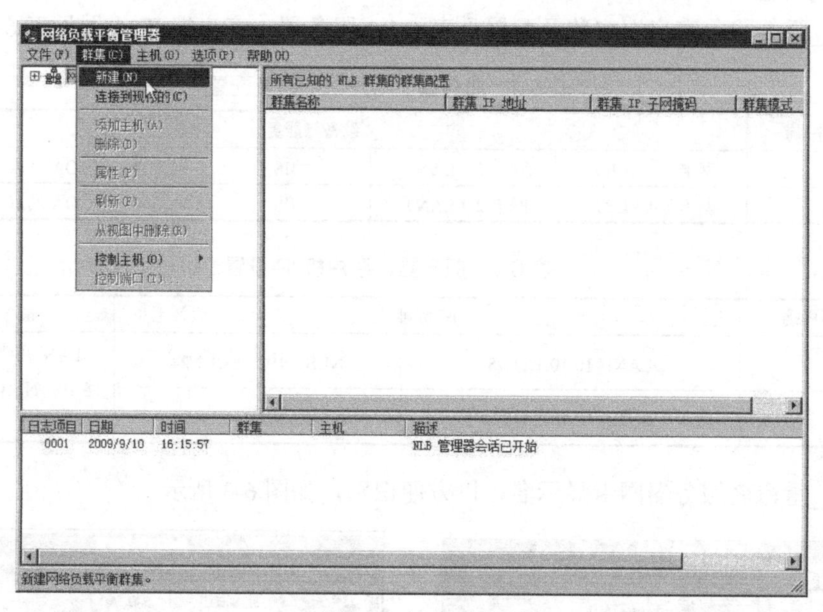

图 6-5 新建群集

步骤 5：输入本机 NLB 专用网络 IP 地址（此处也可输入计算机名），选择 LAN 网络 IP 地址后单击“下一步”按钮，如图 6-6 所示。

步骤 6：主机参数卡中可以设置 NLB 分配时的优先顺序，设置完成后单击“下一步”按钮，如图 6-7 所示。

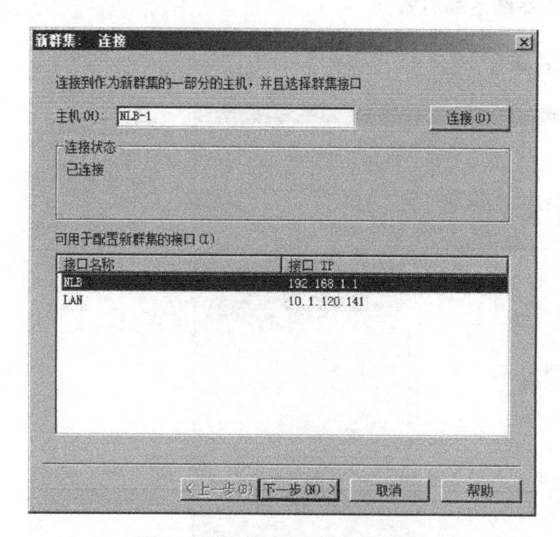

图 6-6 连接群集所在的主机

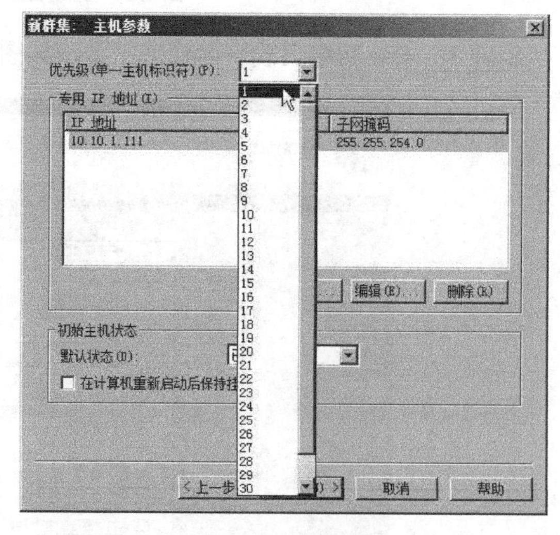

图 6-7 设置优先级

步骤 7：设置群集虚拟 IP 地址，单击“下一步”按钮，如图 6-8 所示。

步骤 8：设置完整的 Internet 名称，如图 6-9 所示。

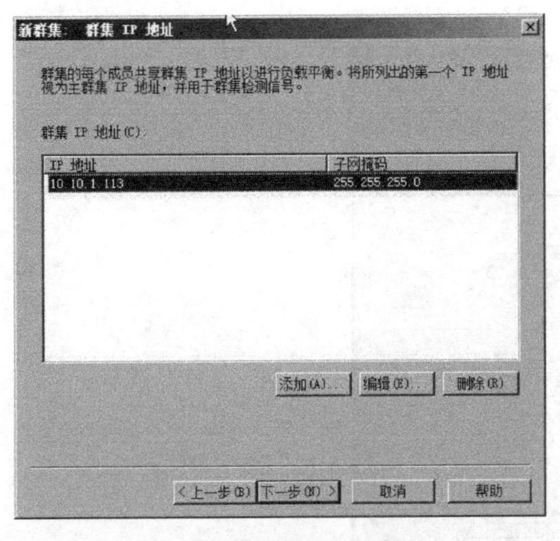

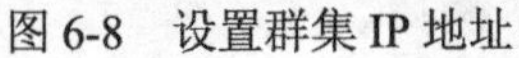
图 6-8　设置群集 IP 地址

图 6-9　设置群集参数

说明：如果 DNS 中设置了 A 记录，则在“完整 Internet 名称”文本框中输入域名；选择群集操作模式（推荐使用双网卡单播模式），各种模式说明如下。

单播：单播模式是指各结点的网络适配器被重新指定了一个虚拟 MAC 地址（由 02-bf 和群集 IP 地址组成，确保此 MAC 的唯一性）。由于所有绑定群集的网络适配器的 MAC 地址都相同，因此在单网卡的情况下，各结点之间是不能通信的，这也是推荐双网卡配置的原因之一。为了避免交换机的数据泛洪，应该结合 VLAN 使用。

多播：网络适配器在保留原有 MAC 地址不变的同时，还分配了一个各结点共享的多播 MAC 地址。所以，单网卡的结点之间也可以正常通信，但是大多数路由和交换机对其支持不是太好。

IGMP 多播：IGMP 多播（只有在选中多播时，才可以选择此项），在继承多播的优点之外，NLB 每隔 60s 发送一次 IGMP 信息，使多播数据包只能发送到这个正确的交换机端口，避免了交换机数据泛洪的产生。

步骤 9：在端口规则中添加端口，单击“完成”按钮，如图 6-10 所示。

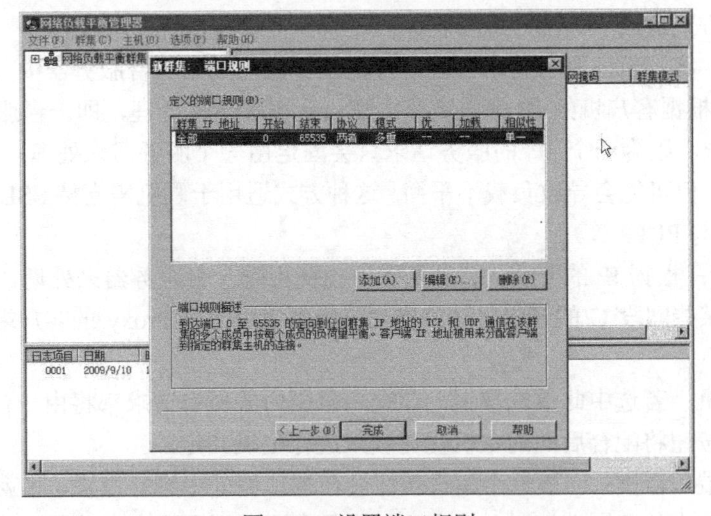

图 6-10　设置端口规则

步骤 10：添加、编辑端口规则，如图 6-11 所示。

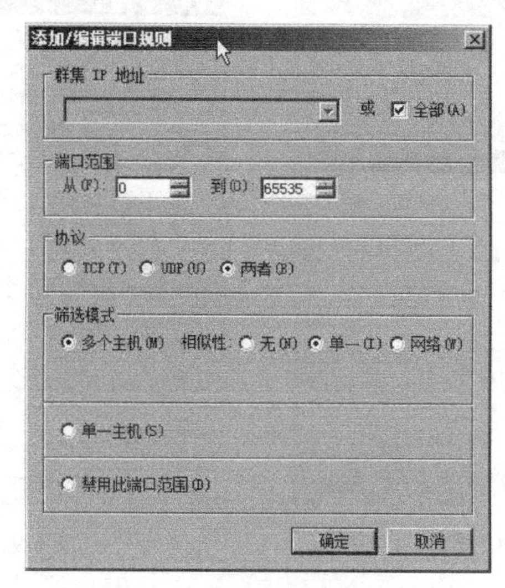

图 6-11 添加/编辑端口规则

图 6-11 中的参数设置说明如下。

① 群集 IP 地址：指定规则所针对的群集 IP。

② 端口范围：默认为所有，可以指定群集监听的端口范围（例如，从 80 到 80 表示只针对 Web 服务实现负载均衡）。

③ 协议：指定群集所服务的协议类型。

④ 筛选模式。

➢ 多个主机。

无相似性：客户端的服务请求会平均分配到群集内的每一台服务器中。假设 NLB 群集内有 2 台服务器。当接到客户端的请求时，NLB 会将第 1 个请求交由第 1 台服务器来处理，将第 2 个请求交由第 2 台服务器来处理，将第 3 个请求交由第 1 台服务器来处理……以此类推。由于所有客户端机会平均地分配到每一台服务器中，因此可以达到最佳的负载平衡。如果需要执行交易处理，为了能够共享 session 状态，则必须将 session 状态集中存储在 state 或 Database Server 中，这种方式适用于大部分应用程序。

单一相似性：客户机的服务请求会固定分配到群集内的某一台服务器中。当接到客户机的请求时，NLB 会根据客户机的 IP 来决定交由哪一台服务器来处理，即一台服务器只会处理来自某些 IP 的请求。因为一个 IP 的服务请求只会固定由一个服务器来处理，所以没有 session 状态共享的问题，但可能会导致负载不平衡。这种方式适用于联机需支持 SSL 集多重联机的通信协议（如 FTP 与 PPTP 等）。

网络（类 C）：根据 IP 的 Class C 屏蔽来决定交由哪一台服务器来处理，也就是一台服务器只会处理来自某些网段 C 的请求。这种方式可确保使用多重 Proxy 的客户端能导向到相同的服务器。

➢ 单一主机：若选中此单选按钮，该端口范围内的所有请求都将由一台主机进行处理，此单选按钮将配合后面的主机优先级来进行主机判定。

➢ 禁用此端口范围：一般这个单选按钮会在端口例外中进行设置，也就是说，当指定了一个比较大的范围端口时，其中一个或几个端口不需要客户端用户访问到，此时将利用这个规则来进行设定，防止用户访问此端口请求。

至此，群集创建完毕。

项目评价

项目实训评价表					
	内　容		评　价		
	学 习 目 标	评 价 项 目	3	2	1
职业能力	熟练掌握网络的物理连接	能制作网线			
		能按拓扑图连线			
		能按要求贴标签			
	熟练掌握 IP 的设置	能进行 IP 地址设置			
	熟练掌握 VLAN 的设置	能设置 VLAN			
		能测试 VLAN 是否正常设置			
	熟练掌握路由的设置	能在交换机上设置 RIP			
		能在防火墙中进行路由引入			
	掌握常见服务器的配置	能配置 NLB 群集服务器			
通用能力	交流表达能力				
	与人合作能力				
	沟通能力				
	组织能力				
	活动能力				
	解决问题的能力				
	自我提高的能力				
	革新、创新的能力				
综合评价					

评定等级说明表	
等　级	说　明
3	能高质、高效地完成此学习目标的全部内容，并能解决遇到的特殊问题
2	能高质、高效地完成此学习目标的全部内容
1	能圆满完成此学习目标的全部内容，无须任何帮助和指导

	说　明
优　秀	80%项目达到 3 级水平
良　好	60%项目达到 2 级水平
合　格	全部项目都达到 1 级水平
不合格	不能达到 1 级水平

认证考核

多项选择题

1．在 RSTP 中，Discarding 状态端口有（　　）角色。

A．Listening　　B．backup　　C．learning　　D．alternate

2．下列（　　）使用 UDP。

A．RIP　　B．FTP　　C．HTTP
D．OSPF　　E．TFTP

3．通常，以太网交换机在（　　）情况下会对接收到的数据帧进行泛洪处理。
A．已知单播帧　　B．未知单播帧
C．广播帧　　D．组播帧

4．以下命令（　　）可以测试两台主机之间的连通性。
A．ping　　B．tracert　　C．show ip route　　D．taceroute

5．RIPv2 与 RIPv1 相比，做出的改进是（　　）。
A．增加了接口验证，提高了可靠性
B．采用组播方式进行路由更新，而不是广播方式
C．最大跳数增加到 255
D．支持可变长子网掩码

6．下列（　　）可作为 RSTP 交换机的端口优先级。
A．0　　B．32　　C．1　　D．100

7．IEEE 802.1d 中端口由阻塞到转发状态变化的顺序是（　　）。
A．Listening　　B．Blocking　　C．Learning　　D．Forwarding

8．下列属于广域网协议的是（　　）。
A．PPP　　B．HDLC　　C．Frame-Relay
D．ISDN　　E．OSPF

9．交换机端口允许以几种方式划分 VLAN，分别为（　　）。
A．access 模式　　B．multi 模式　　C．trunk 模式　　D．port 模式

10．无类别的路由协议（　　）。
A．支持 VLSM
B．网络子网掩码可变
C．可更有效地利用子网掩码

11．下列（　　）是表示层的例子。
A．MPEG　　B．SQL　　C．JPEG
D．ASCII　　E．TFTP

12．神州数码路由器支持的数据链路层协议有（　　）。
A．PPP　　B．HDLE　　C．FR　　D．X.25

13．以下对存储转发描述正确的是（　　）。
A．收到数据后不进行任何处理，立即发送
B．收到数据帧头后检测到目的 MAC 地址，立即发送
C．收到整个数据后进行 CRC 校验，确认数据正确性后再发送
D．发送延时较小
E．发送延时较大

14．以下（　　）是 TCP 数据段具有而 UDP 没有的。
A．源端口号　　B．目的端口号　　C．顺序号
D．应答号　　E．滑动窗口大小　　F．上层数据

15．下列参数中静态路由配置命令 ip route 包含的是（　　）。

A．目的网段及子网掩码

B．本地接口

C．下一跳路由器的 IP 地址

D．下一跳路由器的 MAC 地址

16．IEEE 802.1q 数据帧主要的控制信息有（　　）。

A．VID　　B．协议标识

C．BPDU　　D．类型标识

17．STP 交换机默认的优先级为（　　）。

A．0　　B．1　　C．32767

D．8000H　　E．32768

18．下列 IP 地址（　　　）可以被用来作为多播地址。

A．255.255.255.255　　B．250.10.23.34

C．240.67.98.101　　D．235.115.52.32

E．230.98.34.1　　F．225.23.42.2

G．220.197.45.34　　H．215.56.87.9

19．配置 Star-S2126G 交换机可以采用的方法有（　　）。

A．Console 线命令行方式　　B．Console 线菜单方式

C．Telnet　　D．AUX 方式远程拨入

E．Web 方式

20．PPP 支持的网络层协议有（　　）。

A．IP　　B．IPX　　C．RIP　　D．FTP

21．以下（　　）协议属于 TCP/IP 协议簇。

A．IP　　B．UDP　　C．HTTP

D．802.1q　　E．SNMP

22．RIPv1 为防止路由回路，可采用的方法有（　　）。

A．水平分割　　B．触发更新　　C．毒性逆转　　D．无限计数

23．以下属于生成树协议的有（　　）。

A．IEEE 802.1w　　B．IEEE 802.1s　　C．IEEE 802.1p　　D．IEEE 802.1d

24．扩展的访问控制列表，可以采用（　　）来允许或者拒绝报文。

A．源地址　　B．目的地址　　C．协议　　D．端口

25．在配置访问控制列表的规则时，以下描述正确的是（　　）。

A．加入的规则，都别追加到访问控制列表的最后

B．加入的规则，可以根据需要插入到任意位置

C．修改现有的访问控制列表，需要删除重新配置

D．访问控制列表按照顺序检测，直到找到匹配的规则

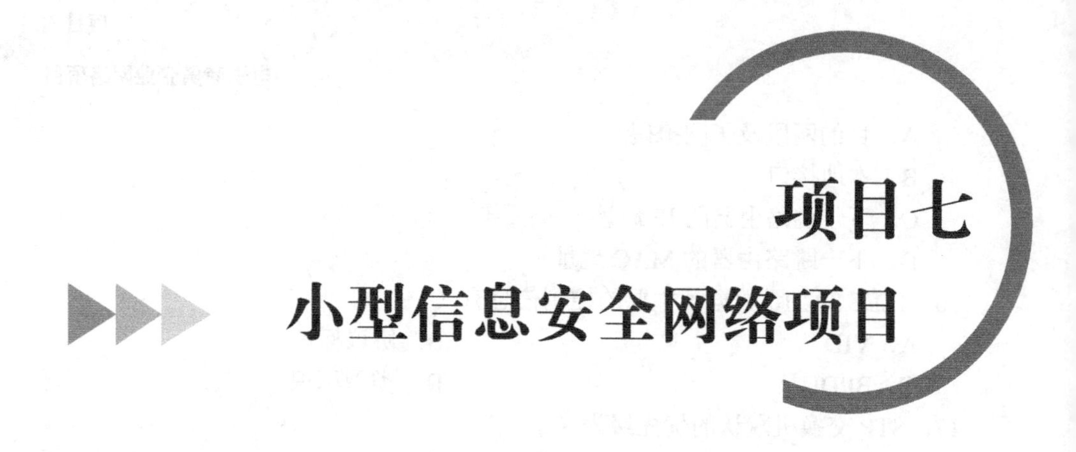

项目七 小型信息安全网络项目

用户需求

天亿公司是一个刚刚创立的小型科技公司，规模比较小，公司对信息安全有比较高的要求。

公司有自己的OA系统；公司中的台式机能连接互联网；公司网内部提供打印服务等常见办公服务；公司有一台远程托管的服务器，提供Web服务。

网络搭建部分具体需求如下：

（1）要求按照项目背景设计模拟实验拓扑图。

（2）网络设备要设置统一规范的名称，并按一定顺序摆放，统一系统时间。

（3）网络设备要设置登录密码。

（4）交换机要设置相应的VLAN，交换机端口要设置相应的安全措施。

（5）为了优化性能，交换机和路由器要设置QoS来优化网络性能。

（6）全网使用动态RIP协议。

（7）适当使用网络访问控制措施，保证内部网络的安全性。

内部应用系统需求如下：

1．FTP服务器

需要添加一台存放公司常用数据的专门服务器，能对公司内部用户提供文件共享服务。

2．打印服务器

建立一台打印服务器，为公司内部员工提供打印服务。

3．Web服务器

建立一台Web服务器，存放公司的业务资料等，为了提高公司网站的安全性能，希望通过使用证书来实现信息安全保障，但由于资金预算问题，无法向权威机构申请证书，公司提出自己架设证书颁发机构以节省费用。

需求分析

为实现公司的目标，首先模拟一个拓扑图，其网络拓扑结构如图7-1所示。

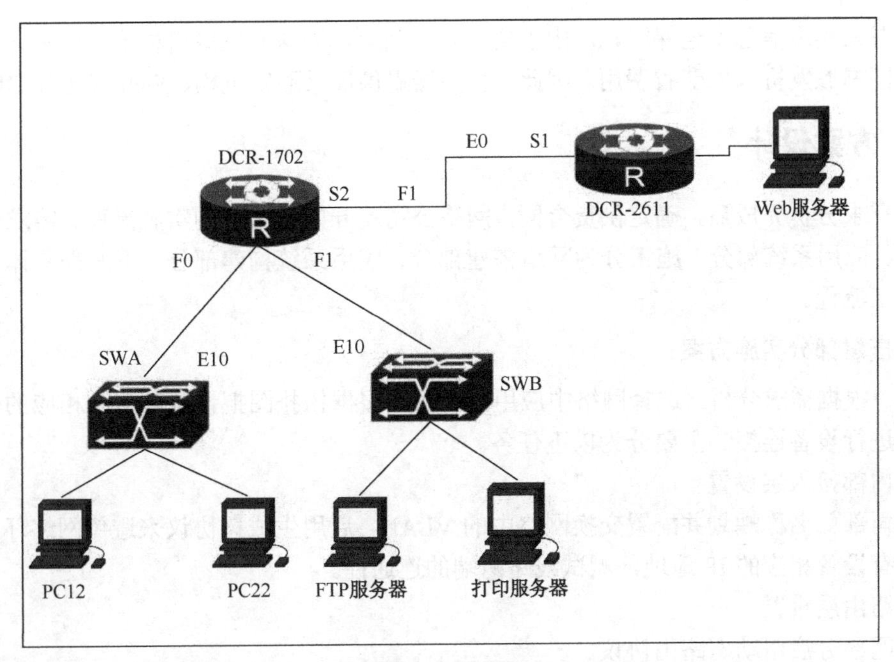

图 7-1　拓扑图

网络搭建部分需求分析：

（1）路由器和交换机分别按图改名，并按顺序从下往上叠放，系统时间为当前时间，其中DCR-2611 为模拟互联网 ISP，其他为公司内部网络。

（2）交换机的特权密码是 gdyqwSW，使用密文；路由器特权密码为 gdyqwRT，使用明文。

（3）两台交换机划分 2 个 VLAN，交换机 A 划分 VLAN 100，交换机 B 划分 VLAN 200。内部公司 PC 接入 VLAN 100，打印机服务器和 FTP 服务器接入 VLAN 200。

（4）为 SWA 与 SWB 上的 VLAN 接口、DCR-1702 和 DCR-2611 的以太网接口配置 IP 地址。

（5）在 SWA 与 SWB 上使用具有三层特性的物理端口实现与 DCR-1702 的互连。

（6）在 SWA、SWB 和 DCR-1702 之间运行 RIPv2 动态路由协议，提供园区内部网络的连通性，在配置 RIPv2 中不使用自动汇总功能。

（7）在 SWA、SWB 和 DCR-1702 上使用 NAT，实现与 Internet 的互连。

内部应用系统需求分析：

（1）FTP 服务器

由于公司需要比较多的软件和资料，专门针对内部用户开放，通常是存放一些通用的、公开的资料，因此安全性要求不高，匿名用户即可下载。

（2）打印服务器

建立一台打印服务器，为公司内部员工提供打印服务。首先必须确定要设置共享的计算机，明确共享的目录和权限，在 Windows 的操作中实现，此任务完成后，还要注意测试共享应用效果，这样才可以检查到设置是否正确。

（3）Web 服务器

建立一台 Web 服务器，存放公司的业务资料等，为了提高公司网站的安全性能，希望通过使用证书来实现信息安全保障，但由于资金预算问题，无法向权威机构申请证书，公司提出自己架设证书颁发机构以节省费用。因此，服务器提供证书颁发机构、Web 服务和 DNS 服务。

方案设计

项目需求分析完成后，确定供货合同，网络公司就开始了具体的实施流程。需求分析分为网络部分、应用系统部分，施工分为网络搭建部分、应用系统构建部分。下面来具体介绍每个部分的施工流程。

网络搭建部分实施方案：

首先，根据需求分析，选择网络中应用的设备，根据拓扑图把设备部署到相应的位置，并按拓扑图进行设备连接。主要分为以下任务。

（1）内部接入层设置

按公司部门名称规划并配置交换网络中的 VLAN，启用生成树协议来避免网络环路，配置网络中所有设备相应的 IP 地址，测试线路两端的连通性。

（2）路由层设置

在内网部分启用动态路由协议。

（3）接入互联网设置

配置 NAT，保证内网用户能访问 Internet。

（4）网络优化设置

使用交换机 QoS、路由器 QoS 实现网络优化。

（5）网络安全防护设置

使用端口安全、密码认证、HSRP 热备份、PPP 绑定 PAP 和 CHAP 认证，提高网络安全性。

使用访问控制列表技术，进行访问控制，提高网络安全性。

应用系统部分实施方案：

应用系统部分实施先根据需求分析来购置服务器，服务器到位后，安装服务器操作系统，根据网络拓扑图放置在相应的位置后，按下面的顺序进行配置。

（1）FTP 服务器配置。

（2）打印服务器配置。

（3）Web 服务器配置。

知识准备

CA（证书颁发机构）是 PKI 系统中通信双方都信任的实体，被称为可信第三方（Trusted Third Party，TTP）。CA 作为可信第三方的重要条件之一就是 CA 的行为具有非否认性。作为第三方而不是简单的上级，就必须能使信任者有追究自己责任的能力。CA 通过证书证实他人的公钥信息，证书上有 CA 的签名。用户如果因为信任证书而导致了损失，证书可以作为有效的证据用于追究 CA 的法律责任。正是因为 CA 愿意给出承担责任的承诺，所以也被称为可信第三方。在很多情况下，CA 与用户是相互独立的实体，CA 作为服务提供方，有可能因为服务质量问题（例如，发布的公钥数据有错误）而给用户带来损失。证书中绑定了公钥数据和相应私钥拥有者的身份信息，并带有 CA 的数字签名。证书中也包含了 CA 的名称（图 7-2 中为 LOIS CA），以便于依赖方找到 CA 的公钥、验证证书上的数字签名，如图 7-2 所示。

（1）CA 签发证书

验证证书的时候，需要得到 CA 的公钥。用户的公钥可以通过证书来证明，那么 CA 的公钥如何获得呢？可以让另一个 CA 来发证书，但最终总有一个 CA 的公钥的获得过程缺乏证明。PKI 技术并不把这个循环问题留给自己，而是依赖其他的安全信道来解决。因为 CA 不多，可以通过广播、电视或报纸等公开的权威的媒介，甚至通过发布红头文件的方式来公告 CA 的公钥。

公告 CA 的公钥可以有多种形式，为了兼容程序的处理，人们一般以证书的形式发布 CA 的公钥。CA 给自己签发一张证书，证明自己拥有这个公钥，这就是自签名证书（Self-Signed Certificate），如图 7-3 所示。

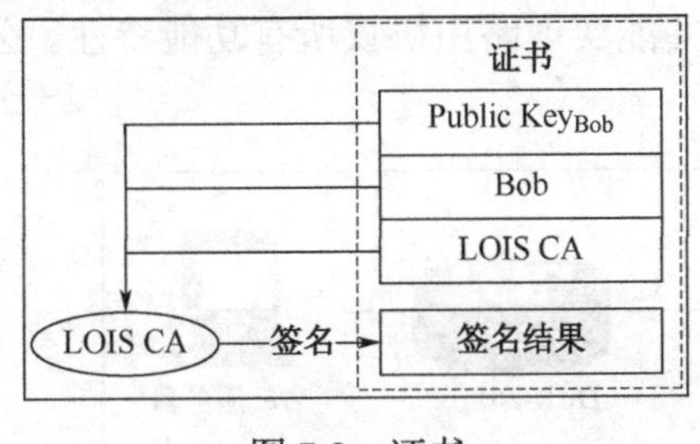

图 7-2 证书

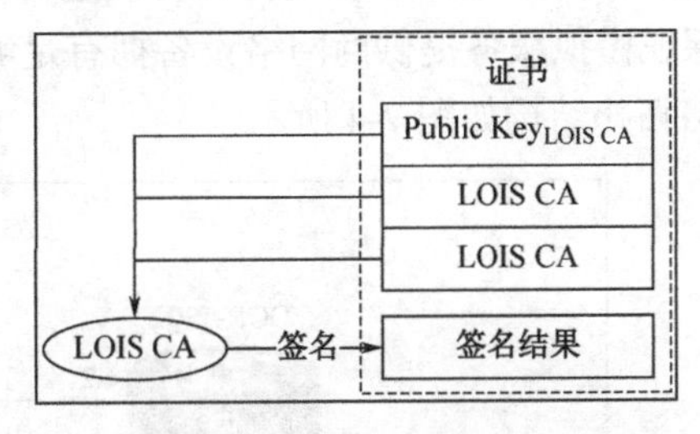

图 7-3 CA 签发证书

（2）CA 自签名证书

与末端实体的证书不一样，在尚未确定 CA 公钥时，CA 自签名证书其实不是真正的数字证书，而仅仅是拥有证书形式的一个公钥。所以 CA 自签名证书必须从可信的途径获取。例如，任何人都可以产生一对公私密钥对，并声称自己就是 LOIS CA，然后签发一张自签名证书，并通过网络随意传播。CA 自签名证书可以通过权威媒介或面对面 USB 硬盘等进行传输。

用户拥有 CA 自签名证书之后，就可以离线地验证所有其他末端用户证书的有效性了，获得其他实体的公钥，并进行安全通信。

CA 是负责确定公钥归属的组件，所以 CA 必须得到人们的信任才能充当这样的角色，其确定公钥归属的技术手段也必须是可靠的。CA 通过证书方式为用户提供公钥的拥有证明，而这样的证明可以被用户接受。

在用户验证公钥归属的过程中，有数据起源鉴别、数据完整性和非否认性的安全要求。CA 对某公钥拥有人的公钥证明必须实现这些安全要求才能够为公钥的用户所接受。首先，无论用户获得通信对方公钥的途径是什么，其必须确定信息最初始的来源是可信的 CA，而不是其他的攻击者。其次，要保证在获得信息的过程中，信息没有被篡改、是完整的。最后，公钥的拥有证明是不可否认的，即通过证书验证都能够确保 CA 不能否认它提供了这样的公钥拥有证明。在 PKI 中，CA 也具有自己的公私密钥对，对每一个“公钥证明的数据结构”进行数字签名，实现公钥获得的数据起源鉴别、数据完整性和非否认性。用于公钥证明的数据结构，就是数字证书。

CA 是指发放、管理、废除数字证书的机构。CA 的作用是检查证书持有者身份的合法性，并签发证书（在证书上签字），以防证书被伪造或篡改，以及对证书和密钥进行管理。

数字证书实际上是存于计算机中的一个记录，是由 CA 签发的一个声明，证明证书主体（“证书申请者”拥有了证书后即成为“证书主体”）与证书中所包含的公钥的唯一对应关系。证书包括证书申请者的名称及相关信息、申请者的公钥、签发证书的CA的数字签名及证书的有效期等内容。数字证书的作用是使网上交易的双方互相验证身份，保证电子商务的安全进行。

CA的层级结构：CA建立了自上而下的信任链，下级CA信任上级CA，下级CA由上级CA颁发证书并认证。

CA提供的服务：颁发证书、废除证书、更新证书、验证证书、管理密钥。

项目实现——网络搭建部分实现

1. 网络设备的选择

采购人员依据需求分析、公司现阶段的结点数和预算进行综合分析后，采购了2台神州数码DCRS-5650，保证核心设备具备快速转发数据的能力；采购了2台神州数码DCR-2626路由器，保证模拟服务提供商网络设备拥有足够的性能，并能实现路由协议所有功能特性。公司整体网络拓扑结构如图7-4所示。

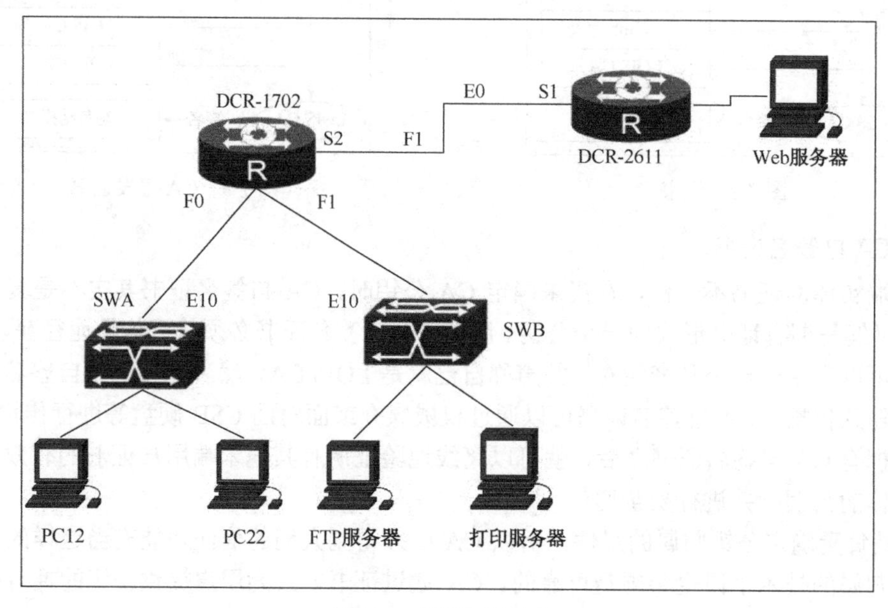

图7-4 网络拓扑结构

2. 规划拓扑结构与IP地址

网络工程师根据采购的设备和公司需求，按表7-1设置各网络设备的IP地址。

表7-1 IP地址

设　备	接　口	IP地址
SWA	VLAN 100	192.168.100.1/24
SWA	E10	192.168.1.2/24
SWB	VLAN 200	192.168.200.1/24
SWB	E10	192.168.2.2/24
PC12		192.168.100.112/24
PC22		192.168.100.122/24

续表

设　　备	接　　口	IP 地址
FTP 服务器		192.168.200.10/24
打印服务器		192.168.200.20/24
Web 服务器		100.1.1.2/24

3. **设备的命名、系统时间**

任务要求：路由器和交换机分别按图改名，并按顺序从下往上叠放，系统时间为当前时间，其中 DCR-2611 为模拟互联网 ISP，其他为公司内部网络。

① 设置交换机和路由器的名称，要求进入全局配置模式下，语句如下所示。

交换机：

```
DCRS-5650-28(config)#hostname SWA
```

路由器：

```
Router_config#hostname DCR-2611
```

② 设置交换机和路由器的系统时间。

交换机：

```
SWA#clock set 08:21:00 2009.09.16                    ！配置交换机的系统时间
```

路由器：

```
DCR-2611_config#date                                 ！配置路由器的系统时间
The current date is 2002-01-01 00:06:12              ！路由器系统当前时间
Enter the new date(yyyy-mm-dd):2009-09-16            ！设置路由器的日期
Enter the new time(hh:mm:ss):08:21:00                ！设置路由器的时间
```

小提示：设备的叠放顺序也是一个较为重要的步骤，学生做题的时候应该按照题目要求的叠放顺序进行摆放，如果题目没有要求，则可按自己平时训练时习惯叠放的顺序进行摆放，这样有助于做题时思路更清晰，排除错误时更方便。

4. **配置交换机和路由器的特权密码**

任务要求：交换机的特权密码是 gdyqwSW，使用密文；路由器的特权密码为 gdyqwRT，使用明文。

交换机：

```
SWA(config)#enable password 8 gdyqwSW                ！设定交换机的 enable 密码
```

路由器：

```
DCR-2611_config#aaa authentication enable default enable   ！使能 enable 密码进行验证
DCR-2611_config#enable password 0 gdyqwRT                  ！设定路由器的 enable 密码
```

5. **交换机划分 VLAN**

任务要求：两台交换机划分 2 个 VLAN，交换机 A 划分 VLAN 100，交换机 B 划分 VLAN 200，内部公司 PC 接入 VLAN 100，打印服务器和 FTP 服务器接入 VLAN 200。

在 SWA 上创建 VLAN 100，并将 e0/0/1 加入 VLAN 100。

```
SWA(Config)#vlan 100
SWA (Config-Vlan 100)#switchport interface ethernet 0/0/1
SWA (Config-Vlan 100)#exit
```

在 SWB 上创建 VLAN 200，并将 e0/0/1-2 加入 VLAN 200。

```
SWB (Config)#vlan 200
SWB (Config-Vlan 100)#switchport interface ethernet 0/0/1-2
SWB (Config-Vlan 100)#exit:
```

6. 配置 IP 地址

任务要求：为 SWA 与 SWB 上的 VLAN 接口、DCR-1702 和 DCR-2611 的以太网接口配置 IP 地址。

为 SWA 上的 VLAN 接口配置 IP 地址：

```
SWA (Config)#interface vlan 100
SWA (Config-If-Vlan 100)#ip address 192.168.100.1 255.255.255.0
SWA (Config-If-Vlan 100)#exit
```

为 SWB 上的 VLAN 接口配置 IP 地址：

```
SWB (Config)#interface vlan 200
SWB (Config-If-Vlan 100)#ip address 192.168.200.1 255.255.255.0
SWB (Config-If-Vlan 100)#exit
```

为 DCR-1702 的接口配置 IP 地址和封装协议：

```
Router_config#
Router_config#hostname R1702
R1702_config#interface f0/0
R1702_config_f0/0#ip address 192.168.1.1 255.255.255.0
R1702_config_f0/0#interface e0/1
R1702_config_e0/1#ip address 192.168.2.1 255.255.255.0
R1702_config_f0/0#interface s0/2
R1702_config_s0/1#encapsulation HDLC
R1702_config_s0/1#ip address 200.1.1.1 255.255.255.252
R1702_config_s0/1#no shutdown
R1702_config_s0/1#exit
```

为 DCR-2611 的接口配置 IP 地址和封装协议：

```
Router_config#
Router_config#hostname R2611
R2611_config#interface s0/3
R2611_config_s0/2# encapsulation HDLC
R2611_config_s0/2#ip address 200.1.1.2 255.255.255.252
R2611_config_s0/2#physical-layer speed 64000
R2611_config_s0/2#no shutdown
R2611_config_s0/2#interface f0/0
R2611_config_f0/0#ip address 100.1.1.1 255.255.255.0 R2611_config_f0/0#
```

7. 交换机三层接口设置

任务要求：在 SWA 与 SWB 上使用具有三层特性的物理端口实现与 DCR-1702 的互连。

将 SWA 的 e0/0/10 接口配置为三层接口，并配置 IP 地址，设置语句如下：

```
SWA (Config)#interface e0/0/10
```

```
SWA (Config-Ethernet0/0/10)#no switchport
SWA (Config-Ethernet0/0/10)#ip address 192.168.1.2 255.255.255.0
SWA (Config-Ethernet0/0/10)#exit
```

将 SWB 的 e0/0/10 接口配置为三层接口，并配置 IP 地址，设置语句如下：

```
SWB (Config)#interface e0/0/10
SWB (Config-Ethernet0/0/10)#no switchport
SWB (Config-Ethernet0/0/10)#ip address 192.168.2.2 255.255.255.0
SWB (Config-Ethernet0/0/10)#exit
```

8. **路由协议配置**

任务说明：在 SWA、SWB 和 DCR-1702 之间运行 RIPv2 动态路由协议，提供公司内部网络的连通性，在配置 RIPv2 时不使用自动汇总功能。

在 SWA 上配置 RIPv2：

```
SWA(Config)#router rip
SWA(Config-Router-Rip)#version 2
SWA(Config-Router-Rip)#no auto-summary
SWA(Config-Router-Rip)#exit
```

在 SWB 上配置 RIPv2：

```
SWB(Config)#router rip
SWB(Config-Router-Rip)#version 2
SWB(Config-Router-Rip)#no auto-summary
SWB(Config-Router-Rip)#exit
```

在 DCR-1702 上配置 RIPv2：

```
R1702_config#router rip
R1702_config_rip#network 192.168.1.0 255.255.255.0
R1702_config_rip#network 192.168.2.0 255.255.255.0
R1702_config_rip#version 2
R1702_config_rip#exit
```

9. **实现与 Internet 的互连**

任务说明：在 SWA、SWB 和 DCR-1702 上使用 NAT，实现与 Internet 的互连。

在 SWA 上配置 RIPv2：

```
SWA (Config)#router rip
SWA (Config-Router-Rip)#version 2
SWA (Config-Router-Rip)#no auto-summary
SWA (Config-Router-Rip)#exit
```

在 SWB 上配置 RIPv2：

```
SWB (Config)#router rip
SWB (Config-Router-Rip)#version 2
SWB (Config-Router-Rip)#no auto-summary
SWB (Config-Router-Rip)#exit
```

在 DCR-1702 上配置 RIPv2：

```
R1702_config#router rip
R1702_config_rip#network 192.168.1.0 255.255.255.0
R1702_config_rip#network 192.168.2.0 255.255.255.0
R1702_config_rip#version 2
R1702_config_rip#exit
```

```
R1702_config#interface f0/0
R1702_config_f0/0#ip nat inside
R1702_config_f0/0#interface s0/2
R1702_config_s0/2#ip nat outside
R1702_config_s0/2#exit
```

在 DCR-1702 上配置 NAT 的访问控制列表并实现 NAT 的转换：

```
R1702_config#ip access-list standard natacl
R1702_config_std_nacl#permit 192.168.100.0 255.255.255.0
R1702_config_std_nacl#exit
R1702_config#ip nat inside source list natacl interface s0/2
R1702_config#
```

10. **配置结果验证**

① SWA 验证内容如下：

```
SWA#show ip route
Total route items is 4, the matched route items is 4
Codes: C - connected, S - static, R - RIP derived, O - OSPF derived     A - OSPF ASE,
  B - BGP derived, D - DVMRP derived
  Destination    Mask          Nexthop        Interface      Preference
S  0.0.0.0       0.0.0.0       192.168.1.1    Ethernet0/0/10  1
C  192.168.1.0   255.255.255.0  0.0.0.0       Ethernet0/0/10  0
R  192.168.2.0   255.255.255.0  192.168.1.1   Ethernet0/0/10  120
C  192.168.100.0  255.255.255.0  0.0.0.0      Vlan 100        0
R  192.168.200.0  255.255.255.0  192.168.1.1  Ethernet0/0/10  120
SWA#
```

② SWB 验证内容如下：

```
SWB#show ip route
Total route items is 4, the matched route items is 4
Codes: C - connected, S - static, R - RIP derived, O - OSPF derived
  A - OSPF ASE, B - BGP derived, D - DVMRP derived
  Destination    Mask          Nexthop        Interface      Preference
S  0.0.0.0       0.0.0.0       192.168.2.1    Ethernet0/0/10  1
R  192.168.1.0   255.255.255.0  192.168.2.1   Ethernet0/0/10  120
C  192.168.2.0   255.255.255.0  0.0.0.0       Ethernet0/0/10  0
R  192.168.100.0  255.255.255.0  192.168.2.1  Ethernet0/0/10  120
```

```
C 192.168.200.0   255.255.255.0   0.0.0.0       Vlan 200       0
```

③ DCR-1702 验证内容如下：

```
R1702#show ip route
Codes: C - connected, S - static, R - RIP, B - BGP, BC - BGP connected     D - DEIGRP, DEX - external
  DEIGRP, O - OSPF, OIA - OSPF inter area     ON1 - OSPF NSSA external type 1,
  ON2 - OSPF NSSA external type 2     OE1 - OSPF external type 1,
  OE2 - OSPF external type 2 DHCP - DHCP type
VRF ID: 0
S     0.0.0.0/0          [1,0] via 200.1.1.2
C     192.168.1.0/24     is directly connected, FastEthernet0/0
C     192.168.2.0/24     is directly connected, Ethernet0/1
R     192.168.100.0/24   [120,1] via 192.168.1.2(on FastEthernet0/0)
R     192.168.200.0/24   [120,1] via 192.168.2.2(on Ethernet0/1)
 C     200.1.1.0/30      is directly connected, Serial0/2
```

④ DCR-2611 验证内容如下：

```
R2611#show ip route
Codes: C - connected, S - static, R - RIP, B - BGP, BC - BGP connected     D - DEIGRP,
  DEX - external DEIGRP, O - OSPF, OIA - OSPF inter area     ON1 - OSPF NSSA external type 1,
  ON2 - OSPF NSSA external type 2     OE1 - OSPF external type 1,
  OE2 - OSPF external type 2     DHCP - DHCP type
VRF ID: 0
C     100.1.1.0/24     is directly connected, FastEthernet0/0
 C     200.1.1.0/30    is directly connected, Serial0/3
```

（5）对网络需求进行验证：PC 能够访问内部网络中的 FTP 服务器，PC 能连接到打印服务器，进行远程的打印操作，PC 能通过内部网络访问 Internet 的 Web 服务器。

项目实现——应用系统部分实现

1. FTP 服务器配置

需求说明：公司需要比较多的软件和资料，专门针对内部用户开放，通常是存放一些通用的、公开的资料，因此安全性要求不高，匿名用户即可下载。

实现步骤如下。

步骤 1： 右击“我的电脑”图标，在弹出的快捷菜单中选择“管理”选项，打开“服务器管理器”窗口，如图 7-5 所示。

步骤 2： 选择“角色”→“添加角色”选项，单击“下一步”按钮，弹出“添加角色向导”对话框，在该对话框中选中“Web 服务器（IIS）”复选框，如图 7-6 所示。

步骤 3： 单击“下一步”按钮，选中“FTP 发布系统”“FTP 服务器”“FTP 管理控制台”复选框，单击“下一步”按钮，再单击“安装”按钮，如图 7-7 所示。

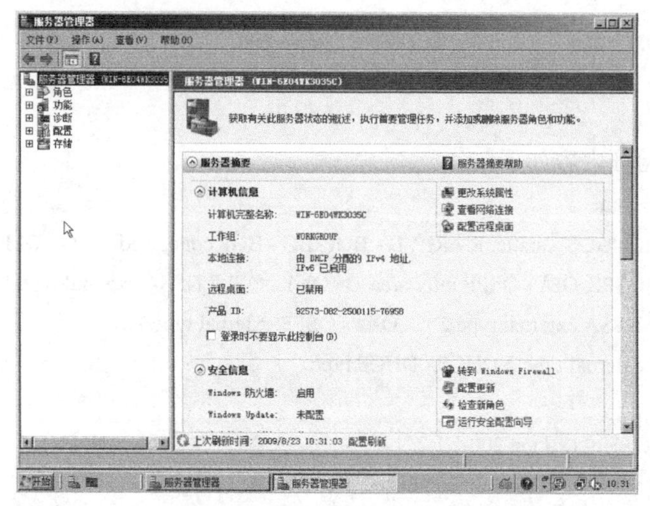

图 7-5 “服务器管理器”窗口

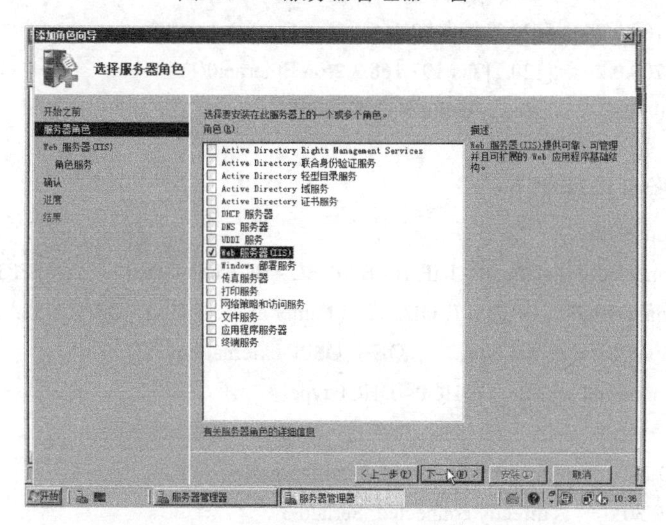

图 7-6 添加 Web 服务器（IIS）角色

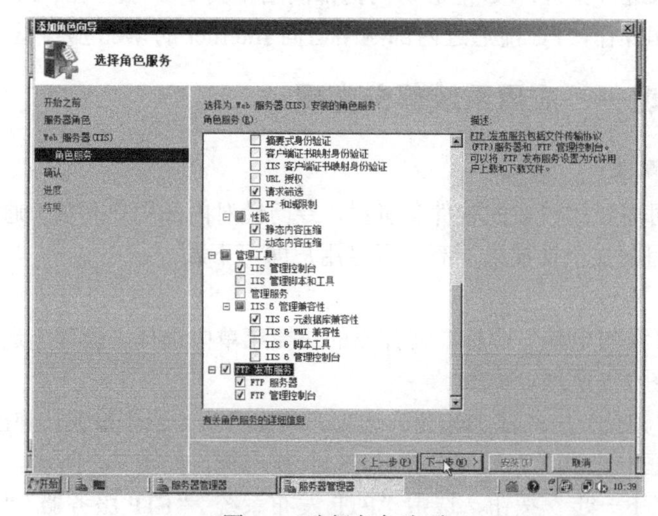

图 7-7 选择角色选项

步骤 4： 安装完成后，选择“开始”→“程序”→“管理工具”选项，打开“Internet 信息服务（IIS）6.0 管理器”窗口，如图 7-8 所示。

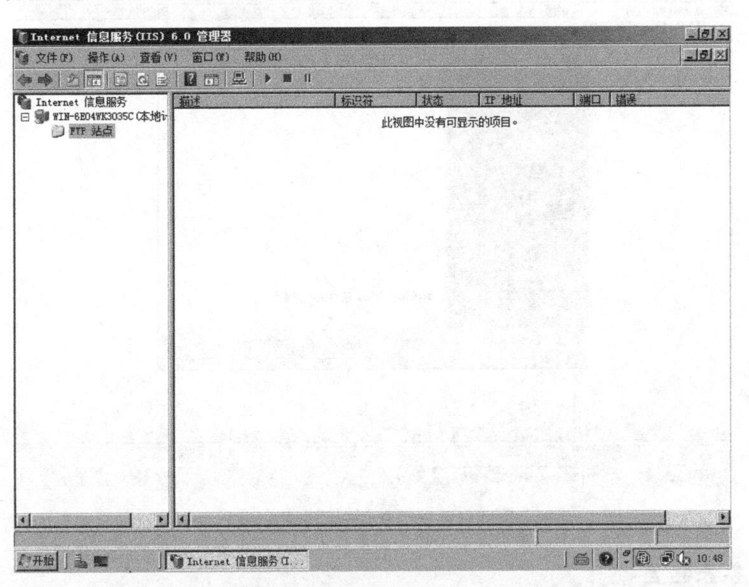

图 7-8 “Internet 信息服务（IIS）6.0 管理器”窗口

步骤 5： 右击“FTP 站点”，在弹出的快捷菜单中选择“新建”→“FTP 站点”选项，弹出“FTP 站点创建向导”对话框，在该对话框中输入该 FTP 的名称，设置该 FTP 的 IP 地址和端口，如图 7-9 所示。

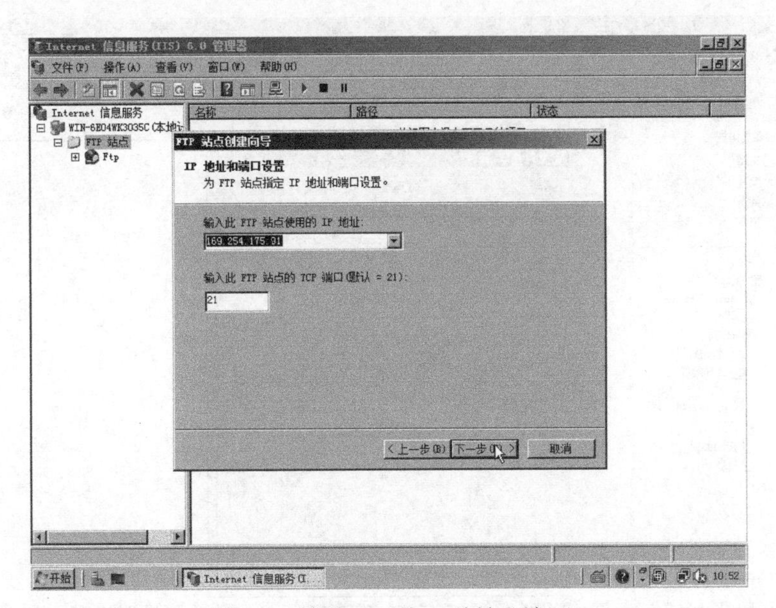

图 7-9 设置 FTP 的 IP 地址和端口

步骤 6： 选择 FTP 的路径，单击“完成”按钮。FTP 站点创建完成，如图 7-10 所示。

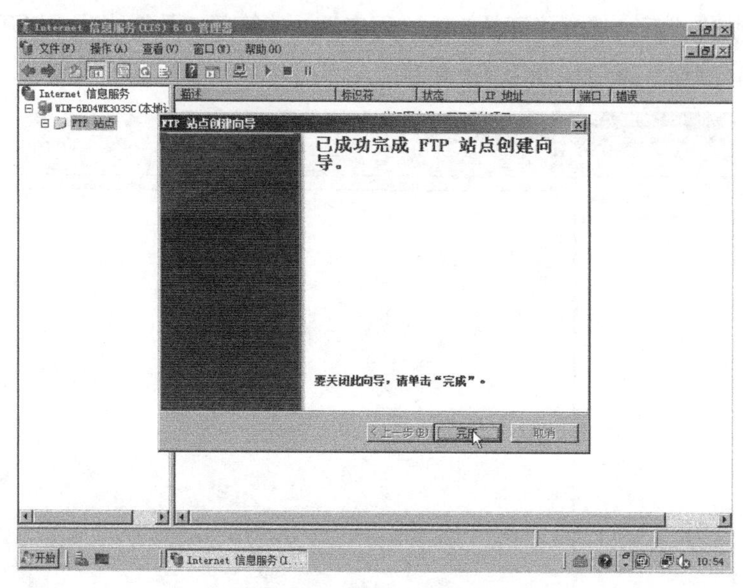

图 7-10　FTP 站点创建完成

2. ***打印服务器配置***

需求说明：建立一台打印服务器，为公司内部员工提供打印服务。

实现步骤如下。

<u>步骤 1：</u>右击需要共享的文件夹，在弹出的快捷菜单中选择“属性”选项，弹出其属性对话框，如图 7-11 所示。

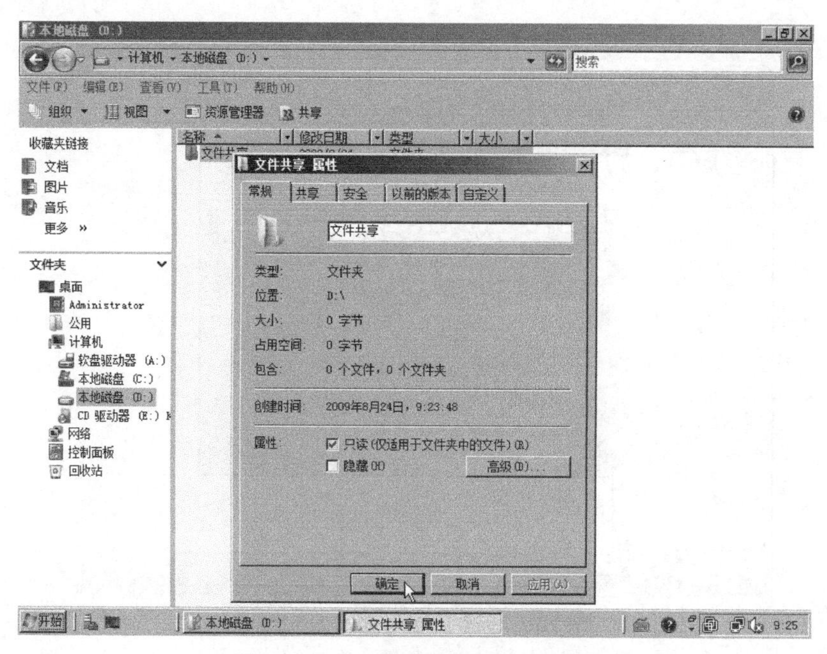

图 7-11　“文件共享 属性”对话框

<u>步骤 2：</u>选择“共享”选项卡，单击“共享”按钮，弹出“文件共享”对话框，设置要与其共享的用户后单击“共享”按钮，如图 7-12 所示。

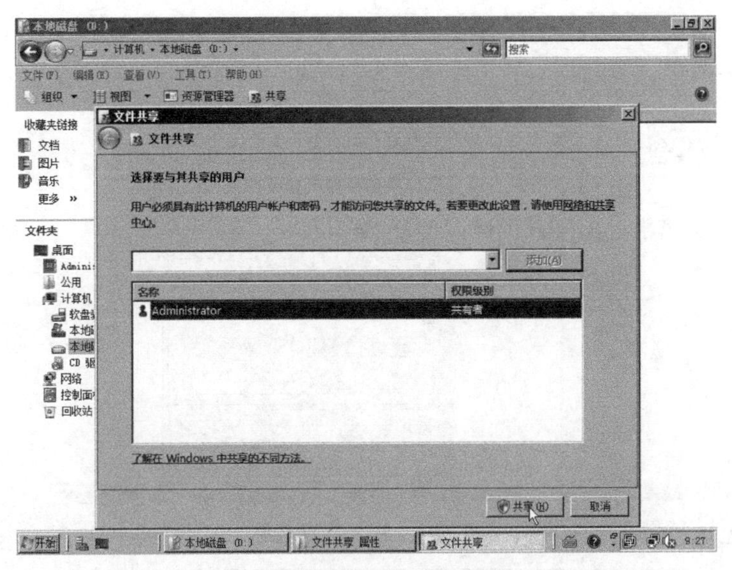

图 7-12　选择要共享的用户

步骤 3： 右击共享文件夹，在弹出的快捷菜单中选择“属性”→“共享”选项，弹出其属性对话框，单击“高级共享”按钮，弹出“高级共享”对话框，如图 7-13 所示。

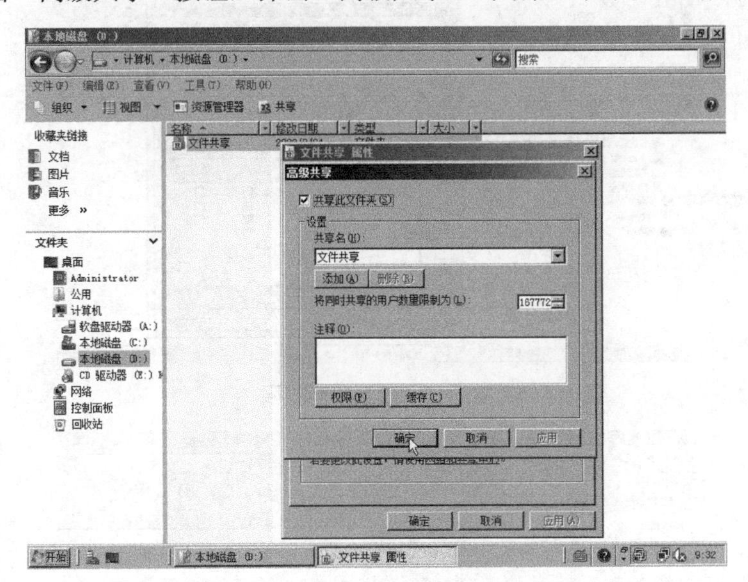

图 7-13　设置共享名

步骤 4： 单击“添加”按钮，可以添加该文件的共享名称，并设置用户访问数量，单击“确定”按钮，如图 7-14 所示。

步骤 5： 单击“权限”按钮，弹出“文件共享名称的权限”对话框，设置用户访问该共享文件夹的权限，单击“确定”按钮，如图 7-15 所示。

步骤 6： 测试共享。采用以下办法，可以测试建立的共享是否正常。选择“开始”→“运行”选项，弹出“运行”对话框，输入“\\IP 地址”（如这里 IP 地址为 1.1.1.1），如图 7-16 所示。

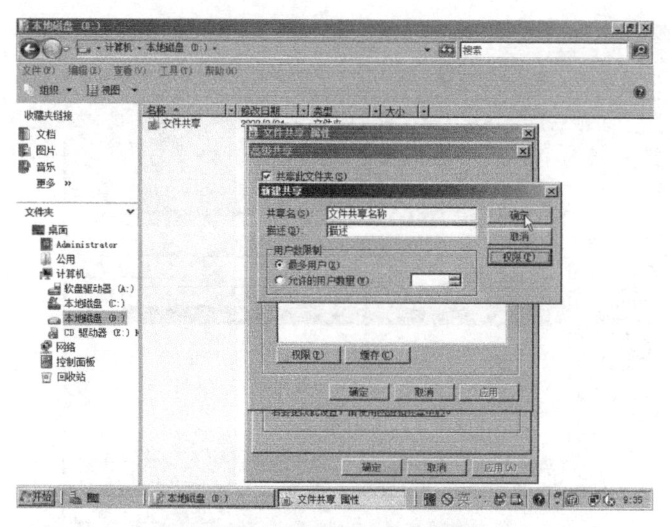

图 7-14　添加共享名称

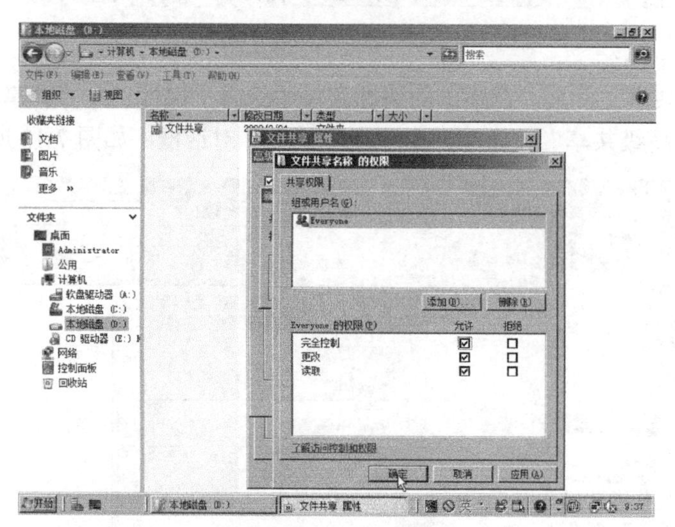

图 7-15　设置共享权限

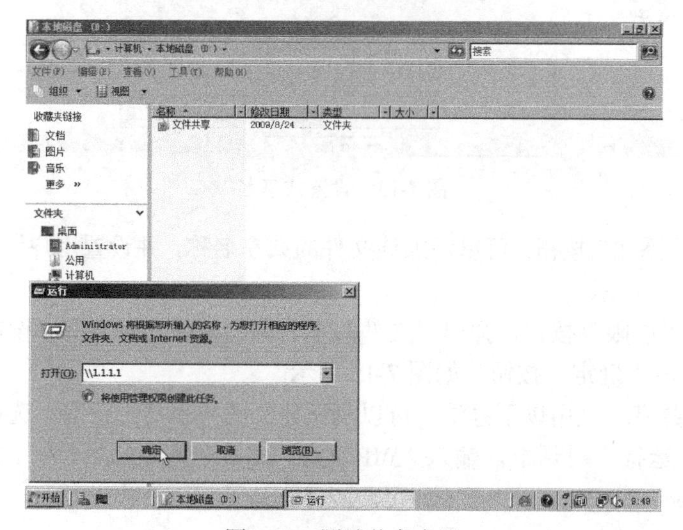

图 7-16　测试共享应用

3. Web 服务器配置

需求说明：建立一台 Web 服务器，存放公司的业务资料等，此公司由自己架设证书颁发机构以节省费用。

实现步骤如下。

步骤 1： 设备与服务安装见表 7-2。

表 7-2　设备与服务安装

服　务　器	设　　备	IP 地址	服　　务
服务器	网卡（1 块）	192.168.1.1/24	DNS 服务\Web 服务 （A 记录：www.myCA.com）

步骤 2： 安装证书颁发机构。

① 打开“服务器管理器”窗口，单击窗口右侧的“添加角色”超链接，如图 7-17 所示，弹出“添加角色向导”对话框，单击“下一步”按钮，选择 Active Directory 证书服务，单击两次“下一步”按钮，如图 7-18 和图 7-19 所示。

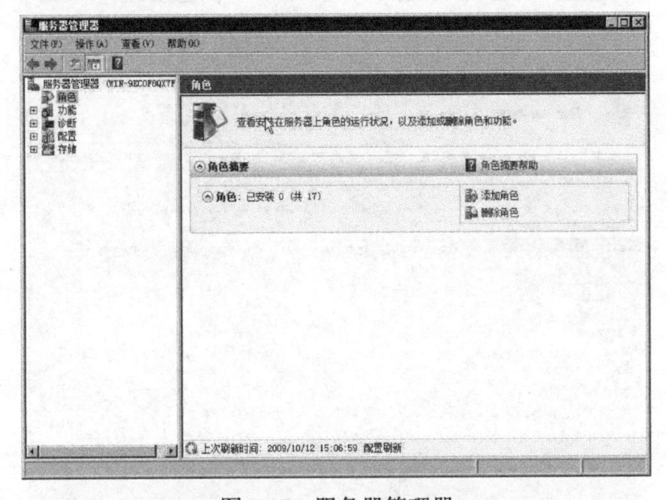

图 7-17　服务器管理器

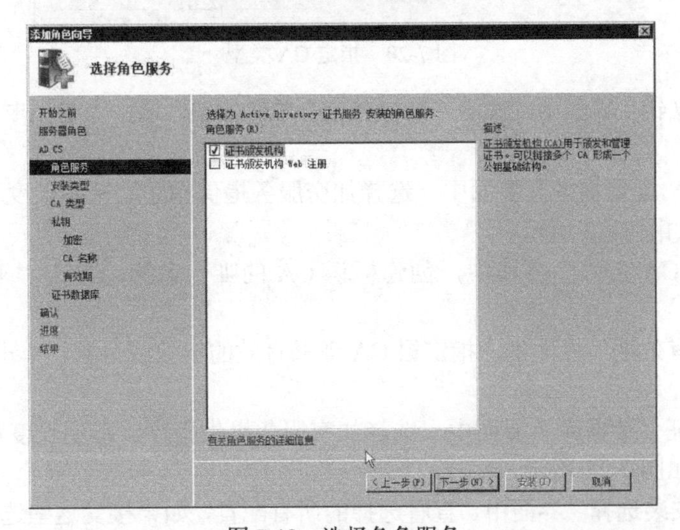

图 7-18　选择角色服务

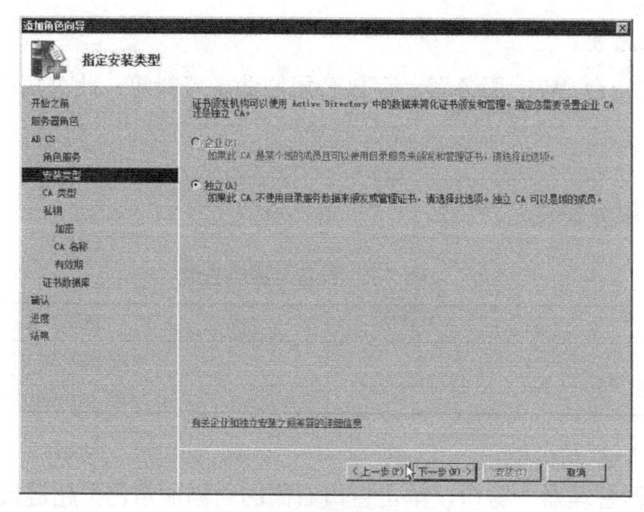

图 7-19　指定安装类型

② 在“指定 CA 类型”界面中，选中“根 CA”单选按钮，单击“下一步”按钮，如图 7-20 所示。

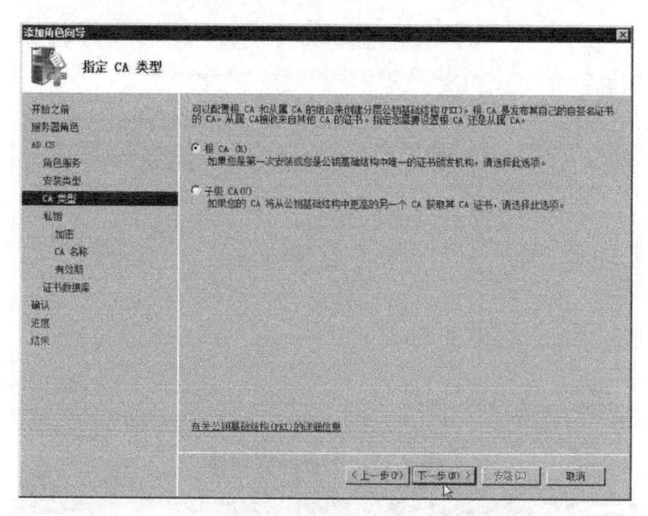

图 7-20　指定 CA 类型

③ 在“设置私钥”界面中，选中“新建私钥”单选按钮，单击“下一步”按钮，如图 7-21 所示。

④ 在“为 CA 配置加密”界面中，选择加密服务提供程序、密钥长度和哈希算法，单击“下一步”按钮，如图 7-22 所示。

⑤ 在“配置 CA 名称”界面中，创建标识 CA 的唯一名称，单击“下一步”按钮，如图 7-23 所示。

⑥ 在“设置有效期”界面中，指定根 CA 证书有效的年数或月数，单击“下一步”按钮，如图 7-24 所示。

⑦ 在“配置证书数据库”界面中，选择加密服务提供程序、密钥长度和哈希算法，单击“下一步”按钮，如图 7-25 所示。

⑧ 在“确认安装选择”界面中，查看选择的所有配置，如果接受这些选项，则可单击“安装”按钮，然后等待安装完成，如图 7-26 所示。

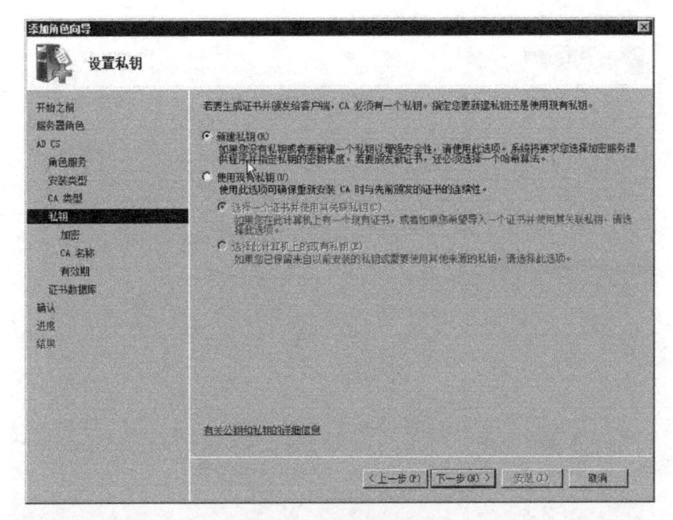

图 7-21　设置私钥

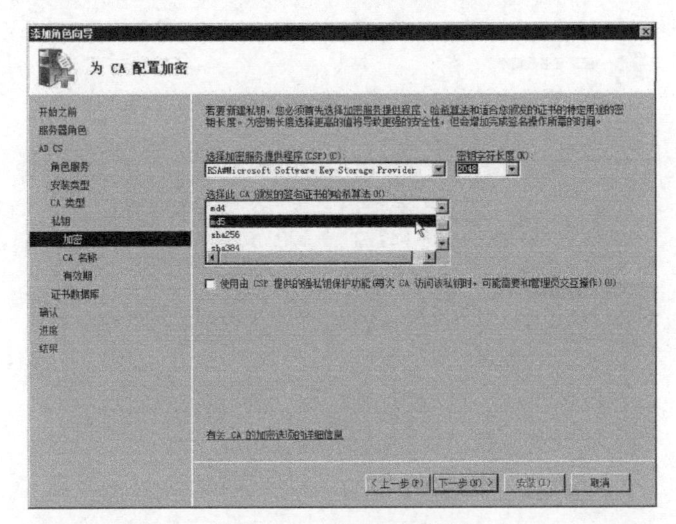

图 7-22　配置加密算法

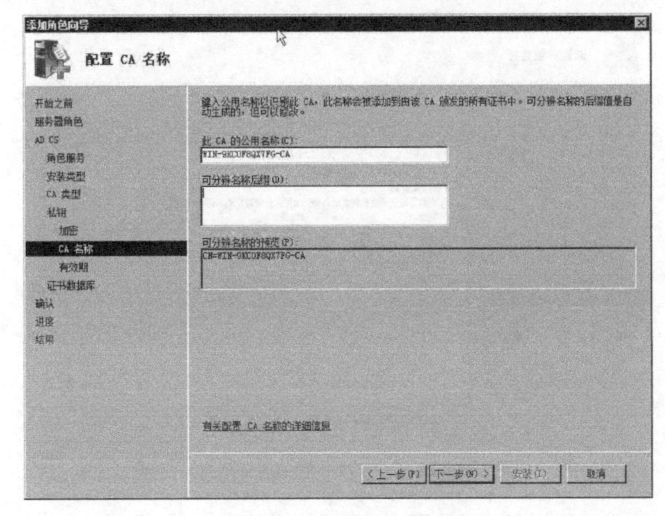

图 7-23　配置 CA 名称

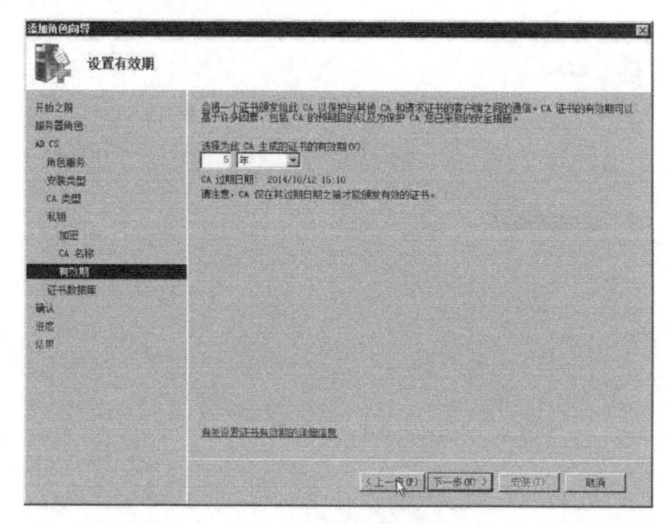

图 7-24　设置有效期

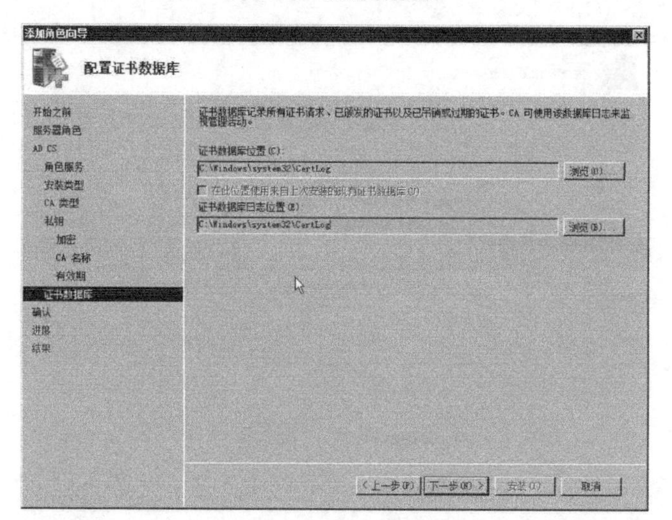

图 7-25　配置证书数据库

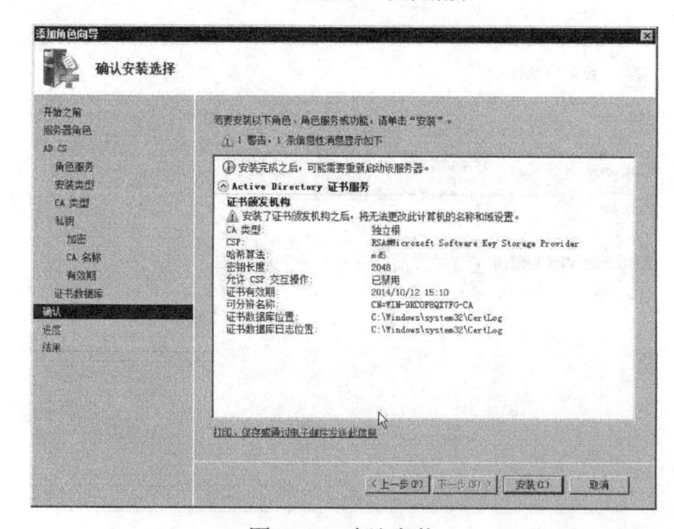

图 7-26　确认安装

⑨ 完成安装并重启服务器，至此，证书颁发机构安装完毕。

步骤 3：在 IIS 7.0 中创建服务器证书申请。

① 启动 IIS 管理器，即选择“开始”→“所有程序”→“管理工具”→“Internet 信息服务(IIS)管理器”选项，打开 IIS 管理器，如图 7-27 所示。

图 7-27 IIS 管理器

② 选中“服务器证书”图标，如图 7-28 所示。

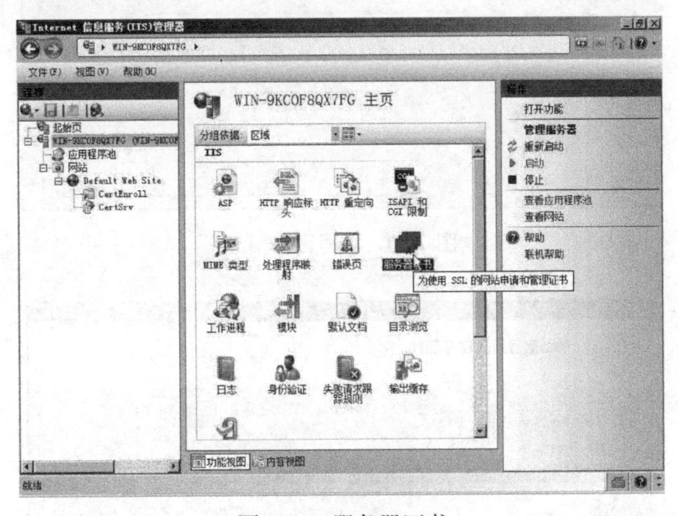

图 7-28 服务器证书

③ 在窗口右侧单击“创建域证书”超链接，如图 7-29 所示。

④ 弹出“申请证书”对话框，输入证书请求信息，在“通用名称”文本框中输入完整的域名（包含主机名），企业名称可以用中文，国家代码一般使用 CN（可按照 ISO 3166-1 A2），如图 7-30 所示。

⑤ 选择加密服务程序和密钥长度，加密服务程序选择默认的“Microsoft RSA SChannel Cryptographic Provider”，加密长度一般为 1024 位，如果申请 EV 证书则至少为 2048 位。单击“下一步”按钮，如图 7-31 所示。

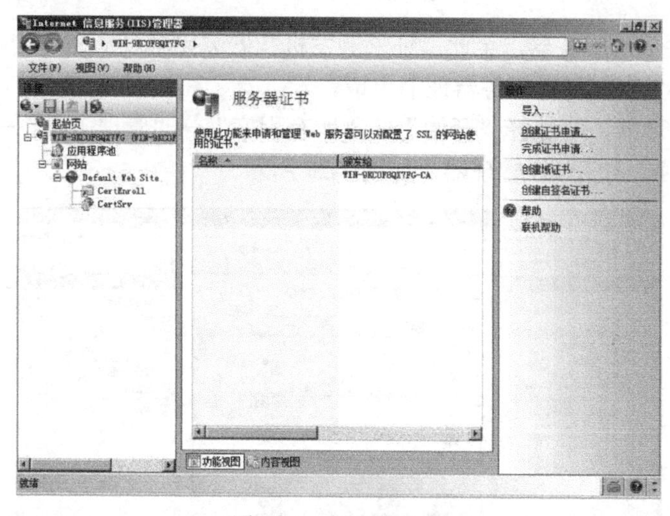

图 7-29　创建域证书

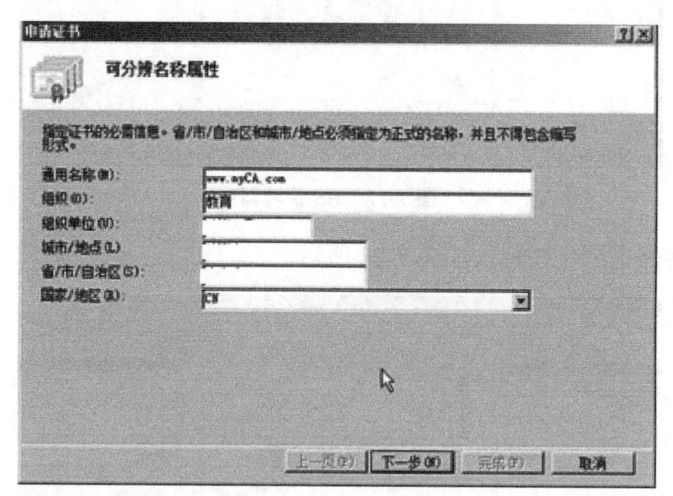

图 7-30　填写证书信息

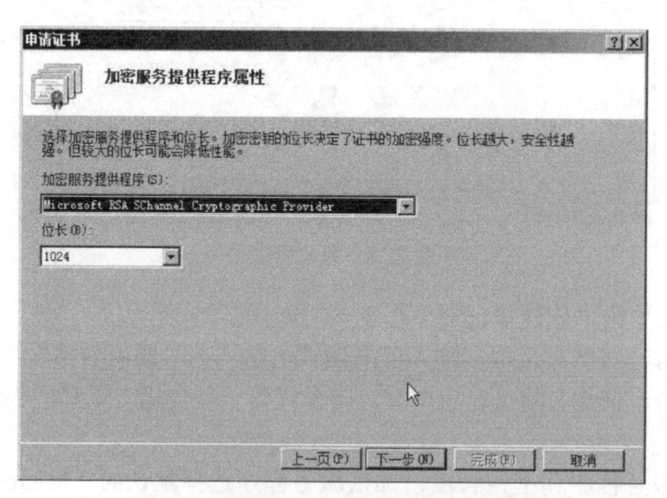

图 7-31　选择加密服务程序和密钥长度

⑥ 输入“申请书”的文件名称，然后单击“完成”按钮，如图 7-32 所示。

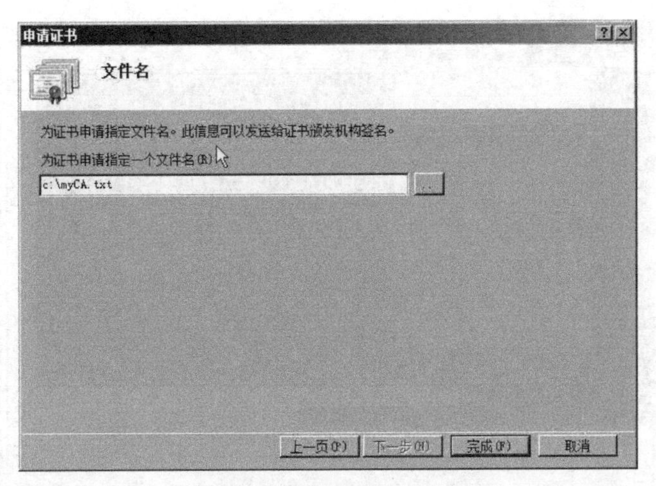

图 7-32　指定申请的文件名

步骤 4：向 CA 提交申请。

① 在 IE 的地址栏中输入 http://www.myca.com/certsrv，访问 CA，选择“申请证书”→“高级证书申请”→“使用 Base-64 编码的 CMC 或 PKCS #10 文件提交一个证书申请，或使用 Base-64 编码的 PKCS #7 文件续订证书申请”选项，打开如图 7-33 所示的窗口。

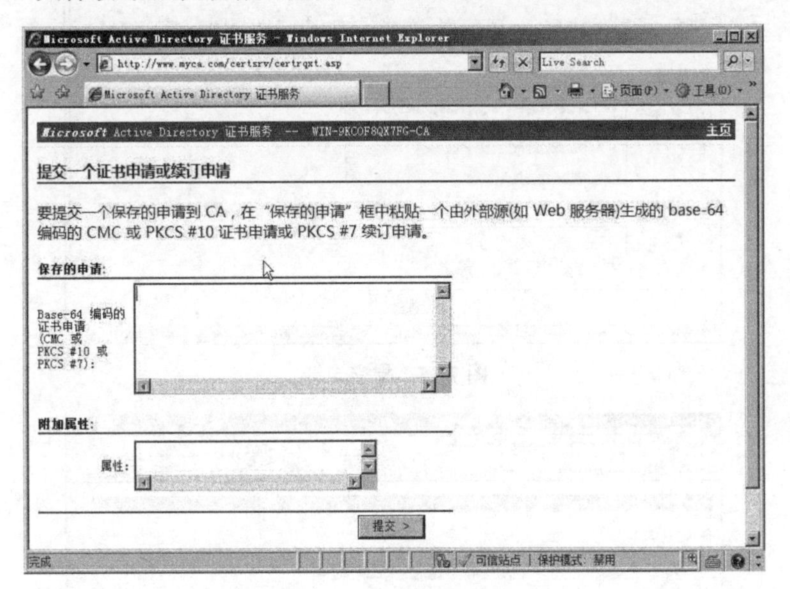

图 7-33　保存证书申请

② 复制“申请书”（即 c:\myCA.txt）中的内容并粘贴到图 7-33 中的“保存的申请”文本框中，并单击“提交”按钮，如图 7-34 和图 7-35 所示。

③ 证书申请提交成功后显示“证书正在挂起”，如图 7-36 所示。

步骤 5：CA 颁发证书。

① 选择“开始”→“管理工具”→“Certification Authority”选项，打开证书颁发机构，如图 7-37 所示。

② 在证书颁发机构中“挂起的申请”下右击相应的证书申请，在弹出的快捷菜单中选择“所有任务”→“颁发”选项，完成证书颁发，如图 7-38 所示。

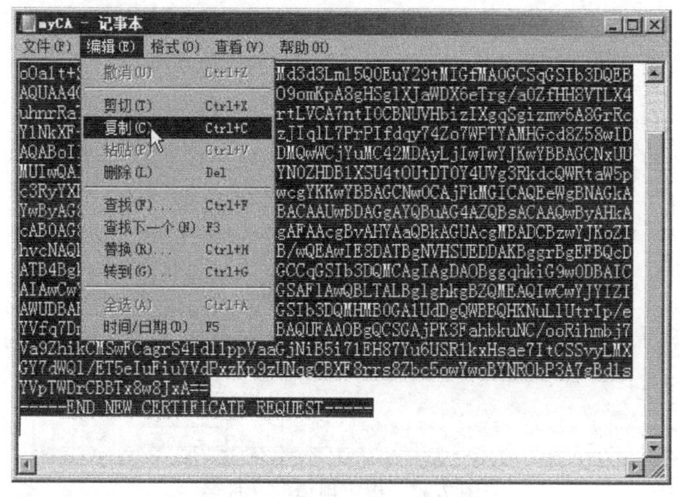

图 7-34　复制证书申请文件内容

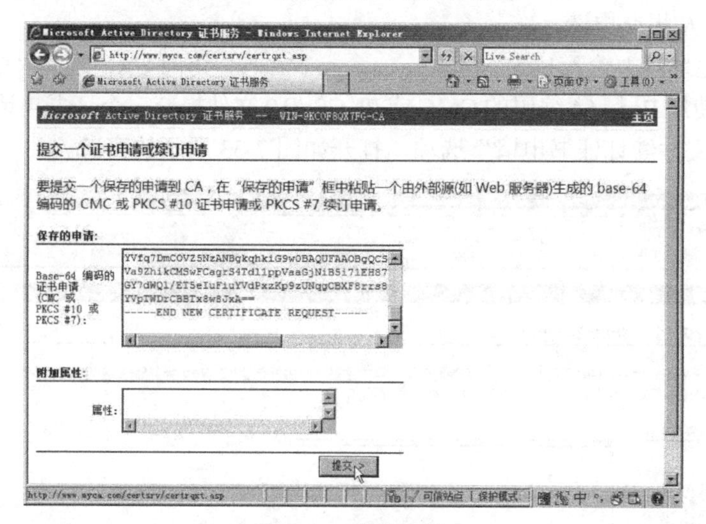

图 7-35　提交申请

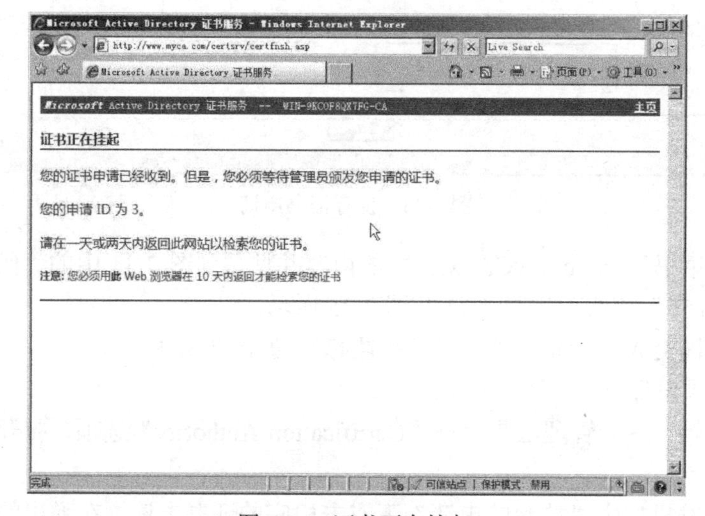

图 7-36　证书正在挂起

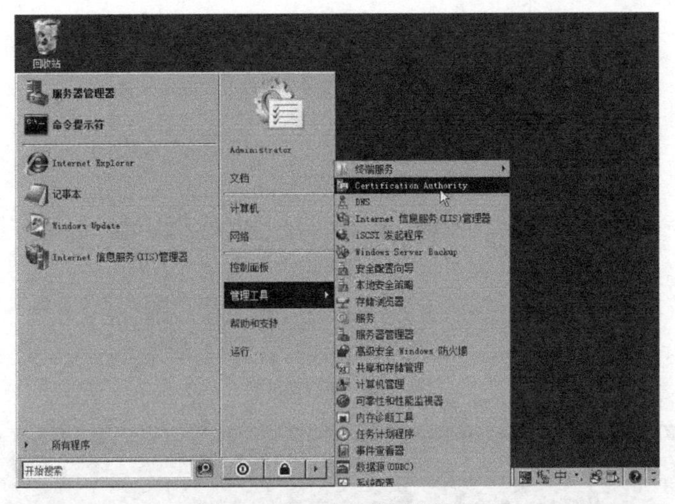

图 7-37　打开证书颁发机构

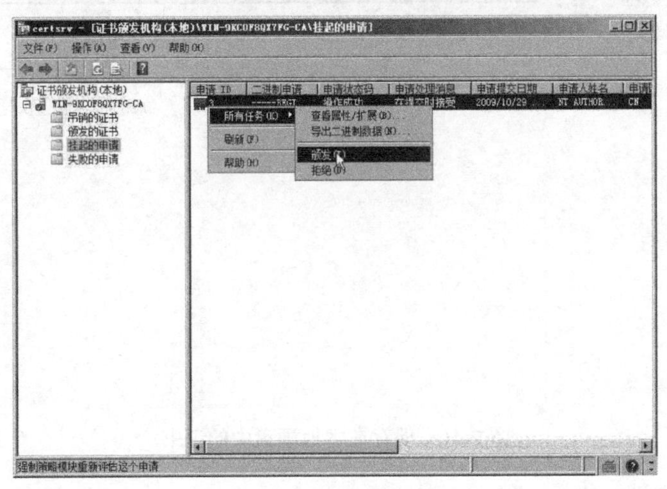

图 7-38　颁发证书

③ 重新登录证书颁发机构申请界面，选择“查看挂起的证书申请的状态”→“保存申请的证书”→“下载证书”选项，如图 7-39 所示。

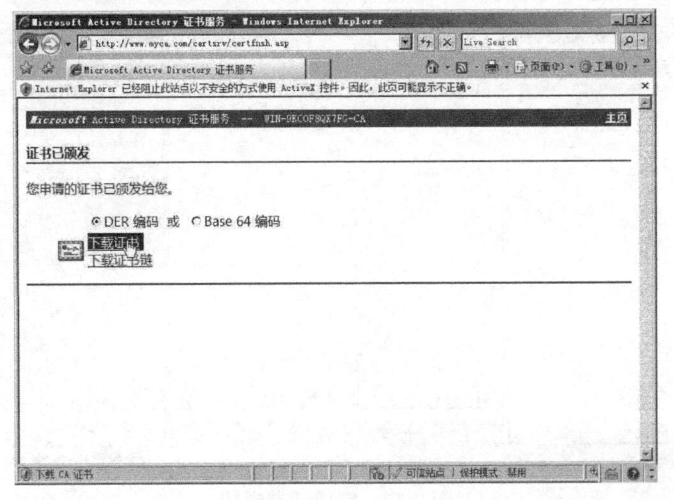

图 7-39　证书下载

④ 保存证书，如图 7-40 和图 7-41 所示。

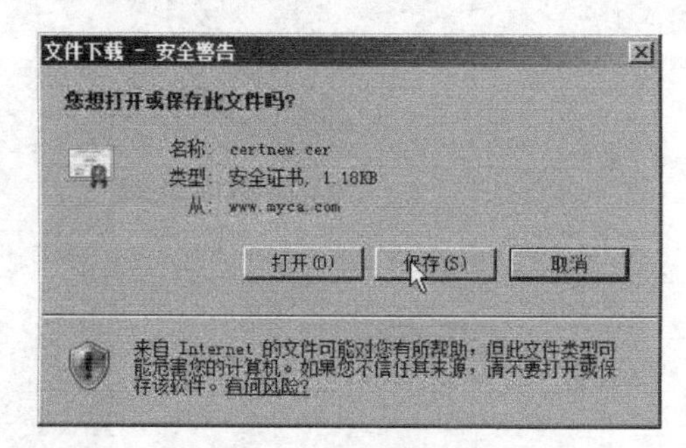

图 7-40　保存证书

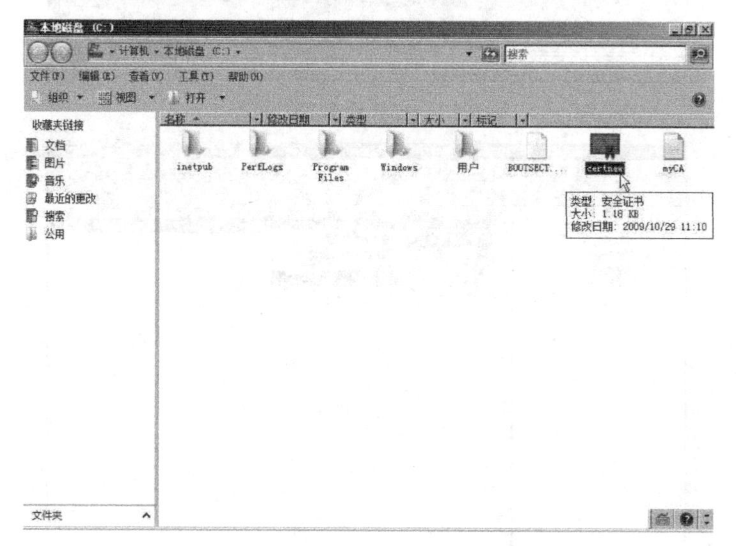

图 7-41　保存在本地硬盘中的证书

步骤 6：完成申请。

① 在图 7-29 所示窗口中，单击“完成证书申请”超链接，如图 7-42 所示。

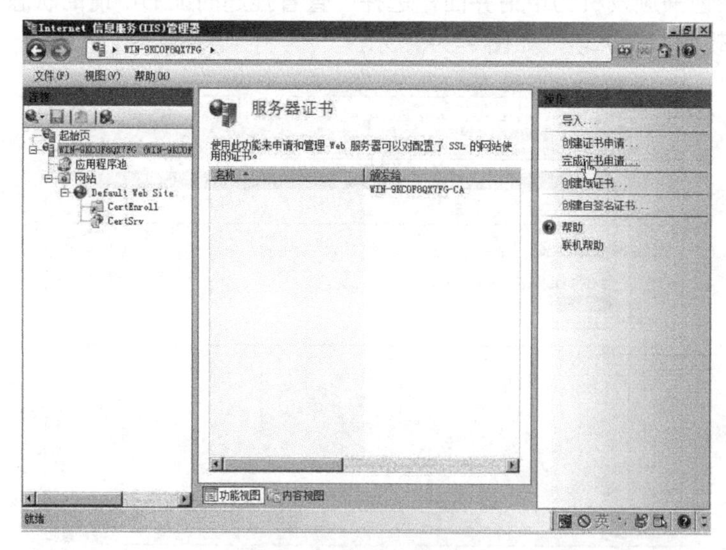

图 7-42　完成证书申请

② 输入 CA 签好的证书文件（刚才保存好的 sertnew.cer），如图 7-43 所示。

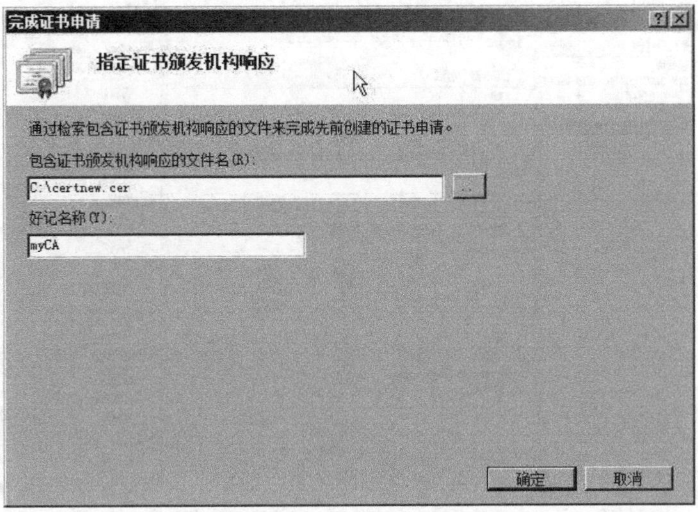

图 7-43　指定证书颁发机构响应

③ 证书导入成功，如图 7-44 所示。

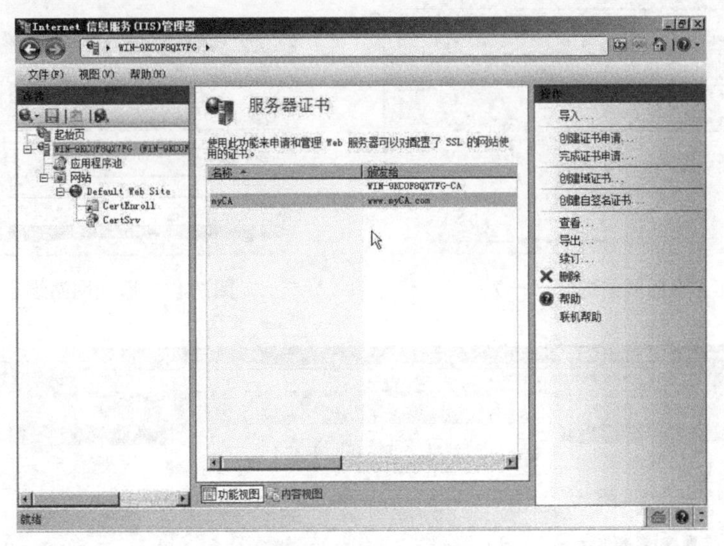

图 7-44　证书导入成功

<u>**步骤 7：**</u>将 SSL 证书和网站绑定。

① 选择需要使用证书的网站，选中“SSL 设置”图标，如图 7-45 所示。

② 单击“添加”按钮，添加一个新的绑定，如图 7-46 所示。

③ 将类型改为“https”，端口改为“443”，然后选择刚才导入的 SSL 证书，单击“确定”按钮，则 SSL 证书安装完成，如图 7-47 所示。

<u>**步骤 8：**</u>设置 SSL 参数及验证。

① 发启动 IIS 管理器，选择“网站”选项，双击“SSL 设置”图标，如图 7-48 所示。

② 显示 SSL 高级设置，如图 7-49 所示。

图 7-45 SSL 设置

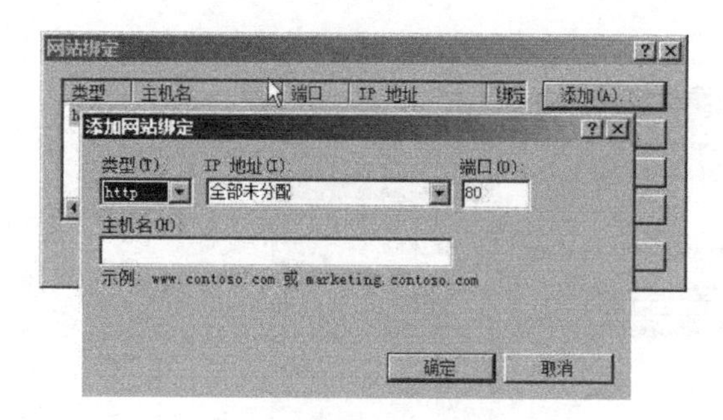

图 7-46 添加网站绑定（一）

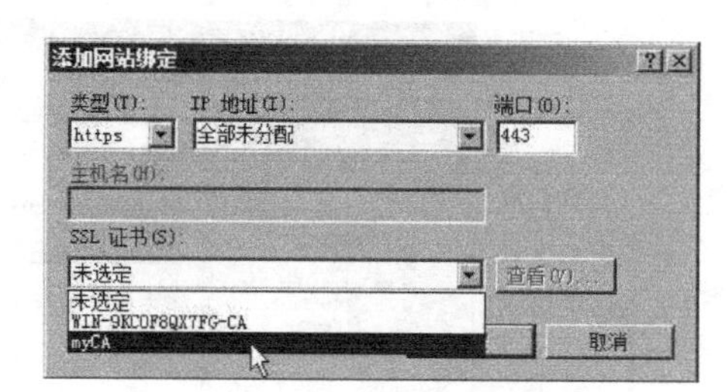

图 7-47 添加网站绑定（二）

图 7-48 双击“SSL 设置”图标

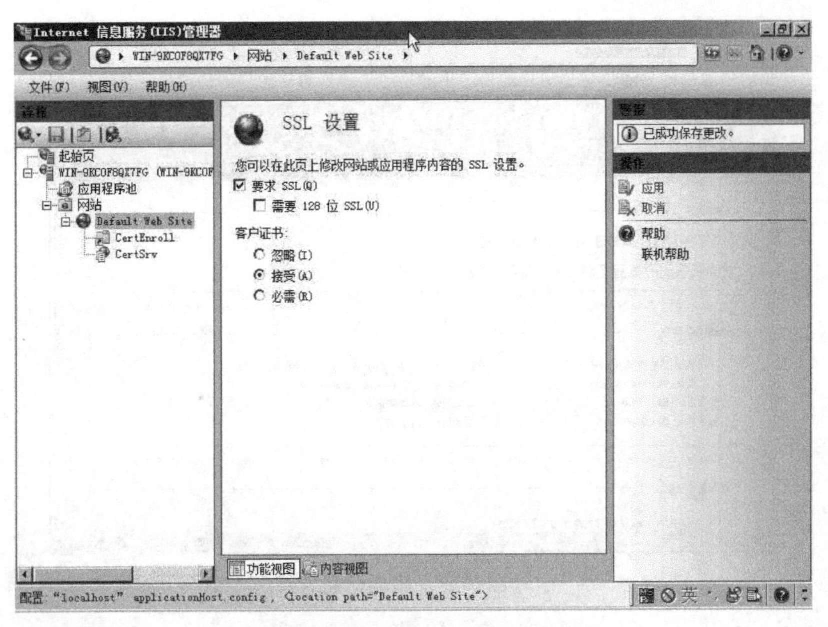

图 7-49　SSL 的高级设置

③ 为了使用户只能通过 https 来访问 Web 站点，选中“要求 SSL”复选框。在客户端访问网址 https://www.myCA.com 时将进入网站相应页面，如图 7-50 所示。

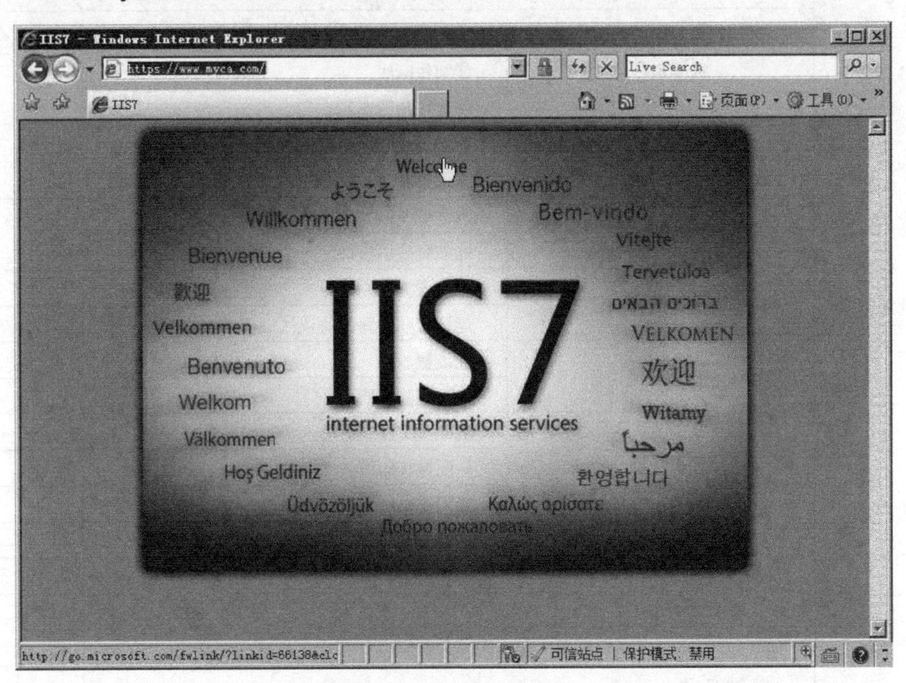

图 7-50　正确访问站点

④ 此时，若用户通过 HTTP 访问，则会出现如图 7-51 所示的错误信息。

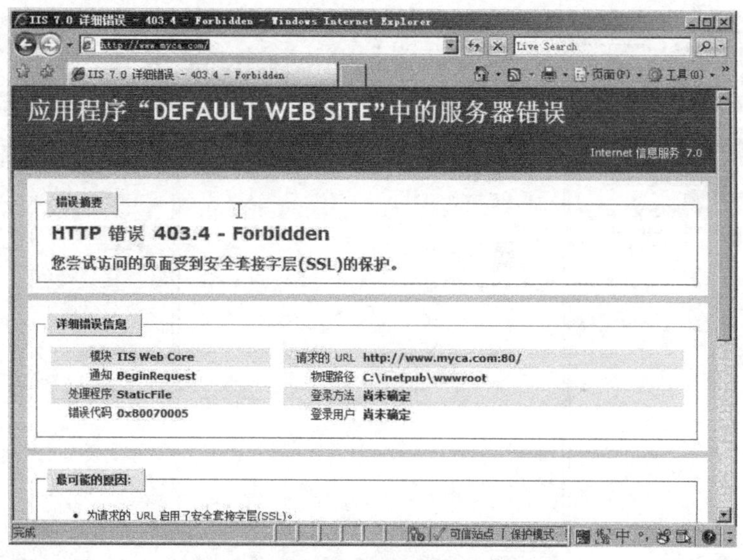

图 7-51 错误信息

项目评价

<table>
<tr><th colspan="6">项目实训评价表</th></tr>
<tr><th rowspan="2"></th><th colspan="2">内　容</th><th colspan="3">评　价</th></tr>
<tr><th>学 习 目 标</th><th>评 价 项 目</th><th>3</th><th>2</th><th>1</th></tr>
<tr><td rowspan="15">职业能力</td><td rowspan="3">熟练掌握网络的物理连接</td><td>能制作网线</td><td></td><td></td><td></td></tr>
<tr><td>能按拓扑图连线</td><td></td><td></td><td></td></tr>
<tr><td>能按要求贴标签</td><td></td><td></td><td></td></tr>
<tr><td>熟练掌握设备的基本设置</td><td>能进行 IP 地址、设备名、账号、密码等设置</td><td></td><td></td><td></td></tr>
<tr><td rowspan="2">熟练掌握交换机的常用设置</td><td>能设置 VLAN</td><td></td><td></td><td></td></tr>
<tr><td>能配置三层接口</td><td></td><td></td><td></td></tr>
<tr><td rowspan="2">熟练掌握设备的高级设置</td><td>能配置 PPP 协议</td><td></td><td></td><td></td></tr>
<tr><td>能设置动态路由协议</td><td></td><td></td><td></td></tr>
<tr><td rowspan="2">熟练掌握路由器的设置</td><td>能设置 NAT</td><td></td><td></td><td></td></tr>
<tr><td>能配置静态路由</td><td></td><td></td><td></td></tr>
<tr><td rowspan="4">熟练掌握常见服务器的设置</td><td>能配置文件服务器</td><td></td><td></td><td></td></tr>
<tr><td>能配置打印服务器</td><td></td><td></td><td></td></tr>
<tr><td>能配置 Web 服务器</td><td></td><td></td><td></td></tr>
<tr><td>能配置 CA 服务器</td><td></td><td></td><td></td></tr>
<tr><td rowspan="8">通用能力</td><td colspan="2">交流表达能力</td><td></td><td></td><td></td></tr>
<tr><td colspan="2">与人合作能力</td><td></td><td></td><td></td></tr>
<tr><td colspan="2">沟通能力</td><td></td><td></td><td></td></tr>
<tr><td colspan="2">组织能力</td><td></td><td></td><td></td></tr>
<tr><td colspan="2">活动能力</td><td></td><td></td><td></td></tr>
<tr><td colspan="2">解决问题的能力</td><td></td><td></td><td></td></tr>
<tr><td colspan="2">自我提高的能力</td><td></td><td></td><td></td></tr>
<tr><td colspan="2">革新、创新的能力</td><td></td><td></td><td></td></tr>
<tr><td colspan="3">综合评价</td><td colspan="3"></td></tr>
</table>

续表

评定等级说明表	
等　级	说　明
3	能高质、高效地完成此学习目标的全部内容，并能解决遇到的特殊问题
2	能高质、高效地完成此学习目标的全部内容
1	能圆满完成此学习目标的全部内容，无须任何帮助和指导
	说　明
优　秀	80%项目达到3级水平
良　好	60%项目达到2级水平
合　格	全部项目都达到1级水平
不合格	不能达到1级水平

认证考核

多项选择题

1．网络设备MAC地址前24位由IEEE分配为（　　）。

A．01005E　　B．00D0F8

C．00E0F8　　D．00D0E8

2．下列条件中，能用作标准ACL决定报文是转发还是丢弃的匹配条件有（　　）。

A．源主机IP地址　　B．目的主机IP地址

C．协议类型　　D．协议端口号

3．静态路由（　　）。

A．手工输入到路由表中且不会被路由协议更新

B．一旦网络发生变化就被重新计算更新

C．路由器出厂时就已经配置好

D．通过其他路由协议学习到

4．如果子网掩码是255.255.255.128，主机IP地址为195.16.15.14，则在该子网掩码下最多可以容纳（　　）个主机。

A．25　　B．126

C．62　　D．30

5．局域网的典型特性是（　　）。

A．高数据数率，大范围，高误码率

B．高数据数率，小范围，低误码率

C．低数据数率，小范围，低误码率

D．低数据数率，大范围，高误码率

6．屏蔽双绞线的最大传输距离是（　　）。

A．100m　　B．185m

C．500m　　D．2000m

7．小张是公司的网络管理员，当配置静态路由时不小心将地址写错了，则以下正确修改是（　　）。

A．Route(config)#clear ip route 172.16.100.0　255.255.255.0　S0
　　Route(config)#ip route 172.16.10.0　255.255.255.0　S0
B．Route(config)#clear ip route
　　Route(config)#ip route 172.16.10.0　255.255.255.0　S0
C．Route(config)#delete ip route 172.16.100.0　255.255.255.0　S0
　　Route(config)#ip route 172.16.10.0　255.255.255.0　S0
D．Route(config)#no ip route 172.16.100.0　255.255.255.0　S0
　　Route(config)#ip route 172.16.10.0　255.255.255.0　S0

8．IEEE 的（　　）标准定义了 RSTP。

A．IEEE 802.3　　B．IEEE 802.1
C．IEEE 802.1d　　D．IEEE 802.1w

9．IEEE 制定实现 Tag VLAN 使用的标准是（　　）。

A．IEEE 802.1w　　B．IEEE 802.3ad
C．IEEE 802.1q　　D．IEEE802.x

10．下列不属于用于距离矢量路由选择协议解决路由环路方法的是（　　）。

A．水平分割　　B．逆向毒化
C．触发更新　　D．立即删除故障条目

11．基于交换技术的网络中，全双工主要运行在（　　）。

A．站点与站点之间　　B．交换机与服务之间
C．站点与服务之间　　D．站点与交换机之间

12．公司的出口路由器有两个局域网口，其中一个连接到办公楼，地址为 172.16.3.0/24，另一个连接到行政楼，地址为 172.16. 4 .0/24。若在路由器的外网口上配置了以下访问列表：access-list 199 deny tcp 172.16.3.0 0.0.0.255 any eq 23，则下列叙述正确的是（　　）。

A．拒绝从 172.16.3.0/24 进行 Telnet 操作，但允许从 172.16.4.0/24 进行 Telnet 操作
B．允许 172.16.3.0/24 上网浏览网页
C．拒绝 172.16.3.0/24 进行 FTP 操作，但允许从 172.16.3.0/24 进行 Telnet 操作
D．所有 IP 流量都被禁止

13．CSMA/CD 网络中冲突会在（　　）情况下发生。

A．一个结点进行监听
B．一个结点从网络上收到信息
C．网络上某结点有物理故障
D．冲突仅仅在两个结点试图同时发送数据时才发生

14．IP 地址是 202.114.18.10，子网掩码是 255.255.255.252，其广播地址是（　　）。

A．202.114.14.252　　B．202.114.18.12
C．202.114.18.11　　D．202.114.18.8

15．网桥工作在 OSI 参考模型的数据链路层，更具体地说，是工作在（　　）。

A．逻辑链路控制子层　　B．介质访问控制子层
C．网络接口子层　　D．以上都不是

16．IP 路由表中的 0.0.0.0 指（　　）。

A．静态路由　　B．默认路由

C．RTP 路由　　D．动态路由

17．将 S2126G 交换机的接口设置为 TAG VLAN 模式的命令是（　　）。

A．switchport mode tag　　B．switchport mode trunk

C．trunk on　　D．set port trunk on

18．作为无类路由协议，必须首先支持（　　）。

A．VLSM　　B．VPLS

C．LDAP　　D．VSM

19．将 S2126G 交换机的登录密码配置为 star（　　）。

A．enable secret level 1 0 star　　B．enable password star

C．set password star　　D．login star

20．RIPv1 路由协议的度量值最大是（　　）。

A．16　　B．14　　C．15　　D．17

21．S2126G 交换机使用命令（　　）从 Flash 中清除 VLAN 信息

A．delete flash:vlan.dat　　B．delete vlan flash

C．clear vlan flash　　D．clear flash:vlan.dat

22．划分 IP 子网的主要好处是（　　）。

A．可以隔离广播流量

B．可减少网管人员 IP 地址分配的工作量

C．可增加网络中的主机数量

D．可有效地使用 IP 地址

23．在 STAR-S2126G 上能设置的 IEEE 802.1q VLAN 最大为（　　）。

A．256　　B．1026

C．2048　　D．4094

24．假设你是学校的网络管理员，为了能够 Telnet 到 STAR-S2126G 上进行远程管理，配置了交换机的地址。但是进行 Telnet 时却失败了，当通过 show ip interface 命令来查看 IP 地址时，发现接口 VLAN 1 的状态为 down，则可能造成这种情况的原因是（　　）。

A．此型号交换机不支持 Telnet

B．VLAN 1 接口未用 no shutdown

C．未创建 VLAN 1

D．交换机未创建 VLAN，故 IP 地址应该配置在物理端口上

25．最短路径优先的协议有（　　）。

A．OSPF　　B．RIP

C．IGMP　　D．IPX

26．下列关于千兆以太网的说法，不正确的是（　　）。

A．可使用光纤或铜缆介质　　B．可使用共享介质技术

C．只能工作在全双工模式下　　D．介质访问控制方法仍采用 CSMA/CD

27．交换机工作在 OSI 参考模型的（　　）。

A．第一层　　B．第二层

C．第三层　　D．第三层以上

28．191.108.192.1 属于（　　）IP 地址。

A．A 类　　B．B 类　　C．C 类
D．D 类　　E．E 类

29．有一个 C 类地址 202.97.89.0，如果采用/27 位子网掩码，则该网络可以划分（　　）个子网，每个子网内可以有（　　）台主机。

A．4，32　　B．5，30
C．8，32　　D．8，30

30．关闭 RIP 路由汇总的命令是（　　）。

A．no auto-summary　　B．auto-summary
C．no ip router　　D．ip router

31．默认路由是（　　）。

A．一种静态路由　　B．所有非路由数据包在此进行转发
C．最后求助的网关　　D．以上都是

32．在交换式以太网中，交换机可以增加的功能是（　　）。

A．CSMA/CD　　B．网络管理　　C．端口自动增减　　D．协议转换

33．TCP 协议通过（　　）来区分不同的连接。

A．IP 地址　　B．端口号
C．IP 地址+端口号　　D．MAC 地址+IP 地址+端口号

34．S2126G 交换机通过命令（　　）显示全部的 VLAN。

A．show vlan　　B．show vlan.dat
C．show mem vlan　　D．show flash:vlan

35．以下对局域网的性能影响最为重要的是（　　）。

A．拓扑结构　　B．传输介质
C．介质访问控制方式　　D．网络操作系统

36．OSI 参考模型的（　　）负责建立端到端的连接。

A．应用层　　B．会话层　　C．传输层
D．网络层　　E．数据链路层

37．你最近刚刚接任公司的网络管理工作，在查看设备以前的配置时发现在 STAR-S2126G 交换机上配置了 VLAN 10 的 IP 地址，该地址的作用是（　　）。

A．为了使 VLAN 10 能和其他 VLAN 内的主机互相通信
B．作为管理 IP 地址使用
C．交换机上创建的每一个 VLAN 必须配置 IP 地址
D．此地址没有用，可以将其删掉

38．R2624 路由器通过命令（　　）显示访问列表 1 的内容。

A．show acl 1　　B．show list 1
C．show access-list 1　　D．show access-lists 1

39．若有以下命令：

```
interface fasterethnet   1/0
ip access-group 1 in
```

此命令的作用是（　　）。

A．数据报从路由器进入局域网时数据被检查

B．数据报从局域网进入路由器时被检查

C．两个方向都检查

D．需要根据 access-group 1 的内容来判断

40．下面的功能是由 OSI 参考模型的（　　）实现的：将发送方数据转换成接收方的数据格式。

A．应用层　　B．表示层　　C．会话层

D．传输层　　E．网络层

41．生成树协议是由（　　）标准规定的。

A．802.3　　B．802.1q

C．802.1d　　D．802.3u

42．如果将一个新的办公子网加入到原来的网络中，则需要手工配置 IP 路由表，需要输入的命令是（　　）。

A．ip route　　B．route ip

C．sh ip route　　D．sh route

43．当要配置路由器接口地址时应采用的命令是（　　）。

A．ip address 1.1.1.1 netmask 255.0.0.0

B．ip address 1.1.1.1/24

C．set ip address 1.1.1.1 subnetmask 24

D．ip address 1.1.1.1 255.255.255.248

44．可使用命令（　　）来配置 RIP 版本 2（　　）。

A．ip rip send v1　　B．ip rip send v2

C．ip rip send version 2　　D．version 2

45．ip access-group{number}in 表示（　　）。

A．指定接口上使其对输入该接口的数据流行介入控制

B．取消指定接口上使其对输入该接口的数据流行介入控制

C．指定接口上使其对输出该接口的数据流行介入控制

D．取消指定接口上使其对输出该接口的数据流行介入控制

46．在以太网中，帧的长度有一个下限，这主要是出于（　　）的考虑。

A．载波侦听　　B．多点访问

C．冲突检测　　D．提高网络带宽利用率

47．已知同一网段内一台主机的 IP 地址，通过（　　）可以获取其 MAC 地址。

A．发送 ARP 请求　　B．发送 RARP 请求

C．通过 ARP 代理　　D．通过路由表

48．下列属于传输层协议的是（　　）。

A．LLC　　B．IP　　C．SQL

D．UDP　　E．ARP

49．标准访问控制列表根据（　　）来判断数据报的合法性。

A．源地址　　B．目的地址　　C．源和目的地址　　D．源地址及端口号

50．以下是配置 PPP 认证时通过 debug　ppp　authentication 命令得到的信息，该协议是（　　）次握手。

```
%UPDOWN：Interface Serial0，changed state to up

PPP Serial0：Send CHAP challenge id=2 to remote

PPP Serial0：CHAP response id=2 received from user1

PPP Serial0：Send CHAP success id=2 to remote

PPP Serial0：remote passed CHAP authentication.

%UPDOWN：Line protocol on Interface Serial0，changed state to up
```

A．1　　B．2　　C．3　　D．4